跨入设计院——建筑电气设计

王子若　编著

中国建筑工业出版社

图书在版编目（CIP）数据

跨入设计院——建筑电气设计/王子若编著. —北京：中国建筑工业出版社，2017.9（2022.4重印）
ISBN 978-7-112-21219-4

Ⅰ.①跨… Ⅱ.①王… Ⅲ.①房屋建筑设备-电气设备-建筑设计 Ⅳ.①TU85

中国版本图书馆 CIP 数据核字（2017）第 224768 号

本书是建筑电气设计的一本入门书，共七章，内容包括：总述；文本说明；总图；照明；电气；弱电；消防。

本书结合多种工程实例，尽可能的讲解电气设计中常遇到各种情况的设计方法。适合于建筑电气设计人员使用，也适合于相关专业大中专院校师生使用。

责任编辑：张　磊　刘　江
责任设计：李志立
责任校对：焦　乐　李欣慰

跨入设计院——建筑电气设计
王子若　编著

*

中国建筑工业出版社出版、发行（北京海淀三里河路 9 号）
各地新华书店、建筑书店经销
霸州市顺浩图文科技发展有限公司制版
北京建筑工业印刷厂印刷

*

开本：787×1092 毫米　1/16　印张：22½　插页：8　字数：557 千字
2018 年 1 月第一版　2022 年 4 月第四次印刷
定价：**55.00** 元
ISBN 978-7-112-21219-4
（30816）

序

　　随着建筑领域的飞速发展，建筑物内各电气系统装备技术水平不断改善和提高，使得建筑设计开始走向高品质、高功能领域，目前民用建筑电气工程设计工作量越来越大，对建筑电气设计的要求越来越高。建筑电气作为建筑物的神经系统，对建筑物能否实现使用功能，维持建筑内环境稳态，保持建筑完整统一性及其与外环境的协调平衡中起着关键作用。从大学走入设计单位，就是走入社会新的起点，开始新的旅程，必须学会适应市场变化，强化法制观念和不断提高知识素质、专业素质、身体素质和技术水平，贯彻和执行标准中的要求，改变不合时宜的设计理念，熟练地掌握基本概念和问题分析方法。

　　本书作者王子若是我公司电气专业一颗冉冉升起的新星。他在工作中积极探索技术知识，不断总结创新，紧跟时代步伐，致力于提高设计研究能力和技术创新水平，不仅工作优秀，成绩突出，参与了大量工程项目的建筑电气设计工作，呈现出许多优秀的设计作品。同时，王子若善于总结，曾编有《Revit 2013电气设计宝典》，如今编著的《跨入设计院——建筑电气设计》一书，旨在引领年轻设计师更好以及更全面的理解建筑电气设计，并培养一种即能放眼建筑全局，又能着眼局部细节的设计思路。该书既是他设计经验的总结，也是长期设计创新成果的结晶。书的内容取材广泛、内容新颖、角度独特、编写严谨、有的放矢、图文并茂，相信能给年轻广大设计师带来裨益。

　　这里也对新跨入电气设计行业的人员提出几点建议：

　　首先，转变学习态度，转变学习方式。清楚认识设计单位学习的特殊性，并应始终遵循勘察设计人员职业道德。设计单位工作，需要主动性很强的学习方式，主要靠自主能力。做到主动和独立，是非常重要的。时间安排、文献阅读、学习总结、职业计划等等，这些方面都需要主动的意识和独立的能力。

　　第二，要严格要求自己，高标准要求自己，起点要高。做设计跟大学做课程实验是不同的。要有工程设计敏感性和独立思考的能力，工程建设很多事情不能重来，开始就必须周密思考，计划详细，一切都准备妥当方可开始，要尽力做到极致。

　　第三，树立专业化的思想。必须专业化，专业化程度越高，对设计领域的理解和把握越深、越全。专业化的思想要贯穿设计工程的始终，贯穿自己成长的始终。

　　第四，目标必须明确。没有目标，就会茫然，就会被动，就容易松懈。偶尔、短暂的彷徨是可以理解的，但不能总是迷茫，必须要找到自己的方向，找到突围的出口，找到前行的路径。

　　第五，了解和熟悉设计领域的前沿。有目的、有计划地学习重要的专业书籍，要尽快熟悉和掌握相设计关的方法和技术。在工地配合时，应与施工、监理人员密切配合，共同工程项目的建设任务。

　　第六，承认差距，消除自卑。应当承认人的智力、悟性、基础，都是有差异的，但不是认输。明白了差距，不要不懂装懂，虚心请教，同时要知道自己的优势，要持之以恒的努力去消除差距，尽快适应实际工作需要。同时要尊重校对、审核、审定人的意见，及时改正设计中的错误。

　　建筑电气设计行业还存在着许许多多问题有待于进一步研究和探讨，相信，经过大家不断努力，一定会使建筑电气设计行业得以不断发展。

北京市建筑设计研究院有限公司设计总监　孙成群

前　　言

各大院校与电气相关的专业学习内容十分丰富，可细分为多种电气行业。电气行业可细分为 15 类：现代电气工程基础，电力电子技术，电气工程材料及器件，火力发电工程，水力发电工程，核能发电工程，可再生能源发电工程，电力系统工程，电机工程，输变电工程，配电工程，船舶电气工程，交通电气工程，建筑电气工程，电气传动自动化。建筑电气属于建筑电气工程部分。建筑电气又可分为甲方、设计、施工、监理、设备厂商五类从业者。甲方需要主导招标，协调各方人员，其要熟练掌握技术知识。设计方需要依据国家设计规范完成符合设计深度的图纸。施工方需要根据设计图纸，并结合国家施工规范完成工程建设。监理则主要依据国家验收规范监督工程建设过程，确保工程质量。初步步入社会的学生，为了能够更好地学习专业技术，通常选择设计单位或者施工单位作为就业的首选。相对而言，设计师日后更加容易转换为其他角色。这使得学生通常优先选择设计行业。

作者毕业后便进入我国知名大型设计院，从事电气设计工作多年。随着对于电气设计工作理解的不断加深，并在工作中承担愈发重要的角色，得到了诸多设计体会。作者从一名初步踏入建筑电气设计行业的新人，到逐步成长为独当一面的电气专业负责人，总结多年设计和后期工地配合的经验，深入浅出地讲解电气设计。本书旨在帮助初步从事电气设计工作的人员了解建筑电气设计工作，帮助电气设计师理清设计思路，了解设计原则，更快更好地成长为独立的专业负责人。

作者本着"授人以鱼不如授人以渔"的思想编写本书，旨在帮助读者理解建筑电气设计，理清设计思路，培养一种思考问题的思路。本书所讲解的电气设计方法均为作者从工作中提炼总结而得。众所周知，电气设计使用 AutoCAD 作为绘图软件，并使用天正软件作为 CAD 软件的插件帮助完成工作。CAD 与天正软件的操作并不复杂，且通常只使用基本功能，可以边工作实践边学习。市面上软件相关书籍甚多，本书不予讲解。

本书共分为 7 章，每章的主要内容如下：

第 1 章：总体介绍建筑行业，展开讲解建筑设计中各专业的分工，并着重讲解电气设计工作以及电气设计的学习方法。

第 2 章：介绍设计说明、电气计算书、消防专篇、节能专篇等文本文件的编写方法。

第 3 章：介绍总图，包含图纸目录、图例、电气总平面图、室外照明平面图、变配电室布置图、低压系统图、高压系统图、防雷与接地平面图等。

第 4 章：介绍照明平面及系统的设计。

第 5 章：介绍电气平面及系统的设计。

第 6 章：介绍弱电平面及系统的设计。

第 7 章：介绍消防平面及系统的设计。

本书严格按照电气设计的分工划分章节。电气设计图纸总共分为设计说明等文字编写、总图、照明、电气、弱电、消防六部分内容。书中第 2 章与第 3 章的设计内容是工程中最重要的部分，不容有错，通常由经验丰富的工程师完成。第 4 章至第 7 章主要为设计内容，较易上手，通常由年轻工程师完成。然而，这 4 部分内容中尤以电气系统为最重要，通常是年轻工程师最后接触到的内容。值得注意的是，每个章节间都相互关联，互相影响，应统一理解。

本书结合多种工程实例，尽可能地全面讲解电气设计中常遇到各种情况的设计方法。电气设计内容庞大，较为复杂，不是依靠某一本书就能够完全讲解清楚的，需要读者以本书为基础，配合设计规范、技术措施、图集、厂家技术样本、辅导书，以及实际工程图纸等加以理解，丰富自身知识。

本书编写依托作者工作中的切身体会以及个人理解，难免存在局限性与疏漏之处，欢迎读者通过 QQ 群：建筑电气设计（172875173）与作者交流，共同探讨，共同进步。

望本书可以帮助广大的建筑电气行业朋友，起到启蒙和指导作用。

目　　录

第 1 章　总　　述

1.1　建筑

建筑是建筑物与构筑物的总称，是人们为满足社会生活需要，利用所掌握的物质技术手段，并运用一定的科学规律和美学法则创造的人工环境。

1.1.1　建筑参与方

建筑物需要经历一个从无到有的过程。当房地产开发商（即业主方）从政府拿到土地后，需要开始建造建筑物，这便正式拉开了建设建筑的序幕。建设过程总共分为业主、设计公司、施工公司、工程咨询公司、监理公司、设备厂商、物业管理公司七部分。这七部分以开发商作为主体，共同遵照国家的地产开发流程以及相关的法律规范条文，最终呈现一个完美的建筑。建筑的全生命周期伴随着这七类公司相互协调与传递，见图 1-1。

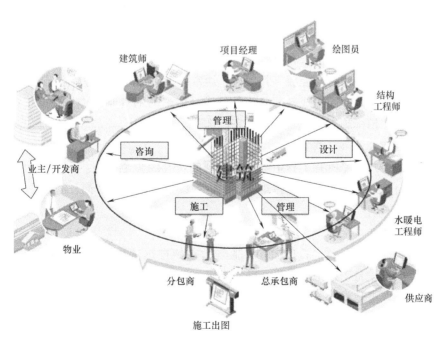

图 1-1　建筑全生命周期

（1）房地产开发商

房地产开发商是以房地产开发经营为主体的企业，通过实施开发而获得利润。

房地产开发商主要进行工程项目的策划与决策。在经过内部的调研分析后，为建筑开发的整个过程提供资金，组织各工程公司参与项目。同时整体把控工程项目，完成各项手续的办理，保证项目整体良好的运作。

有的房地产开发商并不专业，此时可以通过雇佣建筑咨询公司作为代理开发商（第二业主方）。借助咨询公司对于建筑建设方面的管理知识，帮助开发商完成建筑开发项目。

（2）设计公司

建筑设计公司通过自己的专业知识完成整栋建筑在图纸上的表达，指导施工企业完成建筑的具体施工工作。设计公司通常由业主方以招标或是邀标的形式确定。

首先由业主招来勘察公司进行现场勘察，出具地质报告等，最终形成勘察报告，为设计及施工提供依据。设计阶段开始后通常分为方案设计、初步设计和施工图设计三个阶段。方案设计是第一步，其根据甲方要求进行一个概念式的设计，并将建筑的基本理念传达给开发商，供开发商选择与评判。初步设计是设计的第二步，在开发商确定方案后进行初步设计工作，细化方案，将方案变成真正的建筑。初步设计图纸是工程概算的依据，根据概算结果对工程情况进行预估。设计公司待业主确认初步设计图纸后，进入施工图设计阶段，最终出具满足国家制图深度要求的图纸，交付施工公司开展施工工作。

（3）施工公司

施工是指工程建设实施阶段的生产活动，是各类建筑物的建造过程，也可以说是把设计图纸上的各种内容变成实体的过程。施工公司依据设计图纸完成实际工程建造，包括基础工程施工、主体结构施工、屋面工程施工、装饰工程施工等。施工作业的场所称为"建筑施工现场"或叫"施工现场"，也可称为"工地"。

由业主方以招标或邀标的方式而确定施工公司，施工公司依据业主方提供的设计图纸核算成本，决定是否参加投标。在工程建造过程中不断与业主方和设计单位协调解决实际工程中遇到的困难，按时按质完成工程项目。通常施工单位以施工总承包方的形式承包工程，其遵循技术分工的原则完成各部分的分包或具体产品的订制工作。根据工程的大小，施工总包也经常会招标施工分包，辅助其完成部分工作。

（4）工程咨询公司

工程咨询公司并不是所有工程中都必须出现的，其经营范围很广，包括招投标代理、工程代建、项目管理、工程监理、建筑施工图审查以及商业地产咨询、酒店业管理咨询等多方面工作。

（5）监理公司

监理公司是与施工公司平行的公司，监理公司依据国家法律法规的标准监察施工过程，确保工程质量，是工程中的重要一环。

监理公司在取得建设公司委托的情况下开展监理工作。同时，其必须与建设单位签订书面委托监理合同。在明确了监理的内容、范围、权利、义务和责任的前提下，工程监理公司才能在判定的范围内行使管理权。在委托监理的过程中工程监理公司拥有一定的管理权限，可以进行管理工作，这是建设公司授权的结果。在《中华人民共和国建筑法》第三十二条明确将建筑工程监理定位为：代表建设单位，对施工单位在施工质量、建设工期和建设资金使用等方面实施监督。因此，工程监理公司的主要任务就是受建设公司的委托，对工程进行质量控制、进度控制和造价控制。

（6）设备厂商

设备厂商是为建筑工程提供各种原料及设备的工厂，比如：水泥厂、钢筋厂、玻璃幕墙厂、空调设备厂等。

设备厂商是由业主方或施工总包方遵循设计技术参数，通过招标或邀标的方式确定的。设备厂商同样需遵循针对产品编写的国家标准与规范。

（7）物业管理公司

物业管理公司是指针对已经建成并投入使用的各类房屋及其与之相配套的设备、设施和场地进行管理的公司，将始终伴随建筑直至停止使用。物业公司可大可小，小到一个住宅楼单元可以由一家物业公司管理，大到一片园区也可由一家物业公司管理。物业含有办公楼宇、商业大厦、住宅小区、别墅、工业园区、酒店、厂房仓库等多种物业形式。

当建筑工程完成后，房地产开发商将建筑的具体运作交给物业管理公司进行管理。该管理公司可由开发商自己承担，也可由完全无关的公司承担。物业公司的具体确定与开发商的运作模式有关，比如住宅项目开发商已经盈利，便将物业部分交给相关公司，而商业综合体通常需要依靠后期运营盈利，则通常由开发商自行承担运营管理工作，而另行雇佣物业公司管理物业相关事宜。

1.1.2 建筑工程流程

现今的建筑工程按照基本建设的技术经济特点及其规律性特点，形成了一套基本规定。规定基本建设程序主要包括九个步骤，且步骤的顺序不能任意颠倒，但可以合理交叉。这些步骤的先后顺序是：①开发商编制项目建议书。对建设项目的必要性和可行性进行初步研究，提出拟建项目的轮廓设想。②开发商开展可行性研究和编制设计任务书。具体论证和评价项目在技术和经济上是否可行，并对不同方案进行分析比较；可行性研究报告作为设计任务书（也称计划任务书）的附件。设计任务书对是否上这个项目，采取什么方案，选择什么建设地点，做出决策。③设计单位进行设计。从技术和经济上对拟建工程做出详尽规划。大中型项目一般采用两段设计，即初步设计与施工图设计。④开发商安排计划。可行性研究和初步设计，送请有条件的工程咨询机构评估，经认可，报计划部门，经过综合平衡，列入年度基本建设计划。⑤开发商进行建设准备。包括征地拆迁，搞好"三通一平"（通水、通电、通道路、平整土地），落实施工力量，组织物资订货和供应，以及其他各项准备工作。⑥施工单位组织施工。准备工作就绪后，提出开工报告，经过批准，即开工兴建；遵循施工程序，按照设计要求和施工技术验收规范，进行施工安装。⑦施工单位生产准备。生产性建设项目开始施工后，及时组织专门力量，有计划有步骤地开展生产准备工作。⑧验收投产。按照规定的标准和程序，开发商、设计单位、监理单位对竣工工程进行验收（见基本建设工程竣工验收），编造竣工验收报告和竣工决算（见基本建设工程竣工决算），并办理固定资产交付生产使用的手续。小型建设项目，建设程序可以简化。⑨开发商项目后评价。项目完工后对整个项目的造价、工期、质量、安全等指标进行分析评价或与类似项目进行对比。

经过以上流程，一个建筑开发过程便完整呈现出来。可以看出建筑设计工作只是建筑项目中的一个环节，而作为一名电气设计师，正是通过努力完成好自己的工作内容帮助建筑得以完美的展现。

1.2　建筑设计

通常谈及建筑设计，大多数人的第一反应都是建筑师，对建筑有些了解的人则还会知道结构工程师。其实，在建筑设计中总共分为五个专业：建筑、结构、设备、电气、经济。（经济专业则比较特别，他们更像是会计师，依托设计图纸在设计初期进行概算，施工图阶段进行预算，建筑完成后进行结算工作。）以下主要介绍与建筑设计工作相关的建筑、结构、设备、电气四个专业。

建筑与人体构造十分相似，不妨将两者相比加以理解。参看表 1-1 可知，建筑专业主要负责人体的外貌与功能划分（建筑外观与功能分区），一栋建筑好不好看直接评价的就是建筑专业的工作。结构专业则肩负着人体骨骼和肌肉（钢筋混凝土）的搭建，最终满足外貌（建筑外观）的需要。设备专业控制着人体的呼吸系统（空调通风系统）、消化系统（给水排水系统）、血液循环系统（空调水系统）。电气专业则负责人体的大脑（消防安防控制室）、心脏（变配电室）、神经系统（控制系统）、经络系统（供电系统）。所以有句话是：好不好看看建筑，好不好用看机电（设备与电气的合称）。

那么四个专业又是如何配合的呢？建筑首先完成图纸，其他专业以此为基础，在建筑图上完成各自的设计内容。结构主要配合建筑完成力学计算与结构相关的图纸设计。设备依托建筑图完成设计，并将需要供电与控制的内容提供给电气专业。电气依托建筑图完成设计，另外需配合设备专业提供的资料完成对于建筑内所有需要供电设备的配电与所有需要控制的内容完成控制系统。可以发现，四个专业是一个团队，重要性相同，缺一不可，相互依存又相互制约。无论哪个专业出现问题都将对整体建筑设计产生影响。

1.2.1　建筑专业

（1）简介

建筑专业设计师通常称为建筑设计师，其更加注重艺术与表达方面的能力，来自大学的建筑专业。建筑专业需要解决的问题包括，建筑物内部各种使用功能和使用空间的合理安排，建筑物与周围环境、与各种外部条件的协调配合，内部和外部的艺术效果，各个细部的构造方式，与结构及各种设备相关技术的综合协调，以及如何以更少的材料、更少的劳动力、更少的投资、更少的时间来实现上述各种要求等。建筑设计最终目的是得到适用、经济、坚固、美观的建筑。

（2）工作内容

建筑专业的工作通常分为方案与施工图两部分。建筑师即可以选择只做方案设计，也可以选择只做施工图设计，或者两部分都参与。

① 方案设计：方案设计主要完成建筑外观设计和建筑内部大体功能分区两项工作。该设计阶段主要由建筑专业完成，结构专业配合完成计算，机电专业配合完成机电机房的位置确定。现今建筑方案设计通常分为两种创造过程。一种是，建筑师通过对于建筑所属地块以及周边环境情况，针对业主方的需求，根据建筑功能得出建筑的外形效果，并向业主方阐述自己的方案优势，使方案得到认可。另一种是建筑师通过自己的审美完成建筑的外形效果，再进行内部功能的划分，并不断改进，最终向业主方阐述自己方案的特色，得

人体与建筑对照表 表 1-1

作用	名称	人体	建筑	专业	作用
负责人体的体貌特征	外貌			建筑	负责一栋建筑的外观与内部房间功能划分
为人体提供支撑，与外貌相互影响	骨骼			结构	为建筑提供支撑，与建筑专业相互影响
提供人体正常的生命循环，保证机体运作	体内循环系统			设备	提供建筑内水、暖、气的正常循环，保证建筑的正常运作
控制整个人体的运作，并提供主观能动性	神经系统			电气	为整栋建筑提供电能，并控制设备专业的设备正常运作

到认可。不管通过何种方式完成方案，只要最终能够得到认可，便可以中标，承担该建筑工程的设计工作。

人的审美各有不同，一栋建筑在一千个人眼中有一千种评判标准。建筑没有绝对的美与丑，所以一个建筑师的表达能力十分重要，能够使自己的方案得到认可是建筑师的一项重要能力。建筑专业因其美学方面的需要，是一只脚在工程范围，另一只脚在艺术范畴的专业。建筑师作为呈现这一艺术品的设计师，其更接近设计师，而不是工程师。世界上大多也只有建筑师能够称为大师，成为公众媒体的焦点。

② 施工图设计：施工图设计是完成建筑专业全部具体图纸的设计工作。施工图阶段需要将负责范围内的每个房间、每个装饰都具体地表现在图纸当中。这一设计过程与方案设计没有太大关联，这一阶段就是在规范容许的范围内尽可能的实现方案阶段的效果。同时，因业主关注点都与建筑专业相关，故其常作为项目的领头专业与业主方协调，组织协调内部各专业工作。

1.2.2　结构专业

（1）简介

结构专业设计师通常称为结构工程师，其更加注重技术方面的能力，来自大学的结构专业。建筑结构是指在建筑物（包括构筑物）中，由建筑材料做成用来承受各种荷载或者作用，以起骨架作用的空间受力体系。建筑结构因所用的建筑材料不同，可分为混凝土结构、砌体结构、钢结构、轻型钢结构、木结构和组合结构等。

在现今的工程中，大多使用框架结构、剪力墙结构、框架剪力墙结构三种形式。

① 框架结构：框架结构是指由梁和柱以刚接或者铰接相连接而成，构成承重体系的结构，即由梁和柱组成框架共同抵抗使用过程中出现的水平荷载和竖向荷载。结构的房屋墙体不承重，仅起到围护和分隔作用，一般用预制的加气混凝土、膨胀珍珠岩、空心砖或多孔砖、浮石、蛭石、陶粒等轻质板材等材料砌筑或装配而成。其具有空间分隔灵活、自重轻、节省材料等优点。此种结构形式多见于工业厂房设计当中。

② 剪力墙结构：剪力墙结构是用钢筋混凝土墙板来代替框架结构中的梁和柱，能承担各类荷载引起的内力，并能有效控制结构的水平力，这种用钢筋混凝土墙板来承受竖向和水平力的结构称为剪力墙结构。其具有荷载能力强的优势。此种结构形式应用较广，住宅大多采用此种结构形式。

③ 框架剪力墙结构：框架剪力墙结构是在框架结构中布置一定数量的剪力墙，构成灵活自由地使用空间，满足不同建筑功能的要求，同时又有足够的剪力墙，有相当大的侧向刚度。其结合了前面所述的框架结构与剪力墙结构的优势，存在布置灵活，空间较大，侧向刚度较大的优点，成了目前应用最多的结构形式。这种结构形式多见于商业建筑与办公建筑。这些建筑中的楼梯间等核心区域常采用剪力墙结构，称为核心筒，而其余的大型开敞办公室等功能区域均采用框架结构。

（2）工作内容

当建筑完成基本设计时，结构专业开始介入。结构工程师根据勘察报告，考虑地基形式，通过 PKPM 等计算软件完成结构力学的初步计算，并自动导出 CAD 相关图纸。计算软件使得结构工程师的工作变得相对简单，但计算机仍存在着局限性，所以结构工程师通常手动验算，修改并完善相关图纸，最终结构形式满足建筑专业的需求。

1.2.3　设备专业

（1）简介

设备专业设计师通常称为设备工程师，其更加注重工程技术方面的能力，来自大学的暖通和给水排水两个专业。因工作中给水排水专业的设计内容相对简单且与暖通专业概念互通，所以大部分设备工程师毕业于暖通专业，这类工程师既可完成暖通系统设计也可完成给水排水系统设计的工作。

（2）工作内容

设备专业的工作通常分为暖通与给水排水两部分。设备工程师可以只做暖通设计或给水排水设计，也可以两者都做。

① 暖通设计：暖通在学科分类中的全称为供热供燃气通风及空调工程，包括：采暖、

通风、空气调节三个方面，从功能上说是建筑的一个组成部分。采暖，又称供暖，按需要给建筑物供给热能，保证室内温度按人们要求持续高于外界环境，通常用散热器等。通风，向房间送入或由房间排出空气的过程，利用室外空气（称新鲜空气或新风）来置换建筑物内的空气（称室内空气），通常分自然通风和机械通风。空气调节，简称空调，用来对房间或空间内的温度、湿度、洁净度和空度流动速度进行调节，并提供足够量的新鲜空气的建筑环境控制系统。

② 给水排水设计：给水工程是为建筑供应生活用水、生产用水、消防用水以及道路绿化用水等。排水工程是排除人类生活污水和生产中的各种废水以及多余的地面水的工程。在给水排水工程中重要的一项工作是消防工程。消防工程则包含消火栓系统、自动喷水灭火系统、水幕灭火系统等。

1.2.4 电气专业

(1) 简介

电气专业设计师通常称为电气工程师，其更加注重技术方面的能力，来自大学的电气专业。在建筑中，利用现代先进的科学理论及电气技术（含电力技术、信息技术以及智能化技术等），创造一个人性化生活环境的电气系统。

(2) 工作内容

电气专业的工作通常分为强电设计与弱电设计两部分。有些大型设计单位工作划分比较详细，分为强电设计与弱电设计两部分，工程师分别完成设计工作。然而大部分设计单位的电气工程师是所有内容都设计的。

① 强电系统：供配电系统、动力系统、照明系统、防雷与接地系统。

② 弱电系统：火灾自动报警系统、安全防范系统、设备自动化系统、有线电视系统、综合布线系统、有线广播及扩声系统、会议系统等。

1.2.5 经济专业

(1) 简介

经济专业的工作通常称为工程概预算，其分为工程概算与工程预算两部分。该专业主要完成设计阶段的工程造价计算，帮助完成施工招标等进一步工作。概预算具体包含了建筑工程定额，建筑安装工程费用计算，一般土建工程施工图概算，室内水、暖、电等设备安装工程预算，建筑装饰工程预算，建筑工程结算与竣工决算、建筑工程概算，建筑工程概预算的审核以及计算机在工程概预算编制与计价等多方面内容。经济专业是设计单位的五个专业中最后一个完成工作的。

(2) 工作内容

建筑工程总共包含四方面：估算（总体设计阶段，由开发商在项目建议书与可行性研究阶段完成）；概算（初步设计阶段）；预算（施工图设计阶段）；结算（竣工阶段，由开发商在竣工验收阶段完成）。这四个流程的关系是：估算→概算→预算→结算。

设计中的经济专业只涉及概算与预算两方面。

① 概算：概算也叫设计概算，发生在初步设计或扩大初步设计阶段。其根据建筑、结构、设备、电气四个专业完成的初步设计图纸，依照相应的规范，对项目建设费用计算

确定工程造价。概算值得注意的是，不能漏项、缺项或重复计算，且标准要符合定额或规范。

②预算：预算也称施工图预算，发生在施工图设计阶段。其根据建筑、结构、设备、电气四个专业完成的施工图图纸，依照相应的规范，汇总项目的人、机、料的预算，确定建安工程造价。预算重点注意，计算工程量、准确套用预算定额和取费标准。

1.2.6　设计流程

（1）设计团队

对外，建筑专业作为设计的"龙头"专业，引领五个专业，并且作为设计公司的代表，与各方协调完成工作。对内，建筑专业得到建筑设计项目后，召集各专业的设计人员，组成项目小组。项目小组通常以建筑专业的设计师作为项目总负责人，建筑、结构、设备、电气四个专业分别设置一位或多位专业负责人。各专业负责人下自行募集多名设计人员，构成专业小组，见图 1-2。

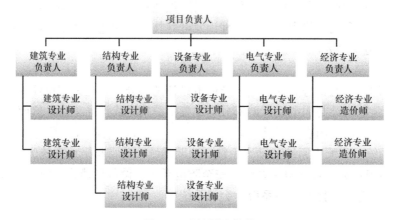

图 1-2　设计团队构成

因为经济专业并不出现在图纸当中，所以通常设计团队由建筑、结构、设备、电气四个专业组成。经济专业通常采用与专做经济的部门合作的方式。有的设计单位也将设备与电气专业统称为机电专业。

（2）工作流程

设计工作涉及多专业多人员，那么更好地理解建筑设计工作流程就变得十分重要。具体步骤为：（专业间相互配合时间点见图 1-3）

①设计公司从行业内介绍、网络或其他渠道获得建筑工程信息。

②设计公司组织建筑专业设计团队进行方案创作。

③方案创作团队参与竞标。

④中标后与业主方签订合同，确定完成设计项目。

【注】此阶段设计公司得到设计项目。如果建筑方案未能中标，则该设计项目流产，前期方案设计为无用功。

⑤结构、设备、电气三个专业配合建筑专业细化方案设计。建筑专业配合业主报规划局审批。

⑥ 结构专业配合建筑专业完成初步设计，建筑专业向交各专业提交建筑图。

⑦ 设备专业、电气专业开始初步设计，设备专业提交资料给电气专业。

⑧ 电气专业根据建筑图与设备专业资料完成电气设计。

⑨ 建筑、结构、设备、电气四个专业完成初步设计，提供图纸给经济专业。经济专业完成概算。

⑩ 初步设计图纸报内审。

⑪ 修改内审意见，完成后初设图纸内部归档。

【注】此阶段完成初步设计。

⑫ 结构专业配合建筑专业完成施工图设计，建筑专业提交施工图给各专业。

⑬ 设备专业、电气专业开始施工图设计，设备专业提交资料给电气专业。

⑭ 电气专业根据设备专业资料完成电气设计。

⑮ 建筑、结构、设备、电气四个专业完成施工图设计，提供图纸给经济专业。经济专业完成预算。

⑯ 施工图设计图纸报内审。

⑰ 修改内审意见后，报外审。

⑱ 修改外审意见后，四个专业消防图纸报消防局审批，四个专业人防图纸报人防办审批。

⑲ 各方意见均修改完后，内部归档，向业主方发正式蓝图。

【注】此阶段完成施工图设计。

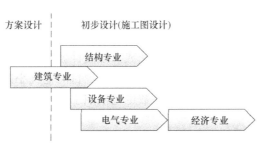

图 1-3　专业间相互配合时间点

完成全部设计工作后，通常就要进入施工配合阶段。在建筑施工公司确定后，设计师需要参与业主方组织的施工交底会议，为施工单位解答图纸相关疑问并最终形成会审记录。在建造过程中，施工遇到问题会与设计师随时沟通，并根据需要出具设计变更或工程洽商解决问题。待建筑物建造完成后，需要设计师到施工现场配合完成消防验收与竣工验收等工作。

通常施工现场发现问题后，以图纸为依据询问设计师的设计意图以及解决方式。解决方式分为图纸会审、设计变更、工程洽商三种。

① 图纸会审：以各方开会的设计交底方式，总结出会审记录。此类问题相对简单，多为对于设计意图的解释，不存在影响工程造价的因素。

② 设计变更：通过设计公司出具设计变更的方式，针对之前的设计图纸进行修改。修改后，以设计变更的内容为依据。此类问题影响施工及工程造价，需要设计单位进行修改，保证最终的施工准确。

③ 工程洽商：通过施工公司提出工程洽商后，由设计单位签字确认的方式，针对施工过程中发现的问题进行相关的图纸修改。修改后，以工程洽商的内容为依据。此类问题影响施工及工程造价，需要进行修改，保证最终的施工准确。通过此方式施工单位保护自身利益。

1.3　电气设计

电气专业作为实现建筑供电与控制的专业。随着经济发展，对于供电保护的要求逐年增加，建筑智能化的需求逐步扩大，工程复杂度逐渐提高，电气设计的工作量正在飞速猛增。

1.3.1　电气设计团队

（1）团队成员

在电气专业工作中，本科应届毕业生参加工作的第一年是实习技术人员，第二年可考取助理工程师，工作第五年可通过考试与评审后成为工程师，成为工程师五年后可通过评审成为高级工程师，另外电气工程师还可通过参加考试取得国家注册电气工程师资质。以上就是一名电气工程师在技术上，前 10 年能够得到的所有资质证明。另外，作为一名合格的电气工程师，以往做过的工程更是宝贵的财富，其代表着一名电气工程师的综合素质。

各设计单位内部将根据工程项目的规模结合电气工程师的资质，决定担当专业负责人的人选。当然专业负责人并不唯一，可根据工程需要设置多名负责人。专业负责人在建筑方案中标后便被确定，前期由其主要配合完成方案设计。进入初步设计阶段，电气专业负责人需要组织其工作室内的电气工程师形成该设计项目的电气小团队。该小团队的电气设计师可由任何资质的工程师担任，具体人数也是依照工程的大小和单位内部的分工习惯而定的。

（2）设计分工

谈及设计分工，需先明确电气设计需要完成的工作内容，列于下方：

① 说明（包含设计说明、计算书、消防专篇、节能专篇等）

设计说明：用文字描述清楚工程的具体做法，作为对于图纸的总体概括说明。

计算书：写明工程中变配电、照度、防雷等具体内容的计算过程。

消防专篇：针对设计工程中的消防部分进行详细介绍，用以报消防局审批使用。

节能专篇：针对设计工程中的节能部分进行详细介绍，用以报评定建筑节能等级审批使用。

② 总图（高压配电系统图、低压配电系统图、防雷与接地平面图、电气总平面图、室外照明图、图纸目录、图例等）

高压配电系统图：表达市政电缆进入建筑物后，接入位于变配电室的高压配电柜系统图，通常市政电缆为 10kV 电压。大多数工程，高压配电系统图由供电局进行专项设计。

低压配电系统图：表达从高压配电柜出线后，电缆接入位于变配电室的变压器和低压配电柜系统图，其将高压 10kV 转换为低压 380V 与 220V，并配出各条干线电缆至每个末端配电箱。

防雷与接地系统平面图：表达整栋建筑防雷与接地系统的图纸，分为表示屋面的防雷平面图与表示基础底板的接地平面图两部分，形成一套完整的防雷与接地系统。

电气总平面图：表达设计工程中建筑与周围环境电气关系的图纸，主要利用总平面图描述强弱电市政条件及室外预留管井等条件。

室外照明图：设计范围通常以总平面中的红线为分界线，红线内的建筑需要设置室外环境照明，在图中清晰表示。大多数工程，室外照明由专业的照明公司进行专项设计。

图纸目录：列写工程设计项目中所有的设计图纸，并编制图名与图号，方便图纸查阅。

图例：列写本工程中所有用到的图元，注明每个图元的含义与要求，方便图纸查阅。

③ 照明系统（照明平面图、照明干线系统图、照明配电系统图）

照明平面图：表达清与所有灯具有关的内容，包含配电箱至各灯具、开关等设计。

照明干线系统图：根据照明配电箱的空间关系与电气关系搭建从低压配电柜出线后的照明配电系统。

照明配电系统图：根据照明平面图和电气平面图中照明配电箱的配电回路，统计并绘制清楚配电箱系统。

④ 电气系统（电气平面图、动力干线系统图、动力分盘系统图）

电气平面图：表达除照明相关设备外的所有 220/380V 电压的电气设备。包含照明配电箱中照明以外的回路，设备专业提供的所有需要供电的设备，电气干线路由等。

动力干线系统图：根据动力配电箱的空间关系与电气关系搭建从低压配电柜出线后的动力配电系统。

动力配电箱系统图：根据电气平面图中针对动力配电箱的配电回路，统计并绘制清楚配电箱系统。

⑤ 弱电系统（弱电平面图、弱电系统图）

弱电平面图：表达所有非消防的低电压（36V 以下）或者信息设备，如网络与电话系统、电视系统、能源控制系统、能耗监测系统等。包含弱电设备、弱电接线箱、弱电干线路由等。

弱电系统图：表达整栋建筑中由市政条件至弱电设备的全部弱电系统。

⑥ 消防系统（消防平面图、消防系统图）

消防平面图：表达所有与消防有关的低电压（36V 以下）或者信息设备，如消防报警系统、消防联动系统、消防广播系统等。包含消防设备、消防接线箱、消防干线路由等。

消防系统图：表达整栋建筑中由消防控制室至消防设备的全部消防系统。

⑦ 详图（变配电室平面布置图、强弱电间大样图等）

变配电室平面布置图：表达变配电室内设备的排布图，通常与高低压配电系统图一同绘制。

强弱电间大样图：强弱电间内部设备较多，设备尺寸较大，且房间空间狭小，需要详细排布以保证合理布置。

电气专业设计通常按照各系统进行分工合作，可以一名设计师承担多个系统的设计工作，也可以多名设计师承担一个系统的设计工作。当多名设计师共同完成同一系统时，可考虑按照子系统进行分工，或者按照楼层进行分工。总图以及说明部分由于作为设计中最重要的部分，通常由专业负责人完成，以便把控项目。具体分工合作方法参看图1-4。

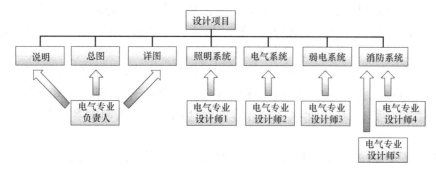

图1-4 设计项目专业内分工

在实际工作中，新人通常以照明系统或者消防系统入手，并且从完成平面图设计逐步到完成系统图等全部设计。弱电系统因其技术更新快的特点，通常在工作过一段时间后才会接触到。电气系统因其重要性仅次于总图及设计说明，故通常由比较有经验的工程师完成。

1.3.2 工作计划

电气专业内部的工作计划需根据全专业的大计划制定，如表1-2某工程项目电气专业设计计划。

某工程项目电气专业设计计划 表1-2

时间	完成进度	备注
初步设计		
2013.7.15	建筑专业发图	开始电气设计
2013.8.9	电气专业向建筑提条件	根据图纸提供需要调整的内容
2013.9.23	电气专业完成初设图纸	
2013.9.25	电气专业打图晒图，并提交内审	
2013.10.15	完成初设内审意见修改 提交经济专业，开始工程概算	
2013.10.17	与其他各专业对图(初步设计图纸)	核对所有相关内容,保证图纸能够完全对准
施工图设计		
2013.11.5~11.10	接收设备专业资料	接收与电气有关的动力图纸与消防图纸相关的设备专业设备
2013.11.01~11.15	向结构专业提条件	强电与弱电给结构专业提供留洞位置图
2013.11.28	完成施工图打图晒图	
2013.11.29	图纸送内审 向甲方提供施工招标图纸	
2013.12.14	完成内审意见修改后送外审、消防局	内审的图纸问题多与审图人沟通,保证全部修改
2013.12.27	完成外审、消防局意见修改	
2013.12.28	打图晒图	
2013.12.29	单位内部归档，并且向业主提供全套施工图	设计工作完成,进入设计服务阶段

1.3.3 各设计阶段工作内容

设计阶段主要分为方案设计、初步设计、施工图设计三个阶段,在《建筑工程设计文件编制深度规定》中已明确各阶段的设计内容。以下结合实际设计工作,简单介绍各阶段的情况。

设计院的设计流程:方案配合→初步设计→初步设计内审→初步设计修改→施工图设计→施工图报内审→施工图设计修改→施工图报外审→施工图报消防局(→施工图报人防办)→施工图设计修改至通过各方审查→施工图公司内部归档→正式施工图发给甲方。当一个工程项目开始,电气设计通常分为三个步骤:方案设计;初步设计;施工图设计。这些设计阶段的包含的文件以及相应的设计深度可参看《建筑工程设计文件编制深度规定》,或者公司内部的文件,这里不做详细说明。

(1)方案设计

在建筑专业设计方案中标后,便可确定该工程的设计公司。此时进入全专业方案设计阶段。

电气方案设计指在设计工作前期配合建筑专业完成对于工程电气相关设计工作。通常业主方会根据自身需要,提供电气专业的设计任务书(业主方无法提供任务书时,可由设计公司反提条件,业主确认)。此时,电气专业负责人应依据工程情况与规范向业主方索要电气条件,包括:向供电局报备供电需求,并要求提供供电方案;向网络公司提出网络线路需求;向电话公司提出电话线路需求;向电视公司提出电视线路需求。最后,由该工程项目的电气专业负责人撰写方案说明,该说明的具体内容及样例可参看本书"第 2 章",并报规划局备案。

同时应按照建筑专业的工作计划安排向其提出电气用房的需求,包括面积、净高、位置等要求。这些电气机房包括:强电进线间(高压分界室)、弱电进线间、变配电室、消防控制室、安防控制室、网络机房、电话机房、电视机房、无线通信机房、强弱电间等。机房条件应根据规范和工程经验要求提出,具体参看本书各章节具体内容。最终经过多轮协商确定电气机房的位置,建筑专业完成建筑图纸的初步设计,并发给各专业作为底图开始初步设计工作。

此时电气专业负责人应根据需要募集本工程电气小组成员,完成设计分工,准备进入该项目的初步设计阶段。

【注】此过程可根据所在设计公司的习惯做法加以调整。

(2)初步设计

初步设计是工程全方面的一个初步配合阶段,初步完成图纸的设计,使建筑工程各方对于工程概况有一定的了解,并进行初期准备工作。

初步设计主要成果包含:初步设计说明;初步设计计算书;总图;变、配、发电系统图纸;配电干线系统图纸;照明平面图纸;电气平面图纸;建筑物防雷与接地平面图纸;消防系统与平面图纸;弱电系统与平面图纸等,具体的设计方法参看本书各系统的相应章节。

(3)施工图设计

施工图设计是完成工程全部设计图纸的阶段。设计公司完成全部的设计内容,将图纸全部交给业主方与施工方，由施工方按照图纸进行施工。工程进入施工阶段后，设计师仍应配合施工方依据现场具体情况完成对于图纸的调整，保证建筑顺利建成，直到最终完成验收，建筑投入使用，设计师才真正完成该建筑项目。

施工图设计主要成果包含：施工图设计说明；施工图设计计算书；总图；变、配、发电系统图纸；配电干线系统图纸；照明配电系统与平面图纸；电气配电系统与平面图纸；建筑物防雷与接地平面图纸；消防系统与平面图纸；弱电系统与平面图纸；大样图等，具体的设计方法参看本书各系统的相应章节。

可以看出，施工图设计阶段与初步设计阶段内容大体相同，但其整体设计深度存在很大差异，具体参看设计深度规定。

1.3.4　电气方案设计

电气方案设计属于前期配合设计，不同于初步设计与施工图设计，这里加以讲解。

根据建筑专业的方案配合计划，电气专业负责人进行电气专业的工作。在方案阶段电气配合需要提供电气条件和电气方案说明。电气方案说明具体内容及样例可参看本书"第2章"。本节主要阐述电气条件的确定，以表1-3为例，该表为工程实例。

某工程电气机房需求表（方案阶段）　　　　　表 1-3

房间名称	位置	面积（m²）	净高（m）	备　注
变配电室	地下 1 层	400	≥6	设置于用电负荷中心,应靠近建筑外墙,且不宜设在建筑最底层
高压分界室	地下 1 层	30	≥6	靠市政 10kV 电缆进线方向外墙
消防安防控制室	首层	100	≥3	有直接对外出口,30cm 架空地板
电话机房	地下 1 层	100	≥3	两个机房宜靠近布置,不应靠近强电磁干扰场所,例如变电室、设备动力机房等。做 30cm 架空地板
网络机房	地下 1 层	60	≥3	
弱电进线间	地下 1 层	15	≥3	靠进线方向外墙
各层强电间、弱电间	各层	6～8	≥3	强电间大于 6m²,弱电间大于 8m²
机电通廊	B1 层或首层	—	≥6	宽度 3～3.5m

根据规范与工程经验可以将电气用房设置原则列为以下几条：

① 不能邻水，即电气机房上方或者周围相邻房间不能是有水房间，如卫生间、淋浴间、设备空调机房、泵房等。近年来设备专业经常采用地暖，且多为水管供热形地暖，应注意避开电气机房位于其下方或建议设备专业修改供暖方式。

工程中，电气机房无法完全避免邻水。当电气房间上方存在有水房间时，可通过设置双层顶板处理，首先浇灌一层有坡度顶板并设置排水槽，并进行防水处理，然后再浇灌上一层顶板。当电气房间四周存在有水房间时，可通过设置双墙处理，首先砌一堵墙，然后进行防水处理，最后砌另一面墙。因两种处理方式存在弊端（实际工程中，混凝土浇灌都是整体浇灌完成，且封死后不易监察，故施工通常不进行防水处理，做不到标准的双层顶板或双层墙），故应尽最大可能避免出现有邻水房间的情况。

② 不能邻爆，即电气机房上、下、周围都不能与存在爆炸可能的房间相邻，如厨房、锅炉房、燃气表间等。

下面分别列写向建筑索要各电气机房条件的具体思路：

(1) 变配电室

作为建筑内的变电主机房，市政 10kV 电压电缆由高压分界室进入建筑，送至变配电室，转换为 380V/220V 电压配出，为整栋建筑提供电源。

① 位置

位置的选择以规范为准则，根据工程具体情况具体分析。应根据 "《低压配电设计规范》GB 50054—2011 中 4.1 的条文，《10kV 及以下变电所设计规范》GB 50053 中第一章和第二章，《民用建筑电气设计规范》JGJ 16—2008 中 4.1、4.2 的条文" 确定位置的选择。

② 面积

房间面积的确定通常源于工程经验，首先根据方案阶段的建筑电量估算确定变压器台数及容量，其次预估低压柜与高压柜的数量。根据 "《低压配电设计规范》GB 50054—2011 中 4.2 的条文，《10kV 及以下变电所设计规范》GB 50053 中第三章~第五章，《民用建筑电气设计规范》JGJ 16—2008 中 4.5~4.7 的条文"，结合变压器和高低压配电柜的通用尺寸，可大体完成排布，并确定房间面积。

【注】工程经验丰富的工程师可根据项目性质与规模及变压器台数和容量预估变配电室面积。通常两台变压器需 200m² 机房，四台变压器需 350m²。

③ 净高

确定变配电室的净高取决于电缆进出线方式，而变配电室内通常设有高压柜，故需供电局确认机房条件后才能施工。若不满足供电局要求，供电局可不为建筑供电。全国供电局目前要求基本一致，变配电室均需采用下进下出线方式。住宅建筑变配电室可采用做电缆沟的方式，层高要达到 4.2m 以上。公共建筑变配电室需采用做电缆夹层的方式，层高达到 6m 以上，于距本层地面 2m 处做夹层板。

(2) 高压分界室

作为建筑的供电产权分界房间，市政 10kV 电压电缆由外线直接进入位于建筑外墙处的高压分界室，最终送达变配电室。高压分界室前端的电缆以及分界室产权归属于当地供电局，业主方无权管理，分界室后部出线则归属业主方。

高压分界室通常设置于建筑外墙处，并尽量靠近变配电室。值得注意的是当地供电部门有无特殊要求，比如北京要求高压分界室必须设置于建筑物首层。高压分界室同样遵循当地供电局要求，通常与变配电室相同，其位置、面积、净高选择方法与变配电室相同。通常需要 30m²，净高 6m 以上，于距本层地面 2m 处做夹层板。

(3) 消防安防控制室

消防控制室内设置消防系统主机以及相应的系统主要设备。安防控制室内以视频监控为主要系统，还包含门禁系统、防入侵警报系统、巡更系统等多个子系统。消防控制室与安防控制室可以分别设置，也可以合并设置。考虑到消防监控与安防监控都要有人值守，所以通常合并使用，节省管理人员数量，且做到火灾时方便察看监控摄像。

① 位置

应根据"《火灾自动报警系统设计规范》GB 50116—2013 中 3.4 的条文，《民用建筑电气设计规范》JGJ 16—2008 中 13.11、14.9、23.1 和 23.2 的条文，《安全防范工程技术规范》GB 50348—2004 中 3.13 的条文"确定位置。优先考虑设于首层。

② 面积

房间面积的确定通常源于工程经验，首先根据方案阶段的建筑初步估算所包含的消防与弱电系统，再根据弱电系统确定控制室内电气设备，最终根据"《火灾自动报警系统设计规范》GB 50116—2013 中 3.4 的条文，《民用建筑电气设计规范》JGJ 16—2008 中 14.9 和 23.2 的条文，《安全防范工程技术规范》GB 50348—2004 中 3.13 的条文"完成设备的排布，确定房间面积。值得注意的是，因电气设备布置的要求，控制室的形状应保证归整，如正方形或长方形等。一般工程，其消防与安防系统并不会因为建筑规模而有巨大变化（超小型建筑除外），故根据工程经验，可按照长方形或正方形 90m² 预留消防安防控制室。

③ 净高

消防安防控制室房间净高参看"《民用建筑电气设计规范》JGJ 16—2008 中表 23.3.2"。根据以往工程经验，净高 3m 便可满足需求。

（4）弱电机房

弱电机房可细分为：电话与网络机房，电视机房，无线通信机房等。这些机房均需由弱电进线间引来市政条件至相应的机房，故其要求基本一致。电话与网络机房需由电话局和网络公司（如联通公司、电信公司等）提供外部的电话和网络两种线路，分别接至机房内各自主机。电视机房则需由电视公司（如歌华有线公司等）提供外部电视线路，接至机房内主机。无线通信机房需由无线通信公司（如移动公司、联通公司、电信公司等）提供外部手机通信线路至机房内主机。

① 位置

应根据"《综合布线系统工程设计规范》GB 50311—2016 中 6.3 的条文，《民用建筑电气设计规范》JGJ 16—2008 中 21.5、23.1 和 23.2 的条文"确定位置的选择。

② 面积

房间面积的确定通常源于工程经验，首先根据方案阶段的建筑初步估算所包含的综合布线系统，再根据弱电系统确定控制室内电气设备，最终根据"《综合布线系统工程设计规范》GB 50311—2016 中 6.3 的条文，《民用建筑电气设计规范》JGJ 16—2008 中 21.5、23.1 和 23.2 的条文"，确定房间面积。根据以往工程经验，电话与网络机房需要 80m²，电视机房需要 15m²，无线通信机房需要 15m²。随着现今弱电系统的发展，该面积参考值将会不断增加。

③ 净高

其房间净高参看"《民用建筑电气设计规范》JGJ 16—2008 中表 23.3.2"。根据以往工程经验，净高 3m 便可满足需求。

（5）强电、弱电进线间

强电进线间作为市政 10kV 电压电缆进入建筑的机房。机房应位于市政电缆进入建筑物外墙处，且应尽量靠近变配电室以缩小供电距离。根据工程情况确定项目采用强电进线间还是高压分界室作为市政引入机房。

弱电进线间是保证市政条件进入建筑物的分界点，其内部没有电气设备，只要保证人员在房间内的安装与检修即可。其房间净高参看"《民用建筑电气设计规范》JGJ 16—2008 中表 23.3.2"。

（6）各层强电间、弱电间

强弱电间是作为建筑中的主要设置照明配电系统与电气路由的机房。

① 位置

强弱电间的位置与其他电气强弱电机房的要求相同，同样需要避开有水房间与易燃易爆房间。首先，需要每个防火分区内至少设置一组，以保证消防相关回路不会跨防火分区接线。其次，应保证尽量设置在负荷中心，且当需通往上下层时应尽可能保证竖向贯通。

② 面积

房间面积的确定通常源于工程经验，首先根据方案阶段的建筑初步估算所包含的强弱电系统，再根据系统确定强弱电间内电气设备，最终强弱电间面积根据规范条文确定。随着消防系统与弱电系统的不断发展，子系统越来越多，弱电间内的电气设备往往多于强电间，其所需面积也应大于强电间。依据工程经验，弱电间内的设备排布依靠包含系统的多少确定，所以不以工程规模为依据，而以系统进行确定。根据以往工程经验，弱电间需要 $6 \sim 8 \mathrm{m}^2$，强电间则需要 $6 \mathrm{m}^2$。

③ 净高

其房间净高参看"《民用建筑电气设计规范》JGJ 16—2008 中表 23.3.2"。根据以往工程经验，净高 3m 便可满足需求。

（7）机电通廊

机电通廊指主要走通设备与电气各系统干线路由的通道，在大型建筑项目中较为多见。因建筑内部功能紧凑，所以以机电通廊的设置较为困难。但机电通廊存在净高较高，走廊较宽，适合通过大量机电干线的特点。可有效保证建筑中机电干线路由形成通路，同时保证建筑吊顶控高要求。

1.4　电气设计学习方法

在电气设计工作中，需要不断学习，丰富自身知识。当我们作为一名学生离开大学，投身到设计工作中后，首先面对的是如何使用 Autodesk CAD 绘图软件。其次要面对设计院各种琐碎的"杂事"。最后才是真正的电气设计工作。在开始设计工作后，许多年轻人总会发现无从下手，这时如何学习就成了重要的问题。工程师是要懂得多才能干得好的。

1.4.1　CAD 绘图

本书作为电气设计入门，不讲解 CAD 软件的具体操作（这部分知识的书籍极多，设计师可另行购买自学）。考虑到 CAD 软件操作书籍通常写得较为繁复，不易学习，很多设计师刚接触时感到无所适从，故本书将一些常用操作列于表 1-4：

CAD 软件常用操作　　　　　　　　　　　　　　　　　　　　表 1-4

名称		描述	工作中常使用
键盘		在工作中常通过输入快捷键调用命令	通过"英文字母＋空格键"或"英文字母＋鼠标右键"的方式输入快捷命令,完成命令的快速调用
鼠标		操控软件的主要方式	左键:在工具栏中单击命令。在绘图区中选择图元。 右键:确定命令或重复上一命令。 滚轮:通过滚动完成视图的放大与缩小。通过按压滚轮并移动鼠标,完成视图的移动
天正电气软件		第三方插件,基于 CAD 的一款辅助软件	大部分设计师通常利用天正电气软件的"平面设备"功能放置电气图例,"照度计算"功能计算照度,"平面统计"功能统计设备数量,"接地防雷"功能绘制防雷与接地平面图等等。 少数设计师也利用"导线"功能完成连线,利用"标注统计"功能完成标注等全部图纸绘制工作
工具条（CAD 软件中的工具条可以帮助使用者快速调用命令。）	UCS II	调整坐标系	根据建筑专业定好的坐标系进行绘图,当建筑存在多个方向时可随时转换图纸方向以便图纸绘制
	标注	完成建筑图中的尺寸标注	通常在绘制详图时使用。大部分用来绘制强弱电间、变配电室、消防控制室等重要电气机房的详图时使用
	标准	CAD 软件的基本操作工具条	内含基本的操作选项,如:保存文件、撤销命令、复制、打印文件等
	对象捕捉	调整绘图时光标所识别的图元点	调整适应设计师工作习惯的对象捕捉,有利于提高设计师的工作速度
	绘图	主要帮助完成线支的连接	利用"直线"、"多段线"、"矩形"、"圆弧"、"圆"这些命令绘制线支。利用"修订云线"命令绘制云线,方便表达修改内容
	绘图次序	保证图元的层次	通常保证本专业的图元位于最上层,这样最后打印的图元不会被建筑图遮挡
	图层	用来控制图元的显示	在窗口中可以控制图层的显示、打印、颜色等。通常通过规范图层的归属与控制图层的显示和颜色,方便设计师更快速地完成工作
	图层 II	用来控制图元的显示	利用"图层匹配"功能快速改变图元的图层归属。利用"图层冻结"和"图层关闭"功能快速关闭图层。利用"图层锁定"与"图层解锁"功能快速控制图元
	文字	书写文字	完成在视图中的文字书写,通常用于说明的书写以及图纸的标注
	修改	任意修改视图中的图元	针对图元完成各种修改,如:打断、复制、删除等

【注】设计师可根据上表中的这些常用命令有选择地学习 CAD 软件的操作。

刚参加工作的设计师通常从老设计师那里听到最多的一句话是:CAD 软件操作很简单,但想要提高绘图效率与图纸质量就需要深入地理解了。这句话说明了 CAD 软件的本质,其是基于二维线的绘图软件,一切命令都是基于画线的,原理较为简单。但是其作为一款软件仍有许多功能可以帮助设计师更快更好地完成工作。这些操作的学习就要靠设计师在工作中自我探索与总结了。

【注】通过对于 CAD 软件一些命令的使用可以大大提高工作效率，节省工作时间。比如，通常要选择很多已绘制的图元，鼠标左键自左上向右下框选则只框选完整选中的图元，自右下至左上框选则所有接触到的图元都会框选。这个方法可以帮助设计师更快的选择需要的图元。

1.4.2 "打杂"

"打杂"是种戏称，其主要指解决我们工作中一些与设计本身关系不大的工作。虽然这些工作看似不重要，但如果解决的不好都会影响工作。

(1) 打图

打图是一个将电脑软件中的设计文件变为实际蓝图的过程。首先由设计师制作 PDF 或 ".plt" 格式文件，在文件中确定好图纸尺寸、线的颜色与粗细等相关设置。然后，发给专门的图茂公司，由其根据文件打印出硫酸图、白图或蓝图（蓝图是施工图的标准图纸规格，因其晒出的图纸为蓝色而得名），最后施工图可作为正式的图纸交各方相关单位。

打图过程需要通过控制视图中图元的显示情况，调整建筑图中的图元，调整"打印样式表"等操作来保证只打印需要的图元内容，与打印出来的线支粗细（利用天正绘图的可通过调整"天正设置"功能完成）。最终制作成 PDF 或 ".plt" 格式打印文件。具体操作可参看 CAD 软件操作书籍，而对于线支粗细的设置可参看自身设计公司内部的图纸管理要求，或以晒出的蓝图能够清晰表示各图元为标准完成打图工作。

(2) 搬运图纸与盖章

通常在图纸打印与晒图过程中搬运图纸是不可避免的。当图纸作为有效文件发送各方前，应根据单位的规定加盖各种公章。

(3) 图纸归档

通常大型设计公司会有电子文件归档或者纸质文件归档两种方式，建立以往工程档案库，方便未来查询与调用。一个好的档案管理是一个好的设计公司的必要环节，而对于其归档图纸会有具体的要求，以方便未来的管理工作。虽然归档工作会耗费一定的工作时间，但当工程出现问题时，以及过往工程需要改造时，图纸档案都是非常重要的文件。

1.4.3 电气设计学习

电气设计中，规范是唯一具有法律效力的书籍。以国家规范为最高标准，地方规范次之，行业规范再次。设计中，需要保证同时满足国家规范、地方规范、行业规范的条文要求。当地方规范或行业规范与国家规范存在相悖时，应以国家规范为准。当地方规范的条文要求高于国家规范时，应按照高标准的规范条文执行。当同等级规范间出现冲突时，应以最新实施的规范为准。

规范是文字性说明，而配合规范还出具了大量的图集，其作为图示帮助工程师理解设计方法与工程做法。图集分为国家标准图集与地方标准图集两类。根据项目所在地的情况，可以引用当地的地方标准图集或者国家标准图集。值得注意的是，图集只能作为参考与引用，不能作为具有法律效力的文件。

【注】完成国内设计项目，无论何地方都可引用国家标准图集。

除了规范，在电气设计工作中，还应不断参考别人的优秀工程作为自己的学习资料。

另外，行业内一些具有权威性的专著也是很好的获取知识的方法。还可以通过网络查找一些资料并与业内人士探讨问题。

（1）规范

规范通常分为术语、条文、条文说明三部分。

① 术语是对于规范中出现的特殊名词的解释，可在看条文的过程中，参看术语进行理解。

② 条文是规范的主要部分，条文是描述设计做法的文字性说明，设计师根据条文进行设计工作。条文包含黑体字条文，含"应"字的条文，一般性条文，含"宜"字的条文四种，其执行的重要程度应按此顺序执行。值得注意的是，含"宜"字的条文表示最好执行，但有困难时可不执行。

【注】黑体字是强制性条文，是必须遵守，不可违背的。在设计行业内各内审或外审都以此作为质量把控基础要求。

③ 条文说明是本规范编制人对于条文的文字性说明，解释其做法等，不像条文本身具有一定的严谨性。故条文说明本身不具有法律效力，但可辅助设计师理解条文。

现行规范见表1-5～表1-7：

常用标准规范　　　　　　　　　　　　　　　　　　　　　　　　　表 1-5

标准类型	规范号	规范名称
国标	GB/T 50504—2009	民用建筑设计术语标准
国标	GB/T 50001—2010	房屋建筑制图统一标准
国标	GB/T 50786—2012	建筑电气制图标准
国标	GB/T 4728.1～13—2005	电气简图用图形符号
国标	GB/T 50103—2010	总图制图标准
国标	GB 50352—2005	民用建筑设计通则
行标	JGJ 16—2008	民用建筑电气设计规范
国标	GB 50052—2009	供配电系统设计规范
国标	GB 50054—2011	低压配电设计规范
国标	GB/T 3805—2008	特低电压（ELV）限值
国标	GB 50217—2007	电力工程电缆设计规范
国标	GB 50034—2013	建筑照明设计标准
国标	GB 50055—2011	通用用电设备配电设计规范
国标	GB 50116—2013	火灾自动报警系统设计规范
国标	GB 50016—2014	建筑设计防火规范
国标	GB 25506—2010	消防控制室通用技术要求
国标	GB 50974—2014	消防给水及消火栓系统技术规范
国标	GB 50313—2013	消防通信指挥系统设计规范
国标	GB 50526—2010	公共广播系统工程技术规范
国标	GB 50314—2015	智能建筑设计标准
国标	GB 50311—2007	综合布线系统工程设计规范

续表

标准类型	规范号	规范名称
国标	GB/T 50622—2010	用户电话交换系统工程设计规范
国标	GB 50348—2004	安全防范工程技术规范
国标	GB 50395—2007	视频安防监控系统工程设计规范
国标	GB 50198—2011	民用闭路监视电视系统工程技术规范
国标	GB 50464—2008	视频显示系统工程技术规范
国标	GB 50396—2007	出入口控制系统工程设计规范
国标	GB 50394—2007	入侵报警系统工程设计规范
国标	GB 50200—1994	有线电视系统工程技术规范
行标	JGJ/T 334—2014	建筑设备监控系统工程技术规范
国标	GB 50174—2017	数据中心设计规范
国标	GB 50057—2010	建筑物防雷设计规范
国标	GB 50343—2012	建筑物电子信息系统防雷技术规范
国标	GB 50067—2014	汽车库、修车库、停车场设计防火规范
国标	GB/T 50668—2011	节能建筑评价标准
国标	GB 50189—2015	公共建筑节能设计标准
国标	GB 50098—2009	人民防空工程设计防火规范
国标	GB 50038—2005	人民防空地下室设计规范

特殊情况需参考的规范　　　　　　　　　　表 1-6

标准类型	规范号	规范名称
国标	GB/T 6988.1—2008	电气技术用文件的编制　第 1 部分:规则
国标	GB/T 16895.5—2012	建筑物电气装置　第 4 部分:安全防护　第 43 章:过电流保护
国标	GB/T 16895.13—2012	建筑物电气装置　第 7 部分:特殊装置或场所的要求　第 701 节:装有浴盆或淋浴盆的场所
国标	GB 16895.24—2005/IEC 60364-7-710:2002	建筑物电气装置　第 7-710 部分:特殊装置或场所的要求　医疗场所
国标	GB/T 16895.8—2010	建筑物电气装置　第 7 部分:特殊装置或场所的要求　第 706 节:狭窄的可导电场所
国标	GB/T 16895.14—2010	建筑物电气装置　第 7 部分:特殊装置或场所的要求　第 703 节:装有桑拿浴加热器的场所
国标	GB/T 16895.10—2010	低压电气装置　第 4-44 部分:安全防护　电压骚扰和电磁骚扰防护
国标	GB/T 16895.18—2010	建筑物电气装置　第 5 部分:电气设备的选择和安装　第 51 章:通用规则
国标	GB/ 16895.6—2000	建筑物电气装置　第 5 部分:电气设备的选择和安装　第 52 章:布线系统
国标	GB/T 16895.15—2002	建筑物电气装置　第 5 部分:电气设备的选择和安装　第 523 节:布线系统载流量
国标	GB/T 16895.4—1997	建筑物电气装置　第 5 部分:电气设备的选择和安装　第 53 章:开关设备和控制设备

标准类型	规范号	规 范 名 称
国标	GB/T 16895.19—2002	建筑物电气装置 第7部分:特殊装置或场所的要求 第702节:游泳池和其他水池
国标	GB/T 16895.9—2000	建筑物电气装置 第7部分:特殊装置或场所的要求 第707节:数据处理设备用电气装置的接地要求
国标	GB/T 18379—2001	建筑物电气装置的电压区段
国标	GB/T 13870.2—2016	电流对人和家畜的效应 第2部分:特殊情况
国标	GB/T 17949.1—2000	接地系统的土壤电阻率、接地阻抗和地面电位测量导则 第1部分:常规测量
国标	GB 50613—2010	城市配电网规划设计规范
国标	GB 50556—2010	工业企业电气设备抗震设计规范
会标	CECS 37:91	工业企业通信工程设计图形及文字符号标准
国标	GBJ 143—90	架空电力线路、变电所对电视差转台、转播台无线电干扰防护间距标准
会标	CESC 31:2006	钢制电缆桥架工程设计规范
行标	JGJ 232—2011	矿物绝缘电缆敷设技术规程
国标	GB 13955—2005	剩余电流动作保护装置安装和运行
国标	GB/T 50064—2014	交流电气装置的过电压保护和绝缘配合设计规范
国标	GB 50056—1993	电热设备电力装置设计规范
国标	GB 50227—2017	并联电容器装置设计规范
国标	GB/T 50062—2008	电力装置的继电保护和自动装置设计规范
国标	GB/T 50063—2017	电力装置的电测量仪表装置设计规范
国标	GB/T 50703—2011	电力系统安全自动装置设计规范
国标	GB/T 50479—2011	电力系统继电保护及自动化设备柜(屏)工程技术规范
国标	GB 50260—2013	电力设施抗震设计规范
会标	CESC 115:2000	干式电力变压器选用、验收、运行及维护规程
国标	GB 50689—2011	通信局(站)防雷与接地工程设计规范
国标	GB/T 50065—2011	交流电气装置的接地设计规范
国标	GB 50966—2014	电动汽车充电站设计规范
行标	JGJ/T 119—2008	建筑照明术语标准
国标	GB 50582—2010	室外作业场地照明设计标准
行标	JGJ/T 163—2008	城市夜景照明设计规范
行标	JGJ/T 307—2013	城市照明节能评价标准
行标	CJJ/T 227—2014	城市照明自动控制系统技术规范
行标	DL/T 5484—2013	电力电缆隧道设计规程
国标	GB 50073—2013	洁净厂房设计规范
国标	GB 50763—2012	无障碍设计规范
国标	GB 50041—2008	锅炉房设计规范

标准类型	规范号	规 范 名 称
国标	GB 50058—2014	爆炸危险环境电力装置设计规范
国标	GB 50373—2006	通信管道与通道工程设计规范
行标	CJJ 145—2010	燃气冷热电三联供工程技术规程
国标	GB 50636—2010	城市轨道交通综合监控系统工程设计规范
行标	CJJ/T 146—2011	城镇燃气报警控制系统技术规程
行标	CJJ/T 151—2010	城市遥感信息应用技术规范
行标	CJJ 149—2010	城市户外广告设施技术规范
国标	GB 50838—2015	城市综合管廊工程技术规范
国标	GB 50440—2007	城市消防远程监控系统技术规范
国标	GB 50371—2006	厅堂扩声系统设计规范
国标	GB 50115—2009	工业电视系统工程设计规范
国标	GB 50635—2010	会议电视会场系统工程设计规范
国标	GB 50799—2012	电子会议系统工程设计规范
行标	CJJ/T 187—2012	建设电子档案元数据标准
会标	CECS 296:2011	无源无线智能控制系统技术规程
行标	DL/T 5157—2012	电力系统调度通信交换网设计技术规程
国标	GB/T 50760—2012	数字集群通信工程技术规范
国标	GB 50922—2013	天线工程技术规范
国标	GB 50524—2010	红外线同声传译系统工程技术规范
国标	GB 50710—2011	电子工程节能设计规范
国标	GB 50611—2010	电子工程防静电设计规范
会标	CECS 341:2013	电力通信系统防雷技术规程
国标	GB/T 50719—2011	电磁屏蔽室工程技术规范
国标	GB 501017—2014	古建筑防雷工程技术规范
国标	GB 50952—2013	农村民居雷电防护工程技术规范
行标	JGJ/T 272—2012	建筑施工企业信息化评价标准
行标	JGJ 203—2010	民用建筑太阳能光伏系统应用技术规范
国标	GB/T 50865—2013	光伏发电接入配电网设计规范
国标	GB/T 50866—2013	光伏发电站接入电力系统设计规范
行标	DL/T 5446—2012	电力系统调度自动化工程可行性研究报告内容深度规定
行标	DL/T 5452—2012	变电工程初步设计内容深度规定
行标	DL 5449—2012	20kV配电设计技术规定
行标	DL/T 5450—2012	20kV配电设备选型技术规定
行标	DL/T 5103—2012	35kV~220kV无人值班变电站设计技术规程
国标	GB 50697—2011	1000kV变电站设计规范
国标	GB 50060—2008	3~110kV高压配电装置设计规范

标准类型	规范号	规 范 名 称
国标	GB 50053—2013	20kV 及以下变电所设计规范
国标	GB 50049—2011	小型火力发电厂设计规范
行标	JGJ/T 229—2010	民用建筑绿色设计规范
国标	GB/T 50939—2013	急救中心建筑设计规范
国标	GB 50099—2011	中小学校设计规范
国标	GB/T 50609—2010	石油化工工厂信息系统设计规范
国标	GB 50650—2011	石油化工装置防雷设计规范
国标	GB 50368—2005	住宅建筑规范
国标	GB 50096—2011	住宅设计规范
国标	GB 50846—2012	住宅区和住宅建筑内光纤到户通信设施工程设计规范
国标	GB/T 50605—2010	住宅区和住宅建筑内通信设施工程设计规范
行标	JGJ 242—2011	住宅建筑电气设计规范
国标	GB 50284—2008	飞机库设计防火规范
国标	GB 50340—2016	老年人居住建筑设计标准
国标	GB 50156—2012	汽车加油加气站设计与施工规范(2014 版)
国标	GB 50333—2012	医院洁净手术部建筑技术规范
行标	JGJ 312—2013	医疗建筑电气设计规范
行标	JGJ 62—2014	旅馆建筑设计规范
行标	JGJ/T 41—2014	文化馆建筑设计规范
行标	JGJ 48—2014	商店建筑设计规范
行标	JGJ 333—2014	会展建筑电气设计规范
行标	JGJ 218—2010	展览建筑设计规范
行标	JGJ/T 60—2012	交通客运站建筑设计规范
行标	JGJ 243—2011	交通建筑电气设计规范
行标	JGJ 310—2013	教育建筑电气设计规范
行标	CJJ/T 198—2013	城市轨道交通接触轨供电系统技术规范
行标	CJJ/T 162—2011	城市轨道交通自动售检票系统检测技术规程
行标	JGJ 31—2003	体育建筑设计规范
行标	JGJ 153—2007	体育场馆照明设计及检测标准
行标	JGJ/T 131—2012	体育场馆声学设计及测量规程
行标	JGJ/T 179—2009	体育建筑智能化系统工程技术规程
行标	JGJ 284—2012	金融建筑电气设计规范
行标	JGJ 176—2009	公共建筑节能改造技术规范
行标	JGJ 67—2006	办公建筑设计规范
行标	JGJ 36—2016	宿舍建筑设计规范
行标	JGJ 38—2015	图书馆建筑设计规范

标准类型	规范号	规 范 名 称
行标	JGJ 57—2000	剧场建筑设计规范
行标	JGJ/T 60—2012	交通客运站建筑设计规范
国标	GB 50881—2013	疾病预防控制中心建筑技术规范
国标	GB 50826—2012	电磁波暗室工程技术规范

施工与验收规范   表 1-7

标准类型	规范号	规 范 名 称
国标	GB 50994—2014	工业企业电气设备抗震鉴定标准
国标	GB/T 50978—2014	电子工业工程建设项目设计文件编制标准
国标	GB/T 50194—2014	建筑工程施工现场供用电安全规范
国标	GB/T 50976—2014	继电保护及二次回路安装及验收规范
国标	GB 50093—2013	自动化仪表工程施工及质量验收规范
国标	GB 50254—2014	电气装置安装工程 低压电器施工及验收规范
国标	GB 50255—2014	电气装置安装工程 电力变流设备施工及验收规范
国标	GB 50149—2010	电气装置安装工程 母线装置施工及验收规范
国标	GB 50170—2006	电气装置安装工程旋转电机施工及验收规范
国标	GB 50150—2016	电气装置安装工程 电气设备交接试验标准
国标	GB 50168—2006	电气装置安装工程电缆线路施工及验收规范
国标	GB 50254—2014	电气装置安装工程 低压电器施工及验收规范
国标	GB 50575—2010	1kV 及以下配线工程施工与验收规范
国标	GB 50586—2010	铝母线焊接工程施工及验收标准
国标	GB 50601—2010	建筑物防雷工程施工与质量验收规范
国标	GB 50617—2010	建筑电气照明装置施工与验收规范
国标	GB 50310—2002	电梯工程施工质量验收规范
国标	GB 50166—2007	火灾自动报警系统施工及验收规范
国标	GB 50401—2007	消防通信指挥系统施工及验收规范
国标	GB 50606—2010	智能建筑工程施工规范
国标	GB 50339—2013	智能建筑工程质量验收规范
国标	GB/T 50853—2013	城市通信工程规划规范
国标	GB/T 50780—2013	电子工程建设术语标准
国标	GB/T 50312—2016	综合布线系统工程验收规范
国标	GB/T 50623—2010	用户电话交换系统工程验收规范
国标	GB 50949—2013	扩声系统工程施工规范
国标	GB/T 50525—2010	视频显示系统工程测量规范
国标	GB 50793—2012	会议电视会场系统工程施工及验收规范
国标	GB 50462—2015	数据中心基础设施施工及验收规范
国标	GB 50300—2013	建筑工程施工质量验收统一标准

标准类型	规范号	规 范 名 称
国标	GB 50303—2015	建筑电气工程施工质量验收规范
国标	GB/T 50328—2014	建设工程文件归档规范
国标	GB 50134—2004	人民防空工程施工及验收规范
国标	GB 50686—2011	传染病医院建筑施工及验收规范
国标	GB/T 50624—2010	住宅区和住宅建筑内通信设施工程验收规范

【注】这里的规范版本仅为参考。随着时间的推移，规范版本不断更新，新的规范不断推出。

（2）图集

图集是一种对于规范以及实际工程所得经验的总结。以图示配合文字的形式表达具体的设计方法与工程做法等。值得注意的是，图集不具有法律效力，只能作为参考使用，一切设计仍以规范为准。

图集是设计师很重要的学习资料，其通常包含设计方法，实际工程做法等。设计方法可以帮助理解规范，可以把规范的文字以图示的方式表达清楚。实际工程做法可以帮助设计师更好地理解设计图纸转化为实际施工做法的过程，并为施工人员提供标准的施工做法。当一名设计师能够很好地理解施工是如何完成的，才能更好地做好设计工作。

现行图集见表1-8：

标准图集　　　　　　　　　　　　　　　　　　　　　　　　表 1-8

标准类型	图集号	图 集 名 称
国标图集	09DX001	建筑电气工程设计常用图形和文字符号
国标图集	DX003～004	民用建筑工程电气设计深度图样（2009 年合订本）
国标图集	05SDX005	民用建筑工程设计互提资料深度及图样-电气专业
国标图集	05SDX006	民用建筑工程设计常见问题分析及图示-电气专业
国标图集	05SDX007	建筑电气实践教学及见习工程师图册
国标图集	06DX008-1	电气照明节能设计
国标图集	06DX008-2	电气设备节能设计
国标图集	09CDX008-3	建筑设备节能控制与管理
国标图集	11CD008-4	固定资产投资项目节能评估文件编制要点及示例（电气）
国标图集	11CDX008-5	电能计量管理系统设计与安装
国标图集	09DX009	电子信息系统机房工程设计与安装
国标图集	14DX010	地铁电气工程设计与施工
国标图集	12DX011	《建筑电气制图标准》图示
国标图集	04DX101-1	建筑电气常用数据
国标图集	12SDX101-2	民用建筑电气设计计算及示例
国标图集	05X101-2	地下通信线缆敷设
国标图集	08X101-3	综合布线系统工程设计与施工
国标图集	03X301-1	广播与扩声
国标图集	03X401-2	有线电视系统
国标图集	04X501	火灾报警及消防联动
国标图集	06SX503	安全防范系统设计与安装
国标图集	10CX504	消防设备电源监控系统
国标图集	14X505-1	《火灾自动报警系统设计规范》图示
国标图集	03X602	智能家居控制系统设计施工图集

标准类型	图集号	图集名称
国标图集	09X700	智能建筑弱电工程设计与施工(上)、(下)
国标图集	06X701	体育建筑专用弱电系统设计安装
国标图集	03X801-1	建筑智能化系统集成设计图集
国标图集	13D101-1～4	110kV 及以下电力电缆终端和接头
国标图集	12D101-5	110kV 及以下电缆敷设
国标图集	13D101-7	预制分支和铝合金电力电缆
国标图集	D101-1～7	电缆敷设(2013 年合订本)
国标图集	07SD101-8	电力电缆井设计与安装
国标图集	06D105	电缆防火阻燃设计与施工
国标图集	10CD106	铝合金电缆敷设与安装
国标图集	97D201-1	35/0.4kV 变压器室布置及设备构件安装
国标图集	99D201-2	干式变压器安装
国标图集	04D201-3	室外变压器安装
国标图集	03D201-4	10/0.4kV 变压器室布置及变配电所常用设备构件安装
国标图集	D203-1～2	变配电所二次接线(2002 年合订本)
国标图集	D301-1～3	室内管线安装(2004 年合订本)
国标图集	10D303-2～3	常用电机控制电路图(2010 年合订本)
国标图集	06D401-1	吊车供电线路安装
国标图集	12D401-3	爆炸危险环境电气线路和电气设备安装
国标图集	06D401-4	洁净环境电气设备安装
国标图集	11CD403	低压配电系统谐波抑制及治理
国标图集	03D602-1	变配电系统智能化设计(10kV 及以下)
国标图集	12DX603	住宅小区建筑电气设计与施工
国标图集	D701-1～3	封闭式母线及桥架安装(2004 年合订本)
国标图集	04D701-3	电缆桥架安装
国标图集	13CD701-4	铜铝复合母线
国标图集	D702-1～3	常用低压配电设备及灯具安装(2004 年合订本)
国标图集	05D702-4	用户终端箱
国标图集	06SD702-5	电气设备在压型钢板、夹芯板上安装
国标图集	D703-1～2	液位测量与控制(2011 年合订本)
国标图集	06D704-2	中小剧场舞台灯光设计
国标图集	07D706-1	体育建筑电气设计安装
国标图集	08SD706-2	医疗场所电气设计与设备安装
国标图集	D800-1～3	民用建筑电气设计与施工-上册(2008 年合订本)
国标图集	D800-4～5	民用建筑电气设计与施工-中册(2008 年合订本)
国标图集	D800-6～8	民用建筑电气设计与施工-下册(2008 年合订本)
国标图集	FD01～02	防空地下室电气设计(2007 年合订本)
国标图集	05SFD10	《人民防空地下室设计规范》图示—电气专业
国标图集	08FJ04	防空地下室固定柴油电站
国标图集	07FJ05	防空地下室移动柴油电站
国标图集	08FJ06	防空地下室施工图设计深度要求及图样
国标图集	D500～D502	防雷与接地—上册(2016 年合订本)
国标图集	D503～D505	防雷与接地—下册(2016 年合订本)
国标图集	14D202-1	蓄电池选用与安装
国标图集	15D202-2	柴油发电机组设计与安装
国标图集	15D202-3	UPS 与 EPS 电源装置的设计与安装
国标图集	15D202-4	建筑一体化光伏系统电气设计与施工
国标图集	14D801	超高层建筑电气设计与安装
北京地标图集	09BD1	电气常用图形符号与技术资料

标准类型	图集号	图集名称
北京地标图集	09BD2	10kV 变配电装置
北京地标图集	09BD3	低压配电装置
北京地标图集	09BD4	外线工程
北京地标图集	09BD5	内线工程
北京地标图集	09BD6	照明装置
北京地标图集	09BD7	低压电动机控制
北京地标图集	09BD8	通用电器设备
北京地标图集	09BD9	火灾自动报警及联动控制
北京地标图集	09BD10	建筑设备监控
北京地标图集	09BD11	有线广播电视系统工程
北京地标图集	09BD12	广播、扩声与会议系统
北京地标图集	09BD13	建筑物防雷装置
北京地标图集	09BD14	安全技术防范工程
北京地标图集	09BD15	综合布线系统

【注】这里的图集版本仅为参考。随着时间的推移，图集版本不断更新，新的图集不断推出。

（3）优秀工程图纸

通常设计师刚参加工作时，会被分配完成照明设计或者消防设计的工作。而这时的设计师可能刚刚脱离 CAD 软件使用的困扰，对于设计还处于无从下手的状态。设计师可以向老工程师索要相似类型工程的优秀设计图纸，作为自己的设计参考。另外，还可通过一些建筑类网站下载他人提供的工程图纸作为参考。

（4）专著

行业内每年都有参考书不断推出，其中有一些各大设计院或名家共同编著的专著通常具有较高的指导意义。这些专著虽然不是官方出版的规范，但其仍被业内视为比较有指导意义的书籍。此处推荐一些比较实用的专著：《工业与民用配电设计手册（第四版）》、《照明设计手册（第三版）》、《中国电气工程大典第 14 卷建筑电气工程》、《BIAD 建筑电气专业技术措施》、《规范强制性条文汇总（电气专业）》、《现代建筑电气供配电设计技术》、《智能建筑弱电工程设计与安装》。

（5）厂家样本

当设计师对于规范和图集有一定的理解时，仍有许多涉及产品的东西无法具象的理解，此时可以参考各厂家样本，以获得相关知识。厂家产品同样是根据相应产品规范完成设计与生产制造的。并且厂家具有市场性，其产品会具有创新性与前瞻性。值得注意的是，各厂家的技术水平不同，其产品可能存在技术不过关或者违反规范的情况。不可完全信任厂家所提供的样本，但在学习过程中不失为一种良好的途径。

（6）网络

现今作为网络时代，通过网络获取知识已经成为一种很好的学习手段。网络学习有两种方式：通过百度、筑龙网等网站查询知识要点，下载相关文章，参考图纸等；通过加入电气设计相关的 QQ 群或贴吧探讨与学习问题。

第2章 文本说明

一套完整的设计图纸中总有一些纯粹的文字性说明文件，比如设计说明、消防专篇、节能专篇、人防专篇、电气计算书等。本章将举例讲解这些说明都应如何编写。

2.1 设计说明

设计说明根据工程的进度不同而存在三种形态：方案设计说明；初步设计说明；施工图设计说明。三者的关系为由简到繁，即施工图设计说明是内容最多，最完整的。方案设计说明主要写明方案阶段的内容，包括配电方案、方案阶段的设计依据、方案阶段所涉及的各系统内容等等，不应包含具体的施工做法等。初步设计说明主要针对初步设计阶段图纸进行编写，其内容与施工图设计说明大体相同，只是不包含具体的施工做法等。

本书主要介绍施工图设计说明的编写方法，方案设计说明与初步设计说明可在施工图设计说明的基础上做减法加以理解。

2.1.1 设计说明编写原则

设计说明的编写依据规范而来。其编写原则如下：

（1）设计说明应与设计图纸保持一致。

（2）设计说明应具有指导施工的意义，其包含施工做法的说明等。

（3）设计说明应体现一些重要的设计内容，说明其设计原则。其既保证图纸做法可以更好地传达给施工方，又保证当设计出现披露时可以被及时发现，及时调整。

（4）设计说明是对设计图纸的补充。设计图纸无法表达清楚的问题，可依靠文字体现在设计说明中。

（5）设计说明是设计师对于自身的一种保护性文件，保证图纸中的疏漏可以被及时发现，及时修改。

（6）设计说明的内容应全部针对该工程编写，不应存在无关内容。

2.1.2 设计说明的编写方法

设计说明作为统领整个项目的文本，其正确性尤为重要，通常由专业负责人完成。一般设计院都有一套设计说明编写模板，即使没有的也会利用原有工程的设计说明作为参考，加以编写。值得注意的是规范不断更新，编写需特别注意规范的有效版本，若版本发生变化时，说明中相应的具体内容也要重新核对以保证与规范的一致性。

设计说明是按照工程中各系统划分章节的，通常按照项目概况、设计依据、设计范围、强电系统（变配电系统、低压配电系统、照明配电系统）、防雷与接地系统、弱电系统（综合布线系统、有线电视系统、安全技术防范系统、设备监控系统）、消防系统、节能、人防的顺序编写。

2.1.3　实例解析

以一实际工程项目的施工图说明为例进行讲解（以下 **黑体** 字为解析内容，其余仿宋字体是摘自实际工程的完整施工图说明）。

第一部分是写明建筑和结构专业影响电气做法的内容，通常由建筑说明中可以得到。

一、建筑概况

1. 项目名称：××××

2. 建设地点：××××

3. 建设方：××××

4. 规划总用地面积：12200m²

5. 总建筑面积：20893.6m²

地上建筑面积：12800m²

地下建筑面积：8090.6m²

6. 建筑主要功能：办公

7. 建筑类别：高层民用公共建筑

8. 建筑层数：地上六层，地下一层

9. 建筑高度：30.00m

10. 耐火等级：二级

11. 建筑设计使用年限：本工程为 3 类，设计使用年限为 50 年。

12. 抗震设防烈度：8 度

13. 建筑结构形式：钢筋混凝土框架结构

14. 地基基础形式：基础为梁板式筏形基础

15. 地下室防水等级：＿＿＿Ⅰ＿＿＿级；屋面防水等级：＿＿＿Ⅱ＿＿＿级

16. 绿色建筑设计标准：北京市绿色建筑一星级

第二部分列写与本项目相关的设计规范以及作为设计依据的相关文件名。值得注意的是，规范更新较快，要列写的规范必须是有效版本。

二、设计依据

1. 采用的主要法规和国家及地方电气设计标准、规范和规程：

《供配电系统设计规范》　GB 50052—2009

《20kV 及以下变电所设计规范》　GB 50053—2013

《低压配电设计规范》　GB 50054—2011

《通用用电设备配电设计规范》　GB 50055—2011

《建筑物防雷设计规范》　GB 50057—2010

《建筑物电子信息系统防雷设计规范》　GB 50343—2012

《电力工程电缆设计规范》　GB 50217—2007

《民用建筑电气设计规范》　JGJ 16—2008

《建筑照明设计标准》　GB 50034—2013

《汽车库建筑设计规范》　　JGJ 100—98

《火灾自动报警系统设计规范》　　GB 50116—2013

《电子信息系统机房设计规范》　　GB 50174—2008

《综合布线系统工程设计规范》　　GB 50311—2007

《有线电视系统工程技术规范》　　GB 50200—94

《视频安防监控系统工程技术规范》　　GB 50395—2007

《出入口控制系统工程技术规范》　　GB 50396—2007

《公共建筑节能设计标准》　　GB 50189—2005

《绿色建筑设计标准》　　DB11/938—2012

其他相关现行国家、地方电气设计标准、规范和规程。

2. 建设方提出的符合有关法规、标准与电气设计有关的合理的书面要求。

3. 政府主管部门的方案审批意见。

4. 相关专业提供的设计项目资料。

第三部分是明确本项目的设计范围。值得注意的是许多区域有待专业公司配合设计，如精装修区域需精装修公司配合设计，厨房区域需厨房设备厂家配合设计，剧院类建筑需要舞台灯光公司配合设计。

三、设计范围

1. 设计分工

1) 厨房施工图仅预留电量，待建设单位确定设备供应商后，配合设备商完成深化设计。首层大堂、二层为精装修区域，设计仅预留电量，待精装修方案确定后补充设计。

2) 各弱电系统（通讯、电视、安防、消防）我方负责完成系统的一次设计，二次设计均需由建设单位招承包商深化设计。各弱电机房（通讯、电视、安防、消防）的箱柜排布仅供参考，以承包商深化设计为准。

3) 本工程无线通信系统、首层指挥大厅通信设备仅预留信息接口及管线路由条件，后期由承包商深化设计。

4) 电气设备各箱体尺寸仅供参考，以承包商最终确定为准。

5) 室外景观照明、LOGO标志照明施工图仅预留电量，待后期承包商深化设计。

6) 供电外电源、通信与有线电视外线等由建设方另行委托相关市政设计单位设计。供电分界在电缆分界室；通信与有线电视分界在各系统机房或进线间。

2. 本工程设置的电气系统

1) 10kV/0.4kV 变配电系统。

2) 380V/220V 配电系统。

3) 照明系统。

4) 建筑物防雷及接地系统。

5) 火灾自动报警及联动控制系统。

6) 安全防范管理系统。

7) 综合布线系统。

8) 有线电视系统。

第四部分是变配电相关内容，其编写应结合本项目变配电室相关平面图与系统图。

四、10kV/0.4kV 变配电系统

1. 负荷分级

本工程为二类公共建筑，耐火等级为二级。应急照明、防排烟风机、消防排水泵、电动防火卷帘门等所有消防用电设备，及火灾自动报警系统设备、安防系统、通信系统、一般给水泵、排水泵、热交换设备及客梯为二级级负荷。其余一般照明、室外照明、厨房动力等为三级负荷。

2. 各级负荷容量

二级负荷容量：819.5kW。

三级负荷容量：1004.6kW。

3. 市电电源及电压等级

本工程 10KV 电源拟由地块北侧引来。地下一层预留外线进入条件。依据供电局要求，本工程首层设置高压电缆分界室。

4. 应急电源

1）应急照明采用 EPS 作后备电源，应急供电时间不小于 90min。

2）消防系统自带 EPS 作后备电源，应急供电时间不小于 3h。

3）通信、网络、经营及设备管理用计算机系统用电、安防等系统自带 UPS 作后备，应急供电时间不小于 2h，UPS 的设置容量由弱电专业公司提出方案，设计院及业主共同确认，但不应超出设计院预留的配电容量。

5. 变配电系统

1）10kV 配电系统采用单母线分段接线型式，正常运行时两路 10kV 电源分段运行，互为备用。当其中任一路 10kV 电源发生故障时，母联开关自动或手动投入（由供电部门确定），由另一路电源负责本工程全部二级负荷供电。

2）10kV 中压电缆选用环保型、防鼠咬、低烟无卤、阻燃（成束阻燃 A 类）、交联聚乙烯绝缘铜芯电力电缆。

3）10kV 中压断路器采用真空开关，附弹簧储能操动机构，具有防跳功能。

4）10kV 开关柜采用金属全封闭中置移开式开关柜，且满足"五防"闭锁要求，进出线电缆采用上进上出方式。

5）10kV 系统接地型式拟按小电阻接地设计。

6）低压系统采用单母线分段系统，设置母联开关，母联开关具备"自投自复、自投不自复、手动投入"三种状态转换开关。

7）变压器低压侧设集中补偿，补偿后功率因数不低于 0.95。

8）低压开关柜拟采用组装式模数化抽屉式开关柜，进出线均采用上进上出方式。

6. 继电保护与计量

1）保护采用微机综合继电保护器，具备 RS232 光隔离通信接口、RS485 通信接口，可通过 RS485 通信接口，经适配通信接口模块接入电力监控系统网络。

2）电能计量为高压计量。采用 DC220V 免维护蓄电池组作为操作电源。设置电力监控系统，对变、配电设备进行实时监控，分类进行低压用电计量，并预留与楼宇自控系统的通信接口条件。

7. 变配电室

1）本工程变配电室设于地下一层，变配电室内层高 6m，下方设有夹层，夹层层高 2m。变配电室内设 SCB11-1000KVA/10＋2×2.5/0.4/0.23kV 铜芯环氧浇注干式变压器，变压器容量为两台 1000kVA，总装机容量 2000kVA。

2）各变压器负荷计算详见低压系统图。

第五部分是低压配电，其编写应结合本项目的配电系统图。值得注意的是，规范中规定电动机直接启动的容量通常不超过变压器容量的 20%，然而该问题较为复杂，民用配电系统中通常不超过变压器容量的 5%。根据工程经验，通常采用 630～1000kVA 变压器时，不高于 22kW，1250～2000kVA 变压器时不高于 30kW。

五、低压配电系统

1. 采用树干式与放射式相结合的方式，重要负荷及大容量用电设备采用放射式供电。

2. 照明、动力、消防及通信网络、安全防范等用电负荷分别自成配电系统。

3. 二级负荷采用双回路电源供电，其中消防用电设备采用双电源末端自投供电。

4. 单相负荷均匀分配，使三相负荷平衡。

5. 消防负荷所有电动机回路过负荷保护不跳闸，热继电器只发出故障报警信号。

6. 所有电动机保护回路空气断路器选择短路时瞬动倍数需大于 10 倍。

7. 本工程 20kW 及以上电动机采用降压启动方式。

第六部分的设备选型及安装主要阐明配电箱的相关规定，其一般情况下是传统做法，可沿用至其他项目。

六、设备选型及安装

1. 配电箱（柜）、控制箱均为铁制。除图中注明外，明装下皮距地 1.2m，暗装下皮距地 1.4m。配电柜落地安装，下用 10 号槽钢作基础。电气竖井内均为明装，室外配电箱（柜）均落地安装，下设 200mm 高混凝土基础。

2. 水泵房配电箱（柜）采用防潮型，户外安装的配电箱（柜）防护等级为 IP65，消防设备的配电箱、控制箱（柜）作消防标志，并符合消防规范要求。消防水泵控制柜与消防水泵设置在同一空间时，其防护等级不应低于 IP55。

3. 除图中注明外，扳把开关暗装距地 1.3m，插座暗装距地 0.3m。

4. 所有电气设备安装均执行相关国家施工质量验收规范、国家标准安装图集的要求。

第七部分结合本项目各系统平面图的设计标明电缆电线的选型与敷设方式，在设计说明中写明的做法是统一性的说明。当出现特殊情况时，如不在说明中写明则应在相应平面图上注明。因现在工程遵循的规范基本相同，做法存在一定的规律性，所以通常线路选型及敷设方式是大体相同的，可以沿用至其他工程。

七、线路选型及敷设

1. 室外敷设采用 WDZ-YJY$_{22}$ 电缆，穿管埋地敷设。

2. 室内一般照明、动力竖井及干线电缆采用 WDZ-YJY 电缆，消防配电竖井内及干线电缆采用矿物绝缘电缆。

3. 室内消防动力支线、应急照明及疏散指示标志灯回路支线采用 WDZN-BJY 导线或 WDZN-YJY 电缆。一般照明、插座、动力支线采用 WDZ-BYJ 导线或 WDZ-YJY 电缆。

4. 一般配电干线沿热镀锌电缆桥架敷设。消防配电干线沿封闭式耐火金属槽盒敷设。

5. 普通电缆与消防电缆应分槽敷设。

6. 一般配电支线穿 SC 焊接钢管暗敷在楼板或明敷于吊顶内；消防配电支线穿 SC 焊接钢管暗敷在楼板内或明敷于吊顶，明敷设时应做防火处理，暗敷设时要求保护厚度不下于 30mm。

7. 强、弱电竖井内垂直敷设的电气干线均为桥架或封闭槽盒内敷设。

8. 所有电缆载流量按照导体工作温度 90℃ 选择，导线载流量按照环境温度 35℃ 选择。

9. 除图中注明外，照明、应急照明支线均为 2.5mm²，穿管线支数小于 4 根，穿 SC20 管，大于等于 4 根小于 6 根穿 SC25 管，6～8 根穿 SC32 管，均沿顶板、吊顶、墙暗敷设。

10. 电气管线在混凝土楼板内暗敷设时，应尽量避免 3 根及以上管线在同一地点交叉。

11. 电井做法：下设 100mm 高挡水门槛，楼层配电间楼板预留洞及配电间门洞过梁上方预留洞，待电气施工穿线完毕后，所有洞口用防火堵料堵实。

12. 凡穿越防火分区的孔、洞均需用防火堵料进行防火封堵。

13. 凡经过结构伸缩缝、变形缝的电缆托盘、线槽应断开 100mm，线槽内底部应衬同材质衬板，两侧用连接板封闭，两端做好跨接地线，并留有伸缩余量。凡经过伸缩缝、变形缝的暗敷或沿吊顶敷设的管路应增加接线箱盒。有关施工作法见国标图集"96D303-1 第 35 页"。

第八部分是照明，应说明照度计算表，一般照明与应急照明的设置方式及其相应的控制方式。值得注意的是，当建筑存在绿色评价星级标准时，应按照规范中的目标值进行照度计算。

八、照明及应急照明系统

1. 包括一般照明、应急照明、室外照明等。

2. 根据照明标准依据《建筑照明设计标准》推荐的照度指标本工程房间照度及功率密度计算表详见电气节能计算书。

3. 车库采用 T5 高效荧光灯，办公等部位采用 T5 管高效荧光灯，楼梯间、走廊、厨房、卫生间采用紧凑型节能荧光灯，以上均配节能型电子镇流器。镇流器的能效值不低于镇流器的国家能效标准"节能评价值"。

4. 机房潮湿场所灯具防护等级 IP44，淋浴间等场所灯具选用防护等级 IP45，室外灯具选用防护等级 IP65，一般场所选用防护等级 IP2X 灯具。

5. 依据《火灾自动报警系统设计规范》GB 50116—2013 本工程设置疏散照明控制系统。在楼梯间、楼梯前室、疏散走廊，公共出口设疏散照明和疏散标志照明灯。楼层配电间设置分配电装置，控制系统主机设于消防控制室，分配电装置内置 EPS 作为疏散照明灯具的后备电源，疏散照明灯具内选用 LED 光源，光源功率不大于 3W，EPS 容量按照 300VA 考虑预留。

6. 本工程汽车库照明、室外照明及地上公共区域拟采用智能照明控制系统，控制面板设置于该区域内易于人员到达的场所。各类独立房间采用就地开关手动控制。楼梯间采用声光及红外感应控制方式。

7. 位于疏散通道处的应急照明消防均需强制点亮。本工程公共区域设置备用照明，备用照明按照正常照明的10％考虑预留。

8. 照明设计照度值及LPD节能标准均满足国家规范。见表2-1。

照度标准及功率密度值   表 2-1

序号	房间名称	照度标准值（lx）	照明功率密度值（W/m²）	光源选择	灯具选择	计算功率密度（W/m²）	显色指数 R_a
1	楼梯走廊	100	3.5	LED灯	筒灯	3.2	>80
2	大厅	300	10	紧凑型节能荧光灯	装修确定	9.6	>80
3	餐厅	200	8	紧凑型节能荧光灯	装修确定	7.2	>80
4	卫生间	150	5	LED灯	防水筒灯	4.8	>80
5	接待室	200	8	紧凑型节能荧光灯	筒灯	7.8	>80
6	办公室	500	13.5	T5三基色荧光灯管	高效格栅荧光灯	13	>80
7	会议室	300	8	T5三基色荧光灯管	高效格栅荧光灯	7.6	>80
8	电梯前厅	150	8	节能光源	装修确定	7.2	>80
9	库房	100	3.5	T5三基色荧光灯管	控罩式荧光灯	3.5	>80
10	消防与安防控制室、电话、网络、电视机房	500	13.5	T5三基色荧光灯管	高效格栅荧光灯	13	>80
11	变配电室	200	6.5	T5三基色荧光灯管	控罩式荧光灯	6.3	>80
12	空调机房、泵房、电梯机房	100	3.5	T5三基色荧光灯管	控罩式荧光灯	3.5	>80
13	车库	50	2	LED灯管	盒式密闭型	2	

注：本工程按照绿建一星设计，照明功率密度满足规范目标值的要求。

第九与第十部分是关于防雷与接地的说明，其应结合本项目中防雷与接地平面图的设计编写，应保证这里的说明与平面图中的说明对应。另外，其计算过程单独写于电气计算书中。

九、建筑物防雷及过电压保护

1. 本工程年预计雷击次数 N_1＝0.135 次/a，因属人员密集重要公共建筑，按二类防雷建筑物设防。

2. 采取以下防雷保护措施：

（1）防直击雷：沿屋顶女儿墙明敷设接闪带，在屋面上暗敷设不大于 10m×10m 或

12m×8m 的接闪网，接闪带及接闪网均采用 φ10 镀锌圆钢，以此作为接闪器；所有突出屋面的金属物体应和屋面接闪装置相连，突出屋面的非带电金属体应设避雷针，并和屋面接闪网相连。利用结构柱内或剪力墙内两根直径不小于 φ16mm 的主筋做引下线，引下线平均间距不大于 18m；建筑物内所有非带电金属结构，外墙金属门窗、玻璃幕墙、铝板金属支架等均与防雷引下线可靠连接。

（2）防侧击雷：钢构架和混凝土的钢筋应互相连接，外墙上的栏杆、门窗等金属物与防雷装置连接，垂直敷设的金属管道及金属物的顶端和底端与防雷装置连接。

（3）防雷电波侵入：引入、引出建筑物的金属管道在进出处与防雷接地装置连接。

（4）供电系统防雷：在 10kV 高压系统变压器柜中设氧化锌避雷器，提供防雷及操作过电压保护。

（5）防雷击电磁脉冲保护：

1）在低压主进柜内和所有配电线路出入建筑物（如室外泛光照明、屋面风机等）的照明，动力配电箱中设置第一级电涌保护器，主进柜内设置 SPD 规格符合《建筑物防雷设计规范》GB 50057—2010 及 IEC 61643-1-Ⅰ级分类实验要求，其他按Ⅱ级分类实验要求，LPZ0/LPZ1 界面和其他有精密仪器计算机等对电磁屏蔽要求较高的场所进行防雷等电位连接。为弱电机房供电的电源配电箱安装电涌保护器，规格符合 GB 50057—2010 及 IEC61643-1-Ⅱ级分类实验要求，LPZ1/LPZ2 界面防雷局部等电位连接。

2）建筑物所有埋地外线进户线入口处，将进户线缆的外金属护套及进户的金属穿墙套管接地，接地线引至综合接地极。城市有线电视光缆进户入口处，加装过电压保护器；同时将电缆的外导电屏蔽层以及进户的金属穿墙套管接地，接地线接至综合接地极。电信进线总配线架应加装浪涌保护器，防止过压过流信号侵入；同时将电缆的外导电屏蔽层以及进户的金属穿墙套管接地，接地线接至综合接地极。

3）各弱电系统电子设备由其供应商配套提供适配的放过电压保护器，并满足《建筑物电子信息系统防雷技术规范》GB 50343—2012 之规定。

十、接地及安全

1. 变压器中性点接地、变配电室内接地干线分别引至接地极。

2. 本工程低压配电系统接地形式为 TN-S 系统。

3. 本工程所有电气竖井内明敷 25×4 镀锌扁钢作接地干线，兼作等电位联结干线，接地干线采用 40×4 镀锌扁钢与楼板钢筋焊接，进行等电位联结。

4. 所有配电设备、箱体的外壳及其金属构架（钢筋混凝土构架的钢筋）、电机、电气设备的基础金属构架、桥架、金属线槽等非带电金属部分均与 PE 线可靠联结。

5. 建筑物内设总等电位联结母排，PE 干线、接地引下线、金属风道、进出建筑物的金属管道、水暖管道及可以利用的建筑物金属构件等与其可靠连接（或与就近混凝土内钢筋焊接，形成电气上连通）。

6. 带淋浴的卫生间等潮湿场所设局部等电位联结，设 LEB 端子箱，并采用 25×4 镀锌扁钢与就近楼板或剪力墙内钢筋联结。

7. 弱电机房设工作接地端子箱，并采用 BYJ-50mm² 穿 PVC40 管引至接地极。

8. 电梯轨道应接地，钢导轨采用 40×4 镀锌扁钢引至接地极。

9. 本工程变配电系统接地、防雷接地、低压配电系统保护接地、弱电系统工作接地共用接地网，利用建筑物结构基础底板钢筋网作自然接地极，钢筋网要求达到电气管通性连接，接地电阻小于等于 0.5Ω，如不够，应再补打人工接地极。

10. 插座回路均设剩余电流保护，动作电流小于等于 30mA，动作时间小于等于 0.1s。

11. 除井道的低压照明灯具外，照明支路均加 PE 线 1 根，将 I 类灯具的非带电金属部分与 PE 线可靠连接。

第十一至第十五部分是关于弱电的说明。弱电部分做法较多，存在一定的可选性，且直接关系到造价。应在设计初期向甲方明确项目包含的系统及系统的做法，有些有经验的甲方会主动提供标准。目前，系统均向着数字化与总线制的方向发展，方便传输，易于集成。

十一、智能化管理控制系统

1. 智能化集成系统提供一个各系统信息共享的平台，管理人员可通过智能化集成系统平台对各子模式；可提供远程管理功能。集成系统由管理主机、服务器、交换机和管理软件组成。各智能化系统主机均要求预留与集成系统连接的标准接口并提供通信协议，便于业主对各子系统进行不同程度的集成。

2. 智能化管理控制平台嵌入管控指挥中心的多个系统，合理检测以及根据子系统合理联动需求来调取控制数据管控、完全做到智能化管理。

十二、建筑设备管理系统

1. 本系统通过对抢险中心机电设备进行实时数据采集、监测、分析和控制，实现设备统一、协调、高效、节能运行。系统采用集散式控制系统，由管理主机、现场数字控制器、网络控制器、传输线路和管理软件等构成。主机与现场控制器之间以总线连接。从而提供一个舒适的工作环境，通过优化控制提高管理水平，从而达到节约能源和人工成本，并能方便实现物业管理自动化。

2. 监控对象包括冷热源系统、空调通风系统、漏电火灾报警系统、配电系统、智能照明系统等，其他系统分别自带控制系统，纳入设备管理系统统一管理。

(1) 漏电火灾报警系统：低压配电监测。

(2) 智能照明系统：控制照明设备、监测设备运行状态、故障报警和控制其启停。

(3) 针对使用方不同要求来进行建筑机电设备进行不同要求来检测及控制等。

(4) 低压配电系统：根据监控原理检测低压进出线开关状态、故障报警。

(5) 冷热源系统及空调通风系统，根据监控原理及展览内容不同，对应不同的环境参数进行多种模式调节。

十三、综合布线

综合布线在本工程中的划分：工作区子系统、配线（水平）子系统、干线（垂直）子系统、设备间子系统、管理子系统。

1. 工作区子系统设置在水平干线的末端：工作区划分按建筑平面功能确定；语音出线口及数据出线口均采用 RJ45 插座模块，均为非屏蔽六类模块，针对大的办公区域均采用 CP 箱预留以满足以后改办公需求，具体安装方式由甲方确定。

2. 配线（水平）子系统：由信息插座、配线电缆、配线设备和跳线等组成，数据配线电缆选用六类非屏蔽八芯双绞线，长度应在 90m 以内，由配线架经弱电线槽引至工作区附近，穿管经吊顶、墙面引至工作区出线口，配线架设置于每层弱电竖井弱电间。

3. 干线（垂直）子系统：由配线设备、干线电缆或光缆、跳线等组成；光纤采用万兆 FSP 模块，数据垂直干线选用多模光纤，经弱电竖井内金属线槽垂直铺设，语音垂直干线选用大对数语音电缆、110 配线架，经弱电竖井内金属线槽垂直铺设，指挥中心也配置光缆直接 CP 箱。

4. 设备间子系统：设备间子系统是安装各种设备的独立空间，对综合布线而言，主要是安装配线设备；设备间子系统设置在竖井弱电配线室多模光纤跳线用于光纤配线架及光端设备。

5. 管理子系统：管理子系统是针对设备间、交接间、工作区的配线设备、缆线、信息插座等设施，按一定模式进行标识和记录；通局配线架、数据配线架位于二层数字中心弱电机房；通用配线架主要处理电话光缆；数据配线架主要处理多模光缆及双绞线。

十四、安全防范系统

1. 根据项目需要，对建筑物内（外）的主要公共活动场所、安防监控中心等重要部位和场所等进行视频探测、图像实时监视和有效记录、回放。对高风险的保护对象显示、记录、回放的图像质量应满足追溯举证的管理要求。

2. 视频监控系统采用纯数字模式，IP SAN 直存录像并由监控主机直接进行管理，实现远端图像实时监控和历史画面调取。

3. 视频安防监控系统在允许的最恶劣工作条件小，系统同步可采用外同步、内同步、电源同步或其他形式的同步方式，以保证在图像切换时不产生明显的画面跳动。

4. 视频安防监控系统摄像部分在一般情况下采用定焦距、定方向的固定安装方式，在光照度变化大的场所选用动态范围大的自动光圈镜头并配置防护罩；大范围监控区域选用快球摄像机，灵敏度能适应防护目标的变化，适合防护目标的最低照度条件，采用日/夜型带联动预制功能的室外高速球型遥控摄像机，平时用于室外人流活动情况，内外周界报警后，通过自动调用摄像机预置位，对周界报警进行复核。

5. 后端的集中存储设备选中专业的 IP SAN 设备，可为用户提供 RAID5 的数据保障方法，一方面可满足海量存储的负载，另一方面也可满足数据的安全性要求，视频图像记录资料至少应保留 30d 以上；系统具有防篡改功能，系统的录像设备，应能保留发生警情时的图像信号。回放图像质量应不低于 3 级，或至少能辨别人的面目特征；每路画面应有日期、时间、摄像机编号。

6. 视频安防监控系统摄像机防护罩、防护箱及其支架具有坚固、防锈，足以承受摄像机及其附件之重量，并具备相当的抗机械性创伤强度；室外型防护罩附带清洁视窗，可遥控散热风扇，由恒温器控制的自动加热器和消雾器等装置，以及其他需要的附件。

7. 视频安防监控系统能够与消防报警系统联动，一旦发生火灾报警时应能启动相应区域的摄像机进行火灾情况的监视和复核，另外可由值班人员手动切换到火灾现场。

8. 视频安防监控系统应能与安全防范系统的安全管理系统联网，实现安全管理系统对视频监控系统的自动化管理。

9. 视频安防监控系统图像显示部分采用 4×4 方式 42 寸液晶拼接屏组成电视墙，电视墙上方配置双基色 LED 显示屏，用于显示欢迎词、时间等内容。其他数字交换处理等均放置数字中心弱电机房。

10. 监控中心应设置为禁区，应有保证自身安全的防护措施和进行内外联络的通信手段，并应设置紧急报警装置和留有向上一级接处警中心报警的通信接口。

11. 本项目设置门禁系统、停车管理系统、电梯控制系统，门禁采用非接触感应形式，通过计算机和通信技术，将各安全出口门禁设施组成整体。

12. 门禁点主要分布在各楼层安全出入口、办公室、会议室、机电机房、值班室等。

13. 停车系统配置高清摄像机，进行出入车辆号牌自动识别，自动按照预制车牌号码来管理，达到无人监管功能的程度。

十五、有线电视系统

1. 本建筑物电视信号由北侧埋地引至地下一层弱电进线间。

2. 有线电视线路由市网的 HFC 网络的光节点引入。光节点的设备由市政有线电视网络公司提供，并由其负责维护。有线电视网络公司负责提供光节点的信号输出，并负责将信号引入本工程的 CATV 前端机房。系统设备包括：功分器、接收机、解密器、制式转换器、前置放大器、频道放大器、频道转换器、有源混合器、供电单元、宽带放大器、分配器、分支器、终端电阻等。

3. 系统采用双向邻频传输方式，系统的频道设置为：上行频段：5～45MHz，回传频段；下行频段：47～94，108～550MHz，模拟电视节目频段；94～108MHz，调频广播节目频段；550～860MHz，数字或模拟节目广播频段。

4. 图像主观评价不低于四级；用户终端电平 $69\pm6dB\mu V$；邻频电平差≤2dB；系统电平差≤12dB；系统载噪比≥43dB；组合三次差拍比 CTD≥54dB；邻频抑制≥60dB；甚高频段频率偏移≤20kHz；图像伴音功率比 10～20dB。

5. 设备选型原则：应具有先进性、高可靠性和可维护性。所有产品均为双向系统采用的产品，采用的产品应配套兼容能力强，一个完整的有线电视系统涉及许多方面，要求指标一致性好，配套能力强，有利于提高网络指标，有利于网络的升级、改造。有线电视系统设备所有产品均为双向系统采用的产品。

6. 有线电视系统干线采用 SKYV-75-9 导线，终端线路采用 SKYV-75-5 导线。线路穿金属线槽或 SC20 钢管敷设。电视主路由至各层弱电竖井，经分支分配接入末端盒由。

第十六部分是关于消防的说明。其编写主要参考《火灾自动报警系统设计规范》GB 50116—2013。该规范内容丰富，足以说明各种情况下的做法，再结合本项目的特点，摘出相关内容，编写设计说明。

十六、火灾自动报警及联动控制系统

1. 设计原则

本工程采用集中报警系统。

2. 系统组成

(1) 火灾自动报警系统。

(2) 消防联动控制系统：

1) 消火栓系统的联动控制。

2) 自动喷水灭火系统的联动控制。

3）排烟系统的联动控制。

4）防火门及防火卷帘系统的联动控制。

5）电梯的联动控制。

6）火灾警报和消防应急广播的联动控制。

（3）消防电源监控系统。

（4）电气火灾监控系统。

（5）接地。

3. 消防控制室

（1）消防控制室设在本工程地下一层兼做安防控制室。

（2）消防控制室内设有火灾报警控制器、消防联动控制器、消防控制室图形显示装置、消防专用电话总机、消防应急广播控制装置、消防应急照明系统控制装置、消防电源监控器、电气火灾监控器、防火门监控器等设备。

（3）消防控制室可接收感烟、感温、可燃气体等探测器的报警信号及水流指示器、检修阀、压力报警阀、手动报警按钮、消火栓按钮的报警信号。

（4）消防控制室可显示消防水池、消防水箱水位，显示消防水泵的电源及运行状况。

（5）消防控制室可联动控制所有与消防有关的设备。

（6）消防控制室设有用于火灾报警的外线电话。

（7）消防控制室应有相应的竣工图纸、各分系统控制逻辑关系说明、设备使用说明书、系统操作规程、应急预案、值班制度、维护保养制度及值班记录等文件资料。

4. 系统设计

（1）火灾自动报警系统

本工程采用集中报警控制系统。火灾自动报警系统按两总线设计，系统总线上应设置总线短路隔离器，每只总线短路隔离器保护的火灾探测器、手动火灾报警按钮和模块等消防设备的总数不应超过32点；总线穿越防火分区时，应在穿越处设总线短路隔离器。

探测器的选择：办公区域、走道、门厅、楼梯、设备机房、车库等场所设感烟探测器；厨房、热交换站等场所设感温探测器；厨房、煤气表间需设可燃气体探测器；防火卷帘门两侧设感烟探测器和感温探测器。

探测器与灯具的水平净距应大于0.2m；与送风口边的水平净距应大于1.5m；与多孔送风顶棚孔口或条形送风口的水平净距应大于0.5m；与嵌入式扬声器的净距应大于0.1m；与自动喷水头的净距应大于0.3m；与墙或其他遮挡物的距离应大于0.5m。探测器的具体定位，以建筑吊顶综合图为准。

走道、疏散楼梯及公共出入口等部位设置手动报警按钮，一个防火分区至少设一个，且保证从一个防火分区内的任何位置到最临近的手动报警按钮的距离不大于30m。手动报警按钮及对讲电话插孔底距地1.3m。

在消火栓箱内设消火栓报警按钮。接线盒设在消火栓的开门侧，底距地1.8m。

在地下室各楼梯口、建筑内部拐角等处设置火灾声光警报器，距地高度应大于2.2m。

（2）消防联动控制

消防联动控制设备采取分散与集中相结合的控制方式，具有如下联动控制功能：

1）火灾报警控制器：

控制消防设备的启、停，并显示其工作状态；

消防水泵、防烟和排烟的启、停除自动控制外，还能手动直接控制；

显示火灾报警、故障报警部位；

显示保护对象的重点部位、疏散通道及消防设备所在位置的平面图或模拟图；

显示系统供电电源的工作状态。

2）自动喷洒泵的联动控制：

本工程喷洒泵设在消防水泵房内。

联动控制方式，应由湿式报警阀压力开关的动作信号作为触发信号，直接控制启动喷淋泵，联动控制不受消防联动控制器处于自动或手动状态影响。

手动控制方式，应将喷洒泵控制柜的启动、停止按钮用专用线路直接连接至设置在消防控制室内的消防联动控制器的手动控制盘，直接手动控制喷淋泵的启动、停止。

水流指示器、信号阀、压力开关、喷淋泵的启动和停止的动作信号应反馈至消防联动控制器。

3）消火栓系统的联动控制：

本工程消火栓泵设置在消防水泵房。

联动控制方式，应由消火栓系统出水干管上设置的低压压力开关、高位消防水箱出水管上设置的流量开关或报警阀压力开关等信号作为触发信号，直接控制启动消火栓泵，联动控制不应受消防联动控制器处于自动或手动状态影响。当设置消火栓按钮时，消火栓按钮的动作信号应作为报警信号及启动消火栓泵的联动触发信号，由消防联动控制器联动控制消火栓泵的启动。

手动控制方式，应将消火栓泵控制箱（柜）的启动、停止按钮用专用线路直接连接至设置在消防控制室内的消防联动控制器的手动控制盘，并应直接手动控制消火栓泵的启动、停止。

消火栓泵的动作信号应反馈至消防联动控制器。

4）切非消防电源：

确认火灾后，应能切断火灾区域及相关区域的非消防电源，正常照明电源宜保持到自动喷淋系统、消火栓系统动作前切断。

普通照明在层配电箱主进开关处设置分励脱扣附件，非消防动力设备在变配电室低压配电柜馈出回路断路器增加分励脱扣附件。

5）防排烟系统的联动控制：

应由同一防烟分区内的两只独立的火灾探测器的报警信号，作为排烟口、排烟窗或排烟阀开启的联动触发信号，并应由消防联动控制器联动控制排烟口、排烟窗或排烟阀的开启，同时停止该防烟分区的空气调节系统。

应由排烟口、排烟窗或排烟阀开启的动作信号，作为排烟风机启动的联动触发信号，并应由消防联动控制器联动控制排烟风机的启动。

排烟系统的手动控制方式，应能在消防控制室内的消防联动控制器上手动控制送风口、电动挡烟垂壁、排烟口、排烟窗、排烟阀的开启或关闭及防烟风机、排烟风机等设备的启动或停止，防烟、排烟风机的启动、停止按钮应采用专用线路直接连接至设置在消防控制室内的消防联动控制器的手动控制盘，并应直接手动控制防烟、排烟风机的启动、停止。

送风口、排烟口、排烟窗或排烟阀开启和关闭的动作信号，防烟、排烟风机启动和停止及电动防火阀关闭的动作信号，均应反馈至消防联动控制器。

排烟风机入口处的总管上设置的280℃排烟防火阀在关闭后应直接联动控制风机停止，排烟防火阀及风机的动作信号应反馈至消防联动控制器。

6）防火门及防火卷帘门的联动控制：

防火门的联动控制：应由常开防火门所在防火分区内的两只独立的火灾探测器或一只火灾探测器与一只手动火灾报警按钮的报警信号，作为常开防火门关闭的联动触发信号，联动触发信号应由火灾报警控制器或消防联动控制器发出，并应由消防联动控制器或防火门监控器联动控制防火门关闭。疏散通道上各防火门的开启、关闭及故障状态信号应反馈至防火门监控器。

疏散通道上设置的防火卷帘的联动控制：联动控制方式，防火分区内任两只独立的感烟火灾探测器或任一只专门用于联动防火卷帘的感烟火灾探测器的报警信号应联动控制防火卷帘下降至距楼板面1.8m处；任一只专门用于联动防火卷帘的感温火灾探测器的报警信号应联动控制防火卷帘下降到楼板面；在卷帘的任一侧距卷帘纵深0.5～5m内应设置不少于2只专门用于联动防火卷帘的感温火灾探测器。手动控制方式，应由防火卷帘两侧设置的手动控制按钮控制防火卷帘的升降。

非疏散通道上设置的防火卷帘的联动控制：联动控制方式，应由防火卷帘所在防火分区内任两只独立的火灾探测器的报警信号，作为防火卷帘下降的联动触发信号，并应联动控制防火卷帘直接下降到楼板面。手动控制方式，应由防火卷帘两侧设置的手动控制按钮控制防火卷帘的升降，并应能在消防控制室内的消防联动控制器上手动控制防火卷帘的降落。

防火卷帘下降至距楼板面1.8m处、下降到楼板面的动作信号和防火卷帘控制器直接连接的感烟、感温火灾探测器的报警信号，应反馈至消防联动控制器。

7）电梯的联动控制：

消防联动控制器应具有发出联动控制信号强制所有电梯停于首层或电梯转换层的功能。

电梯运行状态信息和停于首层或转换层的反馈信号，应传送给消防控制室显示，轿厢内应设置能直接与消防控制室通话的专用电话。

8）火灾警报和消防应急广播的联动控制：

每个报警区域内均匀设置火灾警报器，其声压级不应小于60dB；在环境噪声大于60dB的场所，其声压级应高于背景噪声15dB；并在火灾确认后，启动建筑内所有火灾声光警报器。

消防应急广播：本工程在地下车库、公共区走廊等场所设置消防应急广播扬声器。消防应急广播系统的联动控制信号由消防联动控制器发出，当确认火灾后，应同时向全楼进行广播。消防应急广播与火灾声警报器分时交替工作，循环播放。

车库内每个扬声器的额定功率不应小于5W，公共区走廊每个扬声器的额定功率不应小于3W。首层公共区设置消防应急广播与普通广播或背景音乐广播合用，应具有强制切入消防应急广播的功能，办公层与车库设置消防应急广播。

消防控制室内设火灾广播扩音机兼公共广播扩音机，火灾时具有强制切入消防应急广播的功能，并按设置的控制程序进行广播；火灾广播主扩音机容量为1200W，备用扩音机容量同主扩音机。

9）疏散通道的应急照明平时采用智能照明系统控制或就地控制，火灾时由消防控制室自动控制点亮。

10）火灾确认后，消防联动控制器自动解除门禁控制。

（3）消防电源监控系统

1）火灾自动报警及自动灭火系统控制设备用电为一级负荷，设主电源及直流备用电源。主电源为双路市电电源末端自投供电，备用电源为系统专用蓄电池（EPS）供电。主电源不应设置剩余电流动作保护。

2）所有消防用电设备、应急照明及疏散指示标志灯为一级负荷，采用双电源末端互投供电，应急照明由集中EPS作应急备用电源，应急供电时间≥90min。

3）消防用电设备采用专用的供电回路，其配电设备设有明显标志。其配电线路和控制线路按防火分区划分。

4）为确保本工程消防设备电源的供电可靠性，在本工程消防值班室内设置消防电源监控系统主机。

5）通过监测消防设备电源的电流、电压、工作状态，从而判断消防设备电源是否存在中断供电、过压、欠压、过流、缺相等故障，并进行声光报警、记录。

6）消防设备电源的工作状态，均在消防值班室内的消防设备电源状态监控器上集中显示，故障报警后及时进行处理，排除故障隐患，使消防设备电源始终处于正常工作状态。从而有效避免火灾发生时，消防设备由于电源故障而无法正常工作的危机情况，最大限度的保障消防设备的可靠运行。

7）消防设备电源监控系统采用集中供电方式，现场传感器采用DC24V安全电压供电，有效的保证系统的稳定性、安全性。

（4）电气火灾监控系统：

1）为能准确监控电气线路的故障和异常状态，能发现电气火灾的隐患，及时报警提醒人员去消除这些隐患，本工程设置电气火灾监视与控制系统，对建筑中易发生火灾的电气线路进行全面监视和控制，系统由电气火灾探测器、测温式电气火灾监控探测器和电气火灾监控设备组成。

2）电气火灾监控系统主机设置与消防控制室，在配电柜（箱）内设有监控模块，对配电线路的剩余电流进行监视。电气火灾监控设备能够接收来自探测器的监控报警信号，并在30s内发出声、光报警信号，指示报警部位，记录报警时间，并予以保持，直至手动复位。

（5）接地

火灾自动报警系统接地采用共用接地方式，接地电阻≤0.5Ω。专用接地干线采用BYJ-25mm² 穿 PVC32 管引至接地极，消防控制室内设备采用 ZR-BYJ-4mm² 引至室内接地板。消防电子设备凡采用交流供电时，设备金属外壳和金属支架应进行保护接地，接地线与电气保护接地干线相连接。

第十七部分是关于节能的说明。随着时代的发展，现在许多建筑需要评定绿色建筑等级。如不需评定则可参考绿色建筑标准列写项目设计中已经满足的绿建相关内容。如需评定，则要参考《绿色建筑评价标准》GB/T 50378—2014 和《节能建筑评价标准》GB/T 50668—2011 逐一核对，满足相应电气得分项的要求。因建筑节能中关于电气部分的得分项通常较易满足，所以电气设计应根据评分需要尽量全部拿分。

十七、节能

1. 配电变压器选用 D，yn11 结线组别及低损耗、低噪声的变压器，并满足现行国家标准《三相配电变压器能效限定值及能效等级》GB 20052 的相关规定。

2. 低压交流电动机应选用高效能电动机，其能效符合现行国家标准《中小型三相异步电动机能效限定值及节能评价值》GB 18613 节能评价值的规定。2 台及以上的电梯集中布置时，其控制系统应具备按程序集中调控和群控的功能。

3. 所有电气设备采用低损耗的产品。

4. 合理选择电缆、导线截面，减少电能损耗。照明配电干线及支线均选用铜芯绝缘电缆及导线，且分支电缆的截面均不小于 $2.5mm^2$。照明配电干线的功率因数不低于 0.9。

5. 本工程各房间、场所的照明功率密度值（LPD）不高于现行国家标准《建筑照明设计标准》GB 50034 规定的目标值。采用直管荧光灯、高功率因数及低谐波的紧凑型荧光灯、LED 等光源。荧光灯，开敞式灯具效率≥75%，透明保护罩灯具效率≥65%，格栅灯具效率≥60%。镇流器流明系数 μ≥0.95，波峰系数 CF≤1.7。

6. 走廊、楼梯间、门厅灯等公共场所的照明，采用智能照明控制。

7. 景观照明设计需满足《城市夜景照明设计规范》JGJ/T 163 要求。

8. 本工程为新建公共建筑，建筑内动力、照明等系统能耗按分项计量。

第十八部分是提醒施工注意的说明。主要用以阐明设计师重点关注的问题以及设计图纸尚未满足施工的部分处理方式等。

十八、施工注意事项

1. 施工单位应根据现场情况做好电气设备的排位，土建留洞工作。除图中已注明的桥架穿墙留洞外，其余桥架穿轻质隔墙及走廊内穿防火门上墙时，请施工单位配合土建留洞，其宽度及高度均在桥架实际尺寸上增加 100。桥架与大型风管位置有冲突时，电缆桥架上翻。

2. 电气线路敷设时应与设备专业密切配合。

3. 电气机房均做防水淹没措施。

4. 各弱电系统均需由弱电承包商根据甲方需要进行深化设计，竖井内预留通信信号增强条件。

5. 施工方按照工程设计图纸和施工技术标准施工；施工单位在施工过程中发现设计文件与图纸有差错的，请及时提出意见和建议。

6. 消防配电设备应有明显标志。

7. 室外照明：在屋顶、室外均有景观灯具来满足夜间景观照明。灯具采用 AC220V 的电压等级。采用集中控制，并应根据不同的时间（平时、节假日、庆典日）有不同效果的选择。室外景观照明灯具每套灯具的导电部分对地绝缘电阻值应大于 2MΩ。本次设计仅预留室外照明电量及控制条件。

    8. 所有设备机房的设备位置需根据设备专业大样图定位，电气图中位置仅为示意。

    9. 本工程图中未尽事宜及未注明做法详见国家标准及有关的图集。

2.2　节能专篇

    随着国家对于绿色建筑的推行，现今越来越多的建筑会进行绿色建筑星级评定。为了评定绿建星级，通常需要提供节能专篇与图纸，以备相关部门审查。完整的施工图说明中已经包含节能部分，故只需将此部分摘出，单独作为节能专篇即可。以本书 2.1 中的设计说明实例为例，其只需摘出"十七、节能"并将标题更改为节能专篇。图纸则需要参看全部的施工图纸。

2.3　消防专篇

    建筑报审过程中，报消防局审查是不可逾越的一项内容。根据消防局的需要，提供专门的消防专篇与设计图纸供其审查。完整的施工图说明中已经包含消防部分，故只需将此部分摘出，单独作为消防专篇即可。另外，通常只需提供消防平面图与系统图供消防局审查，个别消防局还需要提供包含应急照明的平面图与系统图。以本书 2.1 中的设计说明实例为例，其只需要摘出"十六、火灾自动报警及联动控制系统"并将标题更改为消防专篇，且配合提供消防平面图与消防系统图。

2.4　人防专篇

    近年来，我国新建公共建筑中多数需要考虑人防设计。人防设计属于专项设计，其设计方法与非人防区域存在很大区别。人防作为一个专题，其包含的内容较多，且规范与图集已将设计方法表述的较为详实，故本书不作具体讲解。规范主要参看"《人民防空地下室设计规范》GB 50038—2005"和"《人民防空工程设计防火规范》GB 50098—2009"。图集可参看"FD01～02 防空地下室电气设计（2007 年合订本）"、"《05SFD10 人民防空地下室设计规范》图示—电气专业"、"《08FJ04 防空地下室固定柴油电站》"、"《07FJ05 防空地下室移动柴油电站》"、"《08FJ06 防空地下室施工图设计深度要求及图样》"等。

2.5　电气计算书

    电气计算书是阐明本工程相关计算内容的文字说明，以强电相关计算内容为主。主要包含用电负荷计算、变压器选择计算、电缆选型计算、系统短路电流计算、防雷计算、照度计算六部分。电气计算书的具体内容可根据所在设计公司的要求进行调整。另外，外审单位通常需要审查电气计算书，故根据其需要可以补充相关计算内容。

2.5.1　电气计算书的编写方法

电气计算书的编写主要依据相关规范提供的表格完成，另外还可参看相关单位要求的表格。大型设计院通常有自己的标准模板，小设计公司则可参考以往工程的计算书。

2.5.2　实例解析

以一实际工程项目的电气计算书为例进行讲解（以下 **黑体** 字为解析内容，其余仿宋字体为摘自实际工程的完整电气计算书）。

第一部分是对于变配电室负荷的统计，其具体统计是根据低压配电系统图，将其中的项目列于表中，形成一个直观的表格。

1. 用电设备负荷计算：请参见变配电低压系统图

变配电室负荷统计　　　　　　　　　　　　　　　　表 2-2

序号	负荷性质	设备名称	设备安装容量(kW)			备注
			运行设备	备用设备	合计	
			（kW）	（kW）	（kW）	
1	照明	普通照明	650	120	770	
		应急照明	170	170	340	
		小计	820	290	1110	
2	电力	冷水机组	360	360	720	
		空调机组	229	—	229	
		电梯	75	75	150	
		厨房	100	—	100	
		潜污泵	52	52	104	
		锅炉房	96	96	192	
		生活及生活热水机房	29	29	58	
		小计	941	612	1553	
3	消防电力设备	消防水泵	380	380	760	
		消防风机	197	197	394	
		消防潜污泵	15	15	30	
		弱电间电源	36	36	72	
		小计	628	628	1256	
4	其他		—	—	—	
5	总计		2389	1530	3919	

第二部分的表格来自低压配电系统图，唯一区别的是增加了变压器损耗的计算。该计算方法可参见"《工业与民用配电设计手册（第四版）》第一章第十节"。以下表 T1 变压器为例，其计算如下。

据表可知，

$S_c = 705\text{kVA}$

$S_r = 1000\text{kVA}$

查变压器产品样本可知，SCB10 系列变压器 1000kVA 的性能参数如下：

$\Delta P_0 = 1.7\text{kW}$

$\Delta P_k = 6.93\text{kW}$

$I_0 \% = 0.5$

$u_k \% = 6$

故，

$$\Delta Q_0 = \frac{I_0 \% S_r}{100} = \frac{0.5 \times 1000}{100} = 5\text{kvar}$$

$$\Delta Q_k = \frac{u_k \% S_r}{100} = \frac{6 \times 1000}{100} = 60\text{kvar}$$

$$\Delta P_T = \Delta P_0 + \Delta P_k \left(\frac{S_c}{S_r}\right)^2 = 1.7 \times 6.93 \times \left(\frac{705}{1000}\right)^2 = 5.14\text{kW}$$

$$\Delta Q_T = \Delta Q_0 + \Delta Q_k \left(\frac{S_c}{S_r}\right)^2 = 5 + 60 \times \left(\frac{705}{1000}\right)^2 = 35\text{kvar}$$

2. 变压器选择计算：

各变压器容量计算详细数据请参见各变配电低压系统图。

在本建筑地下一层内设 1 座变电所，共设置 2 台 1000kVA 干式、节能型变压器。

变压器的接线方式采用 D，yn11 接线方式的三相变压器。

变配电室变压器低压（0.4kV）侧采用单母线分段互为联络的运行方式，母联断路器设自投、手投、自投自复三种方式，平时两台变压器同时运行母联断开；当一台变压器停止运行时，母联可延时闭合（带主要负荷）。

变压器选择计算表（一）　　　　　　　　　　　　　　表 2-3

名称	设备容量 (kW)	需要系数 (K_c)	$\cos\varphi$	$\text{tg}\varphi$	设备安装容量(kW)			
					P_{js} (kW)	Q_{js} (kvar)	S_{js} (kVA)	I_{js} (A)
T1 变压器	2060	0.34	0.88		780	411		
补偿容量(kvar)						−300		
补偿后合计			1.00		702	70	705	1072
变压器损耗					5.1	35		
总计					707	105		
备注	变压器容量 1000kVA，负荷率为 71%							

第三部分是关于本项目中用到的开关整定值、电缆、配管三者的匹配关系。该表格具有共通性，可直接应用于多个工程中。该匹配表的得出过程，具体参看本书"5.4.2 配电计算与选型"。

变压器选择计算表（二） 表 2-4

名称	设备容量 (kW)	需要系数 (K_c)	$\cos\varphi$	$tg\varphi$	设备安装容量(kW)			
					P_{js} (kW)	Q_{js} (kvar)	S_{js} (kVA)	I_{js} (A)
T2 变压器	1859	0.36	0.82		752	528		
补偿容量(kvar)						−300		
补偿后合计			0.97		676	175	699	1062
变压器损耗					5.1	34		
总计					681	209		
备注	变压器容量1000kVA，负荷率为70%							

3. 电缆选型计算

电缆选型表 表 2-5

开关整定值(A)	WDZ-YJY 电缆	配管
16,20	WDZ-YJY(5X4)	SC20
25	WDZ-YJY(5X6)	SC25
32,40	WDZ-YJY(5X10)	SC25
50	WDZ-YJY(5X16)	SC32
63,80	WDZ-YJY(4X25＋1X16)	SC32
100	WDZ-YJY(4X35＋1X16)	SC40
125	WDZ-YJY(4X50＋1X25)	SC50
140	WDZ-YJY(4X70＋1X35)	SC50
160	WDZ-YJY(4X95＋1X50)	SC70
200	WDZ-YJY(4X120＋1X70)	SC70
225	WDZ-YJY(4X150＋1X70)	SC80
250	WDZ-YJY(X185＋1X95)	SC80
300	WDZ-YJY(4X240＋1X120)	SC150
400	2[WDZ-YJY(4X120＋1X95)]	—

注：电缆选择已考虑电压降和多根电缆敷设的降容因素。

第四部分是并于低压短路电流的计算。该计算方法可参见"《工业与民用配电设计手册（第四版）》第四章"。短路电流的计算是用于选择各配电柜中开关保护元器件的短路分断能力。短路电流计算通常假定低压柜出线处为短路点，加以计算，用以选择低压柜中出线开关的短路分断能力。

以本书变配电系统为例，采用两台"SCB11-1000KVA/10＋2×2.5/0.4/0.23KV；D，yn11"变压器。低压母线采用2500A密集母线，长度为18m。供电局提供的变压器高压侧系统短路容量是300MVA。

三相短路电流的计算，参见"第六节（公式4-54）"。

$$R_k = R_s + R_T + R_m + R_L$$

$$X_k = X_s + X_T + X_m + X_L$$

因通常假设短路点在低压柜处，故无需考虑 R_L 和 X_L（计算参考"表 4-25"或相关厂家样本）。

$$R_k = R_s + R_T + R_m$$

$$X_k = X_s + X_T + X_m$$

$$\Delta I_0 = \frac{cU_n/\sqrt{3}}{Z_k} = \frac{1.05 \times 380/\sqrt{3}}{\sqrt{R_k^2 + X_k^2}} = \frac{230}{\sqrt{R_k^2 + X_k^2}} kA$$

分别求 R_s、X_s、R_T、X_T、R_m、X_m。

高压系统阻抗 Z_s、电阻 R_s、电抗 X_s 的计算，参见"第五节（公式 4-47）"。

$$Z_s = \frac{(cU_n)^2}{S_s''} \times 10^3 = \frac{(1.05 \times 0.38)^2}{300} \times 10^3 = 0.53067 m\Omega$$

$$X_s = 0.995 Z_s = 0.53 m\Omega$$

$$R_s = 0.1 X_s = 0.05 m\Omega$$

变压器的电阻 R_T、电抗 X_T 的计算，参见"第五节（表 4-23）"。因本工程采用"SCB11-1000KVA/10＋2×2.5/0.4/0.23KV；D，yn11"变压器，且 SCB11 与 SCB10，SCB9 阻抗平均值相近，故可参考使用。最终选定

$$R_T = 1.22 m\Omega$$

$$X_T = 9.52 m\Omega$$

变压器低压侧母线段的电阻 R_m、电抗 X_m 的计算，参见"第五节（表 4-24）"，考虑到工程中多采用密集母线，通常需参看厂家样本。本项目由低压系统图可知，变压器连接低压柜的母线采用 2500A 密集铜母线，查样本可知，$R_m = 0.0179 m\Omega/m$，$X_T = 0.00832 m\Omega/m$。因本工程该段母线长 18m，故：

$$R_m = 0.0179 \times 18 = 0.322 m\Omega$$

$$X_m = 0.00832 \times 18 = 0.15 m\Omega$$

最后，将以上数值代入三相短路电流计算公式，得：

$$R_k = R_s + R_T + R_m = 0.05 + 1.22 + 0.322 = 1.592 m\Omega$$

$$X_k = X_s + X_T + X_m = 0.53 + 9.52 + 0.15 = 10.2 m\Omega$$

$$\Delta I_0 = \frac{cU_n/\sqrt{3}}{Z_k} = \frac{1.05 \times 380\sqrt{3}}{\sqrt{R_k^2 + X_k^2}} = \frac{230}{\sqrt{R_k^2 + X_k^2}} = \frac{230}{10.3} = 22.27929 kA$$

4. 系统短路电流计算

系统短路电流计算表　　　　　　　　　　　　　　　　　　　　表 2-6

电路元件	电阻 $R(m\Omega)$	电抗 $X(m\Omega)$	阻抗 $Z(m\Omega)$
	R	X	
系统 $S_s''=300MVA$	0.05	0.53	
变压器 SCB11-1000kVA	1.22	9.52	
母线	0.14	0.85	
变压器低压出线处阻抗	R	X	$Z=\sqrt{R^2+X^2}$
变压器 1000	0.72	6.5	6.192002907
三相短路电流	$I''=1.05U_n/1.732/Z(kA)$		
变压器 1000 低压出线处	22.27929		

照明计算表

表2-7

主要房间或场所	楼层	房间或轴线号	光源类型	房间净面积(m²)	灯具安装高度(m)	参考平面高度(m)	灯型	效率	光源含镇流器功耗(W)	光通量(lm)	灯具数量	总安装容量(W)	照度(Lx)计算值	照度(Lx)标准值	RI计算值	RI标准值	LPD计算值	LPD标准值	LPD修正系数	LPD折算值
消防控制室	B1层	1-5~1-6/B	T5直管荧光灯	87.7	4	0.75	玻璃罩	70%	(28+2)×3=90	2600×3=7800	12	1080	461	500	1.67	1	12.3	13.5	1	13.5
网络机房	B1层	4-6~4-7/4-C	T5直管荧光灯	50	4	0.75	格栅	65%	(28+2)×3=90	2600×3=7800	8	720	500	500	0.98	1	14.4	13.5	1.1	14.85
商业	B1层	4-3~4-4/1-G	T5直管荧光灯	45	3.5	0.75	格栅	65%	14×4+5=61	1350×4=5400	6	366	294	300	1.19	1	8.13	9	1	9
库房	B2层	3-6/B	T5直管荧光灯	37.7	3.1	1.0	开敞式	75%	28+2=30	2600	4	120	95	100	1.44	1	3.2	3.5	1	3.5
电梯厅	B2层	6-7/3-F~3-G	T5直管荧光灯	28.7	2.9	0	格栅	65%	28+2=30	2600	4	120	136	150	0.87	1	4.2	5	1	5
办公室	F9层	2-3~2-5/C	T5直管荧光灯	228.5	3.0	0.75	格栅	65%	(28+2)×3=90	2600×3=7800	30	2700	524	500	3.32	1	11.8	13.5	1	13.5
车库	B2层	1~2/D~1-J	直管LED	90	3.0	0	密闭型	—	18	1600	6	108	54	50	1.6	1	1.2	2	1	2
走廊	F9层	1-4/1-A~1-G	筒灯LED	62.4	2.6	0	保护罩	—	9	708	22	198	102	100	0.59	1	3.17	3.5	1	3.5

根据以上计算结果。

高压开关选用：HVX-12/25kA

低压框架断路器选用：MT/4P，70kA；低压塑壳断路器选用：NSX/3P，50kA

本工程暂按 10kV 为小电阻系统进行设计，最终以供电部门实际配置为准。

第五部分是关于本项目防雷的计算，具体参看本书"3.5 防雷与接地"。

5. 防雷类别的计算

年预计雷击次数计算方法取自国家标准《建筑物防雷设计规范》GB 50057—2010。所使用的计算公式来自于该标准中的附录一。计算中使用的气象资料来自《工业与民用配电设计手册（第四版）》。

1）计算条件

本工程位于北京市，年平均雷暴日为 36.3d/a。

建筑物长度为 110m，宽度为 21.9m，高度为 30m。

校正系数 k 取 1，按一般情况计算。

2）计算过程

雷击大地的年平均密度：$N_g=0.1\times T_d=3.630$ 次$/(km^2 \cdot a)$。

建筑物等效面积 A_e 为 $0.037km^2$。

3）计算结果

建筑物年预计雷击次数：$N=kN_gA_e=0.135$ 次$/a$。

本工程属于人员密集重要公共建筑物。根据《建筑物防雷设计规范》GB 50057—2010，本工程为第二类防雷建筑物。

第六部分是关于本项目的照度计算，具体参看本书"4.2 照度计算"。值得注意的是，当有绿建评价需要时，照明功率密度应满足规范中的目标值。

6. 照度值和功率密度值计算：

（1）照度标准，光源和灯具选择

第 3 章 总 图

本章主要介绍项目中四套系统（照明、电气、弱电、消防）图纸以外的图纸内容。总图图纸主要包括：图纸目录、图例、电气总平面图、室外照明图、防雷与接地平面图、变配电室图。

3.1 图纸目录

图纸目录的格式各设计院通常都有自己的规定。图纸目录应在一侧写明项目名称、项目编号、设计阶段、设计部分、设计人、出图日期、版本号等内容。主要的目录中，包含序号、图号、图名、版本号四个内容。序号只排列最终打印出来的图纸，用以统计图纸张数。比如：设计说明采用 A4 文本格式时，其不排入序号当中。图号与图名的编写各设计院的要求各不相同，两者协调排列。版本号是根据图纸的设计阶段确定的，各设计院内部图纸管理各不相同，其版本号也存在差异。图纸目录中的图名、图号、版本号均应与各张图纸的图框相对应。

3.1.1 整体图纸目录

图号与图名根据具体的图纸编写而来。图号与图名按照总图（主要设备图形符号表、电气总平面图、室外照明平面图、变配电室图），照明（照明平面图），电气（电气平面图、配电干线系统图、配电箱系统图），弱电（弱电平面图、弱电系统图），消防（消防平面图、消防系统图）顺序排列。平面图中除图名外还应注明图纸的出图比例，该比例通常使用 1：100。图纸目录见图 3-1。

【注 1】设计说明可以使用 A4 文本格式，也可以使用 A0 等图纸格式体现。当采用文本格式则不纳入图纸排序，当采用图纸格式则应排在所有图纸最前面。

【注 2】出图比例，施工现场使用的卡尺通常设置有 1：20、1：50、1：100、1：300 四种，而 1：300 的图面内容过小，图纸无法看清，通常不使用。有时因图纸过大，避免图纸过多，也会使用 1：150 的比例。

由图 3-1 可知，图号按照 "E-___ x" 配合图名编写，最后一位代表了不同的系统，照明 Z，电气 C，弱电 R，消防 F。总图按照 E-000 顺序排列；照明平面图按照 E1-001Z 顺序排列；电气平面图按照 E1-001C 顺序排列；电气系统图按照 E2-001C 顺序排列；弱电平面图按照 E1-001R 顺序排列；弱电系统图按照 E2-001R 顺序排列；消防平面图按照 E1-001F 顺序排列；消防系统图按照 E2-001F 顺序排列。

图纸目录中有的平面会分为 a、b、c 段等，其是因为平面图较大，按照其图纸比例无法使用一张图纸打印出来。图名尾部附加 a、b、c 字母表示该层平面图分为三段图纸打印。另外，平面图有时内容过多，无法在一张平面中清楚体现图纸内容，可以按照子系统

第1页 共1页 PAGE NO. TOTAL PAGE

电气专业图纸目录 LIST OF DRAWINGS

项目名称 PROJECT NAME

项目编号 PRO.IENS.NO	
子项编号 SUB.ITEM.NO	
设计阶段 PHASE	施工图设计
专业负责人 DISCIPLIN.IN CHIEF	
设计人 DESIGNED BY	
校对人 CHECKED BY	
审核人 APPROVED BY	
出图日期 DATE	
版本号 EDITION	1.0

更改纪录 REVISION RECORD

日期 DATE	版号 EDITION NO	原始 INVALID	更改人 REVISED BY

序号 SERIAL NO	图号 DRAWING NO	图名 DRAWING NAME	版本名 EDITION
		总图部分	
		施工图设计说明(文本格式)	
01	E0-000	图纸目录	
02	E0-001	主要设备图形符号表	
03	E0-002	电气总平面图 1:300	1.0
04	E0-003	室外照明平面图 1:300	1.0
05	E0-004	变电室高压配电系统图	1.0
06	E0-005	变电室低压配电系统图(一)	1.0
07	E0-006	变电室低压配电系统图(二)	1.0
08	E0-007	变配电室平面布置图 1:50	1.0
09	E0-008	变电室支架桥件及支架平面 1:50	1.0
10	E0-009	变电室接地平面 1:50	1.0
11	E0-010	变电室消防图 1:50	1.0
12	E0-011	变电室支架桥件大样图 1:20	1.0
		照明	
13	E1-001Z	B1层照明平面图 1:100	1.0
14	E1-002Z	1层照明平面图 1:100	1.0
15	E1-003Z	2层照明平面图 1:100	1.0
16	E1-004Z	3层照明平面图 1:100	1.0
17	E1-005Z	4层照明平面图 1:100	1.0
18	E1-006Z	5层照明平面图 1:100	1.0
19	E1-007Z	6层照明平面图 1:100	1.0
		防雷	
20	E1-001G	基础底板接地平面图 1:100	1.0
21	E1-002G	屋顶层防雷平面图 1:100	1.0

序号 SERIAL NO	图号 DRAWING NO	图名 DRAWING NAME	版本号 EDITION
		电气	
22	E1-001C	B1层动力及电子线平面图 1:100	1.0
23	E1-002C	1层电气平面图 1:100	1.0
24	E1-003C	配电干线平面图 1:100	1.0
25	E1-004C	2层电气平面图 1:100	1.0
26	E1-005C	3层电气平面图 1:100	1.0
27	E1-006C	4层电气平面图 1:100	1.0
28	E1-007C	5层电气平面图 1:100	1.0
29	E1-008C	6层电气平面图 1:100	1.0
30	E2-001C	动力分盘系统图(一)	1.0
31	E2-002C	动力分盘系统图(二)	1.0
32	E2-003C	照明分盘系统图(一)	1.0
33	E2-004C	照明分盘系统图(二)	1.0
34	E2-005C	照明分盘系统图(三)	1.0
35	E2-006C	照明分盘系统图(四)	1.0
36	E2-007C	动力分盘系统图(一)	1.0
37	E2-008C	动力分盘系统图(二)	1.0
38	E2-009C	动力分盘系统图(三)	1.0
39	E2-010C	动力分盘系统控制说明	1.0

序号 SERIAL NO	图号 DRAWING NO	图名 DRAWING NAME	版本名 EDITION
		弱电	
40	E1-001R	B1层弱电平面图 1:100	1.0
41	E1-002R	1层弱电平面图 1:100	1.0
42	E1-003R	2层弱电平面图 1:100	1.0
43	E1-004R	3层弱电平面图 1:100	1.0
44	E1-005R	4层弱电平面图 1:100	1.0
45	E1-006R	5层弱电平面图 1:100	1.0
46	E1-007R	6层弱电平面图 1:100	1.0
47	E2-001R	弱电系统图(一)	1.0
48	E2-001R	弱电系统图(二)	1.0
49	E2-001R	弱电系统图(三)	1.0
50	E2-001R	弱电系统图(四)	1.0
		消防	
51	E1-001F	B1层消防平面图 1:100	1.0
52	E1-002F	1层消防平面图 1:100	1.0
53	E1-003F	2层消防平面图 1:100	1.0
54	E1-004F	3层消防平面图 1:100	1.0
55	E1-005F	4层消防平面图 1:100	1.0
56	E1-006F	5层消防平面图 1:100	1.0
57	E1-007F	6层消防平面图 1:100	1.0
58	E2-001F	消防系统图(一)	1.0
59	E2-002F	消防系统图(二)	1.0
60	E2-003F	消防系统图(三)	1.0

签章 SIGNATURE

备注说明 REMARKS: 精装修部分、照明、详专业设计
归档记述 ARCHITES

图 3-1 图纸目录

项目名称

项目编号 PROAQI WO		
子项编号	SBR-11EN.MD	
设计阶段 PIASE	施工图设计	
专业设计部门 DEFANMJT		
专业负责人 DISCIPLIME OHIEF		
设计人 DESICFEQ BT		
校核人 QUI.IDO AR		
审定人 APPRP.MED DR		
出图日期 YEAR MODH DWR	年 月 日	
版本号 EDITION	1.0	

更 改 纪 录 REVISION RECORD

图号 DRAWINF DA	版本号 原 新 EDITION IMMAD VAILD	更改人 REVISED BT
日 期 DATE		

电气专业图纸目录 LIST OF DRAWINGS

第1页 共1页 PABE NO. TOTAL PABE

序号 SERIAL NO.	图号 DRAWING NO.	图 名 DRAWING NAME	版本号 EDITION	序号 SERIAL NO.	图号 DRAWING NO.	图 名 DRAWING MANE	版本号 EDITION
		总图部分				消防	
		施工图设计说明(文本格式)		11	E1-001F	B1层消防平面图 1:100	1.0
01	E0-000	图纸目录		12	E1-002F	1层消防平面图 1:100	1.0
02	E0-001	主要设备图形符号表	1.0	13	E1-003F	2层消防平面图 1:100	1.0
03	E0-002	电气总平面图 1:300	1.0	14	E1-004F	3层消防平面图 1:100	1.0
		照明		15	E1-005F	4层消防平面图 1:100	1.0
04	E1-001Z	B1层照明平面图 1:100	1.0	16	E1-006F	5层消防平面图 1:100	1.0
05	E1-002Z	1层照明平面图 1:100	1.0	17	E1-007F	6层消防平面图 1:100	1.0
06	E1-003Z	2层照明平面图 1:100	1.0	18	E2-001F	消防系统图(一)	1.0
07	E1-004Z	3层照明平面图 1:100	1.0	19	E2-002F	消防系统图(二)	1.0
08	E1-005Z	4层照明平面图 1:100	1.0	20	E2-003F	消防系统图(三)	1.0
09	E1-006Z	5层照明平面图 1:100	1.0				
10	E1-007Z	6层照明平面图 1:100	1.0				

图3-2 报消防局审批的图纸目录

主要设备图形符号表

表一

图例	名称	规格及说明	安装位置	安装方式
	控照式单管荧光灯	1×28W直管T5荧光灯,配电子镇流器,COSφ>0.95	库房、配电间等工作区域	符号含义:主应急灯
	控照式双管荧光灯	2×28W直管T5荧光灯,配电子镇流器,COSφ>0.95	库房、配电间等工作区域	吊杆安装或吸顶安装
	控照式三管荧光灯	3×28W直管T5荧光灯,配电子镇流器,COSφ>0.95	库房、配电间等工作区域	吊杆安装或吸顶安装
	壁装单管荧光灯	1×28W直管T5荧光灯,配电子镇流器,COSφ>0.95	地下室、走道等	距地2.4m壁装
	壁装双管荧光灯	2×28W直管T5荧光灯,配电子镇流器,COSφ>0.95	地下室走道等	距地2.4m壁装
	防潮防尘单管荧光灯	1×28W直管T5荧光灯,配电子镇流器,COSφ>0.95	厨房等潮湿多尘场所	吊杆安装或吸顶安装
	防潮防尘双管荧光灯	2×28W直管T5荧光灯,配电子镇流器,COSφ>0.95	厨房等潮湿多尘场所	吊杆安装或吸顶安装
	防水防潮型单管荧光灯	1×28W直管T5荧光灯,配电子镇流器,COSφ>0.95	锅炉房、煤气表间等	吊杆安装
	单管格栅荧光灯	1×28W直管T5荧光灯,配电子镇流器,COSφ>0.95	办公室、会议室等	嵌入式安装
	双管格栅荧光灯	2×28W直管T5荧光灯,配电子镇流器,COSφ>0.95	办公室、会议室等	嵌入式安装
	三管格栅荧光灯	3×28W直管T5荧光灯,配电子镇流器,COSφ>0.95	办公室、会议室等	嵌入式安装
	方形格栅荧光灯	3×14W直管T5荧光灯,配电子镇流器,COSφ>0.95	办公室、会议室等	嵌入式安装
○	筒灯	1×14W,LED筒灯,COSφ>0.95	走道	吊顶内嵌入安装
	筒灯	2×13W,配电子镇流器,COSφ>0.95	走道、电梯厅等	吊顶内嵌入安装
⊗	防水防尘灯	2×13W,配电子镇流器,COSφ>0.95,带防护罩	淋浴间	吸顶安装
⊗	金卤灯(带玻璃罩)	400W	高大空间、厂房、大型展厅等	
	24V特低电压LED照明灯	9W,LED	电泵类层、电梯井道	
	花灯	N×13W,按用具样式确定光源数量N	精装修区域	吊装
	壁灯	1×13W,配电子镇流器,COSφ>0.95,带防护罩	走道	距地2.5m壁装
	镜前灯	灯具装饰确定	卫生间	
	安全出口指示灯	1W一体化LED灯,EPS作应急电源	安全出口	暗装,距门上边0.1m
	单面疏散指示标志灯	1W一体化LED灯,EPS作应急电源	疏散通道内	暗装,距地0.5m
	双面指示灯	1W一体化LED灯,EPS作应急电源	疏散通道内	距地2.4m吊装
	地埋式疏散指示灯	1W一体化LED灯,埋地设备,EPS作应急电源	大空间场所	
	照明灯具中加注字母"E"的为消防应急灯具,各灯具均应符合GB17945及本地消防部门的规定。			
	单极、双极、三极开关	250V,10A		暗装,距地1.3m
	单极防爆开关	250V,10A	锅炉房、煤气表间	暗装,距地1.3m
	智能照明控制系统控制开关	总线式、多功能触摸显示屏		暗装,距地1.3m
	单控开关双极三线	250V,10A用于消防强切		暗装,距地1.3m
	二、三孔单相插座	250V,10A,带保护板		暗装,距地0.3m
	二、三孔相插座	吊挂电视机插座 250V,10A,带保护板		暗装,距地2.0m
	地面强电插座	250V,内设一个10A二三眼插座		地板内暗装
	空调插座	250V,16A		暗装,距地0.3m
	手盆用电热水器插座	250V,10A	卫生间等	暗装,距地0.5m
	二、三孔相防水插座	250V,10A		暗装,距地1.5m
	电开水器三相插座	380V,16A,带接地插孔		暗装,距地1.5m
	地面强电、弱电插座出口	内设一个10A二三孔插座、一个数据语音出口		地面暗装
○	接线盒	用于设备的供电		距安装高度根据配置设备确定
	烘手器插座	250V,10A,带保护板,防水防潮型,带开关指示	卫生间	暗装,距地1.3m
	风机盘管	SC20		详见各图纸
	带调速器调速开关	SC25		暗装,距地1.3m
	排气扇			
	防火卷帘门控制箱			
	卷帘门控按钮			暗装,距地1.3m
	正常照明配电箱(箱)			配电箱箱体高度600mm以下,底边距地1.4m安装;配电箱箱体高度600mm~800mm,底边距地1.2m安装;配电箱箱体高度800mm~1000mm,底边距地1.1m安装;配电箱箱体高度1000mm~1200mm,底边距地0.8m安装;配电箱箱体高度1200mm以上,落地安装时落下设300mm基础。
	应急照明配电箱(箱)			
	正常动力配电箱(箱)			
	应急动力配电箱(箱)			住宅套内的家居配电箱暗装,底边距地1.8m;
	电缆桥架			
	金属线槽			
	卫生间局部等电位连接端子箱	就近与结构钢筋板或混凝土墙内钢筋连接	卫生间、浴室等	暗装,距地0.3m
T	电梯基坑等电位连接端子	采用BV-1×50mm2与结构底板主钢筋焊接	电梯基坑	距坑底0.5m处安装
R	弱电机房专用接地端子	采用BV-1×50mm2与结构底板主钢筋焊接	主弱电机房	暗装,距地0.3m
	局部等电位连接端子	采用40×4镀锌扁钢与结构底板混凝土墙内钢筋连接	强、弱电井	明装,距地0.3m
	总等电位连接端子	25×4镀锌扁钢与结构底板混凝土墙内钢筋连接	变电室	
	防雷引下线测试接地端子	防雷引下点距室外地面0.5m高处安装		

表二

图例	名称	规格及说明	安装位置	安装方式
	综合布线模配线架		弱电小间内	明装、落地安装
	综合布线模配线架		弱电小间内	明装,距地1.2m
	语音出线口			暗装,距地0.3m
	数据出线口			暗装,距地0.3m
	地面箱、弱电插座出口	内设一个10A二三眼插座、一个数据出口、一个语音出口		地面暗装
	语音、数据地面插座	内设一个数据出口、一个语音出口		地面暗装
	单数据地面插座	内设1个数据出口		地面暗装
	双数据地面插座	内设2个数据出口		地面暗装
	LED显示屏出线口	内设1个数据出口		暗装,距地0.3m
	POS机出线口	内设1个数据出口		暗装,距地0.3m
	POS机地面出线口	内设1个数据出口		地面暗装
	无线网络出线口	内设1个数据出口	公共区域	吊顶安装
U	超5类非屏蔽双绞线	U-SC15、2U-SC20、4U-SC25		型号厂家配备
VP	电话分支分配器箱		弱电小间内	明装,距地1.2m
V	电视分配器箱		弱电小间内	吊顶内安装
	电视插座			暗装,距地0.3m
D	吊挂电视插座			暗装,距地2.0m
	电视分支器			
	放大器			
	终端电阻			
TV	视频管线(电视)	支线SC20,干线SR敷设		支线采用SYWV-75-5,干线采用SYWV-75-9
SA	安防系统接地端		弱电小间内	明装,距地1.2m
	室内固定式摄像机		主要出入口、前室	吸顶安装,加注字母"W"的为距地3.0m支架安装
	室内云台式摄像机		大堂	吸顶安装,加注字母"W"的为距地3.0m支架安装
	半球形彩色摄像机			吸顶安装,加注字母"W"的为距地3.0m支架安装
	电梯内专用固定摄像机		电梯轿厢内	
IR	被动红外探测器		非主要出入口吸顶安装或距地3.0m支架安装	
R	门禁直接触式读卡器			距地1.3m明装
	门禁开门按钮			距地1.3m暗装
	门磁电子门锁		在门上方1m预留接线盒	
	巡更开关(无线)			
	主动红外探测器			壁装或支架安装
	主动红外接收器			壁装或支架安装
	残疾人求助声光报警器		残疾人卫生间	剩门上方0.9m安装
	残疾人呼叫按钮		残疾人卫生间	距地0.5m安装
VC	视频管线(安防)	SC20		型号厂家配备
R	报警管线	SC20		参考线缆:RVVP-2×0.5+WDZ-BYJ-3×1.5
GG	门禁管线	SC25		参考线缆:WDZ-BYJ-3×2.5+RVVSP-2×0.5
U	超5类非屏蔽双绞线	U-SC15、2U-SC20、4U-SC25		型号厂家配备
	楼宇自控现场控制器		设备机房等	明装,距地1.2m
BA	DDC网络传输总线	SC20		型号厂家配备
	能耗监测数据采集器		弱电小间内	明装,距地1.2m
	电度表			详电气图纸
	热力表			详设备图纸
	计量表			详设备图纸
CI	超五类非屏蔽双绞线缆5eUTP	5eUTP-SC15,2×5eUTP-SC20,4×5eUTP-SC25		型号厂家配备

表三

图例	名称	型号规格及说明	安装位置	安装方式
	火灾报警控制器	JBF-11A/X	详见平面图	明装,距地1.2m
	消防端子箱	JBF-11A/X	详见平面图	明装,距地1.2m
	图形式火灾显示盘	JBF-VDP3061B		距地1.4m安装
	总线短路隔离器		消防端子箱内	
	消防模块箱	JBF-11A/M	详见平面图	距地1.4m安装
	信号模块	JBF-3131	详见平面图	根据监视设备的位置确定
	控制模块	JBF-3141	详见平面图	根据监视设备的位置确定
	智能型感温探测器	JTW-ZD-JBF-3110	详见平面图	吸顶安装
	智能型感烟探测器	JTY-GD-JBF-3106	详见平面图	吸顶安装
	可燃气体探测器	JQB-HX2132B	详见平面图	壁装或吸顶安装
	红外光束感烟发射器	JTY-H-JPF-VDC1382A	详见平面图	壁装
	红外光束感烟接收器	JTY-H-JPF-VDC1382A	详见平面图	壁装
	空气采样感烟报警探测器		高大空间	壁装
	消火栓启泵按钮		详见平面图	消火栓内安装,距地1.3m
	带消防话筒插孔的手动火灾报警按钮		详见平面图	距地1.3m
	火灾电话插机	HD210	详见平面图	距地1.3m
	火灾声光信号灯	JBF-VM3372B	详见平面图	壁装,门上0.1m
	常闭式防火门控制器		详见平面图	
	常开式防火门控制器		详见平面图	
	防火门监控器分机		详见平面图	明装,距地1.2m
	防火阀联动控制器		受控设备现场安装	
	防火卷帘控制按钮			距地1.4m安装
	电动挡烟垂壁控制器		受控设备现场安装	
	广播接线箱		详见平面图	明装,距地1.2m
	火灾报警扬声器	3W WY-XD5-6	详见平面图	
	背景音乐兼消防广播扬声器	3W WY-XD5-6	走道	吊顶内嵌入安装
	号角式扬声器	5W	设备机房	距地3.0m壁装
	背景音乐兼消防广播壁挂式扬声器	6~10W	餐厅、休息厅	
	气体灭火系统控制器			距地1.2m安装
	气体灭火控制按钮			距地1.3m安装
G	放气指示灯			明装,门上0.2M
	火警电铃			明装,门上0.2M
G	放气电磁阀			

S	消防报警管线	SC20		ZR-RVVP(2×1.5)mm2
D	火灾报警电源线路	SC25、24V		管径采用WDZN-BYR(2×4)mm2,地平采用WDZN-BYJ(2~2.5)mm2穿管
BC	火灾广播线路	SC20		NH-RVB(2×1.5)mm2
F	火警专用通讯线路	SC20(最多5根3FF)		ZR-RVVP(2×1.5)mm2
X	火警信号返回线路	SC20		ZR-RVS(2×1.5)mm2
K	火警控制信号线路	SC20		WDZN-KYJ(2×1.5)mm2
FV	红外线光束感烟发射线路	SC25		型号厂家配备

图例	名称	设备符号	远程控制器	模块配置	动作原理
70℃	通风管消防火阀	70℃			常开、70℃温感关闭,输出电信号
70℃	电动防火阀	70℃			常开、电动和70℃感温关闭,输出电信号
150℃	排烟防火阀	150℃			常开、150℃温感关闭,输出电信号
280℃	排烟防火阀	280℃			常开、280℃感温关闭,输出电信号,手动复位
280℃	排烟阀	280℃			常闭、火灾时手动或电动开启,输出电信号,手动复位
SE	排烟阀				常闭、火灾时手动或电动开启,输出电信号,手动复位
	正压送风阀				常闭、火灾时手动或电动开启,输出电信号,手动复位(前室)
F	防火阀				交流220V,火灾时手动或电动开启与各类机械排烟系统联动,连接关闭。在配电间内或机房内安装,与各风机、防火阀,排烟窗连接触点类风机
	水流指示器				喷淋管道水流动时,输出电信号,水流停止,电信号消失
	水流指示信号阀				阀门打开,输出电信号
P	压力开关	P			开关动作,有信号输出到消防中心,便于监控。并通消防主机联动开泵
	流量开关				开关动作,有信号输出到消防中心,便于监控,通过消防主机联动开泵
	湿式报警阀				喷头动作时,驱动水力警铃动作,压力升开关动作,启动消防泵,输出电信号报警,水泵启动后,在消防水泵,喷头灭水
	雨淋阀				常闭、火灾时手动或电动开启,输出电信号,手动复位(前室)
	快速排气阀				常闭、火灾时手动或电动开启,输出电信号,手动复位(前室)
	预作用报警阀				火警探测器确认后,作为灭火于启自动报警的电磁阀同时打开充气管道,干式系统转变成湿式系统,完成预作用过程。

图3-3 图形符号表

拆分为两张平面图，见图 3-1 中 E1-001C 与 E1-002C。因地下一层电气平面图中需要表达的内容过多，在同一个平面图中绘制会使许多内容重叠，无法清楚表达设计内容，故拆分为 B1 层电气平面图和 B1 层电气干线平面图两张图纸。

3.1.2 申报消防局审核图纸目录

施工图完成后，需要向外审、消防局等部门申报图纸。申报消防局的图纸是由全套图纸中抽出主要与消防有关的图纸，其图号与图名均沿用整体图纸目录中的。通常消防局需要提供图纸目录、消防专篇说明、主要设备图形符号表、消防平面图、消防系统图五部分。然而有些地区的消防局还需要提供电气总平面图与照明平面图。报消防局审批的图纸目录见图 3-2。

3.1.3 申报人防办图纸目录

项目中若包含人防工程，则需要申报人防办事处。人防的图纸应单独列出，并不包含在整体图纸中。报人防审批的需要提供人防图纸目录，人防专篇说明，相关各系统的平面图和系统图。人防图纸目录的排序方式同样按照整体目录的编写方式。

3.2 图例

图例也称为主要设备图形符号表，是集中于一张图纸中，由图形符号以及线型所代表的内容与指标的说明，用以帮助识读图纸的人理解图纸。图例具有两方面的作用，一方面在图纸设计时作为图解，是表示图纸内容的准绳。另一方面，在他人读图时作为必不可少的阅读指南。图例应符合完整性和一致性的原则，即同一工程中，应保证所有特殊图形与符号均由图例表示清楚，并且同一事物所使用的图例应相同。

图例的设计主要参考国家标准图集 "《建筑电气工程设计常用图形和文字》（09DX001）"，另外还可辅助参考地方标准图集，比如北京项目可参考北京地方标准图集 "《电气常用图形符号与技术资料》（09BD1）"。图例的本质是为清楚表达图面信息所用，故只要能够清楚表达工程师设计意图的图例都是可以使用的，即工程师可根据需要自行创造图例。

图例按照明、电气、弱电、消防四个系统顺序排列，各系统不仅包含平面图中的图形符号，还应囊括系统图的图形符号，见图 3-3，并将照明的图例放大后见图 3-4。图例应正确注明图例的设备名称，以及设备信息和电气参数等。

以控照式单管荧光灯为例，它的名称是控照式单管荧光灯，其也表达了灯具外形是控照式，其内部有一根灯管，该灯管是荧光灯。规格及说明中写明，该灯具采用 1 根 28W 的直管 T5 荧光灯，并配有电子镇流器 $\cos\varphi > 0.95$。安装位置中写明，该灯具应用的场所：库房，配电间等工作区域。安装方式中写明，该灯具采用吊杆安装或吸顶安装。并特别注明 "符号含义：E 应急灯、W 白色光源、B 蓝色光源"，表示该图例当附加了这些字母时所表达的特殊含义。当灯具内部的参数有所变化时，其图例也应随之有所区别，保证在图面中能够明显区分其作用。以防水防尘单管荧光灯为例，其与控照式单管荧光灯的区别在于图例中多了一个 S，而灯具需要具有防水防尘功能。灯具的内部参数没有区别，只是灯具名称以及应用场所有所不同。

图例	名称	规格及说明	安装位置	安装方式
	控照式单管荧光灯	1×28W直管T5荧光灯,配电子镇流器,cosφ>0.95	库房,配电间等工作区域	符号含义:E应急灯、W白色光源、B蓝色光源
	控照式双管荧光灯	2×28W直管T5荧光灯,配电子镇流器,cosφ>0.95	库房,配电间等工作区域	吊杆安装或吸顶安装
	控照式三管荧光灯	3×28W直管T5荧光灯,配电子镇流器,cosφ>0.95	库房,配电间等工作区域	吊杆安装或吸顶安装
	壁装单管荧光灯	1×28W直管T5荧光灯,配电子镇流器,cosφ>0.95	地下走道等	距地2.4m壁装
	壁装双管荧光灯	2×28W直管T5荧光灯,配电子镇流器,cosφ>0.95	地下走道等	距地2.4m壁装
	防水防尘单管荧光灯	1×28W直管T5荧光灯,配电子镇流器,cosφ>0.95	厨房等潮湿多尘场所	吊杆安装或吸顶安装
	防水防尘双管荧光灯	2×28W直管T5荧光灯,配电子镇流器,cosφ>0.95	厨房等潮湿多尘场所	吊杆安装或吸顶安装
	防爆型单管荧光灯	1×28W直管T5荧光灯,配电子镇流器,cosφ>0.95	锅炉房,煤气表间	吊杆安装
	单管格栅荧光灯	1×28W直管T5荧光灯,配电子镇流器,cosφ>0.95	办公室,会议室等	嵌入式安装
	双管格栅荧光灯	2×28W直管T5荧光灯,配电子镇流器,cosφ>0.95	办公室,会议室等	嵌入式安装
	三管格栅荧光灯	3×28W直管T5荧光灯,配电子镇流器,cosφ>0.95	办公室,会议室等	嵌入式安装
	方形格栅荧光灯	3×14W直管T5荧光灯,配电子镇流器,cosφ>0.95	办公室,会议室等	嵌入式安装
○	筒灯	1×14W,LED筒灯,cosφ>0.95	走道	吊顶内嵌入安装
◎	筒灯	2×13W,配电子镇流器,cosφ>0.95	大堂,电梯厅等	吊顶内嵌入安装
⊗	防水防尘筒灯	2×13W,配电子镇流器,cosφ>0.95,带防护罩	淋浴间	吸顶安装
①	金卤灯(带玻璃罩)	400W	高大空间,厂房,大型展厅等	
Ⓢ	24V特低电压LED照明灯具	9W,LED	电缆夹层,电梯井道	
❋	花灯	N×13W,按灯具样式确定光源数量N	精装修区域	吊装
◒	壁灯	1×13W,配电子镇流器,COSφ>0.95,带防护罩	走道	距地2.5m壁装
	镜前灯	灯型装饰确定	卫生间	
	安全出口指示灯	1W一体化LED灯,EPS作应急电源	安全出口	暗装,距门上沿0.1m
	单面疏散指示标志灯	1W一体化LED灯,EPS作应急电源	疏散通道内	暗装,距地0.5m
	双面指示灯	1W一体化LED灯,EPS作应急电源	疏散通道内	距地2.4m吊装
	地埋式疏散指示灯	1W一体化LED灯,埋地安装,EPS作应急电源	大空间场所	
	单极,双极,三极开关	250V,10A		暗装,距地1.3m
	单极防爆开关	250V,10A	锅炉房,煤气表间	暗装,距地1.3m
	智能照明控制系统控制开关	总线式,多功能液晶显示屏		暗装,距地1.3m
	单控开关双极三线	250V,10A(用于消防强切)		暗装,距地1.3m

图 3-4 照明图例

3.3 电气总平面图

电气总平面图是在建筑物及项目范围内整体环境总平面图的基础上,清晰表达市政线路由项目外的市政道路进入建筑物的路由的图纸。其主要包含强电线路、弱电线路两部分。强电由供电局提供的市政路由接口引至建筑的高压分界室,进入建筑物。弱电分别由网络公司、电话公司、电视公司提供的市政路由接口引至建筑的弱电进线间,进入建筑物。

【注】应结合当地供电局要求考虑设置高压分界室,当电话与网络机房和电视机房满足进线需要时可不设置弱电进线间。

电气总平面图的设计主要参看"《电力工程电缆设计规范》GB 50217—2007 和

《09BD4 外线工程》图集"（在 3.3 节中简称规范和图集）。

电缆敷设共分为地下直埋敷设，保护管敷设，电缆构筑物敷设三种。根据工程特点，结合《电力工程电缆设计规范》5.2 敷设方式选择，确定电缆敷设方式。根据工程经验，通常选择电缆构筑物敷设方式。小型工程项目则物可选择直埋敷设方式。在敷设路由的沿途需设置电气人孔井。电气人孔井按功能可分为直通人孔井、直角人孔井、三通人孔井、四通人孔井、30°人孔井、45°人孔井、60°人孔井、75°人孔井、135°人孔井九种。

3.3.1 直埋敷设

直埋敷设的原则参看"《电力工程电缆设计规范》GB 50217—2007 中 5.3 和图集 95 页至 105 页"。将其中较为重要的原则摘列于下：

（1）位于城郊或空旷地带，沿电缆路径的直线间隔 100m、转弯处或接头部位，应竖立明显的方位标志或标桩。

（2）直埋敷设于非冻土地区时，电缆埋置深度应符合下列规定：

① 电缆外皮至地下构筑物基础，不得小于 0.3m。

② 电缆外皮至地面深度，不得小于 0.7m；当位于行车道或耕地下时，应适当加深，且不宜小于 1.0m。

（3）电缆与电缆、管道、道路、构筑物等之间的容许最小距离，应符合《电力工程电缆设计规范》GB 50217—2007 表 5.3.5 的规定。另可参看"图集 96 页至 101 页电缆敷设示意图"。

（4）10kV 及以下电缆壕沟开沟宽度尺寸见表 3-1。

10kV 及以下电缆壕沟开沟宽度尺寸　　　　　　　　　　　　　表 3-1

电缆壕沟 B(mm)		控制电缆根数						
		0	1	2	3	4	5	6
10kV 及以下电力电缆根数	0		350	380	510	640	770	900
	1	350	450	580	710	840	970	1100
	2	500	600	730	860	990	1120	1250
	3	650	750	880	1010	1140	1270	1400
	4	800	900	1030	1160	1290	1420	1550
	5	950	1050	1180	1310	1440	1570	1800
	6	1100	1200	1330	1460	1590	1720	1850

（5）直埋敷设的电缆与铁路、公路或街道交叉时，应穿于保护管，保护范围应超出路基、街道路面两边以及排水沟边 0.5m 以上。

3.3.2 保护管敷设

直埋敷设的原则参看"《电力工程电缆设计规范》GB 50217—2007 中 5.4"。将其中较为重要的原则摘列于下：

（1）保护管管径与穿过电缆数量的选择，应符合下列规定：

① 每管宜只穿 1 根电缆。除发电厂、变电所等重要性场所外，对一台电动机所有回路或同一设备的低压电机所有回路，可在每管合穿不多于 3 根电力电缆或多根控制电缆。

② 管的内径，不宜小于电缆外径或多根电缆包络外径的 1.5 倍。排管的管孔内径，不宜小于 75mm。

（2）单根保护管使用时，宜符合下列规定：

① 每根电缆保护管的弯头不宜超过 3 个，直角弯不宜超过 2 个。

② 地中埋管距地面深度不宜小于 0.5m；与铁路交叉处距路基不宜小于 1.0m；距排水沟底不宜小于 0.3m。

③ 并列管相互间宜留有不小于 20mm 的空隙。

（3）使用排管时，应符合下列规定：

① 管孔数宜按发展预留适当备用。

② 管路顶部土壤覆盖厚度不宜小于 0.5m。

（4）较长电缆管路中的下列部位，应设置工作井：

① 电缆牵引张力限制的间距处。电缆穿管敷设时容许最大管长的计算方法，宜符合《电力工程电缆设计规范》GB 50217—2007 附录 H 的规定。

② 电缆分支、接头处。

③ 管路方向较大改变或电缆从排管转入直埋处。

④ 管路坡度较大且需防止电缆滑落的必要加强固定处。

3.3.3　电缆构筑物敷设

电缆构筑物分为电缆沟与电缆隧道两种。通常设计电缆沟。大型的地块在地下空间充足的情况下，为方便后期维修与建筑改造，设置电缆隧道，且该隧道通常为机电合用隧道。

直埋敷设的原则参看 "《电力工程电缆设计规范》GB 50207—2017 5.5 和图集 106 页至 112 页"。将其中较为重要的原则摘列于下：

（1）电缆构筑物的尺寸应按容纳的全部电缆确定，电缆的配置应无碍安全运行，满足敷设施工作业与维护巡视活动所需空间，并应符合下列规定：

① 隧道内通道净高不宜小于 1900mm；在较短的隧道中与其他沟道交叉的局部段，净高可降低，但不应小于 1400mm。

② 封闭式工作井的净高不宜小于 1900mm。

③ 电缆夹层室的净高不得小于 2000mm，但不宜大于 3000mm。民用建筑的电缆夹层净高可稍降低，但在电缆配置上供人员活动的短距离空间不得小于 1400mm。

④ 电缆沟、隧道或工作井内通道的净宽，不宜小于表 3-2 所列值。

电缆沟、隧道或工作井内通道的净宽（mm）　　　　　　　　表 3-2

电缆支架配置方式	具有下列沟深的电缆沟			开挖式隧道或封闭式工作井	非开挖式隧道
	<600	600～1000	>1000		
两侧	300 *	500	700	1000	800
单侧	300 *	450	600	900	800

注：* 浅沟内可不设置支架，勿需有通道。

（2）电缆隧道、封闭式工作井应设置安全孔，安全孔的设置应符合下列规定：

① 沿隧道纵长不应少于 2 个。在工业性厂区或变电所内隧道的安全孔间距不宜大于 75m。在城镇公共区域开挖式隧道的安全孔间距不宜大于 200m，非开挖式隧道的安全孔间距可适当增大，且宜根据隧道埋深和结合电缆敷设、通风、消防等综合确定。隧道首末端无安全门时，宜在不大于 5m 处设置安全孔。

② 对封闭式工作井，应在顶盖板处设置 2 个安全孔。位于公共区域的工作井，安全孔井盖的设置宜使非专业人员难以启动。

③ 安全孔至少应有一处适合安装机具和安置设备的搬运，供人出入的安全孔直径不得小于 700mm。

④ 安全孔内应设置爬梯，通向安全门应设置步道或楼梯等设施。

⑤ 在公共区域露出地面的安全孔设置部位，宜避开公路、轻轨，其外观宜与周围环境景观相协调。

（3）电缆沟设计规格参看表 3-3 与表 3-4。

电缆沟规格（一）　　　　　　　　　　　　　　　　　　　表 3-3

沟宽（B）	层架长（g）	通道宽（c）	沟深（H）
800	200	400	700
	200		800
1000	300	500	900
	200		1100
1200	300	600	1100
	300		1300

电缆沟规格（二）　　　　　　　　　　　　　　　　　　　表 3-4

沟宽（B）	层架长（g）	通道宽（c）	沟深（H）
1000	200	500	1100
	300		
1200	300	600	1300
	300		

（4）非拆卸式电缆竖井中，应有人员活动的空间，且宜符合下列规定：

① 未超过 5m 高时，可设置爬梯，且活动空间不宜小于 800mm×800mm。

② 超过 5m 高时，宜设置楼梯，且每隔 3m 宜设置楼梯平台。

③ 超过 20m 高且电缆数量多或重要性要求较高时，可设置简易式电梯。

3.3.4 设计步骤

① 需要建筑提供总平面图作为底图，在其基础上设计红线内的电气外线路由。

② 确定各市政条件进入红线的位置，以及市政线缆的数量和大小。当项目是建筑群时应理清各建筑间需要连通的线缆数量和大小。

③ 确定高压分界室与弱电进线间的位置。

④ 确定选择的敷设方式，并依据敷设原则，配合结构做法和设备专业的外线路由，完成路由设计。

⑤ 配合工作井的规格完成路由设计，并在图中注明电缆规格及路由相关做法。

3.3.5 举例

以一个两层的图书馆建筑为例，其内部电气机房主要包含弱电间、高压分界室、变配电室三部分。弱电间位于建筑西侧靠外墙，故与弱电进线间合用。高压分界室位于东南角，变配电室紧靠高压分界室。弱电的电视、电话、网络市政管网位于整个地块西侧的北方路，强电的供电局管网位于整个地块北侧的卫士路。另外，本地块属于先期动工部分，其南侧与东侧的建筑均需由该变配电室提供电能，且产权分明，需要为其提供外线路由。具体设计见图 3-5。

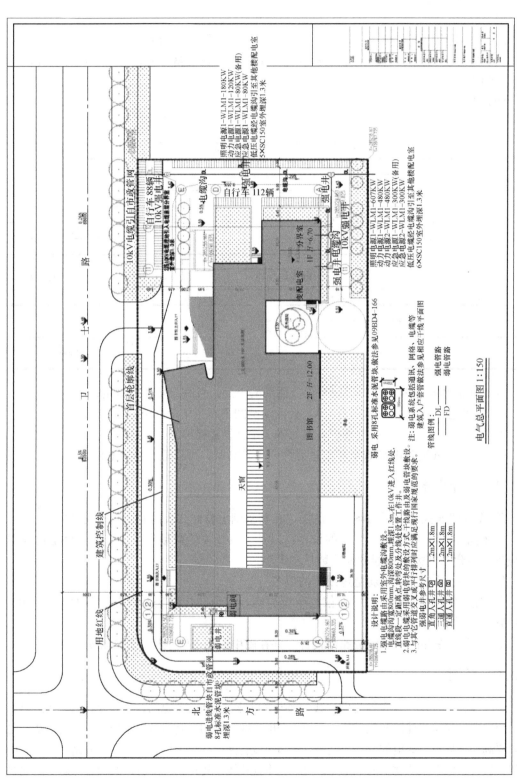

图 3-5 电气总平面图

供电局的市政条件位于北侧的卫士路，高压 10kV 电缆经红线内建筑东侧路的电缆沟一路向南，至建筑南侧进入高压分界室。电缆由高压分界室通至变配电室，通过低压电缆为建筑内配电。而位于建筑物南侧与东侧的建筑物已提出供电需求，东侧建筑需要 4 路电源，分别为：照明电源 1-WLM1-180kW，动力电源 1-WPM1-120kW，应急电源 1-WEM1-80kW（备用），应急电源 2-WEM1-80kW。南侧建筑需要 5 路电源，分别为：照明电源 1-WLM1-607kW，动力电源 1-WPM1-480kW，动力电源 2-WPM1-480kW，应急电源 1-WEM1-300kW（备用），应急电源 2-WEM1-300kW。在图面中分别标明电缆需求，电缆沟中有一部分是 10kV 电缆与低压电缆共沟敷设，其内部按照规范要求排布。电缆沟沟宽 800mm，沟深 800mm，结合结构底板形式，沟埋深 1.3m，在电缆沟进入红线处，转角处，分线处设置人孔井。电缆沟距建筑物基础大于 0.6m，距树木大于 0.7m，人孔井均尽量设置在非车辆及行人通过处。

电话、网络、电视的市政条件位于西侧的北方路，市政条件穿过红线内建筑西侧路到达建筑的弱电间。由于该建筑较小，故其首层的弱电间与弱电进线间合用。外线结合建筑底板做法采用 8 孔标准水泥管块，埋深 1.3m，保证引至弱电间下方后向上引入弱电间。因红线外的树木原因，外线并非横向进入弱电间，而为了躲开树木增加了一个直角转弯。其在进入红线处与转角处设置人孔井，井优先设置在草坪中。

3.4　室外照明

室外照明主要分为景观照明与建筑泛光照明。景观照明是室外庭院及道路的照明，并通过照明呈现艺术效果。泛光照明是设置在建筑外立面与屋檐等处的照明，使建筑呈现艺术效果。这两部分通常委托专业公司设计。自行设计时，室外照明电气图包含平面，图例，配电箱系统，说明四部分。

室外照明在干线系统中单独设置配电箱。该配电箱通常设置在建筑地下一层中方便通至室外的强电间内，室外照明配电箱的支线回路由设于地下一层外墙的室外照明穿墙套板引至室外，为外部的照明灯具提供电源。当不利于设置在地下室时，室外照明配电箱可设置在首层方便出线的强电间内或室外草坪等处，室外管线采用直埋或排管的方式，为外部的照明灯具提供电源。

3.4.1　设计步骤

（1）需要建筑提供总平面图作为底图，在其基础上设计红线内的室外照明平面图。

（2）根据建筑效果确定末端灯具及点位。

（3）确定室外照明配电箱及相应强电间位置。

（4）确定选择的敷设方式，并依据敷设原则，配合结构做法和设备专业的外线路由，完成设计。

（5）配合工作井的规格完成设计，并在图中注明电缆规格，埋深及路由相关做法等。

3.4.2　举例

仍以图书馆项目为例。总环境面积较大，在建筑周围设计一圈排管敷设，出建筑处直

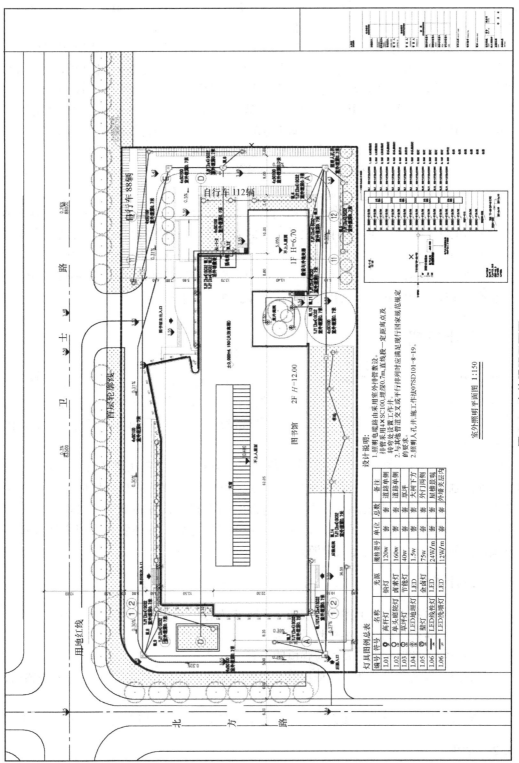

图3-6 室外照明平面图

线段超过一定距离处及转弯处设置工作井。各室外照明灯具就近按照回路通过排管连接各工作井，故各支线回路最终可通至强电间的照明配电箱内。在避免与外线冲突的情况下，结合结构底板做法，排管埋深 0.7m。因各回路采用的线管与室内埋地敷设并无差异，易于施工，故设计方法相同。通常一种回路连接同一类灯具，并在配电箱中采用智能照明控制系统。为保证后期室外照明的调整，每个回路的线缆采用载流量较大的"YJY（3×4）SC32"电缆。另外，位于建筑屋檐的泛光照明，由配电箱通过建筑外墙敷设配电。室外照明配电箱系统与其他照明配电箱无异。值得注意的是，其回路均需采用漏电保护开关，并接于智能照明控制模块，且配电箱需设置第一级防浪涌保护器。室外照明平面图见图3-6，图纸内共包含室外照明平面图、图例（图中左下角）、说明（图中中下部）、系统（图中右下角）四部分。

3.5 防雷与接地

雷击是长期威胁建筑物的自然灾害，防雷成了保护建筑安全的重要课题。名为防止雷击，实则是接引雷电流并泄放至大地的一种引雷做法。建筑物防雷装置分为接闪器、引下线、接地装置三部分。接闪器接引雷击，通过引下线将雷电流传导至基础接地体，通过接地体与大地的接触面将雷电流泄放至大地当中，保护建筑不受雷击伤害，完成整个防雷体系。

防雷系统在设计中分为防雷平面图与接地平面图两部分。防雷平面图是设计屋面对于接闪器的敷设。接地平面图是设计地下基础关于接地体的敷设。

防雷系统主要参考"《建筑物防雷设计规范》GB 50057—2010、《建筑物电子信息系统防雷技术规范》GB 50343—2012、《电子计算机机房设计规范》GB 50174—2008"三本规范。"《建筑物防雷设计规范》GB 50057—2010"以下简称"防雷规范"，已非常详尽地给出了建筑在各种情况下的做法及相关计算。相关图例见表3-5。

3.5.1 设计步骤

（1）确定该建筑的所在地、建筑等级、结构做法、屋面形式、各标高屋面的长宽高等基础信息。需要建筑专业提供屋面平面图，需要结构专业提供基础底板平面图。

（2）查看当地气象台、站资料确定年平均雷暴日。

防雷与接地图例   表 3-5

图例	名称	规格及说明	安装位置	安装方式
⏚	卫生间局部等电位连接端子箱	就近与结构底板或混凝土墙内钢筋连接	卫生间,浴室等	暗装,距地 0.3m
⏚ T	电梯基坑等电位连接端子箱	采用 40×4 镀锌扁钢与基础底板内钢筋连接	电梯基坑	距坑底 0.5m 外安装
⏚ R	弱电机房专用接地端子	采用 BYJ1×50mm² 与结构底板或混凝土墙内钢筋连接并采用 25×4 镀锌扁钢就近与结构底板或混凝土墙内钢筋连接	主要弱电机房	暗装,距地 0.3m

63

图例	名称	规格及说明	安装位置	安装方式
LEB	局部等电位连接端子箱	采用 40×4 镀锌扁钢与总等电位端子箱连接并采用 25×4 镀锌扁钢就近与结构底板或混凝土墙内钢筋连接	强、弱电井	明装，距地 0.3m
MEB	总等电位连接端子箱		变电室	
⏚	防雷引下线接地测试端子	防雷引下点距室外地坪 0.5m 高处安装		

（3）进行防雷计算。按照防雷规范附录 A 的各种情况计算建筑物年预计雷击次数。

（4）根据建筑等级与建筑物年预计雷击次数，对照"《建筑物防雷设计规范》第 3 条建筑物的防雷分类"中的各条情况确定是否需要设计防雷，如需要应确定该建筑属于第几类防雷。

（5）根据确定的防雷分类，按照防雷规范"4 建筑物的防雷措施"中的对应条文进行屋面避雷网的设计。

（6）在屋面防雷平面图中，结合结构做法确定引下线的方式（借用结构柱或单独敷设引下线），完成引下线的设计。

（7）在基础接地平面图中，确定与屋面对应的引下线位置。另外，应注意建筑内各弱电机房的引下线方式及位置，如：消防安防控制室、电话与网络机房、电视机房、变配电室控制室、发电机房、电梯基坑、车库管理用房、强电间、弱电间等。完成所有引下线的标注。

（8）在确定所有引下线连通（结构自行连通或采用 40×4 镀锌扁钢连通）的情况下，按规范要求向建筑四周敷设人工接地体，并依据规范确定敷设的方式及长度，以保证接地电阻小于限定值。并按规范要求，在建筑周圈设置防雷引下线接地测试端子（因设置在首层外墙处，通常绘制于屋顶平面图中）。

（9）结合规范，在防雷平面图与接地平面图中写说明，主要写明重要的防雷要求。就此，全部完成两张图纸的设计。

【注 1】当建筑物存在高低差，导致存在多种防雷等级时，应按"《建筑物防雷设计规范》4.5.1 条"确定，如附有裙房的高层建筑。

【注 2】重要的弱电机房（包括电话与网络机房、消防安防控制室、数据中心等），采用 BYJ-1×50mm²-PVC40 与基础钢筋放热焊接引至机房 MEB 端子板，而非 40×4 镀锌扁钢。参看"《建筑物电子信息系统防雷技术规范》GB 50343—2012 中第 8.4.6 条与第 8.4.7 条"。

【注 3】电梯基坑，采用 BYJ-1×50mm²-PVC40 与基础钢筋放热焊接引至基坑与控制柜两处。

【注 4】变配电室采用 2 根 100×5 镀锌扁钢与基础钢筋焊接引至变电室 MEB 端子板。该 2 根镀锌扁钢的截面积应不小于变配电室内变压器中性点与周圈接地的截面积之和，周圈通常为 50×5 镀锌扁钢，变压器中性点扁钢的选择依据"《03D201-4 10kV 及以下变压器室布置及变配电所常用设备构件安装》229 页变压器低压侧出线选择"，见图 3-7。

变压器容量(kVA)	变压器阻抗电压(%)	变压器低压侧出线选择 低压电缆(mm²) W	YJV	低压铜母线(mm²)	母线槽(A)	变压器低压侧中性点接地线选择 BV电线(mm²)	VV电缆(mm²)	铜母线(mm²)	裸铜绞线(mm²)	镀锌扁钢(mm²)
200	4	3×240+1×120	3×185+1×95	4(40×4)		1×50	1×50	15×3	1×35	25×4
250		2(3×150+1×70)	3×300+1×150	4(40×4)	630	1×70	1×70	15×3	1×50	40×4
315		2(3×240+1×120)	2(3×150+1×70)	4(50×5)	630	1×70	1×70	20×3	1×50	40×4
400		3×2(1×185)+1(1×185)	2(3×185+1×95)	4(63×6.3)	800	1×95	1×95	20×3	1×70	40×4
500	4.5	3×2(1×240)+1(1×240)	3×2(1×240)+1(1×240)	3(80×6.3)+1(63×6.3)	1000	1×120	1×120	25×3	1×70	40×5
630		3×2(1×400)+1(1×400)	3×2(1×300)+1(1×300)	3(80×8)+1(63×6.3)	1250	1×150	1×150	25×3	1×95	50×5
800		3×4(1×185)+2(1×185)	3×4(1×150)+2(1×150)	3(100×8)+1(80×6.3)	1600	1×120	1×120	30×4	1×95	50×5
1000		3×4(1×240)+2(1×240)	3×4(1×240)+2(1×240)	3(125×10)+1(100×8)	2000	1×150	1×150	30×4	1×95	50×5
1250		3×4(1×400)+2(1×400)	3×4(1×300)+2(1×300)	3×2(100×10)+1(100×8)	2500	1×185	1×185	30×4	1×120	63×5
1600				3×2(125×10)+1(125×10)	3150		1×240	40×4	1×150	80×5
2000				3×2(125×10)+1(125×10)	4000		1×240	40×4	1×185	100×5

图 3-7 变压器中性点扁钢的选择依据

3.5.2　举例

以北京地区某办公楼附有裙房建筑为例。该建筑属于高层民用公共建筑，地上 23 层（包含裙房 5 层），地下 2 层。主楼室外地坪到结构女儿墙装饰面的高度是 100m，裙房室外地坪到裙房装饰女儿墙顶的高度是 30m。

（1）防雷计算

防雷计算主要依据建筑物年预计雷击次数计算公式：$N = k \times N_g \times A_e$

① 根据防雷规范附录 A 中 A.0.1 关于校正系数取值的说法，考虑到该建筑属于一般情况，故 $k = 1$。

$$N_g = 0.1 \times T_d$$

查看"北京地标图集《09BD13 建筑物防雷装置》附 1"可知，北京地区年平均雷暴日 $T_d = 36.3 \text{d/a}$。

$$N_g = 0.1 \times T_d = 0.1 \times 36.3 = 3.63$$

② 建筑包含高层建筑与附属的裙房建筑两部分，其防雷等级需分别计算。

高层建筑高度 $H = 100\text{m}$，$L = 60\text{m}$，$W = 30\text{m}$，因该建筑高度 $H = 100\text{m}$，$2H$ 范围内没有更高的建筑物，所以可以判定符合附录 A 中 A.0.3 第 4 条。

$$A_e = [LW + 2(L+W) + \pi H^2] \times 10^{-6}$$
$$A_e = [60 \times 30 + 2(60+30) + \pi \, 100^2] \times 10^{-6} = 0.0512$$

得到：$N = 1 \times 3.63 \times 0.0512 = 0.186$（次/a）

该建筑属于一般性民用建筑，符合防雷规范"3 建筑物的防雷分类 3.0.4"中的第 3 条。故该建筑高层部分属于第三类防雷建筑物。

裙房建筑高度 $H = 30\text{m}$，$L = 60\text{m}$，$W = 30\text{m}$，因该建筑高度小于 100m，$2D$ 范围内没有其他建筑，所以可以判定符合防雷规范附录 A 中 A.0.3 第 1 条。

$$D = \sqrt{H(200-H)} = \sqrt{30 \times (200-30)} = 71.4$$
$$A_e = [LW + 2(L+W)\sqrt{H(200-H)} + \pi H(200-H)] \times 10^{-6}$$
$$A_e = [60 \times 30 + 2(60+30) \times 71.4 + \pi \times 30 \times (200-30)] \times 10^{-6} = 0.03$$

得到：$N = 1 \times 3.63 \times 0.03 = 0.109$（次/a）

该建筑属于一般性民用建筑，符合防雷规范"3 建筑物的防雷分类 3.0.4"中的第 3 条。

故该建筑高层部分属于第三类防雷建筑物。

③ 高层建筑会对附属裙房建筑产生作用，按滚球法计算高层建筑是否能够保护住裙房建筑。

$$r_x = \sqrt{h(2h_r - h)} - \sqrt{h_x(2h_r - h_x)}$$

式中各符号关系见图 3-8。

接闪杆高度，即本例中的高层建筑高度 $h = 100\text{m}$

裙房属于第三类防雷，查表得滚球半径 $h_r = 60\text{m}$

被保护物的高度 $h_x = 30\text{m}$

$$r_x = \sqrt{100(2 \times 60 - 100)} - \sqrt{30(2 \times 60 - 30)} = 7.26$$

得到接闪杆在 30m 高度平面上的保护半径 r_x＝7.26m＜30m，高层建筑无法保护裙房建筑，故裙房屋面同样需要设置避雷带。

"《建筑物防雷设计规范》GB 50057—2010 中关于滚球法计算避雷针的保护范围表 5.2.12"，不同建筑物的滚球半径，抄录于表 3-6。

结论：该建筑的高层部分与附属裙房部分均属于第三类防雷建筑物，且两者均需设置避雷网。

（2）屋顶防雷平面设计

该建筑属于第三类防雷建筑物，参看"防雷规范 4.4 第三类防雷建筑物的防雷措施"。屋顶防雷平面图的设计主要依据防雷规范第 4.4.1 条、第 4.4.2 条、第 4.4.8 条，引下线的设计主要依据防雷规范 4.4.3 条。另外，还应注意第 4.5 条与第 5.3 条中的相关内容。案例见图 3-9。

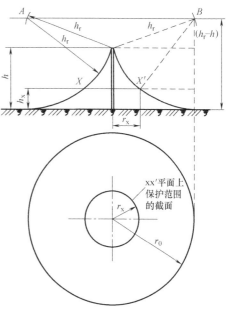

图 3-8　各符号关系图

【注】特殊情况下，可利用屋面内钢筋或金属屋面等方式作为接闪带，无需另设避雷网。

不同建筑物防雷级别的滚球半径　　　　　　　　　　表 3-6

建筑物的防雷级别	滚球半径 h_r(m)	避雷网尺寸(m)
第一类防雷建筑物	30	≤5×5 或≤6×4
第二类防雷建筑物	45	≤10×10 或≤12×8
第三类防雷建筑物	60	≤20×20 或≤24×16

东侧的高层屋面与西侧的裙房屋面均属于第三类防雷，需按照"≤20m×20m 或≤24m×16m"网格设计，避雷网分为女儿墙上明敷设与屋面防水层中暗敷设两种。明敷设可以有效保护建筑物，但其影响美观，故在大面积的屋面处采用暗敷设于防水层中的方式，两种敷设方式都能够起到保护建筑物的作用。另外，屋面坡度为 1°和 2°等，参看"防雷规范附录 B"，均小于 1/10（即 9°），均按平屋面设计网格。

按防雷规范要求设置引下线，引下线间距不大于 25m。同时，向结构专业确认结构柱内钢筋是否满足规范要求。通常结构柱内钢筋可满足引下线要求时，将其作为引下线，并依规范设置引下线。

防雷引下线接地测试端子设置在建筑四周外墙内，通常距地 0.5m，方便监测人员现场遥测接地电阻，保证电阻值满足规范要求，达到泄放雷电流的要求。

（3）基础接地平面设计

该建筑属于第三类防雷建筑物，参看防雷规范"4.4 第三类防雷建筑物的防雷措施"。

基础接地平面图的设计主要依据防雷规范4.4.4条、第4.4.6条，引下线的设计主要依据防雷规范4.4.3条。另外，还应注意第4.5条与第5.4条中的相关内容。

设计步骤：

① 需结构专业提供底层基础平面图。

② 需在底层基础平面图中标明需接地的特殊电气用房，主要包括：变配电室、发电机房、弱电主机房（消防安防控制室、电话与网络机房、无线通信机房、电视机房、卫星电视机房）、电梯基坑、停车库管理用房、人防主机房（防化值班室、柴油发电机房）。

③ 根据各特殊电气用房的性质，沿结构柱敷设扁钢或者铜缆至相应的机房。

④ 将屋顶防雷引下线对应粘贴至底层基础平面图中，并标明引上箭头。

⑤ 在建筑几个角落处设置引至室外覆土内的接地扁钢，作为保证接地电阻符合规范的预留条件。

【注】通常建筑含有地下室，且为钢筋混凝土结构，故只需利用建筑的地下部分作为接地体便可满足规范中对于接地电阻值的要求。预留接地扁钢则是为保证当遥测电阻值无法满足要求时，可在建筑周圈敷设水平人工接地体，以增加与大地的接触面积。当建筑没有地下部分时，则应沿建筑周圈敷设人工接地体。

⑥ 结构专业的基础底板内通常设计上下两层钢筋，其采用的绑扎工艺无法满足电气接地的要求，故通常在结构柱处选定一些点作为钢筋焊接点，以保证两层钢筋的电气有效连通。

这里仍以防雷的案例讲解，见图3-10。

该建筑基础位于最底层的地下二层。首先每隔一个轴网设置一个基础底板内上下两层两根钢筋贯通焊接点，保证两层钢筋贯通（结构采用将两层钢筋绑扎的方式并无法满足电气接地需求）。其次，B～G/4～10轴的方块与地上部分相对应，将屋面的引下线对应到基础平面中，并将引下线箭头改为引上线箭头。然后，由D/7轴结构柱引至B1层电话网络机房LEB端子板，由F/10轴结构柱引至L1层消防中控室MEB端子板。弱电机房采用BYJ-1×50mm²-PVC40作为接地体。再者，由D/11轴与E/11轴两个结构柱作为变配电室接地体的引下线。变配电室有2台2000kVA变压器，需设置2根100×5镀锌扁钢引至变电室MEB端子板及变压器中性点。另外，强电间，弱电间，电梯均设置在结构柱旁，故其等电位端子箱可接于结构柱，实现电气连通。再然后，通过40×4镀锌扁钢敷设于地下一层顶板内的方式，保证地下建筑最外圈的结构柱地下一层与地下二层连通，并沿建筑四角向外敷设水平接地体，埋深-2.5m，建筑基础1m以外敷设一圈水平接地体。最终，配以防雷与接地图纸说明，完成基础接地平面图的设计。

（4）防雷说明

在平面图中列写的说明是关于屋面防雷与基础接地做法的重要内容，是必须使施工人员在施工过程中知道的内容。

该建筑属于第三类防雷建筑物，参看防雷规范"第4.4条、第4.5条、第5条"。将其中重要的做法列写清楚，补充图面无法清晰表达的内容。将图3-9与图3-10中的防雷说明与接地说明放大后见图3-11。

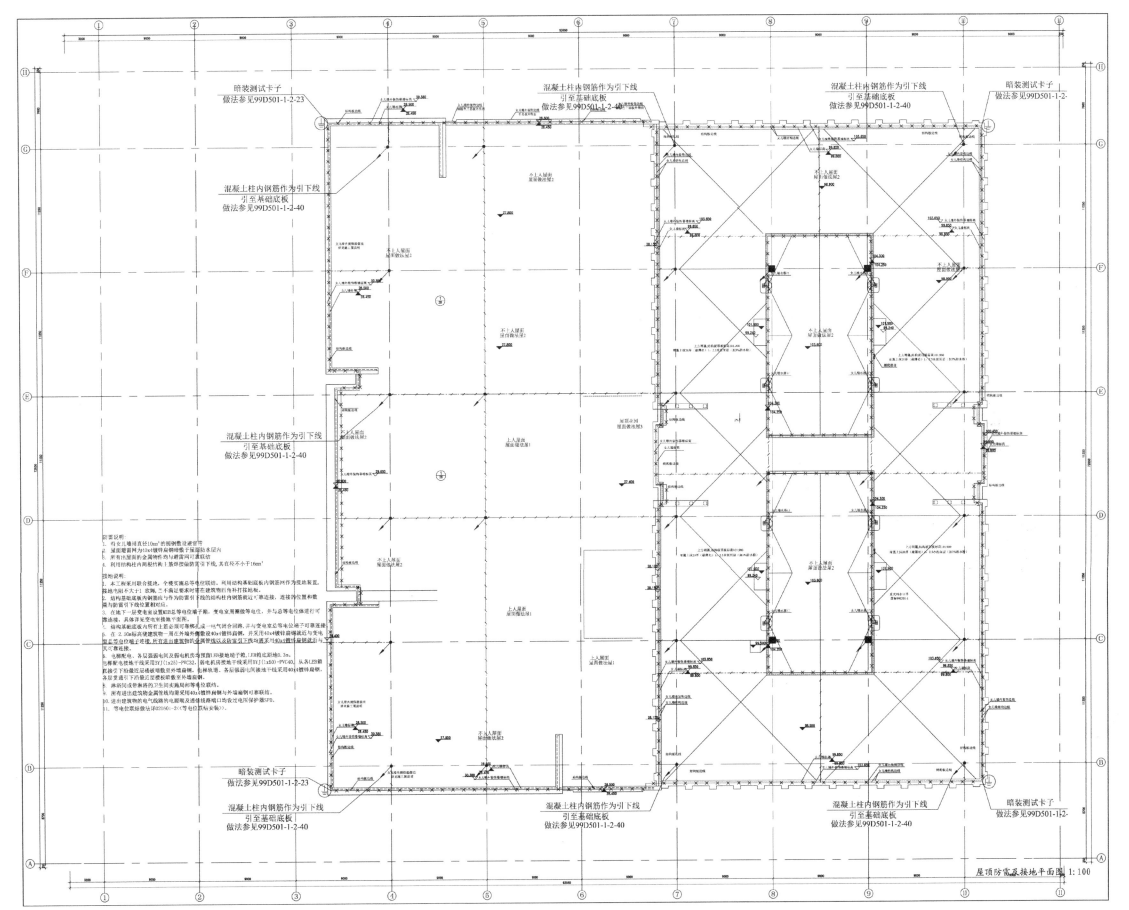

图 3-9 屋顶防雷平面图

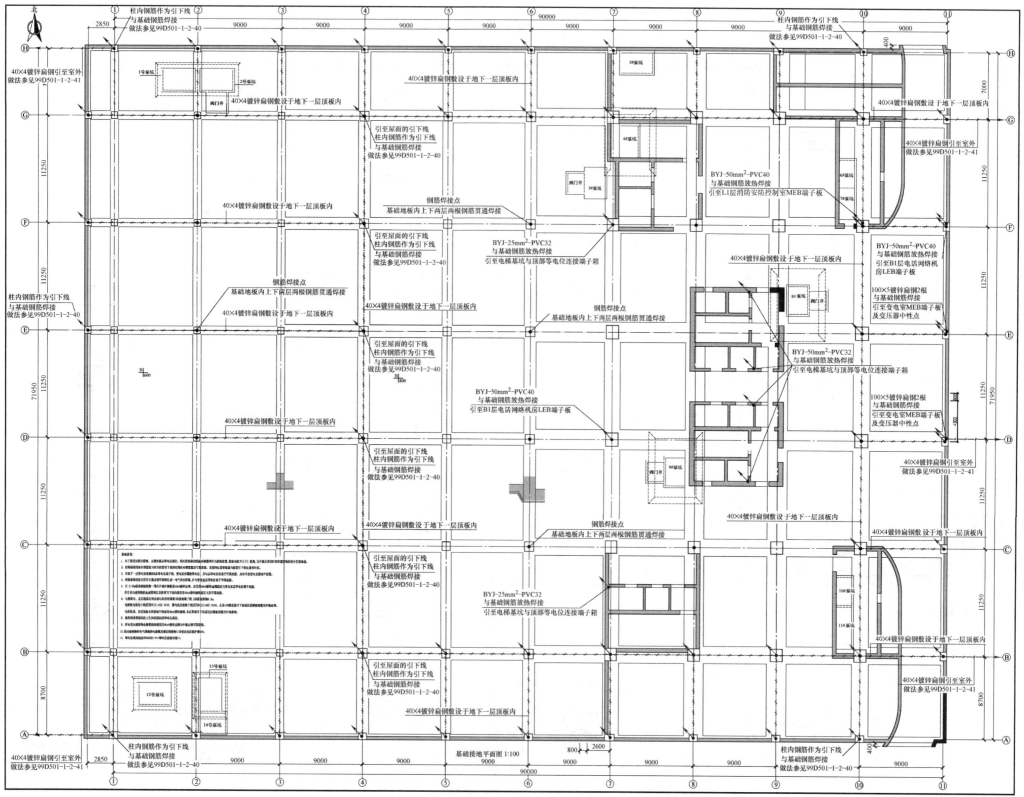

图 3-10　基础接地平面图

防雷说明：

1. 沿女儿墙用直径 10mm² 的圆钢敷设避雷带。

2. 屋面避雷网为 40×4 镀锌扁钢暗敷于屋面防水层内。

3. 所有出屋面的金属物件均与避雷网可靠联结。

4. 利用结构柱内两根结构主筋焊接做防雷引下线，其直径不小于 16mm²。

接地说明：

1. 本工程采用联合接地，全楼实施总等电位联结。利用结构基础底板内钢筋网作为接地装置，接地电阻不大于 1Ω，当不满足要求时需在建筑物四角补打接地极。

2. 结构基础底板内钢筋应与作为防雷引下线的结构柱内钢筋就近可靠连接，连接的位置和数量与防雷引下线位置相对应。

3. 在地下一层变电室设置 MEB 总等电位端子箱，变电室周圈做等电位，并与总等电位体进行可靠连接，具体详见变电室接地平面图。

4. 结构基础底板内所有主筋必须可靠绑扎成一电气闭合回路，并与变电室总等电位端子可靠连接。

5. 在−2.50m 标高绕建筑物一周在外墙外侧敷设 40×4 镀锌扁钢，并采用 40×4 镀锌扁钢就近与变电室总等电位端子连接，所有进出建筑物的金属管线以及防雷引下线均需采用 40×4 镀锌扁钢就近与其可靠连接。

6. 电梯配电、各层强弱电间及弱电机房均预留 LEB 接地端子箱，LEB 箱底距地 0.3m。电梯配电接地干线采用 BYJ(1×25)-PVC32，弱电机房接地干线采用 BYJ(1×50)-PVC40，从各 LEB 箱直接引下沿最近层楼板暗敷至外墙扁钢。电梯轨道、各层强弱电间接地干线采用 40×4 镀锌扁钢，各层贯通引下沿最近层楼板暗敷至外墙扁钢。

7. 淋浴间或带淋浴的卫生间实施局部等电位联结。

8. 所有进出建筑物金属管线均需采用 40×4 镀锌扁钢与外墙扁钢可靠联结。

9. 进出建筑物的电气线路的电源端及通信线路端口均设过电压保护器 SPD。

10. 等电位联结做法详 02D501-2《等电位联结安装》。

图 3-11 防雷说明与接地说明

防雷说明主要阐述屋面防雷的做法。说明第 1 条至第 3 条清晰表达了屋面一套完整的接闪带做法。且屋面有许多金属构件，如钢爬梯、风道等，这些构件无需一一表达，故在图面中整体说明。说明第 4 条表达清楚该工程引下线利用结构柱的做法。

接地说明主要阐述基础接地的做法。说明清晰表达了利用结构基础作为接地体，并在建筑周圈设置水平接地体，以及全楼等电位的相关做法等等。

3.6 变配电系统

变配电系统流程：10kV 高压电缆进线进入建筑→高压分界室（高压开关柜）→变配电室（高压柜）→变配电室（变压器与低压柜）→低压出线。

变配电系统共由变配电室 10kV 配电系统图、低压配电系统图（一、二……）、变配电室平面布置图、变配电室夹层埋件及支架平面、变配电室接地平面图、变配电室剖面图、变配电室支架埋件大样图七部分组成。其中变配电室 10kV 配电系统图通常由供电局依托供电方案进行再调整。

3.6.1 低压配电系统图

低压配电系统图以每台变压器及其后带有的低压柜为一张图纸，有几台变压器就有几张低压系统图纸。

高压进线决定本工程的负荷等级及相关设计方法。如果两路高压进线来自不同的变电站则能够满足一级负荷的需要，如果两路高压进线来自同一个变电站则能够满足二级负荷的需要，如果只有一路高压进线则能满足三级负荷的需要。据此理解，当高压引自两个独立变电站时，配电箱采用双路供电，双路电源引自两台不同变压器的低压出线，便满足一级负荷。当高压引自两个变电站时，配电箱采用单路供电，单路电源引自两台母联的不同变压器的低压出线，便满足二级负荷。当高压引自一个变电站时，配电箱采用单路供电，由引自一台变压器的低压出线，便满足三级负荷。据此，可完成低压配电系统图与配电干线系统图。

较大工程通常需要两路高压进线，至少设置两台变压器及其后对应的低压柜，两台变压器通过母联开关柜相连，互为备用，提高供电可靠性。每台变压器后部带有低压进线柜、电容补偿柜、低压出线柜。当有需要时可以增设谐波调节柜，抑制存在较大谐波源设备带来的谐波干扰。

低压配电系统中，每台变压器后带有一排低压柜，实际可以理解为一台变压器后部带有一个配电箱。低压配电柜与普通配电箱设计方式相类似，同样由进线、出线、辅助设备等组成，其设计方法可以参看本书关于配电箱系统设计的讲解加以理解。之所以采用一排低压柜，是因为出线回路过多，且因电流较大，造成其内部选用的开关元器件体积较大，一个配电箱（柜）无法满足需要。最终形成了变压器后带有许多个配电柜的形式。值得注意的是，其与普通配电箱仍存在一定的区别。低压配电柜还包含调谐电容补偿柜、谐波调节柜、母联柜，其辅助设备由配电监控器、非消防出线回路装设的分励脱扣器和火灾漏电报警器、进线处设的第一级防浪涌保护器等组成。

（1）设计方法（结合下例理解）

① 根据配电干线系统图得知干线回路数及每条干线电缆的装机容量。

② 干线供电的装机容量直接决定分配干线的方式。单路供电的电缆直接计入容量，双路供电则分非消防与消防两种情况计入容量。非消防双路电缆供电的配电回路需注意，其在一般情况下只由一路电缆提供电源，当此路故障时，切换至另一路供电。所以，在低压系统图的平时用电负荷计算中应计入任意一条干线的计算容量。消防双路电缆供电的回路应分清后端所带设备。若接应急照明、消防电梯、消防潜污泵等配电箱，这些设备通常是消防与非消防状态兼用的，故需在低压系统图计算中计入任意一条干线的计算容量。若接消防风机、消防泵等，这些设备通常只在消防状态下使用，故在低压系统图计算中不计入计算容量。

③ 根据每条干线的计入容量，尽量平均分配用电量至两台变压器。

④ 消防与非消防出线回路应分设在不同的配电柜中，通常按照一般照明回路，应急照明回路，一般动力回路，应急动力回路四类设置配电柜。

【注】当设有多台变压器的工程，应尽量使每台变压器都带有一定的非消防负荷。避免出现某台变压器只带有消防负荷的情况，造成变压器平时不运行，出现老化损坏等问题。

⑤ 完成干线回路编号。编号尽量保证双路电缆的出线编号相同，比如：有两台变压器，双路干线号为1WPM1和2WPM1，其变压器号不同，但出线号都是1。单路供电配电箱则优先将照明回路接至同一台变压器，动力回路接至另一台变压器。最终，两者的用电量在低压柜系统图中根据不同干线选择平时运行采用的变压器，使得两台变压器所带电量尽量均摊。通常干线按照"变压器号＋WLM（WPM）＋回路号"编号，比如一般照明配电箱的干线编号为1WLM2，表示1号变压器的2号回路。干线编号具体分为：一般照明为"＿WLM＿"，消防（应急）照明为"＿WEM＿"，一般动力为"＿WPM＿"，消防（应急）动力为"＿WPEM＿"，非消防一级（二级）负荷动力为"＿WPM＿和＿WPM＿"。

⑥ 通过每条干线的装机容量可以计算出该干线的计算电流，进而选定开关元器件与电缆规格。普通电缆通常采用WDZ-YJY电缆，消防电缆采用矿物绝缘电缆。此部分与配

电箱相同，参看本书"5.4 配电"。

⑦ 统计进线处总装机容量 P_e，并求和（计入所有用电回路负荷）。并使成对的两台变压器的总装机容量 P_e 近似。

⑧ 按照平均分配原则，且注意第 2 条中所说的容量计入方法，完成平时用电负荷计算容量的统计，确定每台变压器后所带的平时用电负荷回路，求和后得到平时用电负荷总计算容量 P_{js}。

⑨ 通过对于计入 P_{js} 的干线进行无功功率 Q_{js} 的求和，得到总 Q_{js}。

⑩ 进线的 P_{js} 和 Q_{js}，可求出视在功率 S_{js} 和功率因数 $\cos\varphi$。以上所述均为补偿前数值。

⑪ 补偿前 P_{js}×同时系数＝补偿后 P_{js}，（同时系数根据工程性质选定，通常取 0.8～0.9）。

⑫ 进而求得补偿后计算电流 I_{js}，以此为依据选择进线开关元器件与母线。

⑬ 补偿后 Q_{js}＝补偿前 Q_{js}×同时系数－补偿柜 Q_{js}。补偿后的功率因数应大于 0.95，并小于等于 1，且补偿后的 Q_{js} 不能为负数。

【注】每台补偿柜的上限通常在 400kvar 以内，当一台补偿柜无法满足需要时可增设。

⑭ 最终得到补偿后的视在功率 S_{js} 和功率因数 $\cos\varphi$。

⑮ 负荷率＝补偿后的 S_{js}÷变压器容量。根据《民用建筑电气设计规范》4.3.2 条可知，负荷率不宜大于 85%，但工作中通常不大于 80%。

（2）需要系数与功率因数

在低压配电系统图中，无论是每条回路的计算还是总进线的计算均以需要系数与功率因数为计算的基础数据，而此类数据往往为工程经验总结所得，这里便列写一些常用数值，以供参考。

表 3-7 民用建筑照明负荷需要系数表，是针对民用建筑中的照明干线的需要系数。表 3-8 旅游宾馆主要用电设备的需要系数及功率因数，是针对旅游宾馆中的照明干线的需要系数与功率因数。表 3-9 多户住宅用电负荷需要系数表，是针对住宅中为住户配电箱配电的干线需要系数。表 3-10 主要用电设备组的需要系数表，是建筑中的主要用电设备的需要系数与功率因数。

民用建筑照明负荷需要系数表

表 3-7

建筑物名称	需要系数 K_x	备注
住宅楼	0.30～0.50	单元式住宅、每户两室 6～8 组插座
单身宿舍楼	0.60～0.70	标准单间内 1～2 盏灯，2～3 组插座
办公楼	0.70～0.80	标准开间内 2 盏灯，2～3 个插座
科研楼	0.80～0.90	一开间内 2 盏灯，2～3 个插座
教学楼	0.80～0.90	标准教室内 6～10 盏灯，1～2 组插座
图书馆	0.60～0.70	
幼儿园、托儿所	0.80～0.90	
小型商业、服务业用房	0.85～0.90	
综合商业、服务楼	0.75～0.85	
食堂、餐厅	0.80～0.90	
高级餐厅	0.70～0.80	

建筑物名称	需要系数 K_x	备注
一般旅馆、招待所	0.70～0.80	标准客房内1～2盏灯,2～3个插座
旅游宾馆	0.35～0.45	标准单间客房8～10盏灯,5～6组插座
电影院、文化馆	0.70～0.80	
剧场	0.60～0.70	
礼堂	0.50～0.70	
体育馆	0.65～0.75	
体育练习馆	0.70～0.80	
展览厅	0.50～0.70	
门诊楼	0.60～0.70	
病房楼	0.50～0.60	
博展馆	0.80～0.90	

旅游宾馆主要用电设备的需要系数及功率因数　　　　表3-8

项目	需要系数 K_x	功率因数 $\cos\varphi$
全馆总负荷	0.45～0.5	0.8
全馆总电力	0.5～0.6	0.8
全馆总照明	0.35～0.45	0.85
冷冻机房	0.65～0.75	0.8
锅炉房	0.65～0.75	0.75
水泵房	0.6～0.7	0.8
通风机	0.6～0.7	0.8
厨房	0.35～0.45	0.7
洗衣机房	0.3～0.4	0.7
窗式空调器	0.35～0.45	0.8
客房	0.4	
餐厅	0.7	
会议室	0.7	
办公室	0.8	
车库	1	
生活水泵、污水泵	0.5	

多户住宅用电负荷需要系数表　　　　　表 3-9

按单相配电计算时所连接的基本户数(户)	按三相配电计算时所连接的基本户数(户)	需要系数	
		通用值	可采用值
≤3	≤9	1	1
4	12	0.95	0.95
6	18	0.75	0.80
8	24	0.66	0.70
10	30	0.58	0.65
12	36	0.50	0.60
14	42	0.48	0.55
16	48	0.47	0.55
18	54	0.45	0.50
21	63	0.43	0.50
24	72	0.41	0.45
25~100	75~300	0.40	0.45
125~200	375~600	0.33	0.35
260~300	780~900	0.26	0.30

主要用电设备组的需要系数表　　　　　表 3-10

负荷名称	规模	需要系数 K_x	功率因数	备注
照明	面积 $S<500m^2$	1~0.9	0.9~1	含插座容量。荧光灯就地补偿采用电子镇流器
	$500m^2<$面积 $S<3000m^2$	0.9~0.7	0.9	
	面积 $S=3000~15000m^2$	0.75~0.55		
	面积 $S>15000m^2$	0.7~0.4		
冷冻机、锅炉	1~3 台	0.9~0.7	0.8	
	>3 台	0.7~0.6		
热力站、水泵、通风机	1~5 台	0.95~0.8	0.8	
	>3 台	0.8~0.6		
厨房设备	≤100kW	0.5~0.4	0.8~0.9	
洗衣设备	>100kW	0.4~0.3		
窗式空调设备	4~10 台	0.8~0.6	0.8	
	11~50 台	0.6~0.4		
	>50 台	0.4~0.3		

续表

负荷名称	规模	需要系数 K_x	功率因数	备注
舞台照明	＜200kW	0.9~1		1~0.6
	＞200kW			0.6~0.4
电梯	2 台	0.91	0.7	使用频繁
		0.85		使用一般
	3 台	0.85	0.7	使用频繁
		0.78		使用一般
	4 台	0.8	0.7	使用频繁
		0.72		使用一般
	5 台	0.76	0.7	使用频繁
		0.67		使用一般
	6 台	0.72	0.7	使用频繁
		0.63		使用一般
	7 台	0.69	0.7	使用频繁
		0.59		使用一般
	8 台	0.67	0.7	使用频繁
		0.56		使用一般

【注】表 3-7 至表 3-10 引自《建筑电气专业技术措施》(BIAD)。

(3) 举例

这里以一案例加以讲解。该工程包含一级负荷、二级负荷、三级负荷，故在设计初期向供电部门提出提供两路引自不同电站的 10kV 高压电缆的需求，并最终得以批准。又因方案阶段的容量估算，且在施工图设计完成后得以验证，本工程设置两台 1000kVA 的变压器即可满足供电需要。据此，变配电系统采用两台 1000kVA 变压器互为备用的方式进行配电设计，故共包含两张低压配电系统图。高压电缆经高压柜后引入相应的变压器，经变压器将 10kV 电压转换为 380V 电压后，经母线接入低压柜。低压柜排列顺序为，1 号变压器→1 号进线柜→1 号电容补偿柜→1 号出线柜→联络柜→2 号出线柜→2 号电容补偿柜→2 号进线柜组成→2 号变压器。1 号变压器的低压配电系统图，见图 3-12。2 号变压器的低压配电系统图，见图 3-13。

由图 3-12 可以看出，低压配电系统图类似于一张表格，故这里以行列的方式讲解，见图 3-14。

1) 列：从表中可知，每列都表示一个低压柜(或开关元器件)。

① 第 1 列是名称，用以写明每行的意义。

② 第 2 列是进线柜，用以完成接入由变压器引出的母线，为整个低压柜引入电源。

③ 第 3 列是电容补偿柜，用以完成电容补偿，提高功率因数，进而提高有功功率的

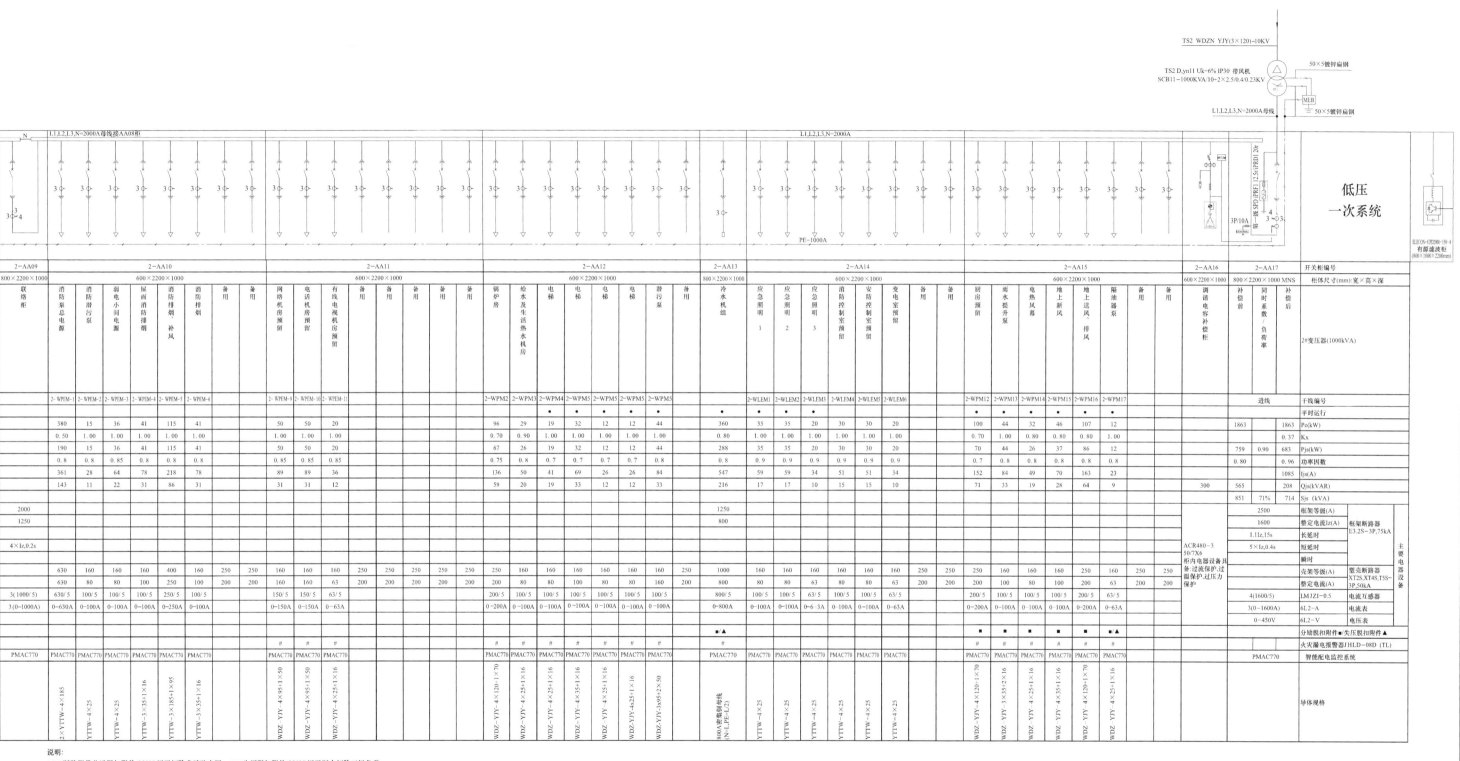

说明：
1."■"断路器带分励脱扣附件(220V)用于切除非消防电源；"▲"失压脱扣附件(220V)用于断电切除三极负荷。
2.630A以上断路器电动操作，采用框架断路器；630A以下采用塑壳断路器，电子脱扣器。
3.低压系统为单母线分段运行，低压母联断路器与两进线断路器电气联锁，低压母线设自投自复、自投手复三张方式，由用户自行选择。
4.低压柜采用抽插式开关柜。
5.消防开关电器需做 特殊标记。
6.二次线路图由供货厂商配套提供。
7.低压馈线回路安装—红—绿指示灯。
8.本施工图需由甲方报请供电局审核批准后方为有效施工图。
9.天关柜排列方向以以平面产为准。

变电室低压配电系统图(二)

图 3-13   2号变压器的低压配电系统图

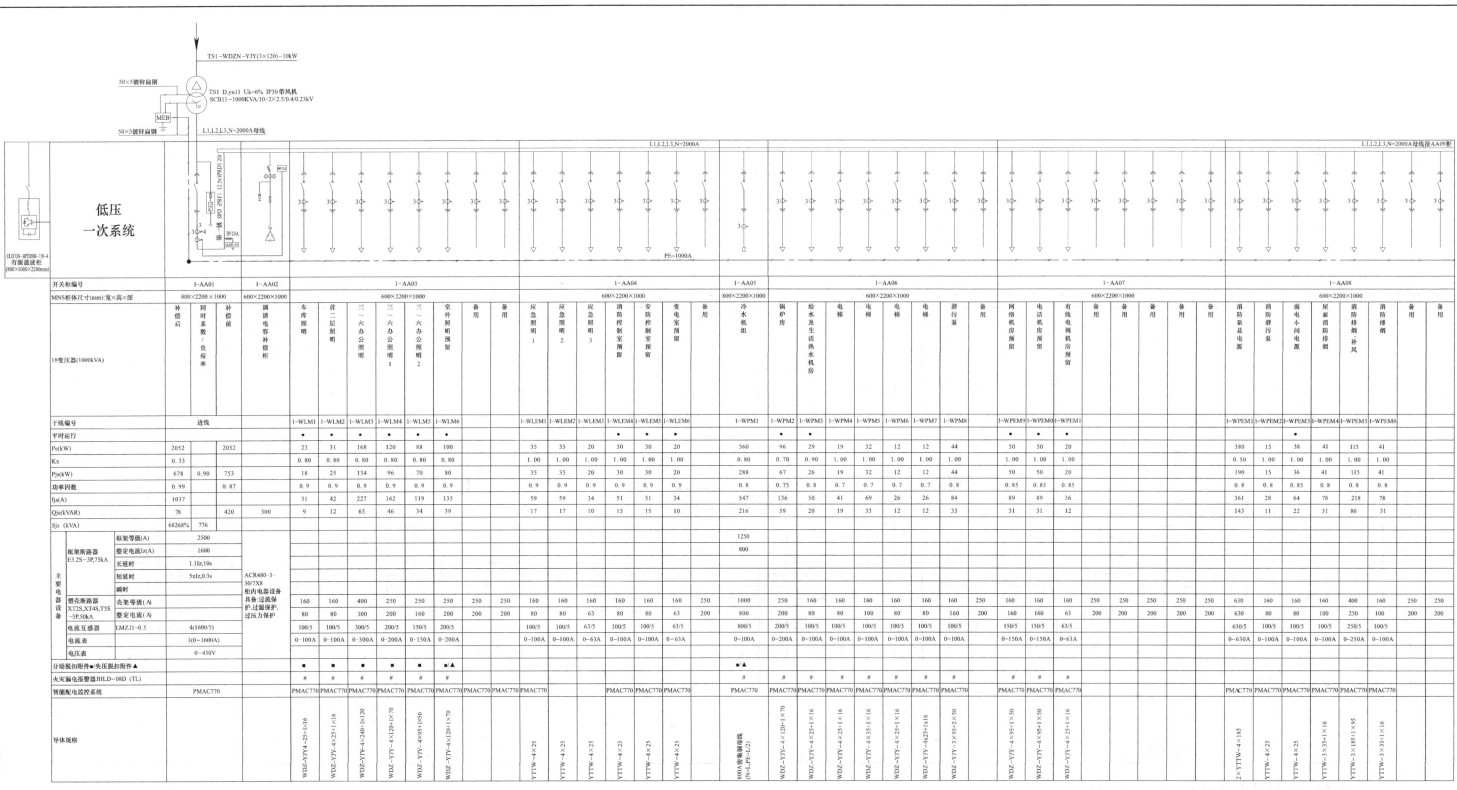

图 3-12　1号变压器的低压配电系统图

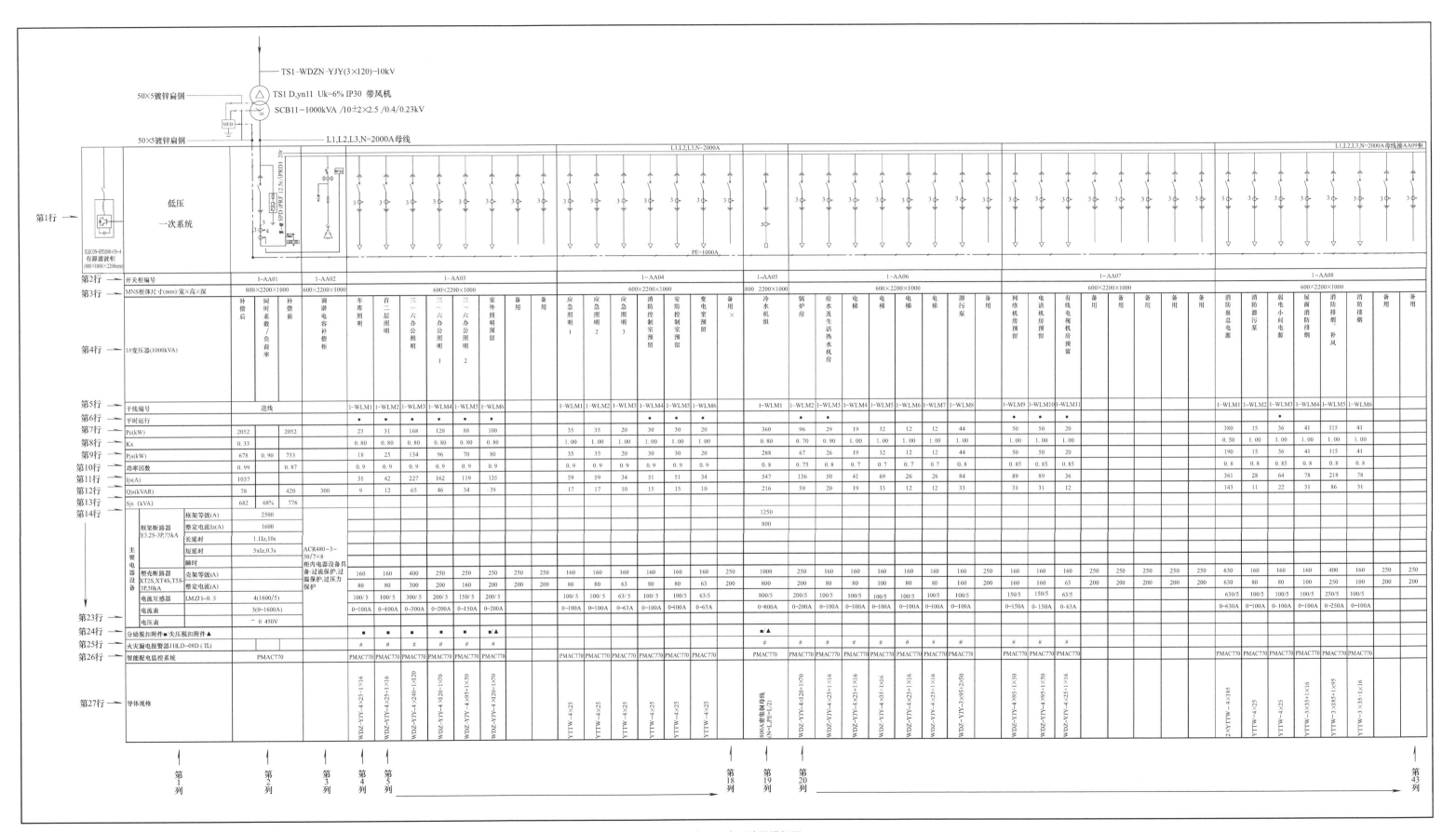

图 3-14　低压配电系统图讲解图

输出率，起到节能的作用。

④ 第 4 列至第 18 列是低压出线柜。第 4 列至第 9 列是一般照明回路，设置在同一个配电柜内，而该变压器不再带有其他一般照明回路，故第 10 列与第 11 列设为备用回路。第 12 列至第 18 列是应急照明回路，设置在同一个配电柜内，而该变压器不再带有其他应急照明回路，故第 18 列设为备用回路。

【注】一个低压配电柜通常可设置 10 组出线元器件，故通常一个低压配电柜中设置 8 条回路。

⑤ 第 19 列是低压母线柜，其是用以引出母线的低压配电柜。因 800A 以上的出线元器件较大，故该母线由单独的低压柜引出。

⑥ 第 20 列至第 43 列是低压出线柜。第 20 列至第 35 列是一般动力回路，可设置在同一个配电柜内，但因回路数多达 11 条，超过 8 条回路，无法装在一个配电柜内，故需设置两个低压柜，每个低压柜留有一定的备用回路。第 36 列至第 43 列是应急动力回路，设置在同一个配电柜内。

2）行：从表中可知，每行都表示一项数值（或元器件型号）。

① 第 1 行是绘图，用以绘制对应每列内容的系统图。从左向右第 1 格子是名称。第 2 格子是进线开关，在第 2 格子上方表达的是 1 号变压器以及接地的做法。值得注意的是，进线开关处应加防浪涌保护器（第一级 SPD），进线保护采用框架断路器，监测采用电压表和电流表（附带互感器），智能配电监控器组成。接地扁钢由位于变配电室的总等电位端子箱（MEB）引至所有配电柜，保证柜体接地，扁钢规格同变压器中性点规格，1000kVA 变压器采用 50X5 镀锌扁钢。进线开关柜采用母线连接其后的所有低压配电柜，完成电路连通。该母线规格应大于进线断路器一级，PE 保护线则为母线电流的一半。第 3 格子是电容补偿柜系统的标准画法，其可参看各厂家的样本设计。

② 第 2 行是柜体编号，通常以"AA _"从左至右依次命名。

③ 第 3 行是柜体尺寸，尺寸通常分 $800 \times 2200 \times 1000$（宽×高×深）与 $600 \times 2200 \times 1000$ 两种规格，其具体尺寸是由内部的开关元器件的大小决定的。根据以往工程经验，进线柜 $800 \times 2200 \times 1000$，电容补偿柜 $600 \times 2200 \times 1000$，出线柜采用 $600 \times 2200 \times 1000$，母线出线柜采用 $800 \times 2200 \times 1000$。

④ 第 4 行是名称，标明变压器和计算数据的名称，电容补偿柜的名称，各出线干线的回路名称。

⑤ 第 5 行是干线编号，用以编制每条干线的编号。"WLM"代表一般照明回路，"WLEM"代表应急照明回路，"WPM"代表一般动力回路，"WPEM"代表应急动力回路，其前的数字代表变压器号，其后的数字代表干线回路序号。比如，"1-WLM1"代表 1 号变压器的 1 号一般照明回路。干线编号与干线系统图中的干线编号一一对应。

⑥ 第 6 行是平时用电负荷。根据标明该变压器在平时状态下所带低压柜出线干线。其统计方式参看本书"3.6.1（1）设计方法②"。最终需保证每台变压器的负荷率不超过 80%，且两台变压器的负荷率近似相等。

⑦ 第 7 行至第 13 行是每条干线的负荷计算，根据计算结果的计算电流得到整定电流，进而确定断路器、电流表和电缆规格。出线计算与配电箱相同，这里只讲解进线柜计

算。第 7 行［装机容量 P_e（kW）］：将干线系统图中每条干线的总容量填写在表格中。进线处的容量是所有干线容量的总和。第 8 行：同时系数 K_x＝计算容量 P_{js}÷装机容量 P_e。第 9 行：补偿前的计算容量 P_{js}＝计算入本变压器供电的干线计算容量 P_{js} 总和。补偿后的计算容量 P_{js}＝补偿前的计算容量 P_{js}×同时系数。第 10 行：补偿前的功率因数 $\cos\varphi$＝补偿前无功功率 Q_{js}÷补偿前有功功率 P_{js}。补偿后的功率因数 $\cos\varphi$＝补偿后无功功率 Q_{js}÷补偿后有功功率 P_{js}。第 11 行：补偿后计算电流 $I_{js}=\dfrac{\text{补偿后 } P_{js}}{0.38\times\sqrt{3}\times\cos\varphi}$，得到 I_{js} 用以选择开关元器件及电缆等。第 12 行：补偿前的无功功率 Q_{js}＝计算入本变压器供电的干线无功功率 Q_{js} 总和。补偿后的无功功率 Q_{js}＝补偿前的无功功率 Q_{js}×同时系数－电容补偿容量。第 13 行：补偿前的视在功率 $S_{js}-\sqrt{P_{js}^2+Q_{js}^2}$（补偿前的 P_{js} 和 Q_{js}）。补偿后的视在功率 $S_{js}-\sqrt{P_{js}^2+Q_{js}^2}$（补偿后的 P_{js} 和 Q_{js}）。变压器负荷率＝补偿后的视在功率 S_{js}÷变压器容量。

⑧ 第 14 行至第 23 行是主要电气设备的选型，其根据每列内容不同有所区别。进线柜通常使用框架断路器，需在相应部分根据之前的计算电流确定整定电流值，确定型号。电容补偿柜内的电器元件是各厂家自行配套，设计师只需提出整体要求，如"柜内电器设备具备：过流保护，过温保护，过压力保护"。低压出线柜根据计算电流选择整定电流，进而确定断路器的框架电流与动作电流型号。另外，确定电流互感器、电流表、电压表和配电电缆规格。当"4×240＋1×120"电缆无法满足供电需要时，可采用双拼电缆或母线供电。

⑨ 第 24 行是分励脱扣与失压脱扣附件加装选项。分励脱扣是在消防状态下完成断电作用的元器件。其主要作用于一般照明与一般动力配电干线，一级（二级）非消防负荷使用该元器件，消防干线不能使用该元器件。失压脱扣是用于欠电压和失压保护的元器件。其主要作用于一般照明与一般动力配电干线，三级非消防负荷使用该元器件，消防干线不能使用该元器件。

⑩ 第 25 行是火灾漏电报警器，其用于监测干线是否存在漏电情况，其加装于非消防负荷，消防负荷不能加装该监控器。

⑪ 第 26 行是智能配电监控系统，用以监控电力情况，进线柜与出线柜的各干线均需设置。

⑫ 第 27 行是导体规格，导体规格与断路器的整定电流匹配选定。

最终，由补偿后视在功率 S_{js} 选择变压器容量，变压器容量常选取 400，630，800，1000，1250，1600，2000kVA 七种规格。且根据"《民用建筑电气设计规范》4.3 配电变压器选择"可知，配电变压器的长期工作负载率不宜大于 85％，根据"4.3.4 条"选用 D，yn11 接线组别的干式变压器。工程中大多保证负荷率在 70％以上。在图中画清变压器并标明变压器选型。变压器的高压侧进线电缆通常采用"WDZN-YJY（3×120）－10kV"，低压出线则采用母线，母线规格根据进线断路器整定电流选择（可与整定电流选择同级的母线，但考虑到电流降容因素，选择母线大于断路器一级）。同时还应在变压器处标明，外壳接地采用 50×5 镀锌扁钢，中性点采用 50×5 镀锌扁钢。另外，应在本变压器后低压柜的最后一面联络柜处引出母线至另一变压器后低压柜的最后一面联络柜处。2号变压器低压系统图与 1 号变压器低压系统图完全对应，仅在最左侧多一面联络柜。联络柜的断路器应小于进线断路器一级，断路器短延时时间小于进线处。

3.6.2 变配电室布置平面图

（1）设计依据

① 变压器：依据《民用建筑电气设计规范》4.5 中 4.5.9、4.5.10。因该工程采用两台 1000kVA 变压器，故变压器外廓与后壁、侧壁净距大于或等于 0.6m，按照变压器最大的间距（即变压器宽度 $b+0.6$），本工程中变压器 $b=1.4m$，故两变压器间距是 2m。

② 低压柜，直流屏：依据《民用建筑电气设计规范》4.7 中 4.7.4。因该工程采用抽屉式低压柜双排对面布置，图中采用倒三角标明操作面。故屏前大于或等于 2.3m，屏后大于或等于 1m。《低压配电设计规范》4 配电设备的布置 4.2.5 条，侧壁距墙大于或等于 1m。

③ 高压柜：依据《民用建筑电气设计规范》4.6 中 4.6.2。因该工程采用抽屉式单排布置。故柜前操作通道大于或等于（单车长度＋1.2m），单车长度一般为 0.7m，故柜前大于等于 1.9m。柜后维护通道大于或等于 0.8m，侧壁距墙大于或等于 0.2m。

④《10kV 及以下变压器室布置及变配电所常用设备构件安装》（03D201-4）131 页——高压配电室剖面图可知，变配电室净高 4m，电缆夹层 2m。

⑤ 柜体尺寸则由柜子内断路器的规格确定。一般情况下，进线柜 800×2200×1000（宽×高×深），电容补偿柜与低压柜 600×2200×1000（宽×高×深），含有母线的低压柜 800×2200×1000（宽×高×深）。高压柜 800×2250×1650（宽×高×深），直流屏 800×2260×600（宽×高×深）。

（2）举例

仍以低压配电系统图的案例讲解，见图 3-15。

建筑专业会根据电气的面积需要预留一个变配电室，但其内部楼梯摆放位置，房间分割等均需电气设计师根据设备排布情况加以调整。本变配电室的房间格局是一个菜刀形状，根据工程经验及规范可知，通常变配电室采用电缆夹层做法，层高大于 6m，在距地 2m 高处做一夹层板。变配电室内需设置一个值班室，用以放置变配电监控系统主机，并使值班人员长期值守。值班室内需设一个通向走道的门，因该变配电室采用电缆夹层做法，故进门后需设置一段楼梯至房间内，值班室面积只要保证能够合理放置楼梯并考虑桌椅和人员一定的活动面积即可。另外，值班室的门不用过大，通常设置 900～1500mm 的门比较合适，值班室还需对内部的设备区开门与观察窗。变配电室内通常需要设置两个出入口，值班室内的门是一个，另一个则设置在设备区中。考虑到其作为运输设备的主要通道，设备区应设置 1800～2000mm 的门，且通过楼梯至电缆夹层板上。该楼梯为方便运输设备，通常采用带坡道的楼梯，当房间面积有富余时，则可优先设置坡度较缓的坡道。

变配电室设备区的设备排布需要结合规范以及高压配电系统图和低压配电系统图，并结合低压系统特点，完成排布。该变配电室完成值班室与开门后，留有一个完整的长方形用以排布设备。高压进线由左侧走廊引至，故将高压柜靠左侧排列。

结合高压配电系统图可知，该工程共两台变压器，所以两路高压进线，共 10 面高压柜（进线隔离柜→主进开关柜→计量柜→高压出线柜→母线分断柜→分断隔离柜→高压出

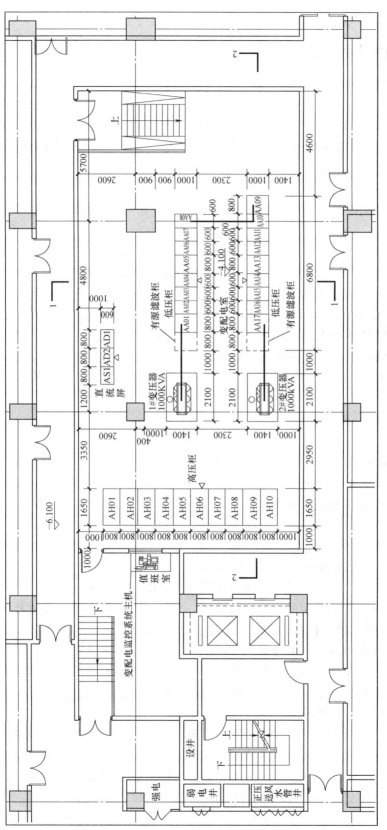

图 3-15 变配电室平面布置图

线柜→计量柜→主进开关柜→进线隔离柜）。柜体标准尺寸为 1650×800×2200（深×宽×高），采用抽屉柜，柜体间通常采用紧贴排列。根据规范单列排布，高压抽屉柜正面操作距离大于手车长度加 1.2m，柜后距离大于 0.8m。故高压柜竖向排在最左侧，其柜后通道 1m，正面距结构柱 2.95m，满足规范要求。根据变压器厂家样本可知，1000kVA 变压器尺寸为 2100×1400（长×宽）。另外，因变压器容量较大，故还需设置三面直流屏，用以保护操作安全。三面直流屏常为单排布置，正面大于 1.5m，柜后大于 0.8m，柜端大于 0.8m。

结合低压配电系统图（图 3-12 和图 3-13）可知，1 号变压器带有 8 面低压柜，并预留 1 面滤波柜位置。2 号变压器带有 9 面低压柜，并预留 1 面滤波柜位置。这些低压柜的柜体尺寸已在系统图中标明。根据房间实际情况可知，两台变压器与低压柜整体排成一列无法排布下，故采用两列低压柜面对面布置的方式。变压器与其后对应的低压柜在柜体上部采用母线相连。变压器排在靠近高压柜侧，其后排布低压柜。两台 1000kVA 干式变压器距后壁与侧壁的距离大于 0.6m，在低压柜靠近变压器侧预留一面有源滤波柜的位置，然后按照低压配电系统图顺序排列各面低压柜，最终 1 号变压器低压柜最后一面需与 2 号变压器低压柜最后一面采用母线相连。低压柜通常是抽屉柜，因是双排对面布置故正面大于 2.3m，柜后大于 1m，柜体间紧贴，最后一面柜侧留有 0.8m 的柜端通道。

合理排列所有设备后，应标注清楚设备距墙与轴线的尺寸。

【注】变配电室的排布通常包含多种方案，选择节约电缆与母线，且转弯最少的排列方式为最优。

3.6.3 变配电室夹层埋件及支架平面图

多数地区的供电局在接收设计院的变配电室图纸时要求采用下进下出线的方式。故变配电室通常做电缆夹层。变配电室夹层埋件及支架平面是针对夹层做法的图纸，见图 3-16。

将变压器、低压柜、高压柜、直流屏等设备全部按照变配电室布置平面图的位置绘制到变配电室夹层埋件及支架平面图中，并以虚线表达柜体。在柜体下部按照图集画出立放槽钢的形式，变压器则在下方卧放两条槽钢。确定变配电室高压进线位置，高压电缆由公共区引至变配电室内，然后沿墙面竖向敷设至变配电室电缆夹层内，再在夹层内横向连接至高压柜处，通过变压器中部的地板洞连至变压器，并注明高压电缆规格及相关做法。变压器至低压柜采用母线，敷设在柜体上方，故不在此图中表示。

低压电缆环绕两排低压柜一圈后，采用最节约电缆的路由引至变配电室的墙边，低压电缆沿墙面通过夹层板洞对到对应外部走道管线综合排布后桥架或线槽所在高度引出至公共区域。另外，应在不妨碍柜体排布与人员通道处设置通往电缆夹层的人孔，考虑到人员疏散的安全，需设置两处人孔。最后，应标注清楚槽钢距墙与轴线的尺寸。

【注】高压与低压进出线位置均应结合电气干线平面图中的路由加以完成。

3.6.4 变配电室接地平面图

变配电室作为整栋建筑的核心供电机房，其接地系统十分重要，见图 3-17。

变配电室的接地共分为四部分。第一部分是沿变配电室周圈设置的接地体；第二部分

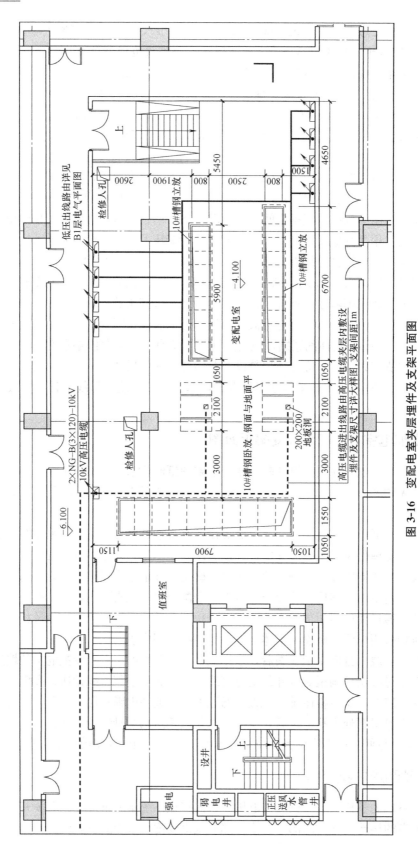

图 3-16　变配电室夹层埋件及支架平面图

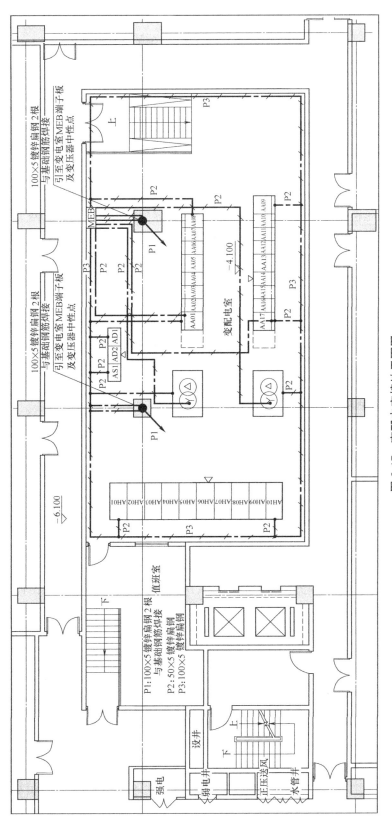

图3-17 变配电室接地平面图

是变压器、高压柜、低压柜、直流屏的柜体外壳接地体；第三部分是变压器及低压柜中性点的接地体；第四部分是总等电位端子箱沿结构柱引至基础的接地体。

沿变配电室周圈设置的接地体采用 100×5 镀锌扁钢（此周圈接地体主要考虑各设备外壳接地的汇流，规格参考供电局设计习惯，通常选用 100×5 镀锌扁钢）。该接地体沿变配电室夹层板上方距地 500mm 处的墙面周圈敷设。周圈范围包括楼梯，但不包括值班室。

变压器、高压柜、低压柜、直流屏的柜体外壳接地体采用 50×5 镀锌扁钢。变压器外壳需由一点接至周圈接地体。高压柜、低压柜、直流屏需由柜体两侧各取一点接至周圈接地体。

变压器及低压柜中性点的接地体需根据变压器容量选择，依据"《10kV 及以下变压器室布置及变配电所常用设备构件安装》（03D201-4）229 页变压器低压侧出线选择"，见图 3-7。该工程中，两台变压器为 1000kVA，故采用 50×5 镀锌扁钢作为变压器中性点的接地导体，并应单独引至变配电室总等电位端子箱（MEB）。

总等电位端子箱沿结构柱引至基础接地体常采用 100×5 镀锌扁钢（不小于变压器中性点接地体规格），且考虑到汇流情况，通常采用两根 100×5 镀锌扁钢引至基础接地体，周圈接地体另外敷设两根 100×5 镀锌扁钢引至基础接地体。引下的镀锌扁钢常沿结构柱负荷，且总等电位端子箱通常设置在该结构柱旁的墙面。

3.6.5　变配电室剖面图

变配电室剖面图作为变配电室的大样图，是用以清晰表达变配电室设备及夹层电缆布置的剖面图。该建筑剖面图是由建筑专业提供，在其基础上结合变配电室布置平面图和变配电室夹层埋件及支架平面图绘制剖面的情况。以图 3-15 和图 3-16 的变配电室平面图为例，在图 3-15 中标明剖面位置，分为竖向的剖面图 1（见图 3-18）与横向的剖面图 2（见图 3-19）。剖面图的剖切位置由设计师自行确定，只要能够清晰表达主要柜体排列即可。

由剖面图 1（图 3-18），剖面方向为由东向西。首先看到的是低压柜 AA08 和 AA09，透过低压柜可以看到两台部分的变压器，在夹层内设置电缆支架，电缆由低压柜下部引出，在夹层内引至墙边后穿过夹层板，对应走道标高引出变配电室。

由剖面图 2（图 3-19），剖面方向为由南向北。剖面位置，由西向东只能看到高压柜 AH10，1 号变压器和 1 号变压器后接的低压柜。另外，剖面能够看到电缆夹层内高压电缆引入高压柜，并由高压柜引出，然后引至 1 号变压器。1 号变压器在变压器上方由母线接至 AA17 低压进线柜。AA13 为母线低压出线柜，母线由柜体上方引出。AA09 为联络柜，接至 2 号变压器的低压柜 AA08，母线由柜体上方引出。低压柜 AA110、AA11、AA12、AA14、AA15 为出线柜，低压电缆沿低压柜下方的电缆夹层敷设引至变配电室墙边。

变配电室剖面图应完全对应变配电室布置平面图的所有设备，并标注清楚设备距墙与轴线的尺寸。

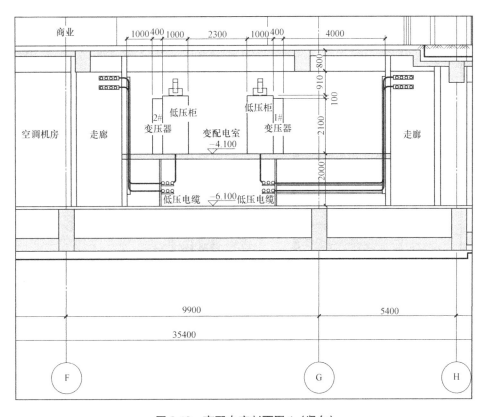

图 3-18　变配电室剖面图 1（竖向）

3.6.6　变配电室支架埋件大样图

　　变配电室支架埋件大样图是用于阐明变配电室内各处细节做法的大样图，其包含变电室主要设备材料表、变电室支架埋件大样图、变压器双隔振节点图、变电监控系统图四部分。以图 3-20 为例加以讲解。变电室主要设备材料表是结合变配电室布置平面图和变配电室夹层埋件及支架平面图（图 3-15 和图 3-16）完成统计的，其中的数据就是由平面图中测量得到的。变电室支架埋件大样图则是针对变配电室夹层埋件及支架平面中的做法。由剖面图（图 3-18 和图 3-19）可以看出，本案例工程采用的是电缆夹层做法，故其电缆夹层内电缆支架埋件，设计方法可参考"《10/0.4kV 变压器室布置及变配电所常用设备构件安装》"图集。变压器双隔振节点图同样参考该图集。变电监控系统是用以完成变配电室的监控系统，主要用于监视进出线的各种运行参数（包括电压，电流，功率等）和各个设备的运行状况（包括断路器，刀闸的分合闸位置。变压器温度，档位等），还有继电保护装置的动作情况等。变电监控系统图是变配电室内部的一套电气监控系统框图，用以表达该系统的逻辑关系，具体的埋管布线设计则可由中标厂商根据自身产品深化设计。

3.6.7　高压系统图

　　引入建筑物或建筑群的市政条件通常来自上级的 6～20kV 中压变电站。

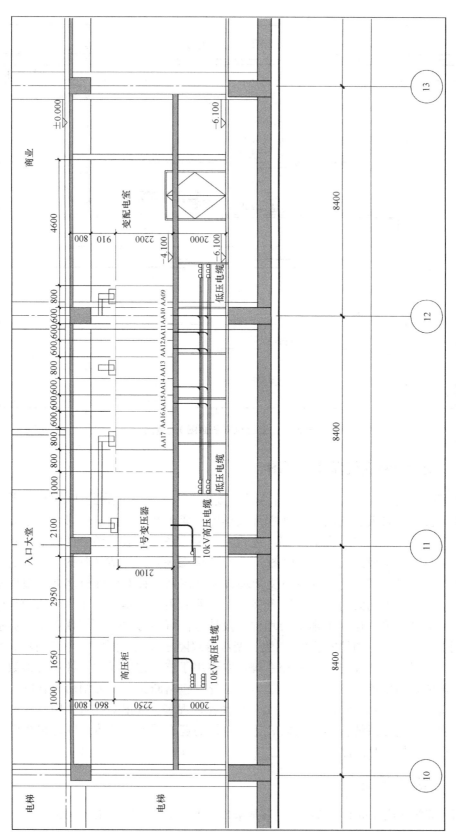

图 3-19 变配电室剖面图图 2（横向）

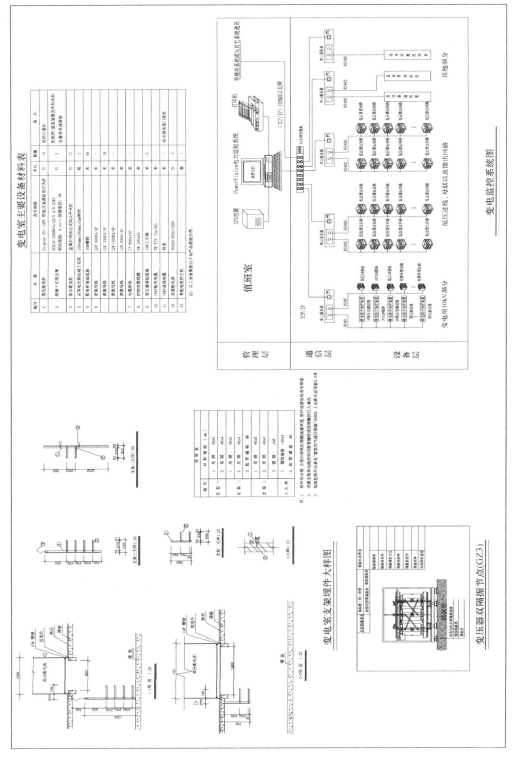

图 3-20 变配电室支架埋件大样图

【注】供电局通常将 6～20kV 称为中压，35～220kV 称为高压，而 330～500kV 称为超高压，750kV 及以上称为特高压。

仍以前面低压系统为例，其需要一级负荷，故市政引入双路 10kV 电缆。双路 10kV 电缆引至建筑物的高压分界室。该房间归供电局所有，其设计、维护及房间产权均归供电局所有，不在设计师设计范围内。高压分界室的作用是划分产权，以隔离功能为主。双路 10kV 电缆由高压分界室出来后进入变配电室。

高压系统主要由进线隔离柜、进线断路器柜、计量柜、出线柜、母联柜、分断隔离柜六部分组成。仍以前面低压系统为例，其为双路 10kV 进线，故其高压排列顺序为：10kV 电缆→进线隔离柜→进线断路器柜→计量柜→出线柜→母联柜→分断隔离柜→出线柜→计量柜→进线断路器柜→进线断隔离柜→10kV 电缆，其系统见图 3-21。

高压系统图与低压系统图大体相同，只是因为开关元器件较大故很多功能需要分配电柜设置。结合前面的低压系统图可知，该高压系统为双路 10kV 进线，配有两台 1000kVA 变压器，见图 3-21。高压系统通常采用分段单母线形式，该形式做法可参看"《工业与民用供配电设计手册（第四版）》75 页表 2.4-7"加以理解。在系统图中还应统一进行说明。高压系统图对应的变配电室平面布置图，见图 3-15；变配电室夹层埋件及支架平面图，见图 3-16；变配电室接地平面图，见图 3-17；变配电室剖面图，见图 3-19。

以图 3-21 为例。

第一行的开关柜编号对应变配电室平面布置图中的高压柜。

第二行是高压系统一次系统图，包含内容较多，在左侧标明主要技术参数，右侧画出接线图。开关柜型号是依据各厂家样本选定的，其主要需标注清楚开关柜的电压，如该图中标注"KYN28-12"代表 10kV 高压柜。主母线即接线图中的母排规格，母线的选择参看"《09BD1 电气常用图形符号与技术资料》198～199 页"，"3×［TMY-80×10］"表示 3 片 80×8 规格的矩形铜母线，三相线的每相线采用 80×8 规格的矩形铜母线，其载流量为 1670A。接地线（PE 线）应为相线的一半，故采用"TMY-40×10"规格母线。另外，需注明一次额定电压是 10kV，二次操作电压时 220V（高压系统直接操作过于危险，故通过互感器变压至 220V 使操作人员安全操作高压系统）。接线图中画明各元器件的内容。

第三行写明各高压柜的用途。10kV 高压电缆先进入隔离柜，实现隔离功能"AH1"。再进入断路器柜，实现保护功能"AH2"。随后进入计量柜，实现高压总计量"AH3"。最后由出线柜"AH4"，引出至变压器。因为该工程采用双路 10kV 电缆进线实现一级负荷的需求，所以高压系统还有另一排对应的高压柜，隔离柜"AH10"，断路器柜"AH9"，计量柜"AH8"，出线柜"AH7"。因采用分段单母线方式，故两路 10kV 电缆间还需通过联络柜实现互为备用功能，分为母线联络柜"AH5"和分段隔离柜"AH6"两部分。

第四行是对于各柜实现功能的描述，各工程相同。

第五行是主要元件的描述，各高压柜中元器件的使用情况，均由第一行的接线图决定。

第六行是注明出线接入的变压器容量。

第七行是配电柜尺寸，各厂家产品有所区别，最终柜体尺寸需要配合中标厂商调整。

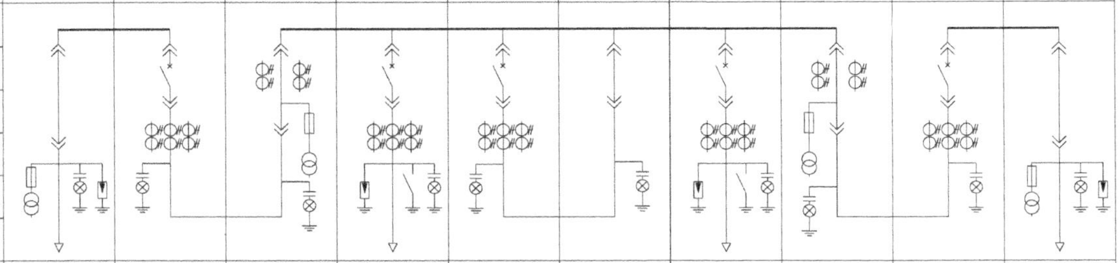

开关柜编号	AH1	AH2	AH3	AH4	AH5	AH6	AH7	AH8	AH9	AH10
一次系统图：开关柜型号KYN28-12										
一次系统图：主母线 3×[TMY-80×10]										
一次系统图：一次额定电压10kV										
一次系统图：二次操作电压DC 220V										
一次系统图：接地线规格TMY-40×10										
用途	1#进线隔离及PT	1#主进线断路器	1#计量	1#变压器	母线联络	分段隔离	2#变压器	2#计量	2#主进线断路器	2#进线隔离及PT
功能要求	与主进互锁	过流、速断	与主进互锁	过流、速断、温度保护	母线联络	母联隔离	过流、速断、温度保护	与主进互锁	过流、速断	与主进互锁
主要元件：真空断路器 VD4 1250 31.5kA		1			1				1	
主要元件：真空断路器 VD4 630 25kA				1			1			
主要元件：断路器操作机构（配套）DC-220V		1		1	1		1		1	
主要元件：电流互感器 LZZB8-20-0.5/10P20		3×200/5		3×100/5	3×150/5		3×100/5		3×200/5	
主要元件：电流互感器 LZZB8-20-0.2S/0.2S			2×200/5					2×200/5		
主要元件：电流互感器 JDZ11-20G 20:√3/0.1:√3 0.5级/100VA			1					1		
主要元件：电流互感器 JDZ11-20G 20:√3/0.1:√3 0.5级/10VA			1					1		
主要元件：计算电流 A				57.7A			57.7A			
主要元件：熔断器 XRNP-24-0.5A	3		3					3		3
主要元件：避雷器 HY5WZ-34/85	3			3			3			3
主要元件：带电显示 DXN2-T-24	2	2	2	2	2	2	2	2	2	2
主要元件：接地开关 JN15-24				1			1			
主要元件：微机保护装置 DSH2101S		1		1	1		1		1	
主要元件：弧光保护装置 DSH6000-5ARC		1							1	
主要元件：电度表（供电部门提供）			1					1		
变压器容量				1000kVA			1000kVA			
配电柜尺寸：宽×深×高	800×1650×2300	800×1650×2300	800×1650×2300	800×1650×2300	800×1650×2300	800×1650×2300	800×1650×2300	800×1650×2300	800×1650×2300	800×1650×2300
电缆型号和规格：10kV	供电公司定			WDZN-YJY-3×50			WDZN-YJY-3×50			供电公司定
进出线方式	电缆下进线			电缆下出线			电缆下出线			电缆下进线
备注			互感器由供电局确定					互感器由供电局确定		

说明：变配电室由当地供电设计单位负责设计，本套图纸仅供参考。

1.双路10kV电源应满足当一路电源发生故障时，另一电源不应同时受到损坏。

2.10kV接地方式为消弧线圈接地系统。

3.主进柜、计量柜、母联柜内电流互感器变比、过流保护方式、保护继电器整定时间、进线电缆规格等均由供电部门确定。

4.高压二次原理图待业主选定生产厂家后配合设计。

5.进线开关分别与进线隔离手车和计量手车之间加装程序联锁和电气联锁；母线联络柜与母联隔离柜之间加装程序联锁和电气联锁。

5.两台主进线柜和联络柜之间采用程序联锁和电气联锁，任一时候最多只能同时合两台开关。

5.所有电气设备均应满足国标及当地供电部门的技术要求，由供电部门审批后方可施工。

高压系统图

图 3-21 高压系统图

第八行是电缆型号和规格，主要标明出线回路的电缆型号。

第九行是进出线方式，进出线方式通常只有上进上出线与下进下出线两种做法（即电缆进出配电柜由下方进下方出，还是上方进上方出的方式）。供电局常规要求采用设置电缆夹层的下进下出线方式。

值得特别说明的是，出线柜的各元器件及电缆的选型均根据变压器容量计算而来。其计算方法与低压系统计算方法相同，仅需注意其变压器容量是视在功率，电压取 10kV。

【注】高压系统最终需由供电局设计，设计院提供的设计图纸仅供参考，以保证设计过程的完整性。

3.6.8　常见的低压系统设计方法

高压系统作为供电局主要负责的设计内容，其做法比较固定，主要分为单路高压进线与双路高压进线两种。然而作为低压系统，其配电方式则较为复杂。作为低压系统，其电源来源共可分为三种：变电站，柴油发电机，EPS 蓄电池组。

由"《供配电系统设计规范》GB 50052—2009 第 3 条"可知负荷等级分为一级、二级、三级三类。结合"《工业与民用供配电设计手册（第四版）》75 页表 2.4-8"可知，实现各负荷等级的低压系统存在多种做法。

各种负荷等级的低压配电系统可分为以下多种方式。

两路 10kV 电缆来自不同变电站，进而采用两台（或双数台）变压器可达到一级负荷需求。

两路 10kV 电缆来自同一变电站的不同回路，进而采用两台（或双数台）变压器可达到二级负荷需求。

一路 10kV 电缆，进而采用一台（或多台）变压器则可达到三级负荷需求。

一路 10kV 电缆外加柴油发电机，进而采用一台（或数台）变压器可达到二级负荷需求。值得注意的是，尽管 10kV 电缆来自变电站与柴油发电机可视为两种电源，但仍是二级负荷，依据《供配电系统设计规范》GB 50052—2009 3.0.2 及其条文说明可知，双重电源需来自电网才可视为一级负荷。

一路 10kV 电缆外加 EPS 蓄电池组，进而采用一台（或数台）变压器可达到二级负荷需求。值得注意的是，EPS 很难带动电量较大的电动机，故其通常不应用于动力设备配电中，而可应用于照明系统（即仅照明系统可达到二级负荷），EPS 可在前端统一设置，也可分散在末端设置。

两路 10kV 电缆外加柴油发电机，进而采用两台（或双数台）变压器，接于柴油发电机段的负荷可达到一级负荷中特别重要负荷的需求。

两路 10kV 电缆外加 EPS 蓄电池组，进而采用两台（或双数台）变压器，接于 EPS 蓄电池的负荷可达到一级负荷中特别重要负荷的需求。

以下针对四种常见低压系统形式加以讲解，（EPS 蓄电池做法较为简单，其设置在低压侧任何配电箱位置都可实现提高供电负荷等级的需求，这里不做说明）。

（1）两台变压器

以图 3-22 为例。两台变压器完全相同，互为备用。两台变压器分别进线，经过无功补偿装置至消防负荷与非消防负荷分出线柜引出。两台变压器通过母联柜实现互为备用功能。当其中一台变压器断电，另一台变压器需带全部的一二级负荷。

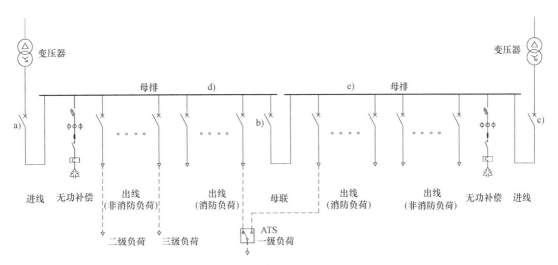

图 3-22　两台变压器配电系统示例

基于以上描述，其进线开关图 3-22 中"*a*)"等于图中"*c*)"，且图中"*b*)"小于"*a*)与 *c*)"一级（开关整定电流最好相差 1.6 倍，以保证开关动作的选择性，但尚应考虑"*b*)"处开关整定电流应大于任一侧母排"*d*)或 *e*)"所带全部一二级负荷的总和）。母排配合相应的开关使用，应大于开关一级，"*d*)等于 *e*)"大于"*a*)等于 *c*)"。

（2）一台变压器加柴油发电机（母联）

以图 3-23 为例。一台变压器与柴油发电机通过母联实现互为备用关系。变压器端仍

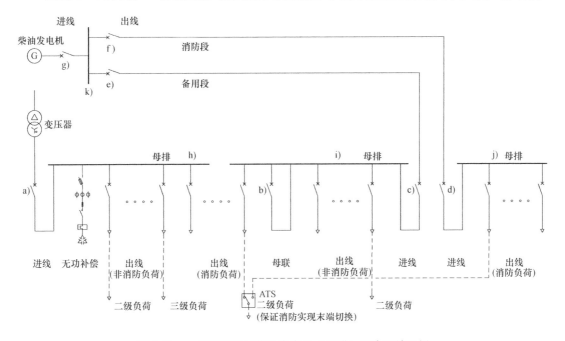

图 3-23　一台变压器加柴油发电机（母联）配电系统示例

然是进线后通过无功补偿再引出的过程。柴油发电机端是进线接出线的方式与变压器通过母联形成备用关系。由于消防与非消防不能混接，故柴油发电机需要引出消防段与备用段两部分回路。备用段则通过母联与变压器形成互为备用关系。消防段则是单独设置，仅通过末端配电箱采用互投开关（ATS）实现二级负荷的需要。

　　基于以上描述，其进线开关图 3-23 中"a)"大于图中"b)"，且图中"c)"大于"b)"一级（开关整定电流最好相差 1.6 倍，以保证开关动作的选择性，但尚应考虑"b)"处开关整定电流应大于任一侧母排"d)或 e)"所带全部一二级负荷的总和）。图中"d)"根据后端消防负荷计算得到。图中"c)与 e)"和"d)与 f)"可以选择同级。图中"g)"的选定是根据消防段或备用段的较大者选择的。值得注意的是，当备用段负荷大于消防段时，进线开关"g)"的计算还应计入消防段中平时兼用的负荷，如应急照明。"g)"大于等于"f)或 e)"。母排配合相应的开关使用，应大于开关一级，"h)等于 i)"大于"a)"和"c)"。"j)"大于"d)"，"k)"大于"g)"。

（3）一台变压器加柴油发电机（切换）

　　以图 3-24 为例。一台变压器与柴油发电机通过切换开关实现互为备用关系。其接线配电方法与一台变压器加柴油发电机（母联）基本相同，差别仅在于母联柜改为切换柜。因使用切换柜，故变压器与柴发的备用关系变为，当变压器断电时，切换柜将电源端由变压器切换至柴油发电机，故柴发备用段均属于二级负荷，而消防负荷通过变压器母线段与柴发消防段在末端配电箱互投（ATS）实现消防负荷配电。

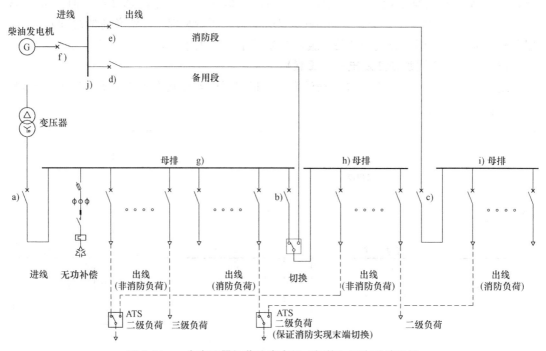

图 3-24　一台变压器加柴油发电机（切换）配电系统示例

　　基于以上描述，其进线开关图 3-24 中"a)"大于图中"b)"一级（开关整定电流最好相差 1.6 倍，以保证开关动作的选择性）。开关"b)"与"d)"是互投开关的两进线端，故同级。图中"e)"根据后端消防负荷计算得到。图中"c)与 e)"可以选择同级。图中"f)"的选定是根据消防段或备用段的较大者选择的。值得注意的是，当备用段负荷大于消防段时，进线开关"f)"的计算还应计入消防段中平时兼用的负荷，如应急照明。"f)"大于等于"d) 或 e)"。母排配合相应的开关使用，应大于开关一级，"g)"大于"a) 与 b)"，"h)"大于"d)"，"i)"大于"c)"，"j)"大于"d)"，"j)"大于"f)"。

【注】一台变压器加柴油发电机这种形式下，通常柴油发电机处于冷备用状态。故消防末端配电箱的互投开关（ATS）应选用智能型，其当检测出开关进线变压器侧线路没电时应反馈信号至柴油发电机，进而启动柴发，提供第二电源。

(4) 两台变压器加柴油发电机

以图 3-25 为例。两台变压器完全相同，互为备用，其设计方式与两台变压器的基本相同，主要差别在于将进线在两端的方式改为进线在中部，将柴油发电机作为第三电源，备用段与消防段分别通过切换柜接于两台变压器的两端，这样是最节省接线的方式。两台变压器互为备用，单路出线实现二级和三级负荷，双路末端互投可实现一级负荷。第一台变压器带图中"i) 和 j)"两母线段的负荷，第二台变压器带图中"k) 和 l)"两母线段的负荷。

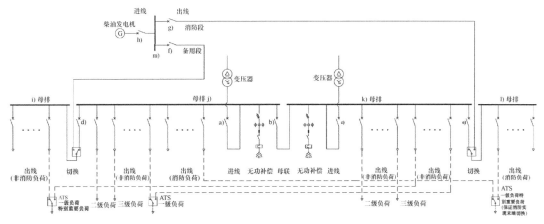

图 3-25　两台变压器加柴油发电机配电系统示例

柴发备用段通过切换开关接于第一台变压器侧，其出线与第二台变压器的出线末端互投，而两台变压器通过母联实现互投，形成三个电源的备用关系，满足一级负荷特别重要负荷。柴发消防段通过切换开关接于第二台变压器侧，其出线与第一台变压器的出线末端互投，而两台变压器通过母联实现互投，形成三个电源的备用关系，满足一级负荷特别重要负荷。值得注意的是，消防通常需满足该工程中的最高供电等级，故设置柴油发电机时通常需带入消防负荷。而且使用消防负荷时可切断备用负荷，故带入消防负荷不影响柴发容量。

基于以上描述，其进线开关图 3-22 中"a)"等于图中"c)"，且图中"b)"小于"a) 与 c)"一级（开关整定电流最好相差 1.6 倍，以保证开关动作的选择性，但尚应考虑"b)"处开关整定电流应大于任一侧母排"i) 和 j)"或"k) 和 l)"所带全部一二级负荷的总和）。开关"d) 与 f)"根据后端备用负荷计算得到，且两者为互投开关的两进线端，故同级。开关"e) 与 g)"根据后端消防负荷计算得到，且两者为互投开关的两进线端，故同级。图中"h)"的选定是根据消防段或备用段的较大者选择的。值得注意的是，当备用段负荷大于消防段时，进线开关"h)"的计算还应计入消防段中平时兼用的负荷，如应急照明。"h)"大于等于"f) 或 g)"。母排配合相应的开关使用，应大于开关一级，"j) 等于 k)"大于"a)与 b) 与 c)"，"i) 大于 d) 等于 f)"，"l) 大于 e) 等于 g)"，"m)"大于"h)"。

第4章 照 明

照明是人们日常生活中最常注意到的电气设备。电气设计师这一职业刚在我国出现的很长一段时间里，常被大众理解为设计照明的。究其原因，新中国成立初期，我国规范以及技术较为落后，对于建筑也只满足于基本需求，当时的设计师主要负责提供照明与插座。但随着社会的发展，供电可靠性的要求不断提高，人民生活质量不断提高，导致用电设备大量增多。建筑对于消防安全和智能化的要求逐步加深，电气设计内容已变得繁复无比。尽管如此，作为一名电气设计师，照明设计的优劣仍是最直观的判断标准。

(1) 照明设计主要参考的规范、图集

《民用建筑电气设计规范》JGJ 16；

《建筑照明设计标准》GB 50034；

《照明设计手册（第三版）》（参考其提供的计算方法与灯具数据等）。

(2) 照明的学习

照明系统发展至今，已形成较为固定的设计方式，但随着对于消防安全要求的逐步提高以及新技术的涌现，照明设计仍在不断革新当中。照明设计相关规范对于很多具体设计方法有着明确的规定。但在设计过程中仍存在一定的灵活性，这正是体现设计水平的地方，如：开关对于灯具控制的合理性，灯具的选择以及灯具的放置方式都应因地制宜。

(3) 照明的设计

照明系统包括平面图纸和系统图纸两部分设计内容。

平面图设计：首先根据建筑平面计算各建筑区域的照度，然后放置需要的照明灯具及开关等末端设备，且根据在相应的强电间内放置照明配电箱，完成相应的图纸标注工作。这就完成了通常所说的照明平面图纸的初步设计。施工图设计则是在初设的基础上利用原先设计好的箱柜、末端、干线路由及相关标注，完成末端与相应区域内的箱柜的连接，通常是利用电缆电线铺设在线槽中或线管内的方式，并完成相关的管线标注。

系统设计：照明系统图分干线系统图与配电箱系统图两部分，初步设计只需要完成照明干线系统图的设计。照明干线系统、平面设计与电气设计内容息息相关，本书将对电气系统章节进行相关讲解。施工图设计则是根据施工图平面设计完成照明配电箱系统，并结合施工图阶段设计调整照明干线系统，得到干线系统图与配电箱系统图两部分。

【注】照明系统包含部分电气系统设计内容，应综合考虑。

(4) 照明设计步骤

① 识读建筑图，分清各区域以及相应的楼层高度。

② 根据建筑功能选择灯具类型，计算照度。

③ 根据照度计算结果确定灯具数量，完成平面图中灯具放置。

④ 按照明性质区分设置正常照明、应急照明、备用照明、疏散照明。

⑤ 结合照明性质在平面图中设置灯具开关。

⑥ 根据建筑防火分区完成平面图中配电箱的放置。

⑦ 完成对于配电箱及各末端的标注。

【注】此时完成初步设计。

⑧ 根据防火分区以及照明性质完成末端灯具、开关等设备与对应配电箱的连接。

⑨ 完成线槽、线支等标注。

⑩ 完成照明配电箱系统设计。

【注】此时完成施工图设计。

(5) 图例

图例集中于一张图纸中，是说明图纸中图形符号表达的内容和意义的图，其用于帮助人员更好的读图、识图。图纸具有两方面的作用，在图纸设计时作为图解是表达图纸内容的准绳，是读图时必不可少的阅读指南。图例应符合完备性和一致性的原则，即同一工程中，应保证所有特殊图形与符号均有图例表示清楚，并且同一事物所用的图例应相同。

在进行图例设计时，我们应当参考国标或地标图集使用。比如，全国可统一参考国家标准图集"《建筑电气工程设计常用图形和文字》（09DX001）"，北京工程可参考北京地方标准图集"《电气常用图形符号与技术资料》（09BD1）"。就图例的本质而言，主要为表达清楚图面，所以只要能够清楚表达工程师设计意图的图例都是可以的。也就是说在工程师的设计工作中，工程师可根据需要创造图例。

常用照明相关图例列见表 4-1：

照明图例   表 4-1

图例	名称	规格及说明	安装位置	安装方式
┝━━┥	控照式单管荧光灯	1×28W 直管 T5 荧光灯，配电子镇流器，cos＞0.95	库房、配电间等工作区域	符号含义：E 应急灯
┝═━┥	控罩式双管荧光灯	2×28W 直管 T5 荧光灯，配电子镇流器，cos＞0.95	库房、配电间等工作区域	吊杆安装或吸顶安装
┝≡━┥	控罩式三管荧光灯	3×28W 直管 T5 荧光灯，配电子镇流器，cos＞0.95	库房、配电间等工作区域	吊杆安装或吸顶安装
┝━┤	壁装单管荧光灯	1×28W 直管 T5 荧光灯，配电子镇流器，cos＞0.95	地下走道等	距地 2.4m 壁装
┝═┤	壁装双管荧光灯	2×28W 直管 T5 荧光灯，配电子镇流器，cos＞0.95	地下走道等	距地 2.4m 壁装
S	防水防尘单管荧光灯	1×28W 直管 T5 荧光灯，配电子镇流器，cos＞0.95	厨房等潮湿多尘场所	吊杆安装或吸顶安装
S	防水防尘双管荧光灯	2×28W 直管 T5 荧光灯，配电子镇流器，cos＞0.95	厨房等潮湿多尘场所	吊杆安装或吸顶安装
┝━◀	防爆型单管荧光灯	1×28W 直管 T5 荧光灯，配电子镇流器，cos＞0.95	锅炉房、煤气表间	吊杆安装
▭	单管格栅荧光灯	1×28W 直管 T5 荧光灯，配电子镇流器，cos＞0.95	办公室、会议室等	嵌入式安装
▤	双管格栅荧光灯	2×28W 直管 T5 荧光灯，配电子镇流器，cos＞0.95	办公室、会议室等	嵌入式安装
▥	三管格栅荧光灯	3×28W 直管 T5 荧光灯，配电子镇流器，cos＞0.95	办公室、会议室等	嵌入式安装
⊞	方形格栅荧光灯	3×14W 直管 T5 荧光灯，配电子镇流器，cos＞0.95	办公室、会议室等	嵌入式安装

续表

图例	名称	规格及说明	安装位置	安装方式
○	筒灯	1×14W，LED 筒灯，cos＞0.95	走道	吊顶内嵌入安装
◎	筒灯	2×13W，配电子镇流器，cos＞0.95	大堂，电梯厅等	吊顶内嵌入安装
⊗	防水防尘筒灯	2×13W，配电子镇流器，cos＞0.95，带防护罩	淋浴间	吸顶安装
Ⓜ	金卤灯（带玻璃罩）	400W	高大空间，厂房，大型展厅等	
Ⓢ	24V 特低电压 LED 照明灯具	9W，LED	电缆夹层，电梯井道	
⊛	花灯	N×13W，按灯具样式确定光源数量 N	精装修区域	吊装
⬤	壁灯	1×13W，配电子镇流器，cos＞0.95，带防护罩	走道	距地 2.5m 壁装
▭	镜前灯	灯型装饰确定	卫生间	
🄴	安全出口指示灯	1W 一体化 LED 灯，EPS 作应急电源	安全出口	暗装，距门上沿 0.1m
▦	单面疏散指示标志灯	1W 一体化 LED 灯，EPS 作应急电源	疏散通道内	暗装，距地 0.5m
▦	双面指示灯	1W 一体化 LED 灯，EPS 作应急电源	疏散通道内	距地 2.4m 吊装
⬤⬤	地埋式疏散指示灯	1W 一体化 LED 灯，埋地安装，EPS 作应急电源	大空间场扬	
✎✎2✎3	单极，双极，三极开关	250V，10A		暗装，距地 1.3m
✎	单极防爆开关	250V，10A	锅炉房，煤气表间	暗装，距地 1.3m
✎b	智能照明控制系统控制开关	总线式，多功能液晶显示屏		暗装，距地 1.3m
✎	单控开关双极三线	250V，10A（用于消防强切）		暗装，距地 1.3m

　　电气工程师通常使用"天正电气"软件作为 CAD 软件的插件使用，可以将常用图例做成块存入天正电气软件中"平面设备"下的"任意布置"中，方便绘图时随时调用。"天正电气"自带很多符合国家标准图集的图例，当中没有或需要更改的图例则应随时调整。

4.1　灯具选择

　　常用灯具大致分为三类：单/双/三管荧光灯，格栅荧光灯，筒灯。三者根据应用的场合不同又存在着差别。

4.1.1　单/双/三管荧光灯

　　这类荧光灯根据设置区域的不同有所区别，通常分为普通荧光灯、防水防尘荧光灯、壁装荧光灯、防爆型荧光灯等多种类型，这些荧光灯大体相同，只是根据应用区域的不同造成灯具类型不同。

　　（1）普通荧光灯

　　这种荧光灯应用的范围最广，通常用于工作区域，如车库、地下工作区域走廊、办公室、工作间、机房等。这些区域对于灯具的美观要求不高，普通荧光灯照度较高且成本相对较低，故最为合理。普通荧光灯的缺点是不美观，无美观要求的区域均优先使用该灯具。

（2）防水防尘荧光灯

在普通荧光灯的基础上增加了防水防尘功能，通常用于卫生间、茶水间、厨房等高湿度且灰尘较多的区域。

（3）壁装荧光灯

与普通荧光灯的区别在于安装方式，普通荧光灯是吊顶安装，壁装荧光灯采用壁装方式，多用于卫生间镜前照明、设备通廊、设备管道较多的设备机房等不方便吊顶装设灯具的场所。

（4）防爆型荧光灯

在普通荧光灯的基础上进行了防爆处理，通常用于燃气表间等易发生爆炸区域。

4.1.2 格栅荧光灯

格栅荧光灯大多分为单/双/三管格栅荧光灯和方形荧光灯。长方形是正方形的 2 倍（照度是正方形的 2 倍）。长方形与正方形荧光灯都有单/双/三管的型号。具体选择哪种主要是根据建筑吊顶的方格确定的，建筑会根据美观要求而合理调整灯具配合吊顶格的形状，进而确定灯具是方形或长方形，当没有明确要求时通常选择长方形荧光灯。

格栅荧光灯大多用于办公区域，既保证对于照度的需要，又保证了一定的美观性。

4.1.3 筒灯

筒灯的应用范围是极广的，通常用于走廊、前厅、卫生间等需要考虑美观的公共区域，通常分为普通筒灯，防水防尘型筒灯，吸顶筒灯等多种类型，这些灯具根据应用区域的不同而采用不同的类型。

（1）普通筒灯

这种筒灯应用最广泛，这些区域对于灯具的美观要求较高，缺点是这种灯具的照度较低，使得灯具需求量较大，成本较高，只在要求美观的场所使用。

（2）防水防尘型筒灯

在普通筒灯的基础上增加了防水防尘功能，通常用于卫生间、茶水间、室外等高湿度大灰尘区域。

（3）吸顶筒灯

普通筒灯是嵌入式安装，而吸顶筒灯采用吸顶安装方式，用于没有吊顶的区域，如：楼梯间、雨棚等处。

4.2 照度计算

照度计算是照明设计中一项重要的工作，其决定了该区域内使用灯具的数量，保证照度充足。照度计算存在许多方法，如点光源的点照度计算，线光源的点照度计算，面光源的点照度计算，平均照度计算等。其中点、线、面光源的点照度计算最为准确，但其计算方法较为复杂，所以通常设计工作中主要使用平均照度计算方法完成照度计算。另外，照度计算还可利用天正软件或博超软件中带有的"照度计算"工具完成，但其参数要依据《照明设计手册》等书籍进行调整。

4.2.1　概述

平均照度的计算通常采用利用系数法，该方法考虑了由光源直接投射到工作面上的光通量和经过室内表面相互反射后再投射到工作面上的光通量。利用系数法适用于灯具均匀布置、墙和天棚反射系数较高、空间无大型设备遮挡的室内一般照明，但也适用于灯具均匀布置的室外照明，该方法计算比较准确。

4.2.2　利用系数法

(1) 应用利用系数法计算平均照度的基本公式

$$E_{av} = \frac{N\phi UK}{A} \tag{4-1}$$

式中　E_{av}——工作面上的平均照度，lx；

ϕ——光源光通量，lm；

N——光源数量；

U——利用系数；

A——工作面面积，m^2；

K——灯具的维护系数。

通常将式（4-1）转换为式（4-2）计算灯具数量。

$$N = \frac{E_{av}A}{\phi UK} \tag{4-2}$$

计算步骤：

① 辨识建筑功能，测量照明区域面积 A，在 CAD 软件中使用"area"命令测量。

② 确定 E_{av}，根据照明区域的建筑功能，通过查看《建筑照明设计标准》中"5 照明标准值与 6 照明节能"可以得到。

③ 确定 ϕ，光通量根据光源的不同存在多种取值，具体可根据所选择的光源查看《照明设计手册（第三版）》中"表 2-6 至表 2-43"，选定光源，确定功率及光通量。

④ 确定 U，其取值通常在 0.3～0.6 之间，LED 灯具可取 0.5～1.0 之间。

⑤ 确定 K，参看《建筑照明设计标准》中"表 4.1.6"得到，取值在 0.6～0.8。

⑥ 最终求得 N。

⑦ 通过确定光源数量，进而可知该区域的灯具数量。

⑧ 验算，通过灯具与光源数量，利用式（4-1）算出平均照度实际值 E，其值与标准值的偏差在 ±10% 以内即可认定为正确。

⑨ 确定功率密度，用房间内的灯具总功率除以总面积得到。

【注】据工程经验所得，UK 的乘积的取值在 0.3～0.35 之间，此数值可以简化计算过程。

(2) 利用系数 U

利用系数是投射到工作面上的光通量与自光源发射出的光通量之比，可由式（4-3）

计算

$$U = \frac{\phi_1}{\phi} \tag{4-3}$$

式中　ϕ——光源的光通量，lm；

　　　ϕ_1——自光源发射，最后投射到工作面上的光通量，lm。

求得利用系数 U 的过程较为复杂，现将计算步骤列写：

① 由式（4-4）、式（4-5）、式（4-6）计算空间比；

② 由式（4-7）求有效顶棚空间反射比；

③ 由式（4-8）计算墙面平均反射比；

④ 由利用系数表查利用系数（参考厂家样本或本书表 4-2）；

⑤ 最终确定利用系数 U。

a. 室内空间的表示方法

室内空间的划分如图 4-1 所示。

室空间比
$$RCR = \frac{5h_r \cdot (l+b)}{l \cdot b} \tag{4-4}$$

顶棚空间比
$$CCR = \frac{5h_c \cdot (l+b)}{l \cdot b} = \frac{h_c}{h_r} \cdot RCR \tag{4-5}$$

地板空间比
$$FCR = \frac{5h_f(l+b)}{l \cdot b} = \frac{h_f}{h_r} \cdot RCR \tag{4-6}$$

以上式中　l——室长，m；

　　　　　b——室宽，m；

　　　　　h_c——顶棚空间高，m；

　　　　　h_r——室空间高，m；

　　　　　h_f——地板空间高，m。

当房间不是正六面体时，因为墙面积＝$2h_r(l+b)$、地面积＝lb，则式（4-3）可改写为

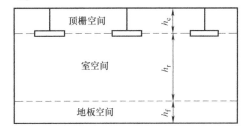

图 4-1　室内空间的划分

$$RCR = \frac{2.5 \text{ 墙面积}}{\text{地面积}} \tag{4-7}$$

b. 有效空间反射比和墙面平均反射比

为使计算简化，将顶棚空间视为位于灯具平面上，且具有有效反射比 ρ_{cc} 的假想平面。同样，将地板空间视为位于工作面上，且具有有效反射比 ρ_{fc} 的假想平面，光在假想平面上的反射效果同实际效果一样。有效空间反射比由式（4-8）计算

$$\rho_{eff} = \frac{\rho A_0}{A_s - \rho A_s + \rho A_0} \tag{4-8}$$

$$\rho = \frac{\sum\limits_{i=1}^{N} \rho_i A_i}{\sum\limits_{i=1}^{N} A_i} \tag{4-9}$$

式中　ρ_{eff}——有效空间反射比；

　　　A_0——空间开口平面面积，m²；

97

A_s——空间表面面积，m^2；

ρ——空间表面平均反射比；

ρ_i——第 i 个表面反射比；

A_i——第 i 个表面面积，m^2；

N——表面数量。

若已知空间表面（地板、顶棚或墙面）反射比（ρ_f、ρ_c 或 ρ_w）及空间比，即可从事先算好的表上求出空间有效反射比。

为简化计算，把墙面看成一个均匀的漫射表面，将窗子或墙上的装饰品等综合考虑，求出墙面平均反射比来体现整个墙面的反射条件。墙面平均反射比由式（4-10）计算

$$\rho_{wav}=\frac{\rho_w(A_w-A_g)+\rho_g A_g}{A_w} \tag{4-10}$$

式中　A_w、ρ_w——墙的总面积（包括窗面积），m^2 和墙面反射比；

A_g、ρ_g——玻璃空或装饰物的面积，m^2 和玻璃空或装饰物的反射比。

c. 利用系数（U）表

利用系数是灯具光强分布、灯具效率、房间形状、室内表面反射比的函数，计算比较复杂。为此常按一定条件编制灯具利用系数表以供设计使用，见表4-2。

查表时允许采用内插法计算。表4-2上所列的利用系数是在地板空间反射比为0.2时的数值，若地板空间反射比不是0.2时，则应用适当的修正系数进行修正。如计算精度要求不高，也可不作修正。表4-2中有效顶棚反射比及墙面反射比均为零的利用系数，用于室外照明计算。

利用系数表（U）（X型灯具，$L/h=1.63$）　　　　　　　　表 4-2

有效顶棚反射比（%）	80				70				50				30				0	
墙反射比（%）	70	50	30	10	70	50	30	10	70	50	30	10	70	50	30	10	0
地面反射比	10				10				10				10				0	
室空间比	RCR/室形指数 RI																	
8.33/0.6	0.40	0.29	0.23	0.18	0.38	0.28	0.22	0.18	0.35	0.27	0.21	0.17	0.32	0.25	0.20	0.17	0.14
6.25/0.8	0.47	0.37	0.30	0.26	0.45	0.36	0.30	0.25	0.41	0.34	0.28	0.24	0.38	0.31	0.27	0.23	0.20
5.0/1.0	0.52	0.43	0.36	0.31	0.50	0.41	0.35	0.30	0.46	0.38	0.33	0.29	0.42	0.36	0.31	0.28	0.24
4.0/1.25	0.57	0.48	0.41	0.36	0.54	0.46	0.40	0.36	0.50	0.43	0.38	0.34	0.46	0.40	0.36	0.32	0.29
3.33/1.5	0.60	0.52	0.46	0.41	0.58	0.50	0.44	0.40	0.53	0.47	0.42	0.38	0.49	0.44	0.40	0.36	0.32
2.50/2.0	0.65	0.58	0.52	0.47	0.62	0.56	0.51	0.46	0.57	0.52	0.48	0.44	0.53	0.49	0.45	0.42	0.38
2.0/2.5	0.68	0.62	0.56	0.52	0.65	0.60	0.55	0.51	0.60	0.56	0.52	0.48	0.56	0.52	0.49	0.46	0.41
1.67/3.0	0.70	0.64	0.60	0.56	0.67	0.62	0.58	0.51	0.62	0.58	0.55	0.52	0.58	0.55	0.52	0.49	0.44
1.25/4.0	0.72	0.68	0.64	0.61	0.70	0.66	0.62	0.59	0.65	0.61	0.59	0.56	0.61	0.58	0.26	0.53	0.48
1.0/5.0	0.74	0.70	0.67	0.64	0.72	0.68	0.65	0.62	0.67	0.64	0.62	0.59	0.63	0.60	0.58	0.56	0.51
0.714/7.0	0.76	0.73	0.71	0.68	0.74	0.71	0.69	0.67	0.69	0.67	0.65	0.63	0.65	0.63	0.61	0.60	0.54
0.5/10.0	0.78	0.76	0.74	0.72	0.76	0.74	0.72	0.70	0.71	0.69	0.68	0.66	0.67	0.65	0.64	0.63	0.57

【注】利用系数 U 的计算复杂，在工程中通常依据经验在 0.3～0.6 之间取值，LED 灯在 0.5～1 之间取值。

（3）计算照明功率密度值

照明功率密度值（LPD）是照明节能重要的评定标准，随着时代的发展，其取值也

是越来越严苛。

$$LPD = \frac{P \times N}{A} \tag{4-11}$$

式中　P——所选灯具的总功率，W；

　　　N——光源数量；

　　　A——工作面面积，m^2。

照明功率密度值（LPD）应满足《建筑照明设计标准》中"6 照明节能"的要求。值得注意的是，根据建筑区域功能，没有绿色建筑评定需求的工程 LPD 只需满足规范中现行值的标准。当需要进行绿色建筑评定时，LPD 应达到目标值，保证此项可以得分。随着产品研发，为满足达到目标值，往往需要选择 LED 光源灯具。

【注】LED 灯具有诸多优点，如节能、功耗低、易于造型等，但因其存在蓝光溢出和高频闪的缺点，所以设计时仍应优先选用荧光灯。

4.2.3　举例

有一办公室，建筑面积为 $90m^2$，见图 4-2（a），计算其需要多少个灯具。

解：根据公式（4-2），$N = \dfrac{E_{av}A}{\phi UK}$，求解 N。

① 考虑到该建筑区域为办公室，建筑设计有吊顶。而且对于灯具有良好的照明需要和一定的美观需要，故选择使用嵌入式格栅荧光灯。

② 查《建筑照明设计标准》中"表 5.3.2"可知办公室分为普通与高档，根据该建筑的办公档次确认为高档办公室，故 E_{av} 取值为 500lx。

③ 选择目前最常用的 T5 直管荧光灯，查《照明设计手

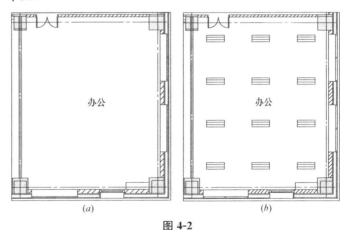

图 4-2

（a）建筑平面图；（b）灯具布置图

册（第三版）》中"表 2-13 至表 2-15"，确定其灯管型号选定为 TL5 HE28W/827，为 28W（算入镇流器为 30W），2600lx。

④ 依据工程经验，确定 $U = 0.6$。

⑤ 参看《建筑照明设计标准》中"表 4.1.6"得到，$K = 0.8$。

⑥ 计算：$N = \dfrac{E_{av}A}{\phi UK} = \dfrac{500 \times 90}{2600 \times 0.6 \times 0.8} = 36.06$

考虑到灯具的均匀布置，最终得 $N = 36$，再考虑到房间形状与光源数量间的关系，最终选用嵌入式三管格栅荧光灯，光源数量为 3，灯具数量为 12。

⑦ 根据公式（4-1），得到实际照度 $E_{av} = \dfrac{N\phi UK}{A} = \dfrac{36 \times 2600 \times 0.6 \times 0.8}{90} = 499.2$，偏差值为 0.16%，在 ±10% 以内，符合标准。完成照度验证。

⑧ 计算照明功率密度值，$LPD=\dfrac{P\times N}{A}=\dfrac{30\times 36}{90}=12\leqslant 15$，满足《建筑照明设计标准》中"表 6.3.3"中的高档办公室的要求。

最终将 12 个灯具均布在办公室中，见图 4-2 (b)。

4.3　灯具布置

照明灯具布置，首先应明确建筑是否包含精装修区域，并确定精装修区域范围。因建筑中通常会在特定区域进行精装修，如办公室、商业、贵宾室等，精装修区域的主要照明设计由精装修设计公司担任，通常在施工图正式交付甲方后开展设计工作，并单独出具精装修设计图。另外，特殊建筑中的特殊功能区域通常需要专业照明公司进行设计，如剧院的舞台工艺设计公司完成舞台用的照明设计。

【注】精装修公司及专业照明公司只负责主要照明（一般照明和应急照明）的设计工作，而我们仍应完成疏散指示标志灯的设计工作。

灯具起到为整个区域提供照明的作用，其放置应考虑房间的功能、形状、窗户位置、家具布置等诸多因素。在实际工程中，应做到具体问题具体分析，选择最优的设计方式是照明设计中一项重要的工作。

灯具布置基本原则：

① 保证灯具的均匀布置。

② 考虑到长期工作人员的照明舒适度，避免眩光。即保证灯具与工作人员视野平行。

③ 当存在家具布置图时，应考虑家具摆放的方向，如办公室灯具应与办公桌保持平行，图书馆应保证灯具不被书架遮挡，展示区域应保证灯具与展板平行布置等。

④ 灯具数量可根据建筑专业装修的需要进行微调。

现将几种常见情况列举如下。

(1) 走廊

走廊分为需要美观的公共区域走廊和美观需求不高的功能性公共区域走廊两种情况。

需要考虑美观的公共区域走廊，如商业区走廊，办公区走廊等，选用筒灯。考虑到灯具均布原则，并依据工程经验，当走廊宽度在 2m 以下时，灯具通常按照 1.8m 间隔均布即可满足照度要求，如图 4-3。美观需求不高的功能性公共区域走廊，如机房区域走廊等，可选用单管荧光灯。考虑到单管荧光灯照度较高，并依据工程经验，当走廊宽度在 2m 以下时，灯具按照 3m 间隔均布即可满足照度要求，如图 4-4。

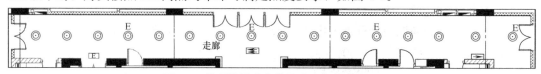

图 4-3　美观性需求公共区走廊灯具布置图

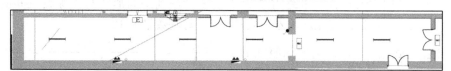

图 4-4　功能性公共区走廊灯具布置图

（2）办公室和会议室

办公室与会议室的灯具布置是结合建筑专业家具布置决定的。

办公室中，灯具需与人的视野平行布置，当建筑无法提供家具布置图时，应根据自己的工程经验预想家具的排放方式，并以此作为布置灯具的条件。如图4-5，办公人员经常办公的区域为宽桌面区域，使用的嵌入式双管荧光灯应平行于人员的视野，以避免灯具产生的眩光对人的影响，故平行均布四个灯具。

会议室同样考虑灯具平行人的视野布置。如图4-6，开会人员大多坐于会议桌的两侧，故灯具竖向均匀布置，使人感到舒适。

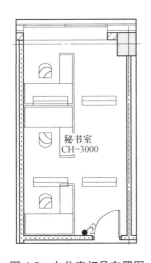

图4-5 办公室灯具布置图

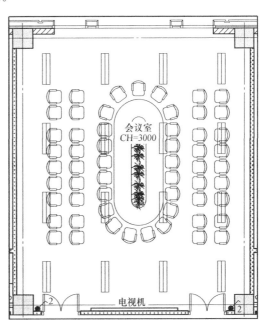

图4-6 会议室灯具布置图

（3）卫生间

卫生间作为每个人都会去的区域，其美观性十分重要，故有吊顶，通常选用筒灯照明。如图4-7，首先卫生间采用筒灯照明，图中墙体将卫生间分为3个小区域（洗手区、小便区、坐便区），每个区域设置一个灯具。其次，考虑到坑位处有隔断影响照明效果，通常在每个或每两个隔断之间设置一个筒灯，保证照明的需要。最后，应在洗手盆处设置镜前灯，作为洗手处人员照镜子用的特殊照明。

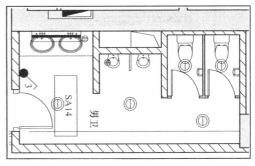

图4-7 卫生间灯具布置图

（4）设备和电气机房

设备机房只有物业工作人员才会进入，属于功能性用房，不需考虑美观性，故通常没有吊顶，选择单/双/三管荧光灯。设备和电气机房内放有设备专业或者电气专业的各种大型设备，在进行灯具布置时应考虑避让大型设备及其上方管线，通常设置在通道处。

如图4-8，以变配电室为例。这里用到了线槽灯（荧光灯的一种类型，区别是其灯具在一条灯槽中，一个开关控制一个槽内的所有灯具）。图中的方块代表配电柜与变压器等设备。为保证灯具有效照明，线槽灯布置在配电柜两侧的通道处，当空间过于狭小而无法使用线槽灯时，可以改用壁灯照明。

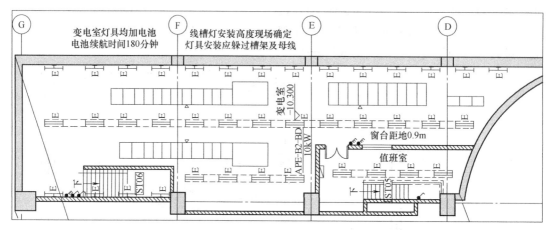

图 4-8　变配电室灯具布置图

（5）建筑物的大堂

大堂作为建筑对外重要的功能区域，给人关于建筑的第一感官，其照明美观性要求很高，通常作为精装修区域，由精装修公司后期完成设计。当没有精装修时，设计师可选用筒灯来保证美观性的需求。如图4-9，门厅的照明使用筒灯均匀布置。

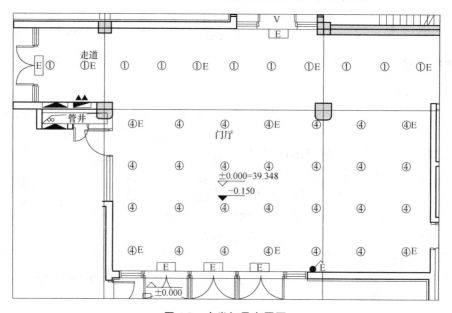

图 4-9　大堂灯具布置图

（6）高大空间区域

在建筑中，将层高超过12m的室内空间称为高大空间，如机场候机厅、剧院的侧后舞台、大型展厅等。这类区域使用普通的筒灯或者荧光灯无法满足照度要求，故通常采用金属卤化物灯。如图4-10，金卤灯安装在该空间的顶部，在有需要的情况下还可配合设计壁装荧光灯作为辅助照明灯具。

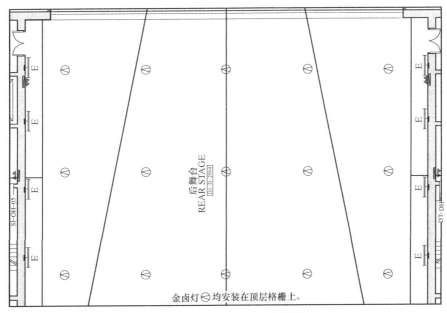

图 4-10　高大空间灯具布置图

4.4　照明性质

照明根据其功能的不同分为一般照明、应急照明、备用照明、疏散照明四种。一般照明是指正常情况下为建筑提供照明的系统，其供电负荷通常为二级或三级负荷。应急照明是指事故状态下（包括供电事故，火灾事故等），保证建筑物内一定照明的系统，避免建筑漆黑一片，造成内部人员混乱，酿成事故。在工程中，应急照明中通常包含了备用照明，应急照明供电等级通常为一级或二级负荷。疏散照明是在事故状态下，引导人员疏散逃生的指示系统，为一级负荷或一级负荷中特别重要负荷供电。

4.4.1　一般照明

一般照明通常为二级或三级负荷，由一路电缆供电，在消防状态下全部切断供电，仅由应急照明提供照明。本书"4.1灯具选择、4.2照度计算、4.3灯具布置"中介绍的灯具布置方法包含一般照明与应急照明两种灯具。

4.4.2　应急照明

应急照明为二级或一级负荷，由双路电缆供电，在事故状态下仍能保持供电，提供照明。应急照明在建筑处于正常情况下，其灯具型号以及开关控制方式均与一般照明相似。只有在事故状态下，一般照明全部切断，而应急照明仍能维持开启，提供照明。在本书"4.8连线以及4.10分盘系统"中具体讲解。

在设计中，应急照明灯具布置应与一般照明一同考虑。可先完成照度计算，布置好一般照明的灯具，再在其中挑选出相当数量的灯具，标注"E"，表示其为应急照明灯具。

【注】应急照明应使用消防灯具，其是经过火灾实验认证的灯具，其通常样式较少且比较单一，故工程中通常选用一般照明灯具作为消防灯具，区别在于增加标识，且其供电等级按照应急照明设计。但此方式并不严格符合消防局的要求，由业主方及施工总包协商解决。

应急照明设置原则：具体原则参看规范"《建筑设计防火规范》11.3 和《民用建筑电气设计规范》13.8"。应急照明的设计，通常分为全部为应急照明和挑选部分灯具用作应急照明两种情况。全部为应急照明时，依据设置原则所列规范即可，见图4-8。部分灯具用作应急照明时，只对于其照度存在要求，依据工程经验列写几种常见情况以供参考。

① 车库：汽车通道每四个灯具中布置两个应急照明灯具，见图4-11。

② 走廊：每隔两到三个灯设置一个应急照明灯具，见图4-3。

③ 大堂：每隔两到三个灯设置一个应急照明灯具，见图4-9。

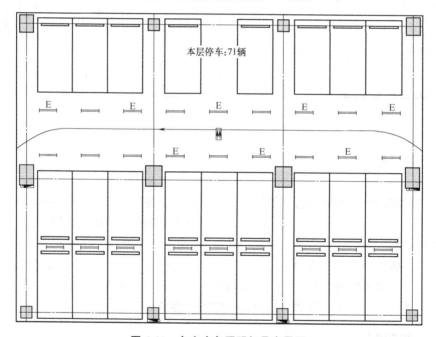

图 4-11　车库应急照明灯具布置图

【注】金卤灯因其不具备快速点亮能力，故不能作为应急照明灯具使用。

4.4.3　应急疏散指示照明

应急疏散指示灯是用于引导人员在建筑事故状态下疏散至安全区域的指示灯具，其设置间距不大于20m（此间距包含各种类型指示灯具），优先考虑使用壁装灯具。其供电等级一般是一级负荷，由双路电缆供电，并配有EPS保证供电可靠性，在事故状态下仍能保持供电，引导人员疏散。应急疏散指示照明灯具通常分为安全出口指示灯，单面疏散指示标志灯，双面疏散指示标志灯，地埋式疏散指示灯四种，具体参看本书"表4-1照明图例"。

应急疏散指示照明设置原则：具体原则参看规范"《建筑设计防火规范》11.3 和《民

用建筑电气设计规范》13.8"。另外，"北京地方标准《消防安全疏散标志设置标准》"规定得比较细致，非北京地区项目可仅作为设计参考。

（1）安全出口指示灯

设置于公共区疏散通道出入口处（如通道至楼梯间的门、楼梯间至大堂的门、大堂通室外的门），用于表示此处为出口。注意其疏散方向应与建筑专业的开门方向配合，安装于开门的内侧，见图4-9。当房间过大时（如存在超过300m² 的房间），应考虑在疏散口处设置安全出口指示灯，通常安装于门的正上方，一门一灯。

（2）单面疏散指示标志灯

设置于疏散通道内，采用距地0.3m壁装，每两个间距不大于20m，且在转角处必须设置。考虑到火灾时烟飘向高处，故应优先考虑此壁装灯具。设计方法参考"《民用建筑电气设计规范》图13.8.5"。

【注】单面疏散指示标志灯具表面标有箭头，用以指示疏散方向，电气设计师设置时应使箭头指向最近的疏散出入口处。

（3）双面疏散指示标志灯

双面疏散指示标志灯具与单面疏散指示标志灯具作用相同，区别在于其灯具两面都设有标志灯，用于吊装。当该区域没有墙面时，且达到设置疏散指示灯的要求时，应选择在顶部安装双面疏散指示标志灯，但宜将其安装高度控制在2.5m以下，保证人员容易看到。如图4-12，为某大剧院的舞台台仓，因台仓空间较大，疏散指示灯安装在柱子上不利于人员疏散使用，故采用双面疏散指示灯，在满足间距不大于20m的前提下，根据建筑形式对称布置，并在开门处设置安全出口指示灯。

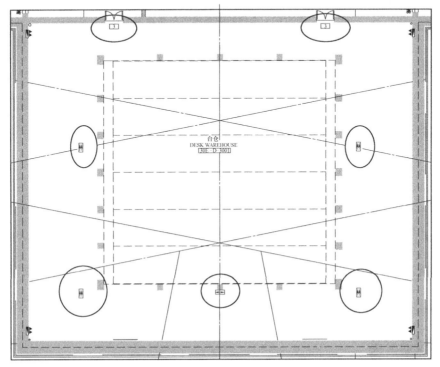

图4-12　双面疏散指示标志灯布置图

（4）地埋式疏散指示灯

与单面疏散指示标志灯作用相同。当该区域没有墙面，且屋顶高度过高时（如高大空间），安装单面疏散指示标志灯与双面疏散指示标志灯无法满足要求时，应采用地埋式疏散指示灯。地埋式疏散指示灯安装于地面，受后期软装铺地毯、容易磕绊通过人员、清洗已造成水滴渗入等因素的影响，通常作为最后的选择。其设置间距不应大于20m，见图4-13。

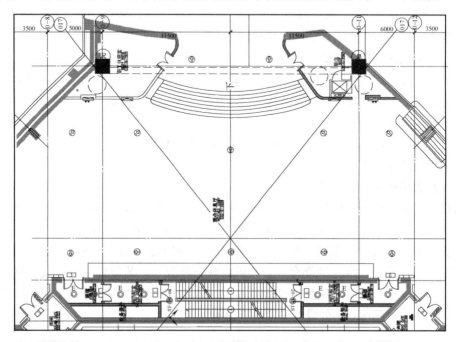

图 4-13　地埋式疏散指示灯布置图

4.5　开关布置

开关是控制灯具的主要设备，其设置的数量与灯具的布置存在紧密关联。开关依据其性质分为普通开关、BUS 开关（分为普通功能和强启功能两种）、消防强启开关三种。

开关布置原则：

（1）放置于人员出入门口处。

（2）一个区域多个门时应保证靠在门旁分区域设置多个开关。

（3）保证对于灯具按一定规律分组控制。

（4）走廊及大空间等公共区域，通常使用智能照明控制系统，开关设置在方便人员使用的墙面或柱子上。

（5）开关设置的位置及数量需与灯具和房间功能配合确定。

【注】开关的布置与配电箱系统紧密相关，应结合本书"4.8 连线与 4.10 分盘系统"一同理解。

4.5.1　普通开关

普通开关是用来控制照明灯具亮与灭的控制设备，其是最为传统与基础的开关方式，目前仍是应用最广泛的一种开关方式。普通开关包括单/双/三联单控开关、防水开关、防爆开关等多种类型。普通开关多用于非公共区域，如办公室、厨房、卫生间等房间内。

普通开关控制分为控制一般照明和应急照明两部分。其设置需注意，在设有应急照明的非疏散通道处，如强弱电间、设备机房等处，可采用普通开关作为控制方式。此控制方式出于两点考虑，一方面是这类功能性房间只有专业维修人员进入，其对房屋开关及其布局比较熟悉，无需在消防状态下强制点亮灯具。另一方面是如果全部应急照明设置为消防强制启动，那么整栋建筑的消防用电负荷会很高，易导致变压器容量增大等一系列不必要的经济浪费。

普通开关布置原则：普通开关通常设置于门口处。将灯具按照一定的规律分组控制。每个房间的出入口处均应设有控制该口附近区域灯具的开关。将几种常见情况列举如下。

【注】只有疏散通道的应急照明采用普通开关控制方式作为控制方式时，应选用强启开关，保证建筑处于事故状态下，应急照明灯具强制开启，提供照明。

（1）办公室和会议室

以图4-5与图4-6为例。

秘书办公室内设置了四个灯具，考虑到办公桌的排布分为上下两个区域，窗户位于北侧（临窗的灯具应单独控制，保证阳光足够时关闭灯具，起到节能效果），所以分为北侧两盏灯一组控制，南侧两盏灯一组控制。需设置双联单控开关，且开关设在门口处，见图4-5。

会议室考虑到电视放置于南墙，北侧为窗户，共分为左下角6盏灯、左上角2盏灯、右下角6盏灯、右上角2盏灯四组。因房间有两个房门，左侧门旁设置一个双联单控开关控制，控制左侧两组灯具，右侧门旁设置一个双联单控开关，控制右侧两组灯具，即实现两个门各控制附近灯具，又保证靠窗灯具单独控制，见图4-6。

（2）卫生间

以图4-7为例。卫生间的镜前灯应单独控制，使用频率最高的洗手盆处和小便池处筒灯设为一组控制。考虑到有坐便使用需求，人员才去往坐便区，所以坐便区内的三个筒灯设为一组控制。综合考虑，需设置三联单控开关，且开关设在门口处，见图4-7。

（3）机电用房和大型房间

许多机电用房存在消防时使用的设备，故通常按照灯具总数的1/2设置应急照明灯具。此时普通开关对于一般照明和应急照明灯具应分开控制，但开关均采用普通开关控制。大型房间因面积较大且属于人员密集场所，为保证人员安全疏散，通常按照灯具总数的1/6设置应急照明灯具，见图4-14，为一大开间办公室。图中，照明灯具共3行9列，分为每3行3列为一组，共分三组，设置三个开关。在房间门口附近有两组灯具，故在门口处设置两个普通开关。考虑到北侧有外窗，故每组灯具又可分为以1行3个灯具为一个小组，每组内包含三个小组，故两个开关均采用三联开关，每联控制一个小组的灯具。最左侧的一组灯具因离门口较远，故在就近墙面设置一个三联开关，控制方式与另两组相同。因该房间属于人员疏散区域，所以应急照明灯具应采用普通开关控制方式下的消防强启开关。又因应急照明灯具数量较少，故在门口处设置一个消防强启开关，控制图中所有标注"E"的应急照明灯具，在建筑消防状态下强制点亮。

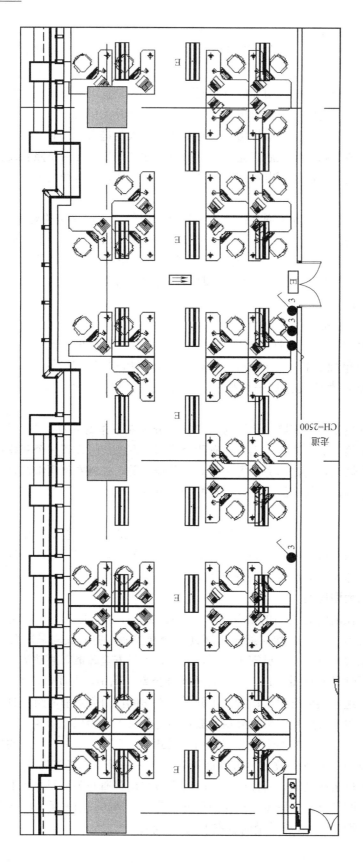

图 4-14 大型房间应急照明灯具布置图

4.5.2 智能照明控制系统控制开关

智能照明控制系统控制开关（简称 BUS 开关）是随着建筑功能复杂而逐步开发出来的灯具集中控制方式。智能照明控制系统主机通常设置在安防控制室内，其主要是通过控制装设在配电箱系统中的 BUS 模块，实现接于 BUS 模块后的灯具回路，完成灯具的远程集中控制且具有定时功能。智能照明控制系统通常应用于公共区域，如大堂、走廊等。因该系统费用较高，所以不频繁有人到达的区域可不采用，如剧院的地下维修通道采用普通开关。另外，在小型或者无绿色建筑评定要求的建筑中可不使用该系统。

智能照明控制系统分为控制一般照明控制和应急照明控制两部分。两者的区别在于，一般照明配电箱中的 BUS 模块没有消防强制启动切换功能。而应急照明配电箱中的 BUS 模块有消防强制启动切换功能，保证在事故状态下 BUS 控制的应急照明灯具能够强制点亮。

智能照明控制系统控制开关（简称 BUS 开关）作为辅助控制安装在所控制灯具的附近。当集中控制关闭灯具时，人员可根据需要通过就地 BUS 开关点亮灯具。如，走廊采用 BUS 系统时，应在楼梯间等进出口处设置 BUS 开关。BUS 开关的接线方式与普通开关不同，一个 BUS 模块下控制的灯具只需一个 BUS 开关就可实现全部控制。当同一个 BUS 模块控制的灯具区域内安装多个 BUS 开关时，这些开关具有的控制作用完全相同。设置多个的目的在于方便人员就地控制灯具开关。

【注】因 BUS 开关旨在为临时出入人员提供照明，故只需针对一般照明灯具设置 BUS 开关，应急照明灯具可不设置。

以走廊为例，见图 4-15。

走廊灯具采用智能照明控制系统控制。在下班后，大楼内的照明定时关闭，但当有人到达该区域时，可就近通过 BUS 开关控制灯具提供照明。开关设在电梯厅与楼梯进口之

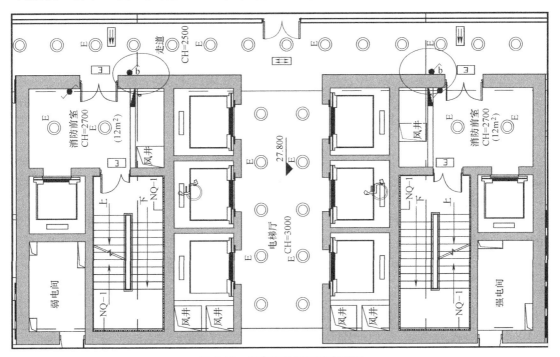

图 4-15 走廊灯具及开关布置图

间，方便人员使用，见图 4-15 中圆圈处。

4.5.3　消防强启开关

消防强启开关，是针对疏散通道处的应急照明灯具的控制方式。其保证开关无论处于开启或关闭状态，都能在建筑事故状态下点亮灯具。以全部需要设置应急照明的消防泵房为例，见图 4-16。灯具全部为应急照明灯具，共 2 行 6 列，根据区域可分为 3 组，每 2 行 2 列一组，故设置 3 个强启开关。两个开门处各控制附近区域的灯具，左侧门旁设置 2 个开关，控制左侧两组灯具。右侧门旁设置 1 个开关，控制右侧一组灯具。

【注】强启开关为单联开关。其主要用于控制疏散通道及重要消防机房的应急照明灯具的强制开启。

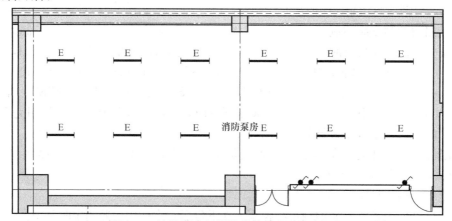

图 4-16　消防泵房灯具及消防强启开关布置图

4.6　排气扇布置

排气扇是一种最简单的通风换气设备。在日常生活中，在没有窗户的卫生间内安装排气扇保证空气流通。建筑设计中，排气扇由设备专业完成设计工作，将相关参数以表格和平面图的形式提交给电气专业，由电气专业完成配电及控制。因排气扇位置分散，用电容量很低，且采用普通开关控制，所以通常按照灯具处理。但应注意，其应设置单独开关进行控制。下面列举一个工程实例。

表 4-3 是摘自设备专业提供的关于排气扇部分的设备表，表中我们可以看出，排气扇设备编号为"PQ-01"，其电功率是"0.028kW"，安装在各层男女卫生间内。于是电气设计师打开设备专业提供的风道平面图，如图 4-17 为某层平面图的卫生间。其中存在两个"PQ-01"排气扇，电气设计师根据自己的图例，将这两个排气扇设计到照明平面图相同的位置，见图 4-18。从图 4-18 中可以看出，三联开关分别控制镜前灯，走道灯以及坐便灯。考虑到排气扇应单独控制，故在灯具开关旁单独设置一个单联开关控制两个排气扇。

设备提供排气扇资料表　　　　　　　　　　　　　　　　　　　表 4-3

设备编号	设备名称	风量 (m³/h)	机外静压 余压(Pa)	功率 (kW)	安装位置	服务对象	服务功能	数量
PQ-01	排气扇	150	160	0.028	各层男女卫生间	各层男女卫生间吊顶内	卫生间排风	/
PQ-02	排气扇	350	160	0.1	各层男女卫生间	各层男女卫生间吊顶内	卫生间排风	/

【注】排气扇的接线与照明灯具相同。

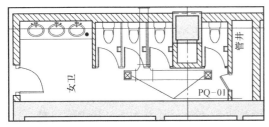

图 4-17 卫生间建筑平面图

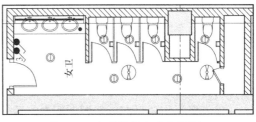

图 4-18 灯具及排气扇布置图

4.7 配电箱柜布置

此部分应与本书"5 电气"章节结合起来看，照明平面图中的配电箱布置应直接摘自电气平面图中。

4.7.1 照明平面中的配电箱

照明平面中的配电箱大体包含一般照明配电箱、应急照明配电箱、EPS 电源箱三种。

（1）一般照明配电箱：属于三级负荷，由单路电源供电，消防状态下切断电源。箱体后端连接一般照明设备。

（2）应急照明配电箱：属于一级或二级负荷，由双路及以上电源供电，消防状态下保证供电可靠性。箱体后端连接应急照明设备。

（3）EPS 电源箱：以电池组构成的本地电源，平时由所连接的配电箱充电。事故时工作，根据系统需要，可为照明配电箱提供一路额外电源，提升供电等级（一般照明配电箱接入 EPS 后，供电等级由三级升为二级负荷，应急照明配电箱接入 EPS 后，供电等级由二级升为一级负荷）。箱体后端通常连接应急照明或应急疏散指示灯设备。

4.7.2 配电箱与配电柜

配电箱与配电柜并无本质区别，均是用于完成配电以及电路保护作用的箱体。两者区别在于当配电箱内部设计的元器件过多时，增加箱体尺寸，不再适宜作为箱子镶嵌在墙体上时，改为采用放置于地面的配电柜。

配电箱与配电柜的具体尺寸是根据内部包含的元器件的大小计算得出的。因每个配电箱厂商的具体箱体尺寸都存在区别，这里只列举三种常见尺寸，分别是（宽×深×长，见图 4-19，单位是毫米）：500×160×600（配电箱）；800×220×1000（配电箱）；800×600×2200（配电柜）。

4.7.3 布置原则

（1）按防火分区设置在强电间内。

（2）配电箱至设备末端的距离不可超过 50m 的供电半径。

（3）当本防火分区中未设置强电间时，若离就近防火分区

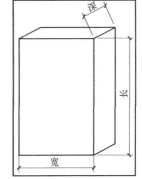

图 4-19 配电箱与配电柜
尺寸示意图

强电间内一般照明配电箱距离不超过 50m，可穿越防火分区连接，但应保证电气设备间连线不应跨越防火分区。

（4）当本防火分区中未设置强电间时，若离就近防火分区强电间内配电箱距离超过 50m，则应在本防火分区内公共区域中增设配电箱。

（5）应优先保证每个防火分区内放置配电箱，尤其避免应急照明线路跨越防火分区，且配电箱放置在该防火分区的中心，一般即可满足供电半径小于 50m 的要求。

（6）根据需要可在一般照明配电箱后端连接分支配电箱，其存在两种优点。一种是可以通过此种方法减小电缆截面，方便施工。另一种是有些房间面积较大或功能较复杂，单独设置配电箱更加方便使用。

【注】消防用电设备（如应急照明灯具）其应在最末一级配电箱处实现双电源互投。即，不能采用分支配电箱作为应急照明配电箱连接应急照明灯具。

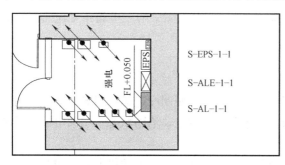

图 4-20　强电间电气布置平面图

配电箱布置在强电间内时，应综合考虑各箱体及竖向线缆路由间的关系，满足规范。放置好后，应标注配线柜编号，编号原则可具体参看《电气常用图形符号与技术资料》（09BD1）中相应章节，或者根据所在工作单位内部的要求标注。以图 4-20 为例，其中"S-AL-1-1"是一般照明配电箱，"S-ALE-1-1"是应急照明配电箱，"S-EPS-1-1"是 EPS 电源箱，并设置一处等电位端子箱（LEB），引上印下箭头表示电缆竖向路由。可以看出，一般干线与消防干线分别敷设于强电间两侧，3 个配电箱壁装于墙面，且保证箱体门的完全打开，操作距离大于 800mm。

4.8　连线

在施工图阶段，最主要的工作是根据系统的原理完成平面图的连线，并清晰标注线支数、回路号、管径等信息。照明系统中，接线方式共分为一般控制接线、智能照明控制系统接线、消防强启控制接线三种。

4.8.1　一般控制接线

一般控制接线是采用普通开关作为控制方式的接线方式，需要标注线支数量。

（1）控制原理

正常状态下，建筑内部使用一般控制的区域，开关打开则灯具点亮，开关关闭则灯具熄灭。图 4-21 是一般控制原理图，图中 MC116P 表示保护线路的单相 16A 断路器，安装于配电箱内。断路器后是三根线出配电箱，分别为火线，零线，地线（又称 PE 线），规格均为"NHBV3×2.5"。三根线由配电箱出来后，火线（也称相线 L）先连接至开关，再连接至灯具。零线（也称中性线 N）连接至灯具，当开关扳到 2 处形成电气回路，实现通电，点亮灯具。开关扳到 1 处实现断电，熄灭灯具。PE 线作为保护线，只接入灯具，不接入开关。其作用是保护人员避免灯具漏电造成伤亡。该示例为单联开关，两个开关分别控制两盏灯具。

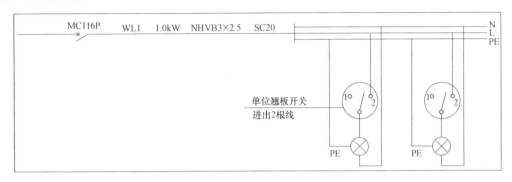

图 4-21　灯具一般控制原理图

（2）平面图设计

普通开关完成一般照明控制与应急照明控制在控制原理以及平面图设计方法中并无区别，值得注意的是，一般照明应接线至一般照明配电箱，应急照明灯具应接线至应急照明配电箱。且连线存在线槽与线管结合，线管两种方式。

① 线槽与线管结合的方式，以图 4-22 为例。图中可以看出，线槽由强电间引出，贯穿整个走廊，保证各房间可通过线管与线槽相连，其优势在于避免线管过多，节约成本且易于安装。

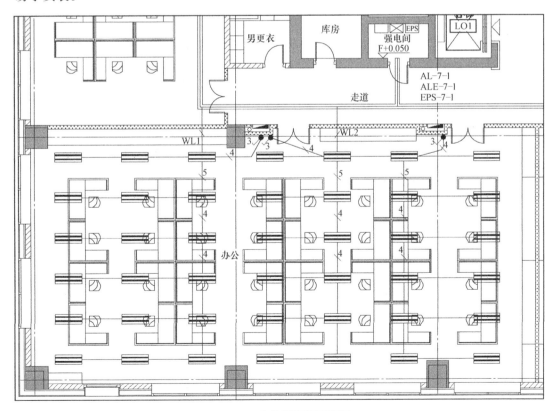

图 4-22　办公区照明平面图

由图中"WL1"支路可以看出，火线由配电箱引出，首先连接至开关，再由开关连接至每个灯具。由于作为三联开关，其由三个开关板组成，分别控制三组灯具，所以其进线是 1 根火线，出线是 3 根火线。这里把灯具按照 2 行 3 列分为一组，故第 1 根火线由开关连接至上边一组灯具。第 2 根火线由开关经第一组灯具（图中标注为"5"的线段）的路由到达中间一组灯具，进行控制。第 3 根火线由开关经第一组和第二组灯具（图中标注为"5"和"4"的线段）的路由到达中间一组灯具，进行控制。零线连接所有灯具后，最终接入配电箱。PE 线连接所有灯具后，最终接入配电箱。

【注】图中未标注的线支数均为 3。

综上所述，配电箱连接至第一个灯具处，线支数为"3"（火线、地线、零线），但不进入灯具，1 根火线进入三联开关，3 根火线出开关连接至第一组灯具处，线支数应标为"4"。图中标为"5"的线支包含 1 根 PE 线，1 根零线，1 根控制上边一组灯具的火线，1 根控制中间一组灯具的火线，1 根控制下边一组灯具的火线。图中标为"4"的线支包含 1 根 PE 线，1 根零线，1 根控制中间一组灯具的火线，1 根控制下边一组灯具的火线。

图中"WL2"支路则是由左侧开关分别控制左侧上中下三组灯具（以 2 行 2 列为一组），右侧开关分别控制右侧上中下三组灯具（以 2 行 2 列为一组）。

【注】开关至灯具的线支数可在开关联数的基础上加 1（$N+1$）得到。

② 线管的方式，以图 4-23 为例。图中可以看出，线管由强电间的配电箱直接连线至末端设备，其优势在于配电箱出线支路很少时可以节约成本。

以图 4-24 为例展开讲解。一根火线"L"由一般照明配电箱引出，经线管连接至三联开关，然后由开关引出第一根火线"a"连至镜前灯，第二根火线"b"连接至房间公共区域的筒灯，第三根火线"c"连至坐便隔断内的筒灯。可以看出，此三联开关的连线线支数为 4 根火线（分别是 L、a、b、c）。因另有一个单联开关用于控制排气扇，所以火线"L"在进入三联开关前，T 接一根"L"，借用灯具管路，连接至单联开关。单联开关引出一根火线"d"连至排气扇。零线与 PE 线由一般照明配电箱经线管连接每个灯具与排气扇。综上所述，由图 4-24 可以看出每段线支包含的火线数量。另外由于零线与 PE 线连接每个灯具与排气扇，所以在每个灯具与排气扇的火线连接基础上增加 2 根线支，最终得到图 4-23。

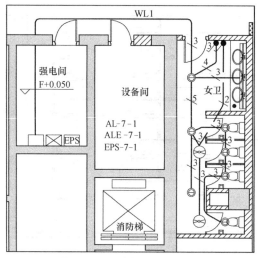

图 4-23　卫生间照明平面图

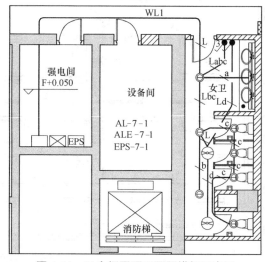

图 4-24　卫生间照明平面图讲解示意图

4.8.2 智能照明控制系统接线

智能照明控制系统接线是通过对位于安防控制室内的主机进行操作和设定，实现智能照明控制下灯具的开关。另外现场采用BUS开关作为就地控制方式，需要标注线型。

（1）控制原理

智能照明控制系统主机位于安防控制室中，其采用总线制完成数据的传输与控制。通过对于一般照明配电箱与应急照明配电箱中智能照明控制系统模块的控制，完成对于模块后端照明支路出线连接灯具的控制。BUS开关由智能照明控制系统模块直接引出至灯具现场，完成对于模块的就地控制功能，配电箱系统见图4-25。

图4-25是配电箱系统内部与智能照明控制相关部分。图中"MC116P"是保护线路的断路器，普通开关控制是直接引出配电箱的，但智能照明控制线路出断路器后先接入智能照明模块，再引出配电箱。该智能照明模块是4路开关模块，其后引出四条照明支路，该4路开关模块通过总线连接至系统主机接收指令，实现控制。图中"a)"处表示BUS的就地开关，其直接接至智能照明模块，与一般控制方式不同，BUS开关在平面图中不需要计算线支数量。图中"b)"处为消防强启切换模块，用于实现建筑事故状态下，应急照明灯具的强制开启，该模块只出现在应急照明配电箱中。

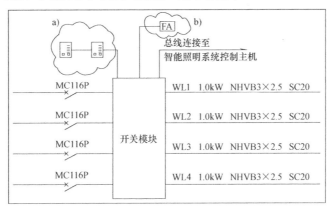

图4-25　智能照明控制系统接线图

（2）平面图设计

一般照明与应急照明都可采用BUS系统，但是做法上有所区别。一般照明灯具采用BUS控制时，可以采用线槽与线管结合，线管两种方式。应急照明灯具采用BUS控制时，考虑到线槽结合线管的方式不是最佳的消防敷设方式，故通常采用线管的方式。应急照明的接线支路应采用虚线连接。

智能照明控制系统的一般照明与应急照明均以图4-26为例，其中一般照明采用线槽与线管结合的方式，应急照明采用线管的方式。图4-26中，一般照明通过线管与线槽连接至配电间内的一般照明配电箱，标注支路编号"WL1"，并由配电箱连接至BUS开关，完成灯具的就地开关设置。应急照明通过线管连接至应急照明配电箱，标注线路编号"WE1"，并由配电箱连接至BUS开关，完成灯具的就地开关设置。作为疏散通道的消防照明，其配电箱系统中智能照明模块应附带消防强启功能，参看图4-25。

【注】智能照明控制系统接线不需要数线支，且设多个BUS开关时，开关间采用串接

方式接入配电箱中的智能照明模块。

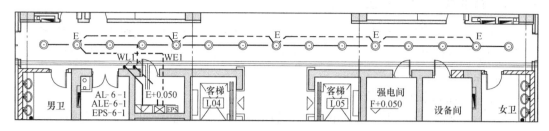

图 4-26 走廊照明平面图（智能照明控制）

4.8.3 消防强启控制接线

消防强启控制接线原理与一般控制接线大体相同，区别在于，在配电箱内出线断路器后增加了一路火线，用以保证消防时强启开关控制的灯具被强制开启。

（1）控制原理

当建筑处于消防状态时，一般照明断电，应急照明保证供电，设计为消防强启控制的灯具全部点亮。图 4-27 是消防强启控制原理图，图中"MC116P"是保护线路安全的断路器，"EW007"是用于完成消防状态强制启动动作的接触器，"FA"是消防强启控制模块，三者均位于应急照明配电箱中。其余是线路、开关和灯具，位于配电箱外。

正常状态下，接触器"EW007"处于打开状态，控制方式与一般照明相同。当建筑处于消防状态时，消防强启控制模块"FA"发出指令，带动接触器"EW007"闭合，此时火线"NHBV-1X2.5"接通，无论开关处翘板位于 2 号还是 1 号点位，均使照明灯具形成电气通路，灯具被强制点亮。

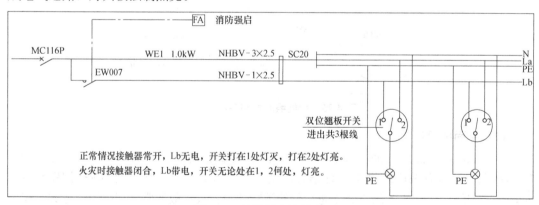

图 4-27 消防强启控制原理图

（2）平面图设计

应急照明灯具的线支，考虑到线槽结合线管的方式不是最佳的消防敷设方式，故通常采用线管的方式。应急照明的线路应采用虚线表示。应急照明的控制方式分为普通开关控制与消防强启开关控制两种。普通开关的接线方式与一般照明中完全相同，可参看本书"4.8.1 一般控制接线"。消防强启开关的接线方式则以图 4-28 为例详解。

图 4-28 中可以看出，其线支标注方法与普通开关控制方法一样。值得注意的是，消防强启开关按单联开关理解，但结合原理图 4-27 可知，其多一条火线，故其线支数算为 3

条，开关图例也与普通开关有所区别。而灯具间线支多出一条火线，算为 4 条。

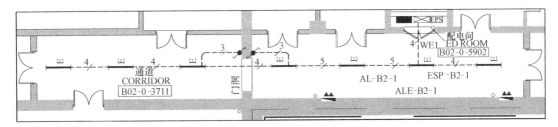

图 4-28　走廊照明平面图（消防强启控制）

应当注意的是，现今建筑楼梯间大多无窗，其内的照明灯具应设置为应急照明。通常因其为单独防火分区，故接线通常在楼梯间内采用上下贯通的方式，最终在首层或任意一层接入楼层应急照明配电箱。因楼梯间属于疏散通道，所以采用消防强启控制方式。

4.8.4　应急疏散指示照明控制接线

（1）控制原理

应急疏散指示照明系统应当作为一级或二级负荷处理，使用 EPS 电源箱可以提高一级供电等级，所以应急疏散指示照明通常接于 EPS 后。其接线原理与灯具相同，但其设定为常明，故不设置开关。图 4-29 是应急照明配电箱系统图，图中圈云处就是应急疏散指示照明的两条支路，可以发现其线路经过断路器"S201-C16"后接至 EPS 电源箱，再由 EPS 电源线引出配电箱，接至疏散照明指示灯。

【注】通过在灯具处加装 EPS 蓄电池同样可以提高一级供电等级。（如强电间内不设置 EPS 电源箱，即图 4-29 中取消"EPS"，而在平面图中统一说明疏散指示灯具加装 EPS 电池，也能达到同样作用。）

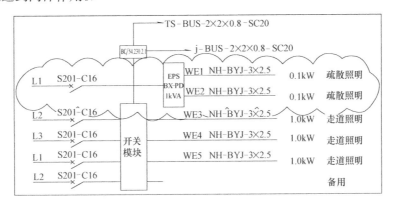

图 4-29　应急疏散指示照明控制接线图

（2）平面图设计

应急疏散指示照明灯的线路连接采用线管的方式，且线管采用虚线表示。应急疏散指示照明灯是常明，接线不涉及控制，只需从 EPS 引出，并标注回路编号"WE1"，见图 4-30。其一条回路上的灯具不应超过 25 个，且供电距离应注意不超 50m。

【注】平面图中回路编号须与系统图中对应。

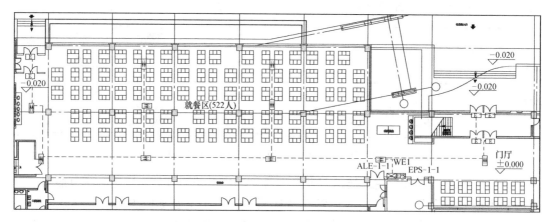

图 4-30　食堂　照明平面图（应急疏散指示照明）

4.9　标注

标注是图纸设计的重要组成部分，其担负着完成用图形无法表达清楚内容的说明任务。标注还是对于图纸内容的一种补充。标注内容有：配电箱编号、回路编号、线支数量等。另外当有针对该图纸的特殊描述或要求时（如存在精装区域时），可通过文字描述说明。

（1）配电箱编号

一般照明配电箱：AL-*-*。如：AL-1-2 表示，一般照明配电箱位于一层，配电箱编号为 2 号。

应急照明配电箱：ALE-*-*。如：ALE-1-1 表示，一般照明配电箱位于一层，配电箱编号为 1 号。

【注】当工程是一个建筑群时，可表示为：*-ALE-1-1，"*"为楼号。

（2）回路编号

一般照明配电箱：照明回路通常编为 WL*。如 WL1、WL2 等，依照数字顺序编制。但应注意平面图中的编号需与配电箱系统图中的编号相对应。

应急照明配电箱：照明回路通常编为 WE*。如 WE1、WE2 等，依照数字顺序编制。但应注意平面图中的编号要与配电箱系统图中的编号相对应。

（3）线支数量

只有采用一般控制和消防强启控制两种方式时才需要标注线支数，具体标注方法参看"4.8.1 一般控制接线"与"4.8.3 消防强启控制接线"。

（4）特殊描述

以精装修区域为例。精装修区域的照明设计由精装修设计公司完成，此时设计师不进行照明设计，但应遵照规范注明要求。如某工程的休息厅为精装修区域，应在平面图纸中注明"休息厅为精装修区域，图纸详见精装修设计图纸。该区域照度为 100lx。备用照明照度不应低于该场所一般照明照度的 10%。"

4.10　配电箱系统

　　配电箱系统是针对配电箱内部接线原理的图纸。配电箱厂商根据设计师的系统图完成相应配电箱的加工制作，最终送至现场完成安装与外部接线，形成完整的配电系统。下面分别就一般照明配电箱、一般照明分支配电箱、应急照明配电箱举例说明，涵盖了设计中常遇到的大多数情况。

　　【注1】照明配电箱中包含电气图纸下非动力设备的配电，故本节只解析与照明相关的内容，其余部分参看本书电气章节中的"5.2.7 配电箱系统"中关于配电箱系统的讲解。

　　【注2】配电箱系统中各元器件的选型与匹配关系具体参看本书"5.4.2 配电计算与选型"。

4.10.1　一般照明配电箱

　　以图4-31为例，虚线方框为配电箱外框，延伸至虚线框外的线支代表线路出了配电箱，连接末端设备。图4-32中，以虚线划分为了左侧与右侧。左侧为配电箱进线，右侧为配电

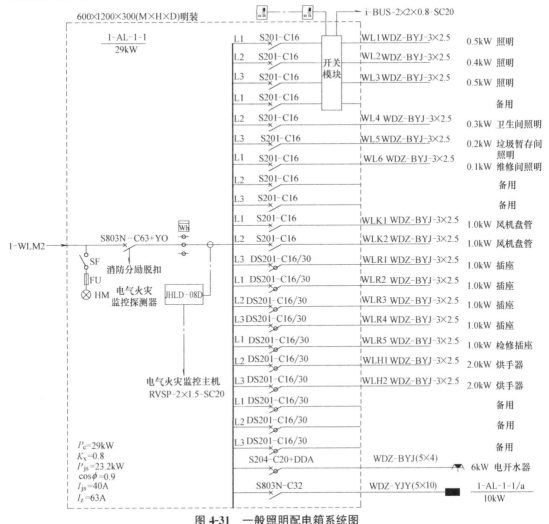

图 4-31　一般照明配电箱系统图

箱出线。因是一般照明配电箱，故为三级负荷，进线处为 1 根电缆，见图 4-32 中 a)。右侧出线端，既包含照明回路，又包含插座回路，与照明有关的见图 4-32 中 b) 和 c)。

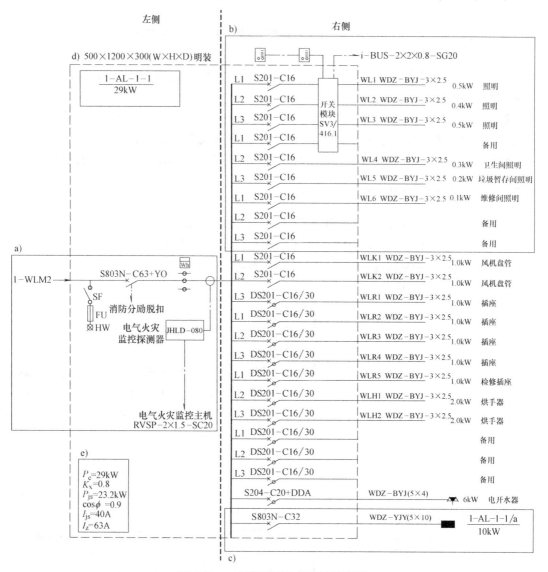

图 4-32　一般照明配电箱系统讲解图

（1）配电箱进线，图 4-32 中 a) 放大后，见图 4-33。

① 单路电源进线，见图 4-33 中 a)。因是三级负荷，所以进线为 1 根。进线编号是根据照明干线系统中的干线编号得出的。"1-WLM2"表示接于 1 号变压器的一般照明 2 号干线。此干线编号可根据设计师习惯自行确定。

② 配电箱通电显示灯，用以表示配电箱进线处是否带电，见图 4-33 中 b)。在工程中一般照明配电箱均如此绘制。

③ 进线处保护，见图 4-33 中 c)。进线处应设有保护，这个保护元器件通常设置为断路器。图中的"S803N-C63＋YO"是根据厂家样本选择的断路器型号。其中"S803N"代表此断路器是三相断路器。"C63"是指通断能力为 C 型 63A，当线路上的电流大于

63A 时断路器动作，使线路断电，保护线路。"YO"是指消防分励脱扣装置，保证在消防状态下，一般照明配电箱断电。

【注】根据厂家不同，其型号标注方式存在不同，但基本数据是一样的。

④ 电度表，见图 4-33 中 d），图中采用线圈配合电度表的设计方式，此方式应根据厂家产品进行调整。一般情况下，当通断电流较小时，电度表直接接于线路中，无需设置互感线圈，当通断电流较大时，则采用互感线圈配合电度表的方式。值得注意的是，不是每个配电箱都必须设置电度表。电度表用来记录配电箱用电量

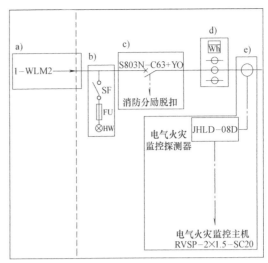

图 4-33 配电箱系统进线端

的。电度表的安装是根据其计量要求来确定的，应根据绿建评定标准及业主方的需求进行设计。通常出租性质的建筑应考虑每户单独计量，如商铺、出租型办公室、酒店客房等。因主要利用进线处加电度表的方式计费，所以有时需要调整配电箱系统，以保证合理计费的需求。

⑤ 电气火灾监控探测器，见图 4-33 中 e），大多数地区的建筑须设置。此套系统主要用于监测配电线路是否存在漏电点，图中"JHLD-08D"表示配电箱内安装的监控探测器型号。通过总线"RVSP-2×1.5-SC20"（2 根 1.5mm^2 截面的 RVSP 电线，穿 20mm 直径的管）将数据传输至电气火灾监控主机。我国大多数地区消防局要求建筑设有此套系统，但因其运行实际效果并不十分理想，所以可以与当地消防局沟通确定。其系统图参看本书"7.3.1 电气火灾监控系统"。

(2) 配电箱出线，图 4-32 中 b）、c）放大后，见图 4-34。

① 相线序号，见图 4-34 中 a）。电缆不论是五芯或是四芯，均由 3 根相线组成。为了保证系统的三相平衡，所以 3 根相线所带电量应基本相同。故配电箱中的单相回路需要按照"L1，L2，L3"标注，并尽量使每个配电箱在每条相线上的电量相等，确保三相平衡，进而保证整个供电系统的三相平衡。当配电箱中已有设备回路未能三相平衡时，应与其他配电箱协调，保证三相平衡。

② 出线处保护，见图 4-34 中 b）。出线处应设有保护，该保护元器件通常采用断路器。"S201-C16"是根据厂家样本选择的断路器型号。其中"S201"表示单相断路器。"C16"指通断能力为 C 型 16A，当线路上的电流大于 16A 时断路器动作，使线路断电，保护线路。

【注】断路器的选择是由线支型号决定的，断路器的通断电流应小于线路的荷载电流。线路的型号又是根据末端所接入设备的总额定功率选择的。

③ 智能照明控制系统模块，见图 4-34 中 c）。其模块大致分为开关模块与调光模块两种。开关模块用于控制灯具的开关，调光模块既可开关灯具还可完成灯具的亮度调整，两者应根据实际需要选择。两种模块在厂商处通常都存在 2 路、4 路、8 路、16 路的模块，在设计中应尽量选择一种型号的模块，保证施工订货方便。图中选用的是 4 路的开关模块，但实

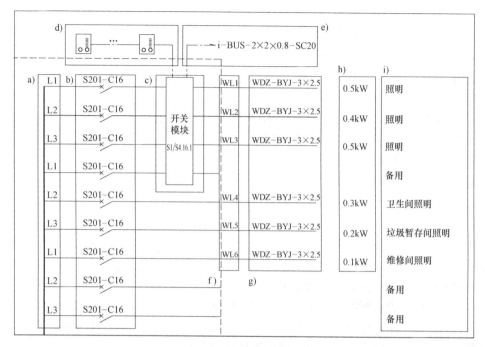

图 4-34　配电箱系统出线端

际照明回路是 3 路，故设置 1 路备用，以备未来建筑改造等情况需增加照明回路。

可以看出，WL1、WL2、WL3 均接入开关模块中，即采用智能照明控制系统控制，其对应平面图中相应回路编号的线路，可参考本书"4.8.2 智能照明控制系统接线"加以理解。WL4、WL5、WL6 是普通开关控制的一般照明，可参考本书"4.8.1 一般控制接线"加以理解。

④ BUS 开关，见图 4-34 中 d)。BUS 开关是对于智能照明控制系统的就地控制开关的简称。其设置在灯具附近，完成对于灯具的就地控制。

⑤ 智能照明控制系统数据传输，见图 4-34 中 e)。通过"i-BUS-2×2×0.8"的电线经"SC20"的线管，将开关模块连接至中控室的总机，完成对于每个 BUS 模块下照明回路的集中控制。

⑥ 照明回路编号，见图 4-34 中 f)。照明回路编号通常标注为"WL＊"，其按数字顺序排序，如 WL1、WL2、WL3 等。回路编号应与平面图中一致，注意每条回路的控制方式是否对应。

【注】备用回路不计入编号。

⑦ 回路线路型号，见图 4-34 中 g)。线路型号是指连接线支的线型。其线型是根据后端设备的用电容量计算得出的。依据工程经验，单相回路的用电量通常不大于 2kW（一条照明回路最多灯具不超过 25 个的要求，并考虑到每个灯具通常用电量为 40W 以内，故每条回路总用电量不大于 1kW）。当用电量不大于 2kW 时，采用"WDZ-BYJ-3×2.5"（指 3 根截面直径为 2.5mm 的无卤低烟阻燃-铜芯交联聚烯烃绝缘电线）线支即可满足需求。

⑧ 回路用电容量，见图 4-34 中 h)。用电容量是根据该回路后端（即在平面图中）实际所接入的设备总电量算出的（根据平面图中所接灯具的容量及其数量相加得到）。在工

程中，通常一条照明回路不大于 1kW，所以可以按照 1kW 标明。这样的好处在于节省统计时间，并且后期调整方便，提高工作效率。弊端在于用电量计算不准确，容易导致断路器、变压器等一系列设备选型偏大，造成经济浪费。

⑨ 回路名称，见图 4-34 中 i)。写明每条回路所接设备的类型，方便查找。

⑩ 分支配电箱出线，见图 4-32 中 c)，放大后见图 4-35。因出线端接配电箱，故采用 5 芯电缆与三相断路器。"S803N-C32"表示三相断路器，通断能力为 C 型 32A。回路线型为"WDZ-YJY（5×10）"（指 5 根 10mm² 截面的无卤低烟阻燃交联聚乙烯绝缘电缆）。分支配电箱中存在照明回路与插座回路。考虑配电等级通常不超过三级（由变压器算不超过三处断路器），故分支配电箱后通常不再做分支配电箱。

图 4-35　配电箱系统出线端，接分支配电箱回路

（3）配电箱编号，图 4-32 中 d）。

配电箱编号应与平面图中的保持一致。其容量应标注于配电箱名称下方，容量为每条出线回路的用电容量相加而得，见图 4-34 中 h)，此配电箱编号为"1-AL-1-1"。值得注意的是，配电箱容量是所有回路的容量总和，包括了照明回路、插座回路、分支配电箱等一切出线用电容量。

（4）配电箱计算，图 4-32 中 e）。

该计算过程最终得出计算电流 I_{js}，进而确定整定电流 I_z，最终根据 I_z 选择线型与断路器等。

$$P_{js}=K_x \cdot P_e \tag{4-12}$$

式中　P_{js}——实际功率；

　　　P_e——总功率，由每个回路的用电量相加得到；

　　　K_x——同时使用系数，如果设备有可能全部同时使用则记为 1，不可能全部使用则取值在 0.7～0.9 之间。根据工程经验，一般照明配电箱通常取 0.9。当出线回路数在 20 路以上时，可取 0.8。

$$I_{js}=\frac{P_{js}}{\sqrt{3} \cdot U \cdot \cos\varphi} \tag{4-13}$$

式中　I_{js}——计算电流；

　　　P_{js}——实际功率；

　　　U——电压，因配电箱进线为三相，所以 $U=380V=0.38kV$；

　　$\cos\varphi$——功率因数，根据所接每种末端设备的功率因数得到，照明配电箱取 0.9。

【注】单相回路的电流荷载计算公式为 $I_{js}=\dfrac{P_e}{U \cdot \cos\varphi}$，$U=220V=0.22kV$。

整定电流 I_z 是根据断路器的常用规格完成整定的，保证 $I_z > I_{js}$。整定电流 I_z 的取值通常分为 16、20、25、32、50、63、80、100、125、160、200、250A 等规格。根据整定电流 I_z 确定进线线型和断路器等元器件规格。

举例：以图 4-31 为例。

$$P_e=0.5+0.4+0.5+0.3+0.2+0.1+1+1+1+1+1+1+1+2+2+6+10=29\text{kW}$$

$$P_{js}=K_x \cdot P_e=0.8\times29=23.2\text{kW}$$

$$I_{js}=\frac{P_{js}}{\sqrt{3}\cdot U\cdot\cos\varphi}=\frac{23.2}{\sqrt{3}\times0.38\times0.9}=40\text{A}$$

因 $I_{js}=40$A 故选定 $I_z=63$A。故选择"S803N-C63"断路器，与断路器相配合的进线线型为"WDZ-YJY($4\times25+1\times16$)"。值得注意的是，图 4-31 中的进线"1-WLM2"是干线电缆，带有多个配电箱。该电缆大于"WDZ-YJY（$4\times25+1\times16$）"，荷载能力更强，所以图中未标明线型。

【注】电流与断路器选型匹配关系，可参看相关图集或本书"表 5-13"。

4.10.2　一般照明分支配电箱

一般照明分支配电箱在出线侧与一般照明配电箱完全相同，主要区别在于进线侧。以图 4-35 为例，这个配电箱是图 4-32 中 d）表示的分支配电箱，其进线侧见图 4-36。

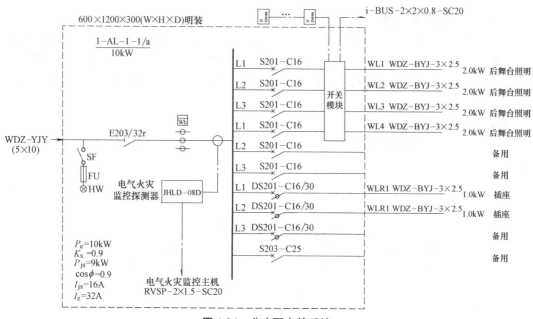

图 4-36　分支配电箱系统

（1）配电箱进线，图 4-36 中进线侧放大后，见图 4-37。

① 单路电源进线，见图 4-37 中 a）。因是分支配电箱，其线型应与所接配电箱的线型保持一致，见图 4-35。

② 配电箱通电显示灯，见图 4-37 中 b）。

③ 进线处保护，见图 4-37 中 c）。因前端的配电箱出线处已设置有"S803N-C32"断路器，实现了对于线路的保护功能，故此分支配电箱的进线处应采用隔离开关，仅用于检修时可分断线路，不作保护使用。"E203/32r"表示三相隔离开关，通断容量为 32A。

【注】隔离开关只具备分断功能，不具备断路器的保护功能。隔离开关主要用于人员检修时手动断电，其通断容量应于前端的断路器相同。

④ 电度表，见图 4-37 中 d）。电度表用来记录该配电箱的总用电量。

【注】作为分支配电箱通常不设置电度表。

⑤ 电气火灾监控探测器，见图4-37中e)，大多数地区的建筑必须设置。

【注】作为分支配电箱可不设置电气火灾监控探测器。

（2）配电箱编号

分支配电箱的编号应与前端配电箱相关。因前端配电箱编号为"1-AL-1-1"，见图4-31，所以此分支配电箱编号为"1-AL-1-1/a"，如再有其他配电箱则以此类推为"1-AL-1-1/b；1-AL-1-1/c"等。

（3）配电箱计算

分支配电箱计算得出的整定电流 I_z

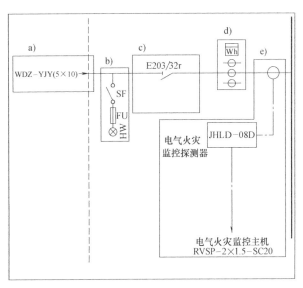

图 4-37　分支配电箱系统进线端

用于选择该配电箱进线线型和隔离开关，见图 4-37 中 a)和 c)。并且，根据隔离开关型号匹配选择前级配电箱该出线回路断路器，见图4-36。

4.10.3　应急照明配电箱

以图 4-38 为例，虚线方框为配电箱外框，延伸至虚线框外的线支代表线路出了配电

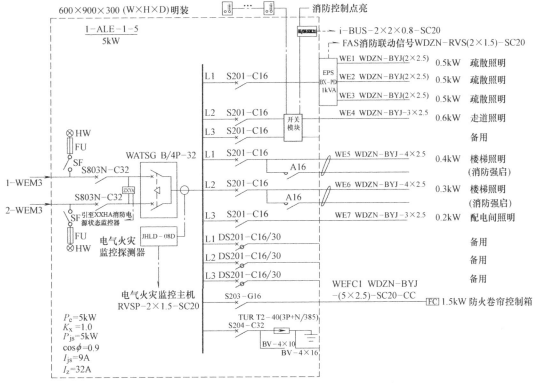

图 4-38　应急照明配电箱系统图

125

箱，连接末端设备。图 4-39 中，以虚线划分为了左侧与右侧。左侧为配电箱进线，右侧为配电箱出线。因是应急照明配电箱，故为二级或一级负荷，2 根电缆进线，见图 4-39 中 a）。右侧出线端中，既包含照明回路，又包含非照明回路，与照明有关的见图 4-39 中 b）。

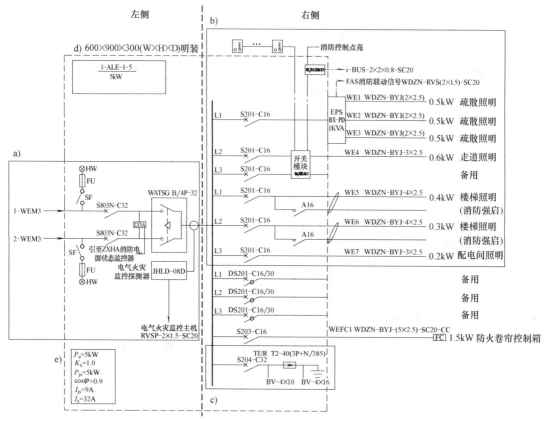

图 4-39　应急照明配电箱系统讲解图

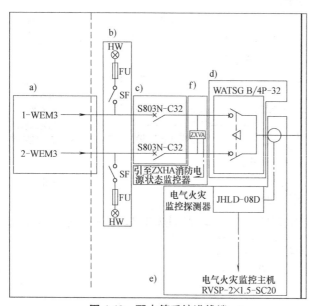

图 4-40　配电箱系统进线端

（1）配电箱进线，图 4-39 中 a）放大后，见图 4-40

① 双路电源进线，见图 4-40 中 a）。因是一级或二级负荷，所以此处进线为 2 根，且来自不同变压器，所以由进线编号 "1-WEM3" 和 "2-WEM3" 可以看出，两路电缆分别来自 1 号和 2 号变压器的应急照明 3 号干线。该编号是根据照明干线系统图中的干线编号得出的。

【注】双电源指的是任意一根电缆故障时，另一根电缆可担负起配电箱全部的用电容量，做到双路互为备用，提高供电可靠性。

故双路进线电缆是完全一样的，其保护元器件也完全相同。

② 配电箱通电显示灯，见图 4-40 中 b)。每根电缆都应体现是否通电，故两根电缆分别设置通电显示灯。

③ 进线处保护，见图 4-40 中 c)。进线处应设有保护，该保护元器件通常采用断路器。图中的"S803N-C32"是通断能力为 C 型 32A 的三相断路器，两根电缆分别设置。应急照明配电箱在消防状态下应保证供电，故不设置消防分励脱扣装置。

④ 互投开关（ATS），见图 4-40 中 d)。互投开关是用于在一路进线电源出现故障时，快速切换到另一路电缆供电的自动转换设备，其切换过程极快，不影响出线设备的供电。ATS 型号应与进线断路器匹配，如图中采用"S803N-C32"断路器，所以 ATS 采用"WATSG B/4P-32"，"WATSG B"表示型号，4P-32 表示 4 极，通断能力 32A（与断路器的 32A 相匹配）。

⑤ 电气火灾监控探测器，见图 4-40 中 e)。应急照明配电箱的线支同样需要检测有无漏电现象，当出现漏电现象时应及时排查。

【注】为保证建筑消防状态的绝对供电，故设置于应急照明配电箱中的电气火灾监控探测器应只监视不动作。有些地区消防局要求应急照明配电箱中不设置该系统，设计师根据实际情况，灵活掌握。

⑥ 消防设备电源传感器，见图 4-40 中 f)。应急照明配电箱属于消防负荷电源，需要对其进行电源信号监测，以保证火灾时消防设备正常供电。

【注】应急照明配电箱所带设备虽为消防负荷，仍应根据计量要求装设电度表。

(2) 配电箱出线，图 4-39 中 b) 放大后，见图 4-41

应急照明配电箱的出线与一般照明配电箱的出线基本相同，参看"4.10.1 一般照明配电箱（2）"加以理解。两者在相线序号的排列、出线处保护的选择、智能照明控制系统

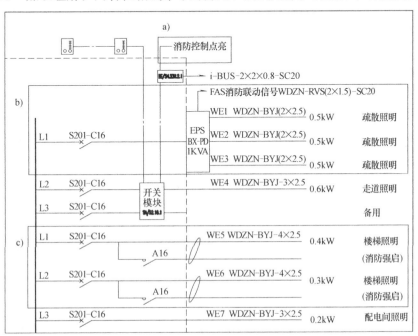

图 4-41 配电箱系统出线端

模块的选择、BUS 开关的设置、智能照明控制系统数据传输的选择、回路用电容量的计算、回路名称的编写等方面，设计原则相同。下面着重讲解不同点。

① 照明回路编号，见图 4-41。照明回路编号通常标注为"WE *"，其按数字顺序排列，如 WE1、WE2、WE3 等。其应与平面图中的编号一致，注意每条回路的控制方式是否对应。备用回路不计入编号。

② 回路线路型号，见图 4-41。与一般照明配电箱相同，其单相回路用电量通常不大于 2kW。但应急照明配电箱出线回路线支使用"WDZN-BYJ-3×2.5"（指 3 根截面直径为 2.5mm 的无卤低烟阻燃耐火型-铜芯交联聚烯烃绝缘电线），而不是"WDZ-BYJ-3×2.5"。因"WDZN"具有很好的防火性能，所以消防相关电缆电线多使用此型号线支。

【注】消防负荷干线应采用矿物绝缘电缆。

③ 分支配电箱。应急照明配电箱的分支配电箱实际为单支路出线，无法做到双路电源在最末一级配电箱内互投，所以通常不在应急照明配电箱后接分支配电箱。

④ 消防强启模块，见图 4-41 中 a)。该模块安装于配电箱中，保证智能照明控制系统下的照明回路灯具可以再消防状态下强制点亮。具体原理可参看"4.8.2 智能照明控制系统接线（1）"。

⑤ 应急疏散指示照明，见图 4-41 中 b)。单相回路出线端接入 EPS 电源箱，电源箱后端根据平面图中的连线确定回路。具体可参看"4.8.4 应急疏散指示照明"。值得注意的是，因疏散照明低压 24V 供电，所以其回路线型为"WDZN-BYJ（2×2.5）"而不是"（3×2.5）"，不设地线（PE 线）。其每个灯具的功率通常不超过 20W。还应注意 EPS 电源箱可通过数据线引至消防控制室内的巡检主机，监测 EPS 状态。

【注】EPS 电源箱的出线端数量是任意的。

⑥ 消防强启控制的照明回路，见图 4-41 中 c)。其具体原理可参看"4.8.3 消防强启控制"。值得注意的是，消防强启控制回路线型为"WDZN-BYJ（4×2.5）"而不是"（3×2.5）"。接触器的通断能力应与断路器相同，此图中同为 16A。在回路名称处应注明消防强启回路。

（3）浪涌保护器，图 4-39 中 c) 放大后，见图 4-42

浪涌保护器是保护配电箱不受雷电影响的防护措施。其主要应用于配电箱及配电箱相关进出线电缆位于室外的配电箱，为弱电设备或精密设备供电的配电箱。在同一工程中，一般照明配电箱、应急照明配电箱、动力配电箱均使用相同标准的浪涌保护器。其型号标注及画法可参看厂家样本。

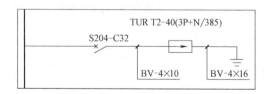

图 4-42　第二级浪涌保护器回路

（4）配电箱编号，图 4-39 中 d)

配电箱编号应与平面图中的保持一致。其容量应标注于配电箱名称下方，是每条出线回路的用电容量相加而得，见图 4-38 中 h)，此配电箱编号为"1-ALE-1-5"。值得注意的是，配电箱容量是所有回路的容量总和，包括了照明回路、非照明回路等一切出线用电回路。

（5）配电箱计算，图 4-38 中 e）

应急照明配电箱的计算与一般照明配电箱的计算基本相同，唯一区别在于同时使用系数 $K_x=1$。因消防状态下，应急照明配电箱后端所有设备全部投入使用。

举例：以图 4-38 为例。

$P_e=0.5+0.5+0.5+0.6+0.4+0.3+0.2+1.5=4.5\text{kW}\approx5\text{kW}$

$P_{js}=K_x \cdot P_e=1\times5=5\text{kW}$

$$I_{js}=\frac{P_{js}}{\sqrt{3} \cdot U \cdot \cos\varphi}=\frac{5}{\sqrt{3}\times0.38\times0.9}=9\text{A}$$

因 $I_{js}=9\text{A}$ 故选定 $I_z=32\text{A}$。故选择"S803N-C32"断路器。

第5章 电 气

5.1 概述

5.1.1 电气图纸设计内容

电气图纸是"照明、电气、弱电、消防"四套图纸中最为重要的一部分。电气图纸也称为配电图纸，其主要为各种设备提供电源，与照明图合称强电图纸。但其与照明图纸的区别在于，照明图纸主要体现与照明相关的内容。而电气图纸主要体现与其他专业相关的配电或可理解为后部设备不由电气专业明确设计的内容，如：接于照明配电箱的插座，诱导风机；接于动力配电箱与设备专业相关的用电设备；电气专业内低压柜至各末端配电箱的供电。有的时候因为图纸上所绘制的内容过多，会酌情将电气图纸个别拆分，或彻底拆分成两套图纸（一部分为插座图纸，另一部分为动力图纸）。

（1）接于照明配电箱的用电设备

照明配电箱中用电设备主要包含照明设备、插座设备，以及因设备位置过于分散且用电量极小的动力设备等。

以图 5-1 为例。图中上方是一般照明配电箱，采用单路供电，图中 a）是照明配电箱照明设备的配电回路，图中 b）是插座设备的配电回路，图中 c）是过于分散且用电量极小的用电设备，如电开水器。图中下方是应急照明配电箱，采用双路供电，图中 d）是应急照明配电回路，图中 e）是消防动力配电回路。这两个配电箱的支路末端供电内容相近，只是因前端的供电负荷不同，而将各状态下的负荷接于不同配电箱后端。

（2）接于动力配电箱的用电设备

动力配电箱中用电设备主要包含设备专业设备，建筑专业设备。动力配电的核心就是保证所有用电设备可以合理地获得电力。

以图 5-2 为例。图中上方是一般动力配电箱，采用单路供电，图中 a）是一般动力设备配电回路。图中下方是应急照明配电箱，采用双路供电，图中 b）是消防动力设备配电回路。这两个配电箱的支路末端供电内容相近，只是因前端的供电负荷不同，而将各状态下的负荷接于不同配电箱后端。

（3）配电干线

强电图纸中的配电干线是由配电干线平面图与配电干线系统图两部分组成。电气平面图中画有电缆桥架与线管，保证清晰表示干线路由，即电缆进入建筑物至变配电室，再由变配电室至建筑中各处配电箱的电气通路，并标注清楚相应的干线编号与桥架线管尺寸等。

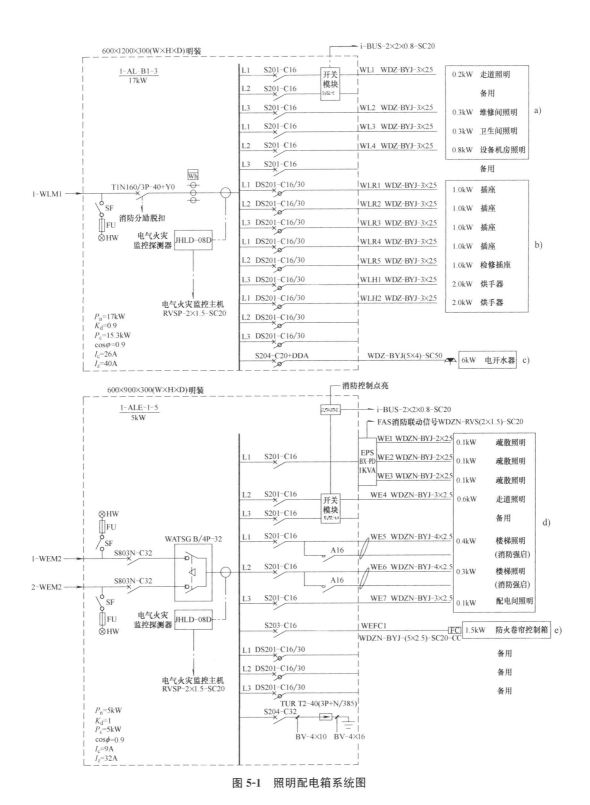

图 5-1 照明配电箱系统图

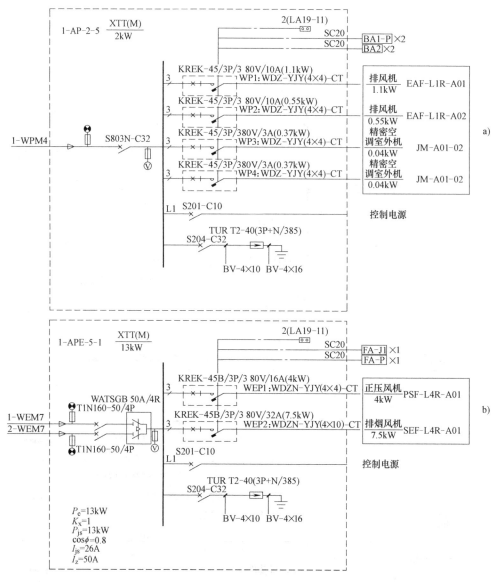

图 5-2 动力配电箱系统图

5.1.2 电气图纸设计依据

电气设计是基于规范和图集的一项严谨的工作。电气图纸设计主要参考规范和图集：《民用建筑电气设计规范》JGJ 16—2008；《低压配电设计规范》GB 50054—2011；《供配电系统设计规范》GB 50052—2009；《电力工程电缆设计规范》GB 50217—2007。

【注】还应依据具体工程类型参看相关规范。如：建筑内含人防工程则应参考人防规范，住宅类建筑应参考住宅规范等。

5.1.3 设备专业设计内容

电气专业与设备专业合称机电专业。作为一名合格的电气工程师，要想更好地完成电气设计，就要与设备专业工程师密切配合，基本了解并掌握设备专业知识。

设备专业主要的设计内容是通过风机、大型机组、水泵等一系列设备实现建筑内部空气循环、制冷制热、供水排水等功能，以此保证建筑的正常运转，人员在建筑物内能够正常且舒适的活动。设备的风机、大型机组、水泵等设备是由电气专业提供电源与控制的。

设备专业的设计图纸通常分为六部分：风道图纸、给水排水图纸、消防图纸、详图图纸、设计说明、设备表。这些图纸中，风道图纸、给水排水图纸、消防图纸和设备表与电气专业有关。在工程设计过程中，设备专业根据项目组的工作计划，按照规定好的时间把以上与电气专业相关文件提供给电气专业。

（1）风道图纸

风道图纸包含常用的动力设备，其图纸内容主要涉及正常情况与消防情况两部分。正常情况下，设备需要为建筑提供新风、排风、空调制冷与制热等。消防情况下，则需提供排烟、事故排风、补风、正压送风等。这些设备全部依靠风机组完成。设备专业的风机选型是根据房间用途及面积计算得到通风量，再由通风量决定该风机的用电量。

正常情况下（也就是非消防情况下），建筑是需要通风的，否则在建筑物中的人员会感到空气混浊，呼吸困难，甚至出现缺氧晕厥的情况。仅仅依靠普通的开窗通风是无法满足大型建筑空气流通的，这时就需要依靠新风机组为建筑物提供新鲜的空气，同时依靠排风机将浑浊的空气排出建筑物，完成通风功能。另外，考虑到建筑内人员舒适度的需要，还要考虑到制冷与制热的需要。这一过程将依靠暖气或空调完成，其有多种解决方案。如，制热可以采用VRV形式集中供给，或者设置换热站配合暖气提供，制冷则可采用空调机组配合风机盘管供给各处，或者设置分体空调提供等。

消防情况下，建筑是需要排烟的（在火灾时烟雾致人死亡的情况远远多于火灾直接烧伤致人死亡的情况）。同样，仅仅依靠开窗通风是无法有效排烟的，需要依靠排烟风机完成排出烟雾的任务。但是，一味的排烟会致使空气越来越稀薄，致使排烟效果变差，建筑内人员无法呼吸。所以在排烟的同时还应设有补风机或正压送风机，两者配合完成火灾烟雾的排出。

（2）给水排水图纸

人的生活与水息息相关，那么建筑中的水处理就显得尤为重要。在中国古代建筑中，给水与排水系统就受到重视，但是古代大多利用自然重力采用引导的方法或是借用人力等方法来完成给水与排水的需要。今天的建筑则变得越来越复杂，单纯依靠自然重力和人力已经不可能实现给水和排水功能。更多的时候，建筑的给排水需要依靠各种电动泵来完成。依靠这些泵组，最终解决人员生活、生产及消防的用水和排除废水、处理污水等需求。

建筑物中的给排水通常分为给水系统（生活给水、生活热水、饮水、软化水）与排水系统（污废水排水、雨水排水、中水）两方面。有时给水系统仅依靠市政压力就可以满足需要，而排水则往往必须结合泵组实现。总体来说，建筑既需要有给水，又需要有排水，依靠泵组实现建筑的正常运转。

（3）消防图纸

设备专业的消防图纸主要包含消防泵房内的各种管路及大型泵组等设备，另外还有喷淋管及报警阀室内的各类阀门。其中，与电气图纸相关的内容是位于消防泵房中的大型泵组等设备，如消火栓泵、自动喷水灭火系统泵、消防水炮泵、水喷雾泵等。依靠消火栓泵，给消火栓管道加压，使得建筑消防水箱内的水可以充入管道，保证消火栓打开后可以完成喷水灭火任务。自动喷水灭火系统泵则是给管道加压后，使得消防水箱内的水可以完成对于相应区域喷洒灭火的需要。消防水炮泵则是为消防水炮管道加压，为消防水炮提供水源。水喷雾泵则是为消防水喷雾管道加压，为消防水喷雾提供水源。这些泵组需要配电且为消防时使用，需提供消防负荷电源。

（4）详图图纸

详图是在原图纸上无法表述清晰而单独详细绘制的图纸，也称为大样图。在施工图图纸中，为了便于看图，常采用详图标志和详图索引标志。详图标志又称详图符号，画在详图的下方。详图索引标志又称索引符号，则表示建筑平、立、剖面图中某个部位需另画详图表示，故详图索引符号是标注在需要画出详图的位置附近，并用引出线引出。如详图与被索引的图样同在一张图纸内，直接用阿拉伯数字注明详图编号，如不在一张图纸内，用细直线在圆圈内画一条水平直线，上半圆注明详图编号，下半圆注明被索引图纸的纸号。

设备专业图纸中主要的详图为卫生间、浴室、大型设备机房等重要部位，如水表安装详图、卫生间设备安装详图等。这些地方的管线排布过于复杂，只依靠施工平面图与系统图不足以清晰表达，所以往往要绘制详图，俗称放大样。

设备专业的详图通常与电气专业关系不大，只是当大型机房内采用桥架或线槽布线时，应参考设备详图完成标高的标注，避免与其设备或管道发生冲突。

（5）设计说明

设计说明作为对于整个工程具体说明的重要手段，除了总体描述工程中的各种系统及相应做法外，同时应将图纸中未表达清晰的设计意图通过说明得以呈现。设计说明中具体写明了风道系统、给水排水系统、消防系统等各种系统及相应的内容。设备说明与电气专业关系不大，通常无需参看。

（6）设备表

设备专业的所有设备选型在设备表中得以体现，其在设计过程中亦作为给电气专业提供资料的重要手段。电气专业根据设备表并结合设备平面图纸，确定本专业需要配电的设备，完成两个专业的协同工作。设备专业提供给电气专业的设备表以 excel 表格的形式为主。应当注意的是，设备表是所有与电气相关的设备汇总，写明与电气专业相关的配电参数，但其平面位置则需对应参看设备平面图。

5.2　插座

人们日常生活所需的电源大部分来自于插座。按照配电箱系统的设计，插座电源取自照明配电箱，而且通常只取自一般照明配电箱。另外，还有一些过于分散且用电量较小的设备也取自一般照明配电箱。这类设备大多是单相用电设备。

（1）插座的学习

插座系统发展至今形成较为固定的设计方式，但随着人民生活水平的逐步提高，插座作为配电设计的一部分，仍在不断革新与进步当中。插座的设计具有一定的灵活性，根据房间功能合理布置插座正是设计水平高低的体现。

（2）插座的设计

插座系统与照明系统息息相关，插座图纸包括平面图纸和系统图纸两部分设计。平面图的设计可与动力、配电结合在一起，形成一套电气图纸。插座的系统图实际就是照明配电箱系统图，需结合照明图纸共同完成，结合本书"4.10 配电箱系统"理解。

（3）插座设计步骤

① 识读建筑图，分清各区域以及相应的功能。

② 根据建筑功能选择插座布置类型以及布置数量。

③ 结合设备表与设备图纸，将接于照明分盘系统的设备布置于插座图中。

④ 根据建筑防火分区的设置完成配电柜的放置。

⑤ 完成对于配电箱柜与各种末端的标注。

【注】此时完成初步设计

⑥ 根据防火分区将插座与对应配电箱柜连接。

⑦ 完成标注。

⑧ 完成照明配电箱系统设计。

【注】此时完成施工图设计

（4）图例

图例是读图的阅读指南。作者常用到的插座相关图例列为表 5-1。

插座图例 表 5-1

图例	名称	规格及说明	安装位置	安装方式
	二、三孔单相插座	250V,10A,带保护板		暗装,距地 0.3m
TV	二、三孔单相插座	吊挂电视插座 250V,10A 带保护板		暗装,距地 2.0m
	地面强电插座	250V,内设一个 10A 二三眼插座		地板内暗装
K	空调插座	250V,16A		暗装,距地 1.8m
R	手盆用电热水器插座	250V,10A	卫生间等	暗装,距地 0.5m
	二、三孔单相防水插座	250V,10A		暗装,距地 1.5m
	电开水器三相插座	380V,16A,带接地插孔		暗装,距地 1.3m
Ø	地面强、弱电插座出口	内设一个 10A 二三孔插座、一个数据与语言出口		地面暗装
⊙	接线盒	用于设备的配电		距地高度根据配置设备确定
H	烘手器插座	250V,10A,带保护板,防水防溅型,带开关指示	卫生间	暗装,距地 1.3m
⊞	风机盘管	⊞ SC20 ⊞		详设备图纸
CT	带温控器调速开关	SC25 CT		暗装,距地 1.3m
∞	排气扇			
FC	防火卷帘门控制箱			
	卷帘门控制按钮			暗装,距地 1.3m

5.2.1　插座选择

常用插座大致分为三类：单相 10A 插座、单相 16A 插座、三相插座。按照功能则可分为多种用途的插座，如二、三孔单相插座、空调插座、地面强电插座、二、三孔单相防水插座、电开水器三相插座、烘手器插座等许多种，另外有的为了方便配电可直接使用接线盒预留单相配电条件。这些功能性插座，通常都是单相 10A 插座，如二、三孔单相插座、二、三孔单相防水插座、地面强电插座等。有些特殊的，比如空调插座就是单相 16A 插座，电开水器插座是三相插座。具体插座的选择是根据房间功能确定的。

5.2.2　插座布置

插座的布置具有极大的灵活性，其放置根据房间的功能和形状存在着诸多情况。根据工程经验，不同的情况存在多种处理方式，选择最优的设计方式成为设计中重要的一项任务。插座布置存在以下几条基本原则：

① 根据房间功能选择插座。

② 根据房间功能合理布置插座。

③ 当存在家具布置图时，应考虑家具摆放位置，如办公室应保证办公桌处有插座，会议室应保证会议桌下有地面插座等。

④ 考虑区域内人员的日常使用方便。

⑤ 插座优先选择壁装方式，当空间过大壁装插座无法满足需要时，可设置地面插座。

⑥ 插座优先布置于建筑墙面，其次考虑布置于结构墙面，再次布置于结构柱。（结构墙为混凝土墙体，不便于施工，结构柱内部钢筋较密不便于施工埋盒）。

现将几种常见插座布置情况列举如下。

（1）公共区域

公共区域包含高大空间、走廊等区域，其本质上是作为人员通过的短暂性停留场所，所以通常不需要提供过多的插座。一般只考虑设计清扫使用插座，大致每隔 20m 设置一个插座，使图面布置均匀合理即可，如图 5-3。图为一个常见的核心筒公共区域，图中圈出处为插座设计。可以看出，在两个走廊各留了一个用于清扫使用的插座，而电梯厅内考虑到广告显示屏的电源需求，设置距地 1.5m 高度的预留接线盒，当业主确定需要时可使用，无需要时可由表面精装装饰层遮盖住。

当建筑放置用电设备或存在特殊用途区域时应保证插座设计到位，如在走廊设置展览栏或在大堂设置休息区时应考虑增设插座。

【注 1】大堂等高大空间处可根据建筑的家具布置设置地面插座，方便使用。

【注 2】消防前室，楼梯间内不应设置插座。

（2）车库

车库作为人员非长期停留场所，其通常无需清扫，主要设置用于检修的插座即可，按照间距 20m 或更远布置即可，不必过多，如图 5-4。图 5-4 是一个地下车库的一部分，从图中圆圈处可以看出，插座设计得很少，而且均未设置于混凝土柱子上，同时优先考虑设置在轻体墙面。另外，插座布置还避开了停车位，避免停车位有车时影响插座使用。图中方框处是诱导风机，需参看设备专业风道平面图确定位置，粘贴到电气平面图同样位置。

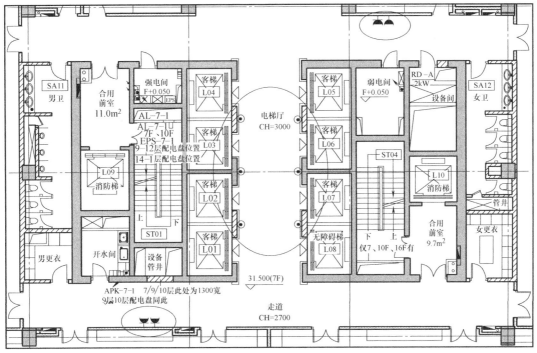

图 5-3 公共区域插座布置图

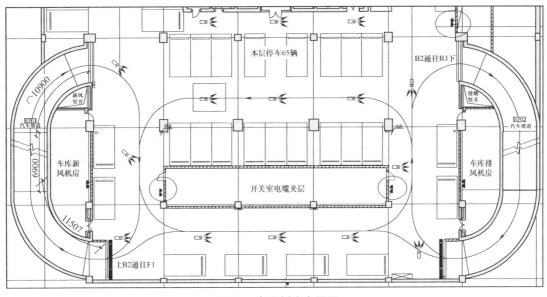

图 5-4 车库插座布置图

(3) 办公室和会议室

办公室与会议室的插座布置都是根据建筑专业家具布置确定的。办公室通常在每个办公桌处设置一个插座,同时在办公桌以外的公共区域考虑设置打印机插座与电视插座。当办公室面积较小时,如图 5-5,办公桌全部靠墙排布,优先考虑设置壁装插座,故在每个办公桌处设置一个壁装插座。门后设有为电视或打印机供电的插座(小办公室电视常位于低处,插座与普通插座相同)。同时,图上结合设备专业风道平面,设置风机盘管,并在

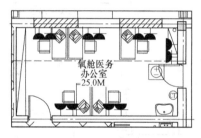

图 5-5　小面积办公室插座布置图

门旁设置风机盘管控制器。当办公室面积较大时，如图 5-6，办公桌无法靠墙排布，大多位于房间中央处，无法优先考虑通过墙面壁装插座供电，此时可根据办公桌位置设置地面插座。另外，办公室面积较大，故电视插座应设置在高处，图中办公桌位于房间中间位置，无法通过墙面布置插座满足需要，故采用地面插座。周围墙面设置壁装插座满足打印机等办公设备的取电。同时，在房间对角处设置电视插座（因安装高度不同，单独设置图例区别于普通插座）。另外，根据设备专业图纸，配合设置风机盘管及其控制器。

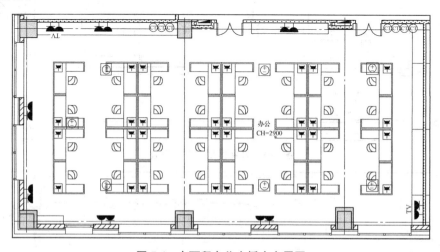

图 5-6　大面积办公室插座布置图

【注】设计初期，建筑专业没有布置家具时，可按照一个工位 5～10m² （一个办公桌）设置插座，可用文字描述清楚每个房间预留的插座数量。

会议室与办公室的考虑大同小异。在会议室的墙面设置插座，方便日常接入设备，会议室较大时，应根据会议桌大小设置一个或多个地面插座，满足会议设备用电。同时，在吊顶内预留会议室使用投影仪接线盒与位于墙面的电视插座，如图 5-7。

【注】为避免影响人员触及，会议桌插座一般设置在会议桌中间花坛处。

（4）卫生间

卫生间作为有水场所，通常不设置插座，只配合其他专业完成设备的配电。比如，配合建筑专业设置烘手器插座，配合设备专业设置手盆电热水器插座。烘手器位置根据建筑图纸定位完成布置，当建

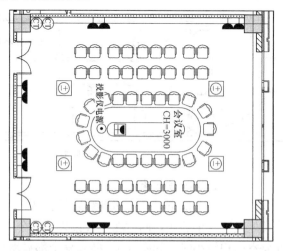

图 5-7　会议室插座布置图

筑专业未定位时，可在洗手区域内寻找方便人员使用，且不影响人员进出卫生间的墙面布置。洗手盆电热水器通常设置在洗手盆下方，故插座设置在洗手盆处墙面。另外，当卫生间有需要还可在墙面设置防水插座，如图5-8。

（5）茶水间

茶水间主要用于向人员提供冷热水，通常设备专业会设置电开水器，电气专业应配合完成配电。值得注意的是，电开水器目前要求设置接地隔离开关，故通常在电开水器旁设置隔离箱。电开水器厂商由隔离箱取电，完成末端安装。另外，如果有需要还可在茶水间内设置防水插座，如图5-9。

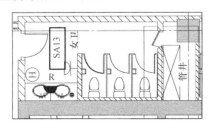

图 5-8　卫生间插座布置图

图 5-9　茶水间插座布置图

（6）设备和电气机房

设备和电气机房类似，通常只需设置用于检修的插座，如图5-10。有人值守的机房，如消防安防控制室、值班室等，则可按照办公室考虑设置插座。

（7）库房

库房考虑到分为甲乙丙丁等级别，且对应不同级别的库房，存在着电气防护要求，同时考虑到库房本身仅用作囤房货物，无需用电，故可不设置插座。

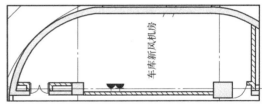

图 5-10　设备机房插座布置图

5.2.3　配电箱布置

配电箱的布置方式遵循本书"4.7 配电箱柜布置"中所介绍的方法。但值得注意的是，配电箱布置应以"电气图纸"为准。

配电箱可根据需要设置分配电箱，即在干线所接配电箱出线侧，再接入配电箱。这种做法多用于有大量出线回路的特殊场所，如建筑首层大厅的咖啡厅，可在咖啡厅工作区域设置分配电箱，其照明及插座等配电支路均由该配电箱引出。这种方式可由设计师根据建筑灵活使用。

【注】此方法只适用于一般照明配电箱。应急照明配电箱按照消防要求，必须末端切换供电，故不适用此法。

这里举一例，如图5-11和图5-12（为方便说明，图5-11源引自图4-32）。图5-11中c处为分支配电箱，其对应图5-12。结合两个图可以看出，1-AL-1-1 配电箱位于强电间内，其接于配电干线，而研讨室配电回路较多且功能区域相对独立，故在研讨室内部设置分支配电箱 1-AL-1-1/a。研讨室内回路均引自 1-AL-1-1/a 配电箱，并按照此配电箱进行回路编号排序。1-AL-1-1/a 则引自 1-AL-1-1，其回路同样应标注回路号以及线型。

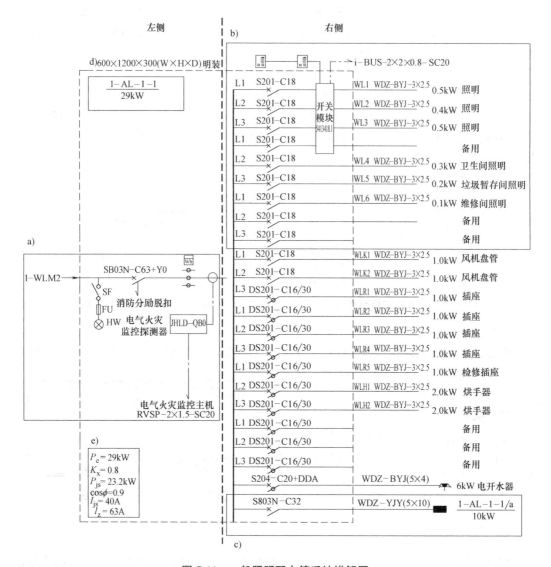

图 5-11　一般照明配电箱系统讲解图

5.2.4　插座用电容量

根据插座用电容量可以决定平面设计中的回路数量，根据回路的用电量决定线型的选择，进而完成照明配电箱系统。一般插座用电容量可按照每个 100W 计算，如清扫用插座、电视用插座、人员日常生活用插座等。而办公室的办公桌插座因后端接有电脑设备，用电量应按照每个 500W 计算。烘手器插座应按照建筑专业所选烘手器的电气参数确定，依工程经验可知，烘手器通常按每个 2kW 计算。洗手盆电热水器则根据设备专业提供的用电容量计算，空调插座同样根据设备专业提供资料确定。

5.2.5　接线

插座作为供电设备，其接线较照明简单很多，插座只需要提供电源而不需要控制。

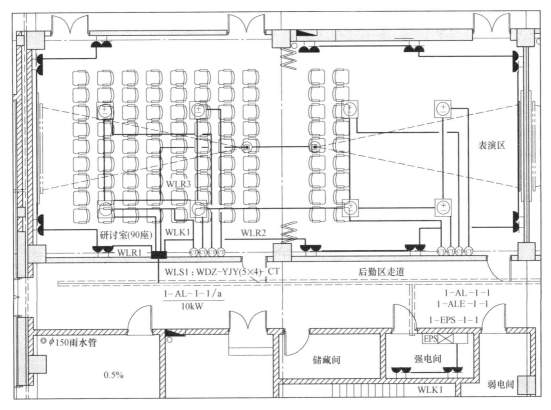

图 5-12　研讨室电气平面图

插座接线原则：

① 判断所接设备用电为单相或三相。

② 确定该插座所供设备的用电容量。

③ 根据容量及单（三）相，判断是单独末端接入回路或者多个末端串接接入回路，并确定线型。

④ 普通插座可按每个用电量 100W 考虑，每条支路最多接入 10 个插座。

⑤ 同一房间插座供电不能来自两个不同的配电箱。（避免检修时发生人身事故。）

⑥ 插座回路应按建筑防火分区完成接线，插座接于本防火分区内配电箱。当本区域内没有照明配电箱时，可以回路为单位接入相邻不超过 50m 供电半径范围内的其他照明配电箱，但两末端见接线不可跨越防火分区。

【注】在工程中，用到最多的就是"WDZ（N）-BYJ-3×2.5-SC15"的线型，该线型通常只标注回路号，作为默认线型，该线型能够承受末端 2kW 的用电量，当超过 2kW 时应重新考虑线型选择。如果使用其他线型都需标注清楚。另外，通常默认线支是沿地面敷设，进入线槽的线支是沿顶板明敷设，当有特殊情况时应注明敷设方式。

以开敞办公室，卫生间，茶水间为例，讲解其接线方式。

（1）开敞办公室

以办公室为例，其包含最常见的插座接线情况，如图 5-13。首先可以判断，办公室所接设备全部为单相配电。进而根据家具布置可知，每个工位（办公桌）下方应设置一个地面插座，墙面应设置用于电视和打印机的办公设备。由接入电视机和打印机可知，墙面插座按照每个电量100W考虑。图中墙面共7个插座，不超过10个，可接入同一回路，其线支在房间内沿地面与墙面敷设，最终沿墙面与顶板敷设进入公共区线槽，最终接至一般照明配电箱。地面插座是位于每个工位处，用于电脑办公的插座，故按照每个500W功率计算，考虑到每条单相回路尽可能不超过2kW，所以4个地面插座一条回路，其在房间内沿地面敷设至墙壁后，沿墙面与顶板敷设进入公共区线槽，最终接至一般照明配电箱。最后完成所有回路的标注（按国家标准图集要求标注）。另外，图中还配合设备专业设计了风机盘管及其控制器，具体参看本书"5.2.6与其他专业相关插座设计"。

【注】通过计算可知，"WDZ（N)-BYJ-3×2.5-SC15"线型的用电容量通常不大于2kW，故在工程中插座每条回路尽量控制在2kW以内。

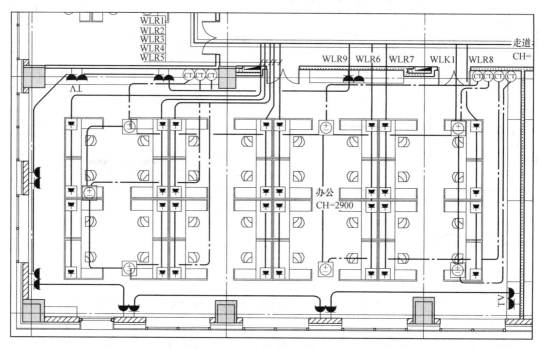

图 5-13　开敞办公室电气平面图

（2）卫生间

卫生间的插座很少，主要配合建筑专业完成烘手器的配电，配合设备专业的洗手盆电热水器。首先判断烘手器和电热水器是单相设备。根据工程经验可知，烘手器每个2kW，考虑到每条单相回路尽可能不超过2kW，故每个烘手器单独接入一条回路。根据设备提供资料（通常两个洗手盆需要一个电热水器，三个洗手盆需要两个电热水器），电热水器用电量是1.6kW，考虑到每条单相回路尽可能不超过2kW，故每个电热水器单独接入一条回路。另外，当有需要时，卫生间洗手盆区域内可设置防水插座，该插座仅用于一般设备，其用电量可按照100W考虑，故可与电热水器插座接入同一回路，如图5-14。

（3）茶水间

茶水间通常只留有电开水器插座。电开水器是三相设备，其功率由设备专业提供（设备专业根据饮水人数算出水量，进而提供用电功率）。三相设备通常用电量较大，且考虑到断电检修方便，通常单独设计回路，且标明线型，如图5-15。设备专业提供电开水器容量为6kW，且考虑到其为三相用电设备，需设置隔离箱，故选择5芯电缆，标注"电开水器6kW"，线型"WDZ-BYJY-5×4-SC25"。

【注】电线及电缆的选型参看本书"5.4 配电"。

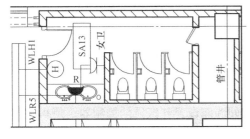

图5-14 卫生间电气平面图

图5-15 茶水间电气平面图

5.2.6 与其他专业相关插座设计

电气专业很大一部分属于配合专业，需要为建筑中所有用电设备配电。建筑专业的防火卷帘门、电动排烟窗、电动挡烟垂壁、普通卷帘门，设备专业的电开水器、洗手盆电热水器、风机盘管等都需要依靠电气专业配电得以实现。下面列举几种常见需要配电的设备。

(1) 电开水器隔离箱

电开水器是设备专业图纸上的设备，其功率由设备专业以设备表的形式提供给电气专业，见表5-2。由表可知，电开水器的设备编号为"KSQ-02"，其电压为"380V"电功率为"6KW"，安装于茶水间内。打开设备专业的给水排水平面图，在图中找到编号为"KSQ-02"的设备，如图5-16。在电气图纸相同位置处配电，如图5-15。

给水系统设备表 表5-2

序号	设备号	设备名称	规格型号	总数量	安装位置	服务对象	备注
1	KSQ-02	落地式电开水器	容积:120L 功率:6kW; 电压:380V		开水间	生活热水加热	

(2) 洗手盆电热水插座

洗手盆电热水器来自设备专业图纸。参看设备表可知，见表5-3，设备编号为"RSQ-01、02、03、04"的电热水器电压为"220V"，电量为"1.5KW"，安装于卫生间。结合设备专业给排水平面图，在电气图纸中相同位置处设置插座，如图5-14。

图5-16 设备专业茶水间给水排水平面图

冷热源设备表 表5-3

序号	设备号	设备名称	规格型号	总数量	安装位置	服务对象	备注
17	RSQ-01、02、03、04	电热水器	容积:6.7L 电量:1500W; 电压:220V	*	卫生间		

（3）风机盘管

风机盘管来自设备专业图纸，用于调节房间内室温，通常用于大型建筑中。参看设备表5-4可知，设备编号为"FCU-CL02"的风机盘管电压为"220V"电功率为"0.041KW"。结合设备专业的风道平面图，在电气平面图中相同位置处，用电气图例表示，见图5-13。

结合设备表5-4中数据，一条单相回路配电电量以1kW为最优，可连接多个风机盘管。图5-13中共连接7个风机盘管，串接到一起，回路编号为"WLK1"。不同于普通插座的配电，风机盘管需要一对一控制，风机盘管控制器通常与照明开关一并布置在房间内的人员出入口处，但还应遵循就近控制原则，如大型办公室通常按照建筑轴网分区域设置控制器，即使此区域内没有出入口，也应在通道处墙面设置此区域的控制器。值得注意的是，控制器至风机盘管的连线为控制线，在平面图中以点画线表示。另外，需注意设备采用的是两管制还是四管制的控制方式，两管制的控制线采用SC15即可，无需特别说明。当采用四管制控制时，应采用SC25的管子，在平面图中清晰标注。

风机盘管与诱导风机设备表　　　　　　　　　　表5-4

序号	设备号	设备名称	规格型号	总数量	安装位置	服务对象	备注
1	FCU-CL02	卧式暗装风机盘管	风量：340m³/h　30Pa 冷量：2300W 热量：3900W 功率：41W；电压：220V 噪声：<40dB（A）				带回风箱
2		诱导风机	风量：750m³/h 功率：120W；电压：220V		地下车库吊装	地下车库	
3	WAF	热水型风幕	长度：1200mm 高档风量：2100m³/h 供回水温度：60/50℃ 电量：260W　220V 热量：15kW 水阻力：小于5kPa 参考尺寸：1200mm×455mm×265mm	9	地下车库入口	地下车库入口	

注：风机盘管选用三排单盘管，表中风量为高档风量，冷量为中档冷量。

夏季工况：室内温度25℃，水温7/12℃；冬季工况：室内温度20℃，水温50/60℃。

VRV室内外机：夏季工况：室内温度27℃，室外温度35℃；冬季工况：室内温度20℃，室外温度6℃。

（4）诱导风机

诱导风机来自设备专业图纸，通常设置于车库，用于辅助空气流通。参看设备表5-4可知，其电压为"220V"电功率为"0.12KW"。结合设备专业的风道平面图，在电气图纸中相同位置处，用电气图例表示，如图5-13。

诱导风机只需配电，无需控制，连线方式与普通插座相同。根据其单个功率，并结合一条单相回路配电电量以1kW为最优，确定其回路数，见图5-17。

【注】表5-4中还标有热水型风幕，其不同于电热风幕。热水型风幕的热源来自热水管提供的热水，其只需要为风机配电即可。这类风机通常为220V，且电量较小，可由一般照明配电箱供电，但应注意保证其控制纳入弱电DDC系统。

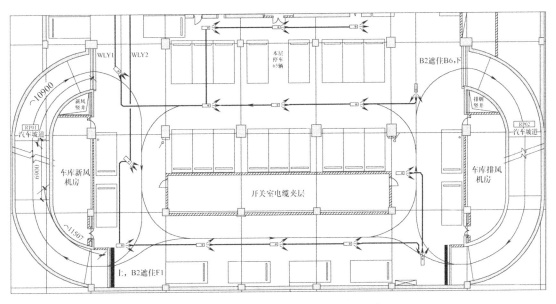

图 5-17 车库电气平面图 (诱导风机设计)

(5) 分体空调插座

分体空调来自设备专业图纸，通常设置于不采用中央空调的小型建筑中，或设置于空调管路不易敷设到的独立区域。参看设备表 5-5 可知，分体空调分为室内机"FN-A04"和室外机"FW-A03"两部分，室内机电压为"220V"电功率为"1.2KW"，室外机则是由室内机供电，厂家完成室内机与室外机间的电管与水管的连接。结合设备专业的风道平面图，在电气图纸中相同位置处，用空调插座图例表示，并完成配电，如图 5-18。

考虑到分体空调用电量通常大于 1kW，且为减小事故面，空调插座应单独回路供电。有时，分体空调电量大于 2kW，有可能采用三相供电，需根据这两个条件调整线型。同时应注意如果是壁挂空调，插座通常设置在距地 2m 处，见图 5-18。

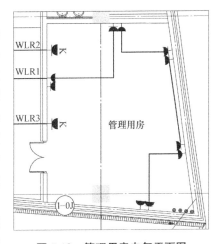

图 5-18 管理用房电气平面图

分体空调设备表 表 5-5

序号	设备号	设备名称	规格型号	总数量	安装位置	服务对象	备注
1	FW-A03	单元式空调机室外机	700×550×300	制冷量:3.2kW 运行噪声:≤49dB(A)	2	首层	
2	FN-A04	单元式空调机室内机	850×300×250	制冷量:3.2kW 制热量:4kW 功率:1.2kW;电压:220V 运行噪声:29-34-39dB(A)	2	首层管理办公	

（6）防火卷帘门

防火卷帘门来自建筑专业图纸，它是用于分隔防火分区出入口的防火设施，常设置于两个防火分区之间的通道处。防火卷帘的电压为380V，且用电量较小，普通通道宽度的防火卷帘用电量为0.75kW，当长度增加时，可分段增设防火卷帘门控制器。由于用电量很小且较为分散，通常防火卷帘门由应急照明配电箱供电（保证消防电源等级即可）。防火卷帘门正好位于两个防火分区的交界处，故其可接入任意一侧的应急照明配电箱中，见图5-19。图中由应急照明配电箱引出 WEF1 支路，为防火卷帘门控制器供电（该控制器安装于卷帘门上方），其整体布置应与消防平面图统一。因为防火卷帘为380V 电压，其回路应根据所接设备总数对应的用电量选定线型，并在图中注明。

【注】防火卷帘门的控制器与按钮位置应与消防图纸的平面图统一，同时接线也应考虑与消防平面图接于同一防火分区。

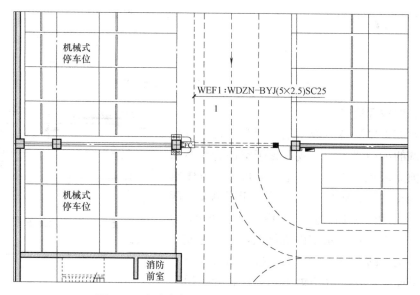

图 5-19 车库电气平面图（防火卷帘门设计）

5.2.7 配电箱系统

本书"4.10 配电箱系统"已经对于配电箱系统进行了详细说明，这里只针对与插座相关的内容加以讲解（配图均沿用"4.10 配电箱系统"中的配图）。将本节与"4.10 配电箱系统"整合起来就是完整的照明配电箱系统。

（1）一般照明配电箱

以图 5-20 为例，图中框出处是插座配电回路，放大后见图 5-21。

图 5-21 为配电箱出线端的插座部分。

① 相线序号，见图 5-21 中 a）。整体配电应保证三相平衡，将照明与插座等所有单相回路统一考虑，尽量保证每个配电箱可以做到内部实现三相平衡。三相回路则不需要标注相序。

② 出线处保护，见图 5-21 中 b）。出线处应设有保护，这个保护元器件通常设置为断路器。插座、风机盘管、诱导风机等均为单相设备，采用单相断路器，如图中的"S201-

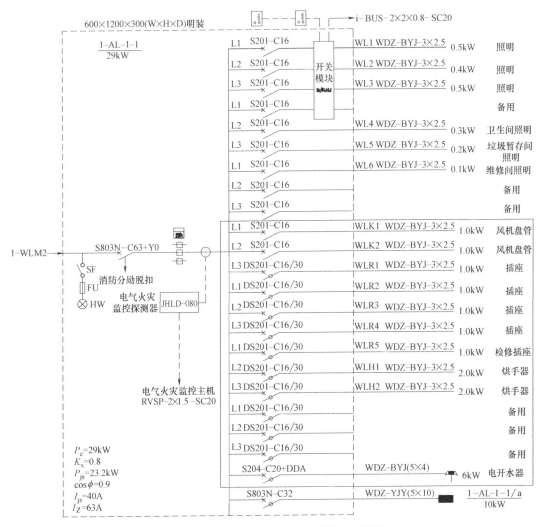

图 5-20 (同图 4-34) 一般照明配电箱系统图

C16",其是根据厂家样本选择的型号,"S201"表示此断路器是单相断路器。"C16"是指通断能力为 C 型 16A,当线路上的电流大于 16A 时断路器动作,使线路断电,保护线路。"C16"是根据末端设备的电功率,配合线路选择的,具体将在本书"4.5 配电"中讲解。

插座回路,考虑到插座位于墙面,属于一般人员可触及区域,且需经常插拔插头,故为保护人员用电安全,使用带漏电保护功能的断路器,如图中的"DS201-C16/30",其比普通断路器多了个"D"和"/30",表示漏电保护功能(各个厂家标注方式存在区别)。而风机盘管与诱导风机吊在空中,且为固定设备,无需设置漏电保护。

【注】带漏电保护功能的断路器相较于普通断路器优势在于,即使未发生短路,只要电流大于漏电保护的漏电电流(通常为 30mA),断路器也会断开。

③ 插座回路编号,见图 4-37 中 c)。风机盘管回路编号通常标注为"WLK *",诱导风机回路编号通常标注为"WLY *",插座回路编号通常标注为"WLR *",均按数字顺序排序,如 WLR1、WLR2、WLR3 等。回路编号是根据平面图中的编号而来。

④ 回路线路型号,见图 5-21 中 d)。线路型号是指连接线支的线型。其线型是根据后

147

端设备的用电容量及性质计算得出的。依据工程经验，单相回路的用电量通常不大于2kW，控制在 1kW 左右为最优。当用电量不大于 2kW 时，均使用"WDZ-BYJ-3x2.5"线支（指 3 根截面直径为 2.5mm 的无卤低烟阻燃-铜芯交联聚烯烃绝缘电线）。根据用电设备的单相或三相以及用电功率，可选择不同的线型完成配电。

【注】断路器是保护线路用的，其开断电流应低于线型载流量的承受极限。

⑤ 回路用电容量，见图 5-21 中 e）。用电容量是根据该回路后端（即在平面图中）实际所接入的设备总电量算出的（根据平面图中所接设备的容量及其数量相加得到）。

⑥ 回路名称，见图 5-21 中 f）。写明每条回路的名称，方便查找。

⑦ 特殊回路，见图 5-21 中 g）。该回路为电开水器配电，电开水器是三相设备，而且是人员长期接触的设备，断路器使用 4P（选用 S204）带漏电保护功能（＋DDA）。又因为电开水器的功率为 6kW，所以选用"WDZ-BYJ（5x4）"的线型，并配合使用通断能力为 20A 的断路器"C20"。根据厂家样本，其选型结果为"S204-C20＋DDA"。（其对应平面图设计见本书"5.2.6 与其他专业相关插座设计（1）"。）

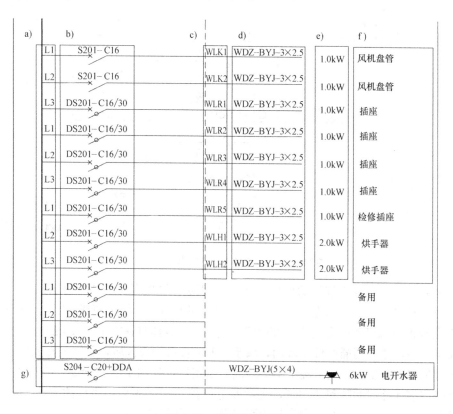

图 5-21 插座配电回路

（2）一般照明分支配电箱

一般照明分支配电箱在出线侧与一般照明配电箱完全相同，见图 5-22，主要区别在于进线侧。进线侧的区别已在本书"4.10 配电箱系统"中详细介绍。值得注意的是，回路编号是根据每个配电箱排序的，也就是说，一般照明配电箱有 WL1 回路，而该配电箱后接的一般照明分支配电箱同样有 WL1 回路。

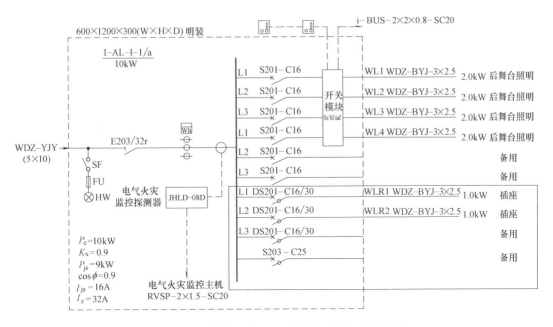

图 5-22 （同图 4-38）一般照明分支配电箱系统图

(3) 应急照明配电箱

以图 5-23 为例，图中框出处是插座配电回路，放大后见图 5-24。

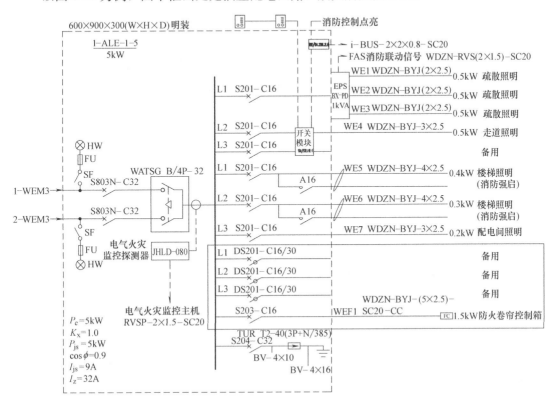

图 5-23 （同图 4-40）应急照明配电箱系统图

图 5-24 为配电箱插座部分的出线端。从图中可以看出,为保证消防状态下的人身安全,插座回路不能接入应急照明配电箱,消防电源不可断电,而插座需带漏电保护。防火卷帘门作为消防状态下使用的设备,应保证消防供电,同时考虑到其用电量较小且位置分散,通常接入应急照明配电箱。

防火卷帘门是配合其他专业设备完成配电的,使用普通断路器保护即可。考虑到其为三相设备,断路器选择"S203"。防火卷帘门按照单个用电量 0.75kW 考虑(图中一条回路接入两个防火卷帘门,一条回路用电量不超过 2kW),所以选用"WDZN-BYJ-(5x2.5)-SC20-CC"的线型,并配合使用通断能力为 16A 的断路器。根据厂家样本,断路器选型为"S203-C16"。(其对应平面图设计见本书"5.2.6 与其他专业相关插座设计(6)"。)

图 5-24　插座配电回路

5.3　动力

动力设计不同于其他设计内容,动力图纸主要是指为建筑中各种设备配电的图纸。动力图纸的配电对象主要为设备专业,其次还包含建筑专业需要用电的设备(比如防火卷帘门、电动排烟窗、电动挡烟垂壁、电梯、扶梯等)。动力图纸中通常几乎没有专门的电气图例,直接利用设备专业表达设备的图例即可,将设备图例直接拷贝到动力图纸对应位置。

5.3.1　动力设计步骤

(1)　查看设备表

设备专业的所有设备应在设备表中得以体现,其在设计过程中亦作为给电气专业提供资料的重要手段,电气专业根据设备表核对本专业内需要配电的设备,完成两个专业的协同工作。设备专业提供给电气专业的主要以 excel 表格的方式提供。应当注意的是,设备表是所有与电气相关的设备汇总,写清了与电气专业相关的配电需要,但其平面位置则表达在设备专业相应的平面图中。

设备表中与电气相关的内容大致有:使用状态(分清是平时使用、消防状态使用或事故下使用)、设备编号、设备用电(可能包括多种电源,如:排风机、送风机、轴流风机、加湿器、加热器等)的功率及电压、特殊要求(如:两台风机、双速风机、控制要求等)。

以一实际工程项目中的空气处理机组设备表的一部分为例,见表 5-6。

表5-6

空气处理机组设备表

散装伟房地下部分空气处理机组

序号	编号	参考尺寸(长×宽×高)mm	功能段		盘管段		加湿段	再热段	送风机段	总数量	安装位置	服务对象	备注
			进风或混合调节段	中效段	冬季 水温:60/50℃	夏季 水温:7/12℃		夏季电加热	注:全压≤1100Pa 总效率≥55%				
1	AHU-L2-D01	4150×1350×850	含初效过滤器	袋式中效过滤器(F7)	空气入口温度: $t_d=-12℃$; $t_w=-13.53℃$ 加热量:31.5kW 空气出口温度: $t_d=24.9℃$; $t_w=11.22℃$	空气入口温度: $t_d=33.5℃$; $t_w=26.4℃$ 制冷量:39.7kW 空气出口温度: $t_d=14.55℃$; $t_w=14.07℃$	高压喷雾加湿膜 挡水板 0.66kg/h 电压:220V; 电功率:0.3kW	空气入口温度: $t_d=15.56℃$, $t_w=14.46℃$ 加热量:4.5kW 空气出口温度: $t_d=17.20℃$, $t_w=15.08℃$	风量:5500m³/h 余压:400Pa 功率:2.2kW 电压:380V	1	二层空调机房	二层软景库房	新、回风口配电动多叶调节阀电动 $t_w≤65dB(A)$ 单位风量耗功率 W_s:0.4
2	AHU-L2-D02	4350×1550×1050	含初效过滤器	袋式中效过滤器(F7)	空气入口温度: $t_d=-12℃$; $t_w=-13.53℃$ 加热量:41.6kW 空气出口温度: $t_d=23.26℃$; $t_w=10.53℃$	空气入口温度: $t_d=33.5℃$; $t_w=26.4℃$ 制冷量:61.8kW 空气出口温度: $t_d=14.37℃$; $t_w=13.88℃$	高压喷雾加湿膜 挡水板 0.4kg/h 电压:220V; 电功率:0.3kW	空气入口温度: $t_d=15.37℃$, $t_w=14.27℃$ 加热量:7.6kW 空气出口温度: $t_d=17.00℃$, $t_w=14.89℃$	风量:8900m³/h 余压:400Pa 功率:4kW 电压:380V	1	二层空调机房	二层服装库房	新、回风口配电动多叶调节阀电动 $t_w≤70dB(A)$ 单位风量耗功率 W_s:0.45

散装伟房消防防排烟风机

序号	设备号	设备名称	规格型号	安装位置	服务对象	备注
1	SEF-L1-D01	轴流或混流排烟风机	风量:26400m³/h 全压:740Pa 功率:7.5kW	一层空调机房	一层化妆制作、服装及软景制作排烟	

续表

散装库房消防排烟风机

序号	设备号	设备名称	规格型号	安装位置	服务对象	备注
2	SEF-RF-D01	屋顶消防高温排烟风机	风量:47000m³/h 全压:470Pa 功率:11kW	散装库房屋顶	散装库房排烟	
3	SEF-RF-D02	屋顶消防高温排烟风机	风量:21600m³/h 全压:510Pa 功率:5.5kW	服装库房屋顶	服装库房排烟	
4	SEF-RF-D03	轴流或混流排烟风机	风量:40400m³/h 全压:680Pa 功率:11kW	服装库房屋顶	设计中心走廊排烟	

散装库房排风机

序号	设备号	设备名称	规格型号	安装位置	服务对象	备注
1	EAF-L1-D01	低噪音轴流或混流风机	风量:5000m³/h 全压:360Pa 功率:0.75kW	一层服装及 软景制作	一层服装及软景制作和 化妆制作排风	壳体噪声值 <65dBA 单位风量耗功率 W_s:0.15
2	EAF-L1-D02	低噪音圆形管道风机	风量:1000m³/h 全压:220Pa 功率:0.07kW(220V)	一层空调机房	一层西侧卫生间排风	壳体噪声值 <40dBA 单位风量耗功率 W_s:0.07
3	EAF-L1-D03	低噪音圆形管道风机	风量:1200m³/h 全压:350Pa 功率:0.18kW(220V)	一层卫生间	一层卫生间	壳体噪声值 <44dBA 单位风量耗功率 W_s:0.15

由此设备表可知，空气处理机组编号为"AHU-L2-D01"。送风机配电为380V电压2.2kW功率。另外，其还具有加湿段，配电为220V电压0.3kW功率。该空气处理机组一台，位于二层空调机房，作为平时空调使用。

（2）查看设备图纸

根据设备表中设备的名称，以及其安装位置的说明，在对应的设备平面图中找到该设备，并将设备图例，设备编号拷贝到电气专业的动力平面图当中，见图5-25，图中圈出处是各种风机设备，与其相连的是设备风道及位于风道中的阀门。保证动力平面图中的位置与设备平面图的完全一致，且需核对设备专业设备表与其设备平面图完全对应。

【注】动力图纸最为重要，任何一个风机遗漏配电，都有可能造成较大的经济损失，故需认真核对。

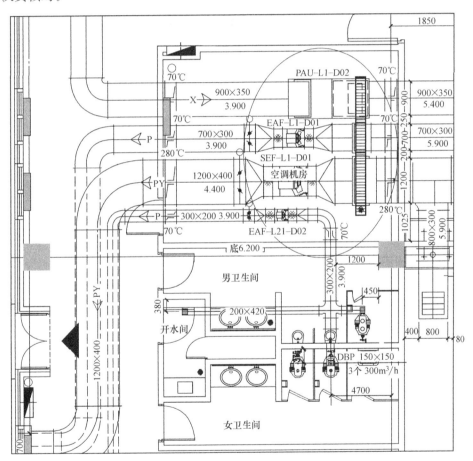

图5-25 设备专业空调平面图（局部）

（3）查看设备样本

通常根据设备类型以及设备专业提供的设备表就可以完成动力配电设计。当设计师不清楚设备的配电方式以及控制方式时，可向设备专业索要设备样本进行参考。如图5-26，是一个精密空调的设备样本中与电气相关的部分。精密空调完成对于房间的恒温恒湿控制。图中清晰的表示了配电及控制方式（明确提出了弱电DDC的控制要求）。

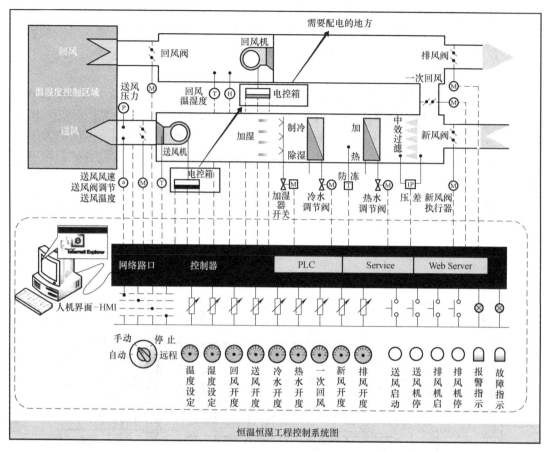

图 5-26　精密空调设备样本（电气原理图）

（4）动力平面图设计

1）设备布置

将设备图纸中的设备图例及编号拷贝到动力平面图相同位置处，并结合设备表注明该设备的电功率及电压，见图 5-27（根据设备图 5-25 设计）。

【注】因动力设备功率普遍偏高，通常采用 380V 电压，故 380V 电压设备不需要标注，当采用 220V 电压时则应标注。

2）动力配电箱布置

动力配电箱通常放置于设备所在房间内，保证检修人员对于设备以及线路检修时的就地控制。当配电箱不设置于本房间内时，应在本房间内设置隔离箱，保证就地断电，以达到保证人员安全的目的，见图 5-27。

放置配电箱基本原则：

① 配电箱优先设置在进门处。考虑到人员操作方便，当配电箱位于机房内时，配电箱优先设置在进门处。

② 配电箱与设备的位置关系。配电箱通常壁装于墙面，配电箱正面需要 800mm 的操作距离。放置配电箱时应首先考虑设备机组为落地安装还是吊装，确定满足配电箱操作距离的位置，设置配电箱。

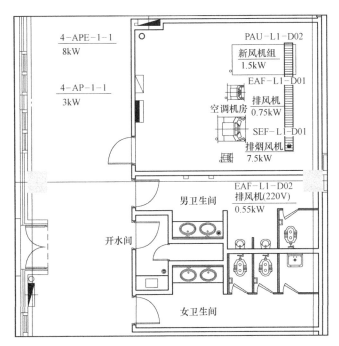

图 5-27 动力设备布置

③ 配电箱优先保证上下位置相同。设备专业的设备通常设置于设备间内，而为了保证节约成本，往往设备间上下位置是对应的。此时，配电箱应尽可能利用设备间的上下对应关系，保证配电箱上下位置相同，形成竖向电气通路（这样两箱子间的距离最近，配电干线最为经济），无法做到的则利用配电小间等处完成上下层电气通路的关联。

④ 配电箱注意避开设备管道。首先，设备管道中包含大量水管，尽可能避免水管位于配电箱上方，一旦漏水，造成危险。其次，当配电箱需要与上层同样位置配电箱连接时，上方的管道会影响竖向通路。

⑤ 配电箱不应放置于库房当中（规范规定）。建筑面积紧张时，设备机房不足，设备专业有可能将设备放置于库房当中，配电箱考虑到就地控制的安全，应设置在库房内，但根据规范要求，配电箱不能设置在库房内。所以应尽量避免出现设备放置于库房内的情况，若确实无法避开此情况，应要求建筑专业调整房间名称。如果建筑专业也无法调整房间名称时，则应将配电箱设置于房间外（走廊等公共区）。

⑥ 配电箱设置于室外时应保证与设备临近且贴近人员出入口处，同时保证配电箱采用第一级 SPD 和室外做法。室外动力配电箱通常位于室外地面或屋面。其配电路由是经下层吊顶内，向上穿过楼板引入配电箱的。

3）连线

按照设计习惯，动力的配线可分为采用电缆与采用电线两种方式。考虑到施工方便等因素，电缆采用桥架与线槽敷设，电线则采用线管敷设。两种方式各有优缺点，需设计师根据实际情况，酌情采纳。

① 采用电缆

采用电缆配电的优势在于供电可靠性高。然而，缺点在于使用桥架与线槽配线增加工程造价。

结合图 5-28（基于图 5-27）理解。一般设备接入一般动力配电箱，采用电缆沿桥架敷设的方式。消防设备接入应急动力配电箱，采用消防电缆沿消防线槽敷设的方式。220V 电压的设备配线为电线，不能与电缆放于同一桥架中，所以应单独敷设线管。桥架与线管均需标注回路编号及电线电缆线型，并根据电缆规格及数量标注桥架与线槽及线管规格，桥架与线槽注明标高，线管注明敷设方式（通常吊装设备沿顶板暗敷，地面设备沿地面暗敷）。当桥架与线槽标高无法确定时，需注明与设备风道核对。

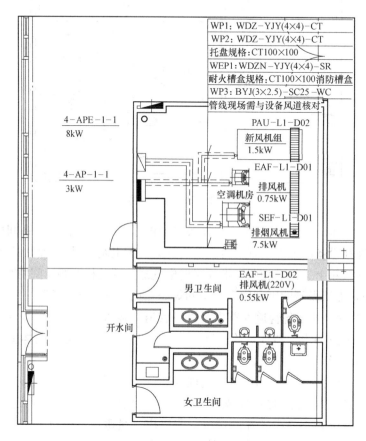

图 5-28　电气平面图（电缆配电）

② 采用电线

采用电线配电的优势在于只需配管，整体节省造价且满足供电需要。然而缺点在于，因设备最终招标后型号有可能发生改变，配电点位置需随设备型号改变而调整，导致暗埋管线浪费。

结合图 5-29（基于图 5-27）理解。一般设备接入一般动力配电箱，采用电线穿管的方式配线。消防设备接入应急动力配电箱，采用消防电线穿管的方式配线。每条回路对应一根线管。标注回路编号及电线线型，注意线管需根据设备安装确定敷设方式（设备采用方块图例通常表示安装于地面的设备，线管采用沿地面敷设方式"FC"，采用风机图例通常表示吊装于顶板的设备，线管采用沿顶板暗敷设方式"CC"或沿顶板明敷设方式"WC"）。

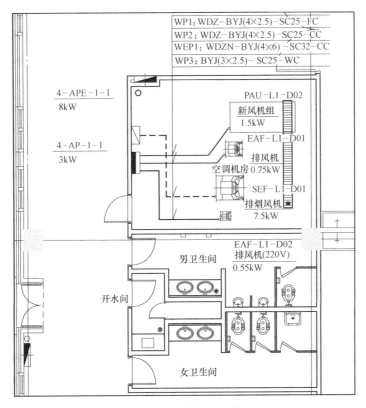

图 5-29　电气平面图（电线配电）

（5）动力配电箱系统设计

配电箱系统是针对配电箱内部接线原理的图纸。配电箱厂商根据设计院的配电箱系统图完成相应的配电箱制作，最终送至现场完成设备安装与外部接线，形成完整的配电系统。动力配电箱根据后端所接设备用于非消防与消防两种状态而分为一般动力配电箱与应急动力配电箱两种，其进线分为单路进线与双路进线。

1）一般动力配电箱

一般动力配电箱出线端接入平时使用的设备。以图 5-30 为例。图中虚线方框为配电箱外框，延伸至虚线框外的线支代表线路引出至配电箱外，连接进线或末端设备。在图中，以虚线划分为了左侧与右侧。左侧为配电箱进线，右侧为配电箱出线。因是一般动力配电箱，故为三级负荷，进线处为 1 根电缆，见图 5-30 中 a）。右侧出线中，即包含动力配电回路，又包含控制线路，见图 5-31。

配电箱进线侧通常由进线、配电箱名称、配电箱计算三部分组成。一般动力配电箱与一般照明配电箱设计原则相同，只是后端出线所接设备不同，造成线型与开关元器件以及控制方式的不同。一般动力配电箱进线画法与一般照明配电箱相同，只是动力配电箱通常不需设置电度表与电气火灾监控探测器，见图 5-30 中 a），但当该建筑有绿色评定需求时，考虑分项计量是得分项，需在一般动力配电箱进线侧设置电度表。另外，一般动力配电箱同样可以设置分支配电箱，但通常直接接于干线之中，不需要设置分支配电箱。配电箱编号应与平面图中保持一致。其容量及安装方式应标注于配电箱名称旁边（容量根据每条出线回路的用电容量相加而得），见图 5-30 中 b），此配电箱编号为"4-AP-1-1"。配电箱计算，见图 5-30 中 c），具体计算方法参看本书"4.10.1 一般照明配电箱（4）"。值得注意的是动力配电箱的计算，一般动力配电箱的同时系数"K_x"通常取 0.9，设备过多时取 0.8，但当设备很少时取"$K_x=1$"。动力配电箱的功率因数"$\cos\varphi$"取 0.8，电梯动力配电箱取 0.6～0.7，该数值的选取可参看《工业与民用配电设计手册（第四版）》或者各大设计院的技术措施。

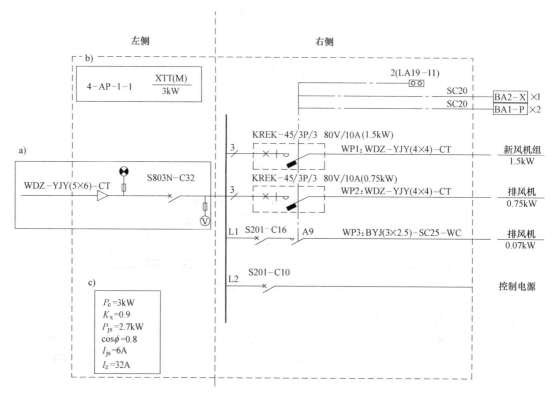

图 5-30　（基于图 5-28）一般动力配电箱系统讲解图

配电箱出线，图 5-30 放大后，见图 5-31。

① 配电箱控制按钮，见图 5-31 中 a）。表示位于配电箱箱体上的控制按钮。

② 设备控制方式，见图 5-31 中 b）。该控制方式表达的是 DDC 控制器的逻辑关系，因文字描述太多，这里以符号代表（符号意义参看本节"（6）设备控制表"）。注意符号和后部标注的数量应与配电设备对应。

③ 三相设备配电，见图 5-31 中 c）。动力设备回路与照明回路相仿，同样是根据设备的容量以及相数，确定线型（选择 WDZ）。进而确定断路器选型。不同的是，为了保证设备的安全，避免过载现象的发生，通常要加入热继电器作为电机的保护措施，另外还需要加入接触器，实现对于设备的控制。

根据设备的容量以及相数，确定线型，进而确定断路器、热继电器、接触器的选型。断路器用于保护电缆，热继电器用于保护末端设备，接触器用于实现对于该回路的控制。图中以一种新的元器件替代该三个元器件，新元器件称"三合一元件"，实际是三种元器件的集合，优势在于可以节约配电箱内空间。缺点是有的产品内部采用一种芯片实现调节功能，降低供电可靠性。（选型具体参看本节"（7）线支与电气元件选型"。）

【注】线型标注应与平面图中完全一致，三相回路不标注相序，电器元件应选择三相的。

④ 单相设备配电，见图 5-31 中 d)。由设备表知，该设备为单相配电，所以不需要热继电器保护，断路器（用于保护线路）和接触器（用于控制设备）则均选择单相的。线型应与平面图中一致，另外需标注相序。

⑤ 控制电源，见图 5-31 中 e)。为了保证配电箱二次接线等用电需要，通常留有一条单相回路。

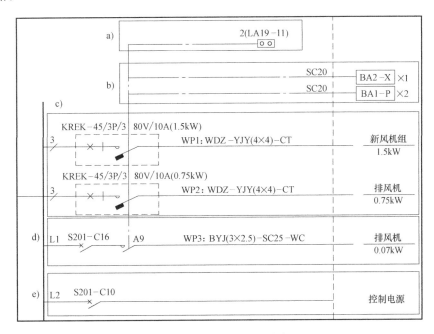

图 5-31　一般动力配电箱系统出线端

【注】采用电线配电时，注意线型的标注要与平面图一致。

2）应急动力配电箱

应急动力配电箱出线端接入消防使用的设备。以图 5-32 为例。应图中虚线方框为配电箱外框，延伸至虚框外的线支代表线路引出至配电箱外，连接进线或末端设备。在图中，左侧为配电箱进线（具体参看"4.10.3 应急照明配电箱"进线侧的相关内容），右侧为配电箱出线。因是应急动力配电箱，故为一级或二级负荷，进线处为 2 根电缆。右侧出线端中，既包含动力配电回路，又包含控制线路，见图 5-33。

配电箱进线侧同样由进线、配电箱名称、配电箱计算三部分组成。应急动力配电箱与应急照明配电箱设计原则相同，只是后端出线所接设备不同，造成线型与开关元器件以及控制方式的不同。应急动力配电箱进线画法与应急照明配电箱相同，当末端所接设备用于消防配电时同样需要采用消防电源监控器（如双电源的普通电梯不属于消防负荷，不设置消防电源监控）。配电箱编号和计算方法与一般动力配电箱相同。值得注意的是应急动力配电箱的计算"K_x"取 1。功率因数由所接入的设备决定，与一般动力配电箱相同，如电梯无论是一般电梯还是消防电梯功率因数"$\cos\varphi$"取 0.6～0.7。

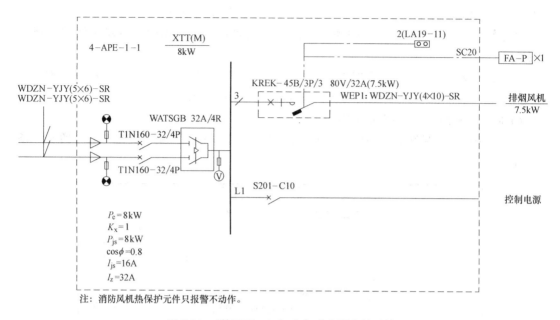

注：消防风机热保护元件只报警不动作。

图 5-32　（基于图 5-28）应急动力配电箱系统

配电箱出线，图 5-32 放大后，见图 5-33。

① 设备控制方式，见图 5-33 中 a)。此控制方式应选取设备控制表中消防设备对应的图例。

② 设备配电，见图 5-33 中 b)。电气元件与线型（选择 WDZN）需满足消防要求。

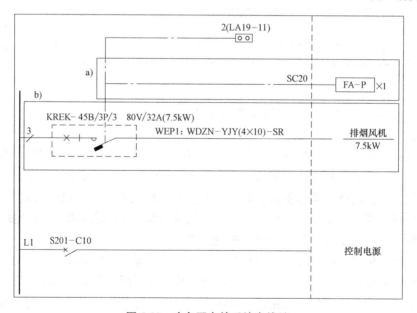

图 5-33　应急配电箱系统出线端

（6）设备控制表

设备控制表是描述动力系统控制方式的表格，其功能依靠 DDC 控制器控制出线回路接触器实现。根据工程经验，现将各类设备的基本控制方式总结如表 5-7～表 5-10。不同工程项目的控制方式有所区别，但可参考本动力配电箱系统控制说明，方便工作。虽然在工程中可以列写本表，但应注意本设备控制说明表只能作为控制参考，不能作为最终的招标依据。具体的设备控制方式仍应参看设备专业的要求与弱电中的能源管理系统图。

一般控制方式 　　　　　　　　　　　　　　　　　　　　　表 5-7

符号	名称	控制功能	备　注
BA1-K	空调机组	BAS 采用交(直)流 24V 触点控制启停空调机组的送风机、风阀、加湿器、净化装置并返回启停动作及故障信号	a. 空气处理机组中加湿器控制点由加湿器柜提供。 b. 联锁排风机号详见设备表
BA1-P	排风机	BAS 采用交(直)流 24V 触点控制启停排风机(变频)，此排风机与送风机联锁开启，并返回启停动作及故障信号	联锁送风机号详见设备表
BA1-S	送风机	BAS 采用交(直)流 24V 触点控制启停送风机并返回启停动作及故障信号	联锁排风机号详见设备表
BA2-X	新风机	BAS 采用交(直)流 24V 触点控制启停新风机组的送风机、在防冻阀达到设定温度时，由 BAS 系统停送风机并返回启停动作及故障信号	联锁排风机号详见设备表
BA2-Y	诱导风机	BAS 采用交(直)流 24V 触点控制与送风机、排风机联锁	地下车库内
BA3-1	污水泵 (二台水泵一组)	返回污水泵动作及故障信号。返回低、高、警戒三水位信号	液位开关控制 1 台泵低水位停高水位启。警戒水位 2 台同时启，BAS 从配电箱处收点，只监不控制。TZ946 控制器包含相关控制二次接线
BA3-2	污水泵 (三台水泵一组)	返回污水泵动作及故障信号。返回低、中、高、警戒四水位信号	液位开关控制 1 台泵低水位停、中水位开 1 台、高水位开 2 台、警戒水位开 3 台 BAS 从配电箱处收点，只监不控。TZ946 控制器包含相关控制二次接线
BA3-3	污水泵 (四台水泵一组)	返回污水泵动作及故障信号。返回低、中、高、警戒五水位信号	液位开关控制 1 台泵低水位停、中水位开 1 台、次高水位开 2 台、高水位开 3 台、警戒水位开 4 台 BAS 从配电箱处收点，只监不控。TZ946 控制器包含相关控制二次接线
BA4	中水给水泵	压力继电器动作后，BAS 采用交(直)流 24V 触点控制启停中水给水泵并返回启停动作及故障信号	厂家配套控制柜，BAS 只从控制柜取相应控制信号
BA5	绿化加压泵	压力继电器动作后，BAS 采用交(直)流 24V 触点控制启停绿化加压泵并返回启停动作及故障信号	
BA6	雨水处理泵	压力继电器动作后，BAS 采用交(直)流 24V 触点控制启停雨水处理泵并返回启停动作及故障信号	
BA7	冷却塔补水泵	压力继电器动作后，BAS 采用交(直)流 24V 触点控制启停冷却塔补水泵并返回启停动作及故障信号	

续表

符号	名称	控制功能	备　注
BA8	生活给水泵	压力继电器动作后,BAS采用交(直)流24V触点控制启停生活给水泵并返回启停动作及故障信号	厂家配套控制柜,BAS只从控制柜取相应控制信号
BA10	空调冷热水定压补水装置	BAS采用交(直)流24V触点控制启停空调冷热水定压补水装置并返回启停动作及故障信号	
BA2	公共照明	BAS采用直流24V有源触点控制开启公共照明灯并返回动作信号	
FAB	切断非消防电源	FAS采用直流24V有源触点控制切断非消防电源返回动作及故障信号	信号取自断路器分励脱扣附件
FAH	直接硬线启停	由消防控制室直接硬线启停	消防控制室应由硬拉线控制柜

消防控制方式　　　　　　　　　　　　表5-8

符号	名称	控制功能	备　注
FA-P	排烟风机	FAS采用直流24V有源触点控制开启排烟阀后,联锁开启对应排烟风机,280℃防火阀关闭后,联锁关闭排烟风机并返回动作及故障信号	排烟阀详消防平面及设备通风空调平面
FA-B	排烟补风机	FAS采用直流24V有源触点控制开启排烟阀或排烟风机后,联锁开启对应排烟补风机并返回动作及故障信号	排烟阀及对应排烟风机详消防平面及设备通风空调平面
FA-J1	正压风机(前室)	FAS采用直流24V有源触点控制开启相应防火分区内的加压送风口联锁开启对应正压风机及联动阀并返回动作及故障信号	加压送风口及联动阀详消防平面及设备通风空调平面(加压送风口及联动阀最多为三个防火分区内设备)
FA-J2	正压风机(楼梯间)	FAS采用直流24V有源触点控制开启正压风机及联动阀并返回动作及故障信号	联动阀详消防平面及设备通风空调平面(联动阀最多为三个防火分区内设备)
FA-K	空气压缩机	受压力开关控制,动作信号返回FAS	
FA-1	消防污水泵(二台水泵一组)	返回消防污水泵动作及故障信号返回低、高、警戒三水位信号	液位开关控制一台泵低水位停,高水位启。警戒水位两台同时启,消防系统从配电箱处收点,只监不控
FA-2	应急照明	FAS采用直流24V有源触点控制开启应急照明灯并返回动作信号	平时就地可控灯具火灾时为常明状态
FA-3	消火栓加压泵	FAS采用直流24V有源触点控制开启消火栓加压泵并返回动作信号	
FA-4	喷淋加压泵	FAS采用直流24V有源触点控制开启喷淋加压泵并返回动作信号	
FA-5	水喷雾加压泵	FAS采用直流24V有源触点控制开启水喷雾加压泵并返回动作信号	

符号	名称	控制功能	备　注
FA-6	大空间主动喷水加压泵	FAS 采用直流 24V 有源触点控制开启主动喷水加压泵并返回动作信号	
FA-7	水炮加压泵	FAS 采用直流 24V 有源触点控制开启水炮加压泵并返回动作信号	
FA-8	消防稳压泵	消防水管道缺水,发出警报信号立即自动启动消火栓(喷洒)泵消防泵启动后,稳压泵自动停止直至消防泵停止运转	厂家配套控制柜,FAS 从控制柜取相应控制信号,并返回控制室。

风机兼用控制方式　　　　　　　　　　　　表 5-9

符号	名称	控制功能	备　注
BA1-K&FA-B	空调机组兼排烟补风机	平时 BAS 采用交(直)流 24V 触点控制启停空调机组的送风机并返回启停动作及故障信号。 火灾 FAS 采用直流 24V 有源触点控制开启排烟阀或排烟风机后联锁开启对应排烟补风机返回动作及故障信号	a. 空气处理机组中加湿器控制点由加湿器柜提供。 b. 联锁排烟机号详见设备表 c. 排烟阀详见消防平面及设备通风空调平面
BA1-B&FA-P	排风机兼排烟风机	平时 BAS 采用交(直)流 24V 触点控制启停排烟机(变频),此排烟机与送风机联锁开启,并返回启停动作及故障信号。 火灾 FAS 采用直流 24V 有源触点控制开启排烟阀后,联锁开启对应排烟风机返回动作及故障信号	联锁送风机号详见设备表 排烟阀详消防平面及设备通风空调平面
BA1-S&FA-B	送风机兼排烟补风机	平时 BAS 采用交(直)流 24V 触点控制启停送风机并返回启停动作及故障信号。 火灾 FAS 采用直流 24V 有源触点控制开启排烟阀后,联锁开启对应排烟风机返回动作及故障信号	联锁排烟机号详见设备表 排烟阀详消防平面及设备通风空调平面
BA2-X&FA-B	新风机兼排烟补风机	平时 BAS 采用交(直)流 24V 触点控制启停新风机组的送风机并返回启停动作及故障信号。 火灾 FAS 采用直流 24V 有源触点控制开启排烟阀后,联锁开启对应排烟风机返回动作及故障信号	联锁排风机号详见设备表 排烟阀详消防平面及设备通风空调平面

(7) 线支与电气元件选型

① 动力设备通常都是三相的,线支应选择 4 芯的 (3 根相线和 1 根保护线),各电气元件选型时应选择三相的 (如断路器"S203P-K6"中的"3P"代表三相)。

② 根据设备用电容量确定元器件。通过计算公式 (5-1) 算出计算电流 (I_e),进而根据整定电流确定开关,并配套选择接触器与热继电器,其系统见图 5-34 上部分。也可根

据电流选择"三合一开关"替代"断路器＋接触器＋热继电器"，其系统见图 5-34 下部分。以一个 7.5kW 排风机为例，其系统见图 5-35。

冷水机组控制方式 表 5-10

符号	名称	控制功能	备　　注
BA9-1	冷却水泵	BAS 采用交(直)流 24V 触点控制启停冷却水泵并返回启停动作及故障信号	开启顺序： a. 冷却水泵 b. 冷却塔 c. 一次冷冻水泵 d. 二次冷冻水泵 e. 冷水机组
BA9-2	冷却塔	BAS 采用交(直)流 24V 触点控制启停冷却塔并返回启停动作及故障信号	
BA9-3	一次冷冻水泵	BAS 采用交(直)流 24V 触点控制启停一次冷冻水泵并返回启停动作及故障信号	
BA9-4	二次冷冻水泵	BAS 采用交(直)流 24V 触点控制启停二次冷冻水泵并返回启停动作及故障信号	关闭顺序： a. 冷水机组 b. 二次冷冻水泵 c. 一次冷冻水泵 d. 冷却塔 e. 冷却水泵
BA9-5	冷水机组	BAS 采用交(直)流 24V 触点控制启停冷水机组并返回启停动作及故障信号	

$$I_{js} = \frac{P_{js}}{\sqrt{3} \cdot U \cdot \cos\varphi} \tag{5-1}$$

式中　I_{js}——计算电流；

　　　P_{js}——实际功率；

　　　U——电压，因配电箱进线为三相，所以 $U=380V=0.38kV$；

　　　$\cos\varphi$——功率因数，据工程经验，通常取 0.8。

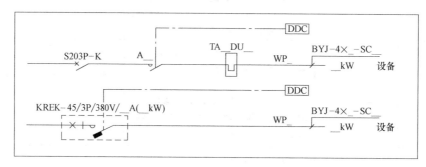

图 5-34　两种电气元件设计方式对比图

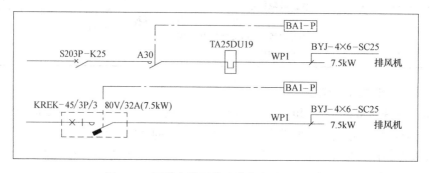

图 5-35　两种电器元件设计方式对比示例图

③ 根据设备用电容量确定线型。线型是与电器元件匹配的，电器元件的载流量小于线支，用于保护线缆。通过容量可以同时确定线型与电器元件。线支所穿钢管的管径是根据线型（线支材料，线支数量，线径）确定的。配电线支通常选用普通电线（WDZ-BYJ）、普通线缆（WDZ-BYJY）、普通电缆（WDZ-YJY）、消防电线（WDZN-BYJ）、消防线缆（WDZN-BYJY）、消防电缆（WDZN-YJY）六种。按照选用的管径排序为：WDZ-BYJ＜WDZN-BYJ＜WDZ-BYJY＜WDZN-BYJY＜WDZ-YJY＜WDZN-YJY。关于设备容量与电气元件及线型的配合关系可参看表5-11。

电机直接启动的线支与电气元件选型表　　　　　　表5-11

电机 P(kW)	电流 I_e(A)	断路器 I_z(A)	接触器	热继电器	（三合一）元件 KREK-45(B)	电线 WDZ(N)-BYJ	电缆 WDZ(N)-YJY	穿钢管
				传统元器件	新型元器件			
0.37	1.1	S203P-K6	A9	TA25DU2.4	KREK-45/3P/380V/3A(0.37kW)	BYJ-4×2.5	YJY-4×4	SC25
0.55	1.6	S203P-K6	A9	TA25DU2.4	KREK-45/3P/380V/10A(0.55kW)	BYJ-4×2.5	YJY-4×4	SC25
0.75	2	S203P-K6	A9	TA25DU2.4	KREK-45/3P/380V/10A(0.75kW)	BYJ-4×2.5	YJY-4×4	SC25
1.1	2.8	S203P-K6	A9	TA25DU4	KREK-45/3P/380V/10A(1.1kW)	BYJ-4×2.5	YJY-4×4	SC25
1.5	3.7	S203P-K10	A16	TA25DU5	KREK-45/3P/380V/10A(1.5kW)	BYJ-4×2.5	YJY-4×4	SC25
2.2	5.1	S203P-K10	A26	TA25DU6.5	KREK-45/3P/380V/10A(2.2kW)	BYJ-4×2.5	YJY-4×4	SC25
3	6.7	S203P-K16	A26	TA25DU8.5	KREK-45/3P/380V/16A(3kW)	BYJ-4×4	YJY-4×4	SC25
4	8.8	S203P-K16	A30	TA25DU11	KREK-45/3P/380V/16A(4kW)	BYJ-4×4	YJY-4×4	SC25
5.5	12	S203P-K16	A30	TA25DU14	KREK-45/3P/380V/25A(5.5kW)	BYJ-4×6	YJY-4×6	SC32
7.5	16	S203P-K25	A30	TA25DU19	KREK-45/3P/380V/32A(7.5kW)	BYJ-4×10	YJY-4×10	SC40
11	23	S203P-K32	A30	TA42DU25	KREK-45/3P/380V/40A(11kW)	BYJ-4×16	YYJ-4×16	SC50
15	30	S203P-K40	A50	TA75DU42	KREK-45/3P/380V/50A(15kW)	BYJ-4×16	YYJ-4×16	SC50
18.5	37	S203P-K50	A50	TA75DU52	KREK-45/3P/380V/63A(18.5kW)	BYJ-3×25+1×16	YJY-3×25+1×16	SC50
22	43	S203P-K63	A50	TA75DU52	KREK-45/3P/380V/63A(22kW)	BYJ-3×25+1×16	YJY-3×25+1×16	SC50

【注】该表依据国家标准图集和厂家样本总结而成。该选型表供设计师快速选型参考。设计师应根据工程实际情况制成自己的选型表。

④ 星三角启动与软启动。通常电机采用直接启动方式，但当电机容量较大时，为避免同时启动设备过多而无法启动的情况，一般动力负荷采用软启动，消防动力负荷采用星三角启动。直接启动与软启动或星三角启动是以接入变配电室内变压器容量的3%为分界点。以工程中使用800kVA变压器为例，其分界点为24kW（800×3%＝24kW）。依据工程经验，考虑到设备同时启动等问题，中型或大型工程通常以30kW作为分界点，即使变压器容量很大仍以30kW作为分界点。

一般负荷在30kW以上时使用软启动方式，见图5-36（a）上部分。关于需软启动的设备容量与电气元件及线型的配合关系可参看表5-12。

消防负荷在30kW以上时使用星三角启动方式，见图5-36（b）上部分。以30kW排烟风机为例，见图5-36（b）下部分。参看本书"5.4配电"中式（5-1）和式（5-2），可得出该设备计算电流是57A，断路器应选择整定电流为80A的元器件，参看厂家样本，选定"T2N160 MA80"型号。按照星三角原理可知，断路器应按末端接入设备电量的全计算电流选择，而接触器与热继电器则分别按照计算电流的1/3和$1/\sqrt{3}$选择，并配合选择出线线缆。接触器分为三种类型，见图5-36（b）上部分中KM1、KM2、KM3。KM2应按照计算电流的1/3选择，57A的1/3是19A，整定电流为32A，故KM2选择"A30"

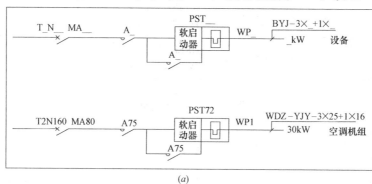

(a)

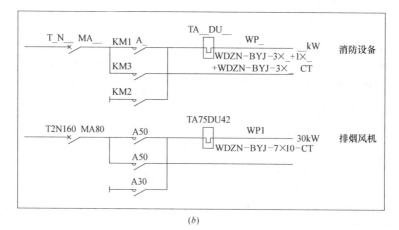

(b)

图5-36 星三角启动与软启动

（a）软启动；（b）星三角启动

型号接触器。KM1 和 KM3 则按照计算电流的 $1/\sqrt{3}$ 选择，57A 的 $1/\sqrt{3}$ 是 33A，整定电流为 40A，故 KM1 和 KM3 选择"A50"型号接触器。热继电器按照计算电流的 $1/\sqrt{3}$ 选择，整定电流为 40A，故选择"TA75DU42"型号热继电器。出线线缆配合热继电器及 KM1 和 KM3 接触器，选择与整定电流 40A 配合的线缆"WDZN-BYJ-7×10-SC65"。

【注】消防设备应使用星三角启动方式。消防设备一般电量较小，通常消防泵用电量较高，星三角启动可参看本书"5.3.2 动力配电设计（5）中的消防泵房配电"。

电机软启动的线支与电气元件选型表　　　　表 5-12

电机 $P(\mathrm{kW})$	电流 $I_e(\mathrm{A})$	开关 $I_z(\mathrm{A})$	接触器	软启动器		电缆 WDZ-YJY	穿钢管
30	58	T2N160 MA80	A75	PST72		3×25+1×16	SC65
37	70	T2N160 MA100	A95	PST85		3×35+1×16	SC65
45	85	T2N160 MA125	A110	PST105		3×50+1×225	SC65
55	103	T2N160 MA160	A145	PST142		3×70+1×35	SC80
75	140	T4N250 MA200	A185	PST175	内置电子过载继电器；带旁路接触器	3×95+1×50	SC80
90	167	T4N250 PR225	A210	PST210		3×120+1×70	SC100/MR
110	203	T4N250 PR250	A260	PST250		3×150+1×70	SC100/MR
132	242	T5N400 PR300	A300	PST300		3×185+1×95	SC100/MR
160	290	T5N400 PR360	AF400	PST370		3×240+1×120	SC125/MR
200	360	T5N630 PR440	AF460	PST470		2×[3×120+1×70]	MR
250	445	T5N630 PR535	AF580	PST570		2×[3×150+1×70]	MR

5.3.2　动力配电设计

动力设备多种多样，随着科技的发展与生活水平的提高，设备仍在不断提出新的配电与控制要求。无论何种设备都应首先区分设备的供电等级，然后确定设备的电压，最终根据平面中的位置完成配电设计。

① 分清供电等级。排风机（EAF）、空调机组（AHU）、VRV、新风机组（PAU）、热回收机组（RPAU）、分体空调、多联机空调、精密空调、热风幕等，为一般动力负荷，只用于平时状态，属于三级负荷供电（单路供电）。排烟风机（SEF）、补风机（MAF）、正压风机（PSF）、事故用排风机等，为应急动力负荷，用于消防状态，属于一级或二级负荷（双路供电）。电梯为一般动力负荷，但考虑到人员安全性，采用双路供电方式。消防电梯为消防动力负荷，双路供电。

【注】消防负荷应与一般的一级或二级负荷分开供电。

② 看清设备表，分清配电电压等级。所有需要电源的动力设备均需配电到位，动力配电分为三相配电（380V）与单相配电（220V）两种电压等级，根据设备的需要完成配电。

③ 根据平面图中的设备及设备编号，完成电气图纸上的平面设计，并完成系统配电。建筑物中设备专业的设备主要位于风道平面图纸上，包含：排风、新风机房与空调机房

等。另外，潜污泵及生活水泵房等与水相关设备位于给排水平面图中。消防泵房设备位于消防平面图中。

（1）一般动力负荷（位于设备风道平面图中的设备）

在风道平面中，区分出一般动力负荷与应急动力负荷是十分重要的，其主要取决于设备自身的作用，用于建筑平时运转的设备是一般动力，用于消防情况下的是应急动力。现将一般动力负荷用电设备列举如下。

① 空调机组（AHU）、新风机组（PAU）的配电方式相近，见图5-37和图5-38。通常只需向机组供电，但有时可能需要增加静电除尘、加湿或电辅助加热等辅助功能，而这些功能则需要另外配电。加湿为联动开启，需要配有接触器，而静电除尘为自带控制，只需要配电即可，此两项均为单相配电。电辅助加热则按三相动力配电使用三合一开关元件即可，见图5-38。（三合一开关元件即断路器、接触器、热继电器三者的相互配合）。

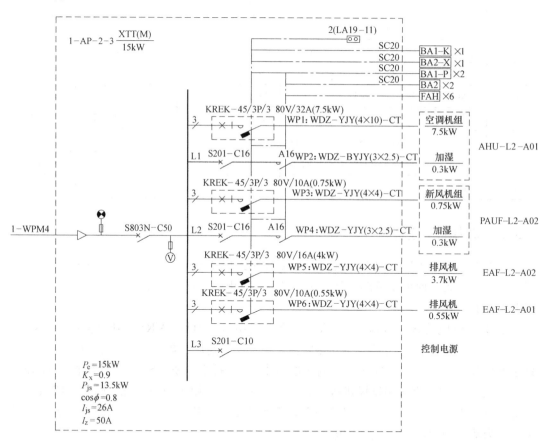

图5-37　空调机组、新风机组配电系统图（一）

【注】最后一列为设备专业的设备编号。

② 热回收机组（RPAU）分为送风段、回风段、轮转风机三部分，送回风段均为三相配电，轮转风机为单相配电。另外，作为风机组，其同样可以加装静电除尘与加湿功能，见图5-39。

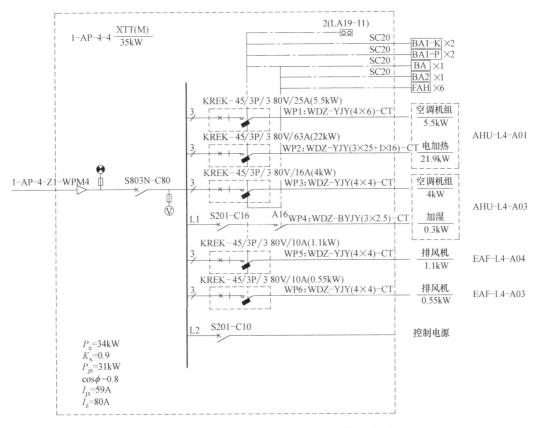

图 5-38 空调机组、新风机组配电系统图（二）

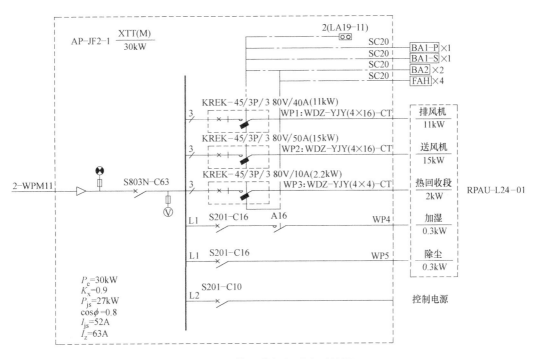

图 5-39 热回收机组配电系统图

【注】AHU、PAU、RPAU 这三种设备现今情况下通常配有单相用电（220V）的静电除尘和加湿，注意要分别为其配电，单独控制。

③ VRV 室内机为单相配电，且电量通常不大于 100W。室内机均采用所在区域的一般照明配电箱配电，其室内机的控制是通过控制面板实现的。而室外机为三相配电，通常置于屋面或室外地面，其为整套的机组，机组自带控制器等设备。电气专业只需完成配电，采用断路器作为保护即可，不需要使用三合一开关元件，见图 5-40。因 VRV 室外机为变频设备，其自己带有相应的控制系统，只需配电。但需注意变频设备的线缆应采用"4＋1"线型的线缆。

【注】图 5-40 中，因油烟净化机组设备容量较大。根据该项目采用的变压器，超过设备直接启动的最大容量，故 WP3 与 WP4 回路采用软启动方式。另外，本动力箱位于室外，故采用浪涌保护器。

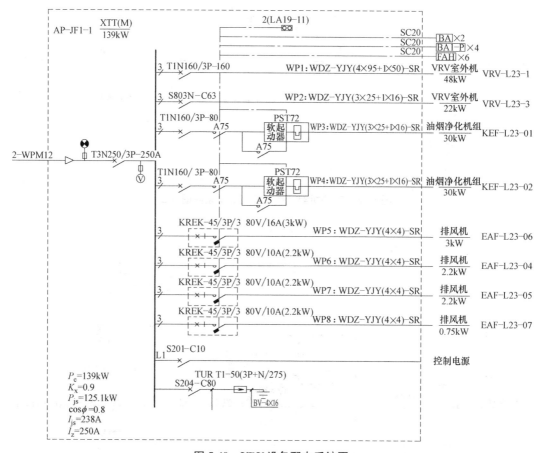

图 5-40　VRV 设备配电系统图

④ 多联机空调与分体空调相似。不同的是，分体空调是一台室内机对应一台室外机（一对一），而多联机是多台室内机对应一台大功率的室外机（多对一），见图 5-41 中 WP1 回路。多联机室内机与分体空调室内机，都是 220V，容量均在 100W 左右，由室内供电，多联机室外机为 380V，可用三合一开关元件。室内机均采用所在区域的一般照明配电箱配电，其室内机的控制是通过控制面板实现的。

⑤ 精密空调（恒温恒湿机组）室内机与室外机均采用 380V 的电压供电。室外机电量

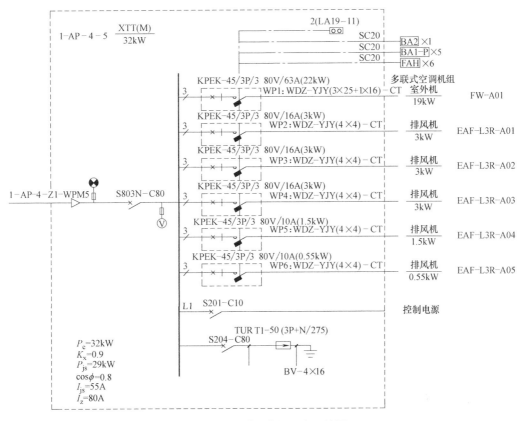

图 5-41 多联机空调配电系统图

较小，见图 5-42 中 WP3 与 WP4 回路。室内机电量较大，见图 5-43。精密空调通常用于

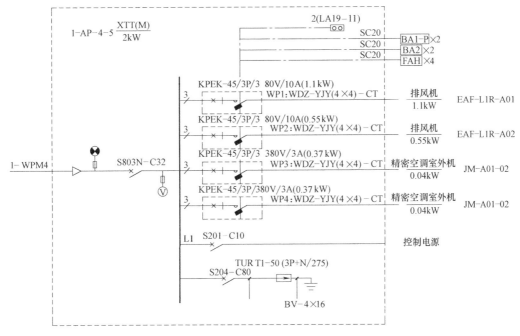

图 5-42 精密空调室外机配电系统图

大型数据机房，档案库等对于温湿度要求较高的场所。

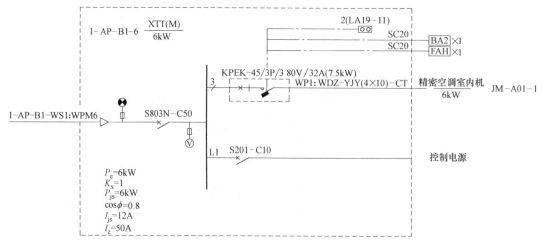

图 5-43　精密空调室内机配电系统图

⑥ 热风幕（GAF）设备分为两类：一种是水热风幕，另一种是电热风幕。水热风幕采用热水供热，风幕只需提供 220V 电压为热风幕中的轮转风机供电，采用一般照明配电箱配电即可。但应注意其回路应设置接触器并纳入 DDC 系统控制。电热风幕则需提供 380V 电压为电辅助加热供电，还需要提供 220V 电压为热风幕中的轮转风机供电。为保证电辅助加热与轮转风机联动启停，通常只提供一路五芯线缆配电，施工时电辅助加热采用其中的三相与地线连接，轮转风机则用其中的一根相线、零线、地线三根线连接。

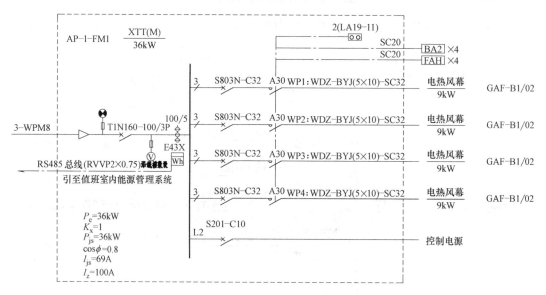

图 5-44　热风幕配电系统图

【注】此配电箱在进线处安装了电能表，用以满足绿色建筑中对于分项计量的要求。通常电能表选用在 63A 以下时可采用直插式直接接入进线处，当大于 63A 时则需采用感应式，进线线路接入互感器，电能表通过互感器得到数值（选用直插式还是感应式，各厂

家存在差异）。

⑦ 排风机（EAF）通常是三相配电，用于排出建筑物内的空气，配合新风机组与送风机使用，带动空气流通，其系统图见图 5-41。

⑧ 送风机（SFF）与排风机配电方式相同，只是接触器的控制要求有所区别。送风机与排风机通常成对出现。

⑨ 排气扇。排气扇是为保证空气流通的设备，用于通风要求较低的地方，以卫生间为主，有时亦会用于较大的配电间等处。排气扇虽属设备专业所提动力设备，但是考虑到排气扇用电容量较低（约 20W），且需设置就地开关加以控制，故通常排气扇绘制于照明平面图中，接入照明回路，作为灯具考虑，但需单独控制。

（2）应急动力负荷（位于设备风道平面图中的设备）

在风道平面图中，判别应急动力负荷很重要，其主要是依据设备的使用环境所决定。通常用于消防与事故情况下的设备属于应急动力负荷（双路供电）。其主要包括：排烟风机（SEF）、补风机（MAF）、正压风机（PSF）、事故用排风机等。以上风机通常是三相配电（380V）设备，均可采用三合一开关元件配电。应急负荷与普通负荷的区别主要包含以下几方面。首先，配电箱进线采用双路供电，通过 ATS 完成转换。其次，应设置消防电源监测系统，监测进线处双路电源的供电情况，监测器设置在配电箱内，两路监测线接于断路器与 ATS 之间。最后，其计算中的需要系数取 1（消防时设备全部同时投入使用）。应急动力配电箱回路的开关元器件均需采用消防元器件，电缆则需选择满足消防要求的，如 WDZN 型线缆。同时，其与一般动力负荷相同的是，应注意前端的断路器比后面回路的断路器高一级以上。

① 排烟风机（SEF）通常采用三相配电，用于在消防状态下排出建筑物内的烟尘，其系统图见图 5-45。

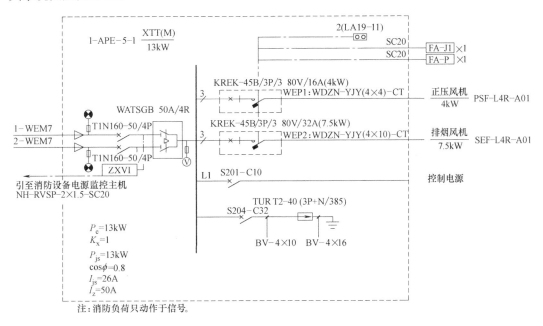

注：消防负荷只动作于信号。

图 5-45 排烟风机和正压风机配电系统图

② 正压风机（PSF），通常用于楼梯间等场所的送风，保证该处环境更有利于人员撤离，其系统图见图 5-45。

③ 补风机（MAF），通常用于补风，与排烟风机对应，保证空气的良好流通，进而使烟尘得以排出建筑物，其系统图见图 5-46。

④ 事故用排风机（EAF），是一种用于事故状态下排风的风机。其通常用于建筑物中特有的机房，如变配电室等。事故排风机用于事故状态而非消防状态，一般设备专业的设备表以排风机（EAF）编写设备编号，但会注明其用于事故状态下。该事故排风机应按照消防风机配电。图 5-46 中的 WEP2 回路的排风机兼作排烟风机使用，且为双速风机。当使用单纯的兼用风机则按照消防状态或事故状态的风机配电。当使用双速兼用风机时，则需元器件的接线比较特殊，以实现两种速度与两种状态的转换。平时使用 15kW 的排风机，消防状态下使用 7.5kW 的排烟风机。

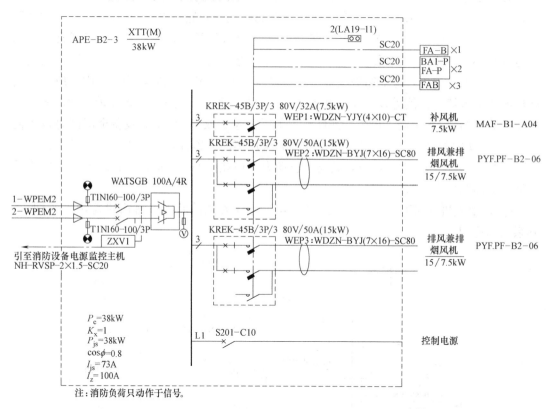

图 5-46　补风机平时与事故兼用风机配电系统图

（3）一般动力负荷（位于设备给排水平面图中的设备）

在给排水平面图中，通常包含排污泵、雨水泵、地暖分集水器、洗手盆电热水器等设备。其中排污泵、雨水泵是三相负荷，接入动力配电箱。地暖分集水器、洗手盆电热水器是单相负荷且位置较分散，通常就近接入照明配电箱。设备给排水平面中，还包含许多与给排水相关的设备，但大多集中位于特殊机房当中，如：换热站、锅炉间、给水机房、中水机房、冷却塔、制冷站、太阳能机房等（这些机房将在"（6）特殊机房"中详细介绍）。

① 排污泵，用于排出建筑物内的污水，通常位于建筑物的最底层。排污泵是二级负

荷，采用双路供电，但不属于消防负荷。当每个防火分区内的排污泵数量较少时，可采用干线直接连接每个配电箱。当每个防火分区内的排污泵数量较多时，考虑到每组排污泵的位置较分散且用电量较小，故常采用设置总配电箱，然后分配到各排污泵配电箱的方式。总配电箱采用双路供电，后分支单路电源至本防火分区内的每个排污泵配电箱，见图 5-47。再由分支配电箱为每组泵供电，见图 5-48 与图 5-49。这样既保证了较高的供电可靠性，又方便施工，避免需利用干线的大电缆连接每个配电箱。排污泵通常是一用一备，高水位时同时启动的（在设备表中应有所描述），故配电箱用电容量需按照两台泵同时启动计算。

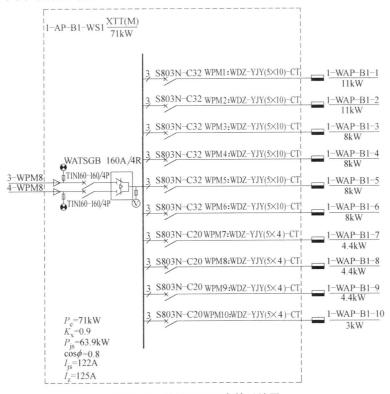

图 5-47　排污泵总配电箱系统图

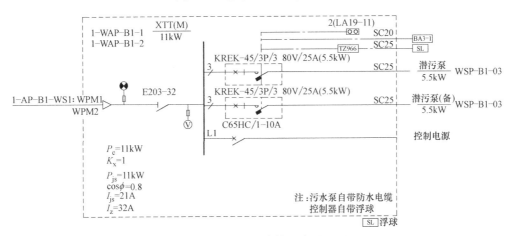

图 5-48　排污泵配电箱系统图（一）

【注】总配电箱的出线（如图 5-47 中 1-AP-B1-WS1 的 WPM1 回路）中的断路器（如图 5-47 中 S803N-C32）的整定值应大于分支配电箱的进线断路器，或者分支配电箱的进线隔离开关采用与总配电箱出线回路断路器同级的开关（如图 5-48 中 E203-32）。

与分支配电箱对应的平面图，见图 5-50，泵坑是由设备专业确定，最终反馈在建筑专业图纸当中的。通常在靠门处设置动力配电箱，并预留三根管径为 25mm 的管路通向泵坑，并注明线支由排污泵厂家配套。其中两个泵各配一管路，水位探测器配一管路，用以实现两个泵的水位检测。另外，需注明配电箱编号、电量、干线编号与线型等。

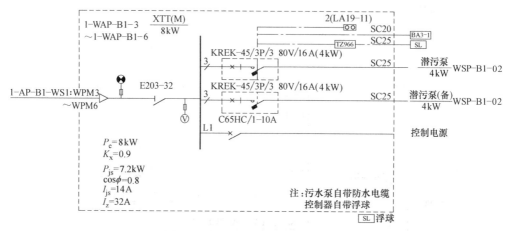

图 5-49　排污泵配电箱系统图（二）

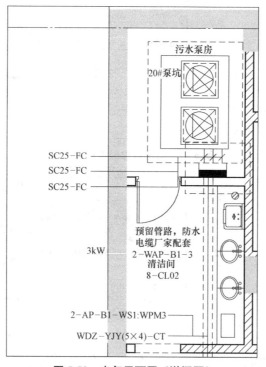

图 5-50　电气平面图（潜污泵）

② 雨水泵，用于建筑室外的雨水收集，称作雨水提升泵。雨水泵通常位于建筑的室

外，保证各处的雨水最终被统一收集到蓄水池中。其设计方式与排污泵基本相同，区别在于控制要求不同于排污泵，且雨水泵的总配电柜可采用三级负荷，按照单路供电，见图5-51。分支配电箱见图5-52。

【注】雨水泵数量较少时也可采用干线连接的方式。

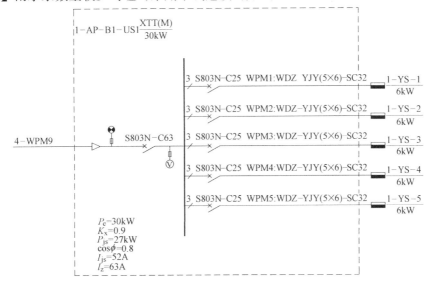

图 5-51　雨水泵总配电箱系统图

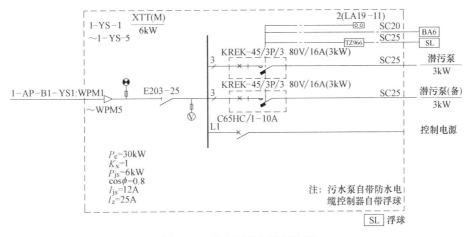

图 5-52　雨水泵配电箱系统图

（4）应急动力负荷（位于设备给水排水及消防平面上的设备）

在设备专业的给水平面图中，消防负荷主要包含消防排污泵。在设备专业的消防平面图中，消防负荷主要包含消防泵（在"（6）特殊机房"中详细介绍）。

消防排污泵，在给水平面中，位于消防电梯井底、消防泵房内设有消防给水系统的地下室、仓库的排污泵通常是消防排污泵，其属于消防负荷，需接入应急动力配电箱，采用双路供电，且保证末端互投。消防排污泵与普通排污泵基本相同，主要区别在于进线为双路供电，其系统见图5-53。

（5）特殊设备

在动力配电中，存在一些特殊的配电方式与一些特殊的设备，如变频设备、双速风

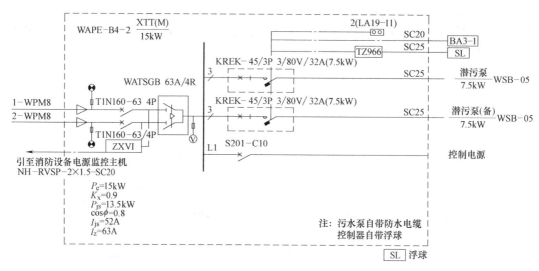

图 5-53 消防排污泵配电箱系统图

机、兼用风机、风机内两台电动机同时运行、自带控制柜的设备、由其他房间配电需设隔离箱等。同时还有些设备不是针对设备专业的配电，而是针对建筑专业的配电设备，如电梯，扶梯等。

① 双速风机：双速风机是指拥有两种风速的鼓风设备，决定风速的因素主要是风机转速。风机可以靠改变电流或电压来改变转速。常有交流和直流两种。设备专业在设计过程中，会针对高层地下室平时排风与事故排烟两种速度的工作状态，双速异步电动机尤为适合。属于异步电动机变极调速，是通过改变定子绕组的连接方法达到改变定子旋转磁场磁极对数，从而改变电动机的转速。因此，该回路通过两个断路器采用特殊构造结合在一起，并配以 7 芯电缆实现两种状态。电缆与开关元件均按照大电量的设备选择。该处采用的 7 芯电缆中，3 根相线供给排风机，3 根相线供给排烟风机，还有 1 根保护线。双速风机系统配电见图 5-46，该图是双速兼用风机，单纯的双速风机若无消防负荷，则开关元器件选择普通型，配电箱进线为单路供电，控制方式相应调整。

【注】电缆生产过程中没有 7 芯电缆，故通常采用 4 芯电缆加 3 芯电缆或 7 根单芯电缆满足需求。

② 风机内两台电动机同时运行：通常风机是单台轮转风机运行提供单一风速，而两台轮转风机同时运行是由两台风机提供单一风速的。当遇到这种情况时，两个风机应分别供电，分为两回路，但是应注明这两条回路的接触器是联动开启与关闭的。其平面见图 5-54，系统见图 5-55。

③ 兼用风机：设备专业在设计中经常利用风机的兼用功能。防排烟系统与通风空调系统兼用，不仅可以减少占用空间，节省建设费用，还可以提高防排烟系统的可靠性。

通常风机都是单一状态运行的，但在兼用情况下会选择使用兼用风机。以排风兼排烟风机为例，平时状态使用排风功能，排出建筑物内空气，消防状态使用排烟功能，排出建筑物内烟尘。对于电气专业来说，其配电方式与普通风机相同。值得注意的是，当兼用功能中有消防状态风机时，应按消防负荷配电。存在一种特殊情况，是双速兼用风机，其系统见图 5-46。

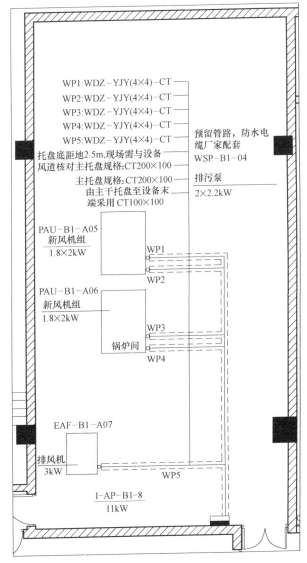

图 5-54 电气平面图（风机内两台电动机同时运行）

④ 变频设备：变频设备由于造价较高，应用并不广泛。变频器的选用情况是由设备决定，其可应用于多种非消防设备，如燃气锅炉、水循环泵、风机等都可选为变频的。变频设备在配电方式上有所区别于普通设备，所以要十分注意设备表中的相关标注，并应主动询问设备专业人员是否存在变频设备。

为变频设备配电时需要将供电电缆接入变频器后再接入设备机组。配电采用 5 芯电缆结合断路器作为保护元器件即可，系统见图 5-56。

⑤ 自带控制箱设备：一些特殊设备的控制方式较为复杂，通常由厂家自行提供配套的控制箱。在设备表中，此类设备通常在备注中写明自带控制箱。常见的设备有为厨房提供排油烟的油烟净化机组，位于高位水箱间的消防稳压泵，生活水机组，中水机组等。此类设备只需完成供电，采用断路器保护 5 芯电缆接至设备控制箱的方式。当配电处只有自带控制柜的设备时，可由干线直接预留电缆至该控制柜处，后期施工直接将电缆接至该机

179

组控制柜。

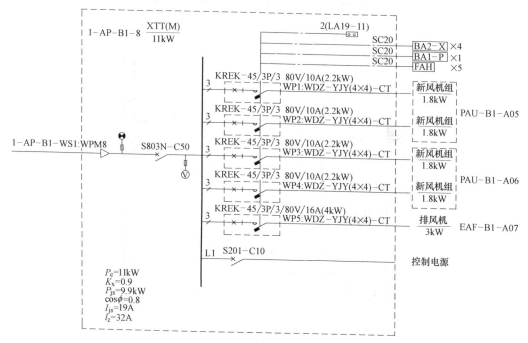

图 5-55　风机内两台电动机同时运行配电系统图

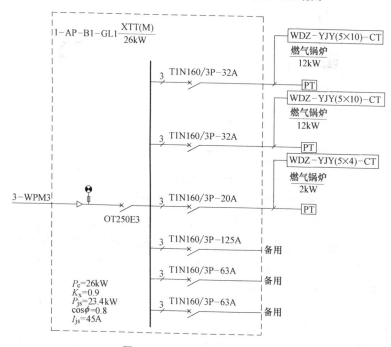

图 5-56　变频设备配电系统图

⑥ 隔离箱：当动力配电箱与所配电的设备不在同一房间内时，为保证人身安全（保证就地断电），故通过在设备所在房间内设置隔离箱的方法，实现安全断电功能，平面见图 5-57。图 5-57 中，空调机房内设有动力配电箱，位于下方的库房中有一台风机考虑到

经济性，故在库房中设置隔离箱而不单独设置动力配电箱。该平面对应的系统见图 5-58，其中的 WP4 回路是设有隔离箱的回路。

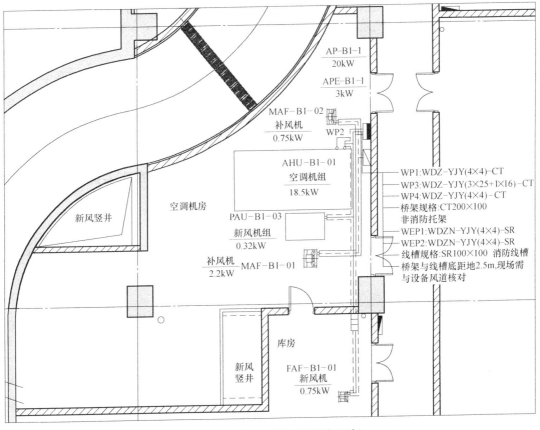

图 5-57 电气平面图（隔离箱设计）

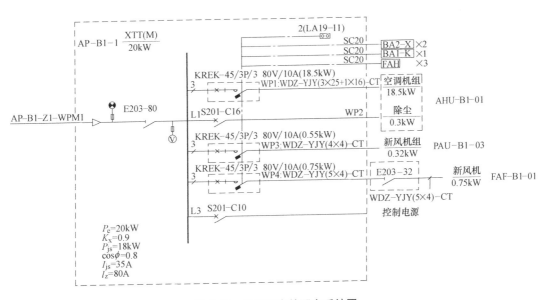

图 5-58 采用隔离箱配电系统图

　　⑦ 电梯：电梯是一种以电动机为动力的垂直升降机，装有箱状吊舱，用于多层建筑乘人或载运货物。电梯主要分为两种类型，有机房电梯与无机房电梯。值得注意的是电梯都需设置浪涌保护器，室内采用二级 SPD，室外采用一级 SPD。SPD 用于保护电梯，避免雷击造成的损坏。若是消防电梯，其进线应采用双路供电，开关元器件及电缆均应满足下方要求。另外，电梯为变频设备，线缆应采用"4＋1"线型。

　　有机房电梯：通常楼层较高的建筑设置有机房电梯，且电梯机房位于电梯井的顶部。以客梯为例，其需双路电源供给，采用一般动力负荷的双路电缆供电，见图 5-59。另有大型电梯（如汽车电梯），通常采用液压电梯，液压电梯的机房通常位于地下，也就是在电梯基坑旁，亦采用一般动力负荷的双路电缆供电。图 5-59 中，一个配电箱为两部客用电梯供电，每个电梯井道内设置一路井道照明，各留一路井道检修插座，且每个轿厢留一路轿厢内照明用电。另外，机房内需设置机房插座，并为电梯机房内设备降温，需设置分体空调，配分体空调插座。消防电梯配电箱系统见图 5-60。

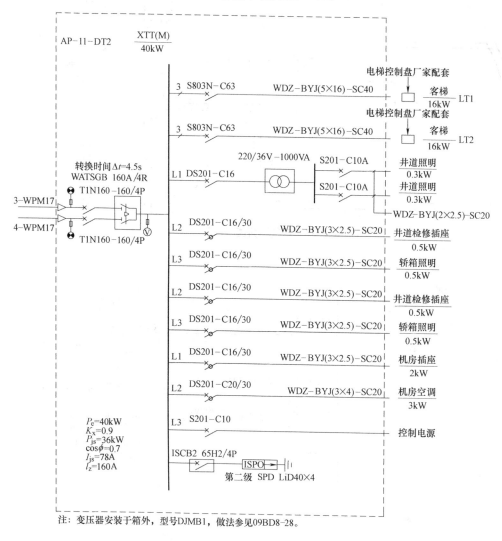

　　注：变压器安装于箱外，型号 DJMB1，做法参见 09BD8-28。

图 5-59　有机房电梯配电箱系统图

【注】为保证检修人员安全，井道照明需采用特低压灯，利用变压器将220V电压变为36V，采用2芯线路（一根相线，一根零线）供电。

无机房电梯：通常楼层较低的建筑设置无机房电梯，其控制箱由电梯厂家提供且安装在电梯井道内部，电气设计需提供电源。电梯动力配电箱设置于电梯井道外的电梯旁，配电箱放置在不影响美观的位置或后期装修可以包上的位置。通常位于电梯最上层，动力配电箱通常暗装在电梯旁的墙面，见图5-61。由无机房电梯厂家样本可知，其井道照明、井道检修插座、轿厢照明的配电仍需电气设计完成，其系统见图5-62。

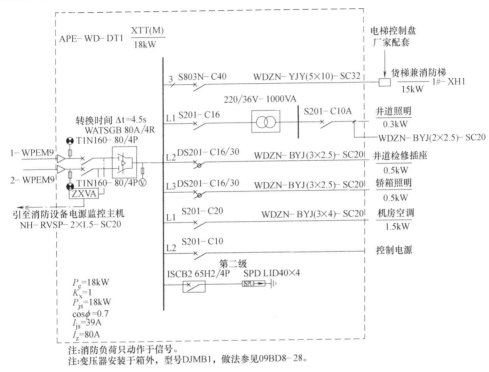

图 5-60　消防电梯配电箱系统图

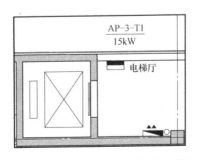

图 5-61　电气平面图（无机房电梯）

【注1】电梯按功能可分为客梯与货梯，无论是有机房还是无机房电梯都存在客梯与货梯两种形式。客梯需双路供电，而货梯可以单路供电，两者只在进线端有所区别。

【注2】电梯的负荷计算，配电箱给1台电梯配电时需要系数取1，2台电梯取0.9，3

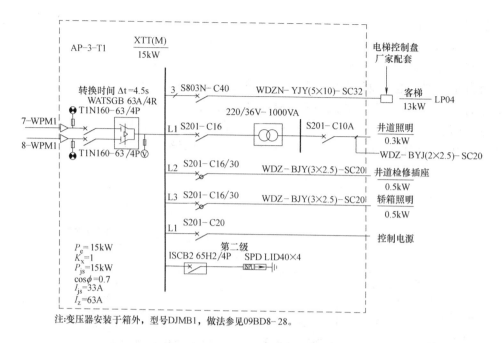

图 5-62　无机房电梯配电箱系统图

台电梯取 0.85，4 台电梯取 0.8，且一般不超过 4 台电梯。另外，功率因数取 0.7。

⑧ 扶梯：自动扶梯是由一台特种结构形式的链式输送机和两台特殊结构形式的胶带输送机所组合而成，带有循环运动梯路，用以在建筑物的不同层高间向上或向下倾斜输送乘客的固定电力驱动设备，是运载人员上下的一种连续输送机械。

扶梯采用单路供电，通常是成对出现的（一部由本层至上层，另一部由上层至本层），每部扶梯留一个接线盒，完成配电。扶梯自带的控制箱位于本层地面的扶梯下沉坑位中，其配电应由下层配电箱提供，线路由下层的专用扶梯配电箱引出，由吊顶直接接入本层扶梯基坑当中，平面设计见图 5-63，系统见图 5-64。扶梯是变频设备，所以其配电采用电缆配合断路器设计。依据工程经验，若建筑专业无法提供参数时，一般情况下每部扶梯可按 15kW 预留电量。

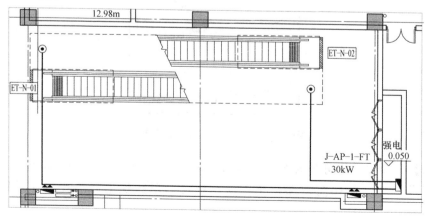

图 5-63　电气平面图（扶梯）

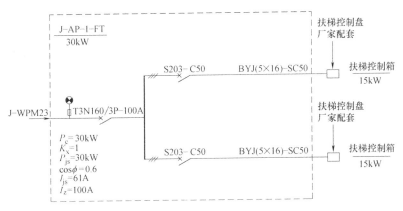

图 5-64　扶梯配电箱系统图

（6）特殊机房

建筑中涵盖设备与电气两个专业的各种机房。电气主机房均需设置专用的配电箱为其中的设备供电。设备专业包括：空调机房、排风机房、排烟机房、换热站、消防泵房、锅炉间、给水机房、中水机房、冷却塔、制冷站、燃气表间、太阳能机房等。电气专业包括：消防安防控制室、强电配电间、弱电配电间、变配电室等。设备专业的一般机房内的设备配电已在前文有过阐述，这里将针对特殊机房（换热站、消防泵房、锅炉间、给水机房、中水机房、冷却塔、制冷站、燃气间、太阳能机房、消防安防控制室、变配电室）进行讲解。

① 燃气表间

设备需要设置一台事故排风机，且该排风机要与燃气探测器相关联，保证其在事故期间可以开启，完成排风的需要。该排风机为事故用，所以采用双路电源供电末端互投。但由于燃气间内不应设有电气设备，避免发生燃气泄露时出现爆炸，所以该动力配电箱放于房间外。燃气表间内的所有电气设备均应采用防爆做法。燃气表间的产权归属于燃气公司，其内部相关具体做法需以燃气公司的做法为准（通常在图纸上注明"具体做法由燃气公司确定"）。其平面设计见图 5-65，系统见图 5-66。

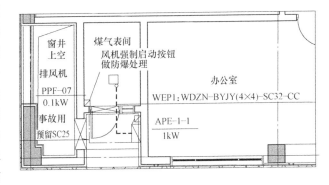

图 5-65　电气平面图（燃气表间）

② 消防泵房

消防泵房是专门设置消防泵的设备机房，其通常位于地下，与消防水池紧邻。根据建筑特点，设备专业有时可能在屋顶层设置高位水箱间，内设消防稳压泵，用以辅助完成消防水的供给。消防泵房内主要为消防泵，通过配电柜完实现配电与控制，且应设置消防自动巡检柜，又称消防智能数字巡检装置。消防巡检功能可以起到防止消防水泵锈蚀、受潮，防止消防水泵动作不正常等故障的作用，保证火灾时消防泵系统能够正常运作。消防泵配电柜因其内部开关体积较大，装载个数有限，所以通常采用配

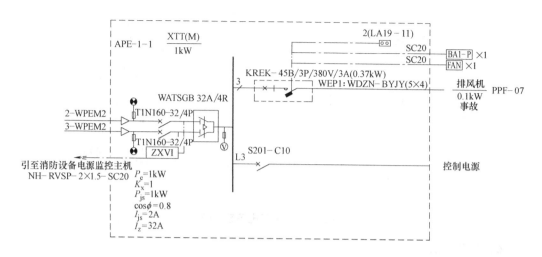

图 5-66　燃气表间配电箱系统图

电柜的绘图方式，其原理与配电箱系统图相同，只是为了能够更清晰地表达采用的独特绘图方式。下面以某一实际项目中的消防泵系统图为例，其平面见图 5-67，系统见图 5-68。

图 5-67 中，消防泵房位于地下二层，因该项目地下二层为人防区域，无法跨人防区配电，故引自地下一层的变配电室。消防泵配电接于主配电柜，均采用防火线槽敷设。各回路接至泵处，其中稳压装置自带控制柜，将回路接至该柜。消防泵房内通常还设有保证房间通风用的风机，其配电既可以接于主配电柜，也可以接于单独的配电箱。另外，消防泵房位于地下，其通常还设有潜污泵，值得注意的是该潜污泵属于消防用电负荷。该平面图5-67整体对应系统图 5-68。

图 5-67 与 5-68 系统图中，第一列是名称，第二列是进线柜，第三列是巡检柜，第四列后均是出线柜。第一行是开关柜编号，第二行是消防泵系统图，第三行至第十行是回路号及相应的参数，第十一至第十八行是各电器元件的选型，第十九行是柜体尺寸，第二十行是出线电缆。根据工程经验，通常进线开关需单独柜体，巡检单独柜体，供电用途相同的较大出线开关的使用与备用同一柜体，故本图中共五面柜子。柜体编号以进线作为总编号（如 APE-B2-5），其余均为其分配电柜（如 APE-B2-5/a，APE-B2-5/b 等）。配电柜的回路号及相应的参数，各电器元件的选型均已在"本书 5.3.1"中讲解，这里不再赘述。值得注意的是，各消防泵通常成组出现，一用一备或多用多备，并且不存在同时启动的情况，故进线柜的需要系数通常取为 0.5。另外，其所有电气元件的选型均基于断路器整定电流。柜体尺寸因各厂家存在差异，设计时可按标准尺寸设置（800mm×2200mm×600mm）。当进线容量过大时则需要使用并缆供电或者使用母线。除此之外，当设备容量较大时（通常取变压器容量的 3% 以上），需采用星三角启动，其出线是 7 芯线缆。因电缆厂家生产原因，通常选择 4 芯线缆加 3 芯线缆的方法。

【注】并用电缆不是最佳选择，应尽量避免，当使用时也应选用两根型号相同的线缆。

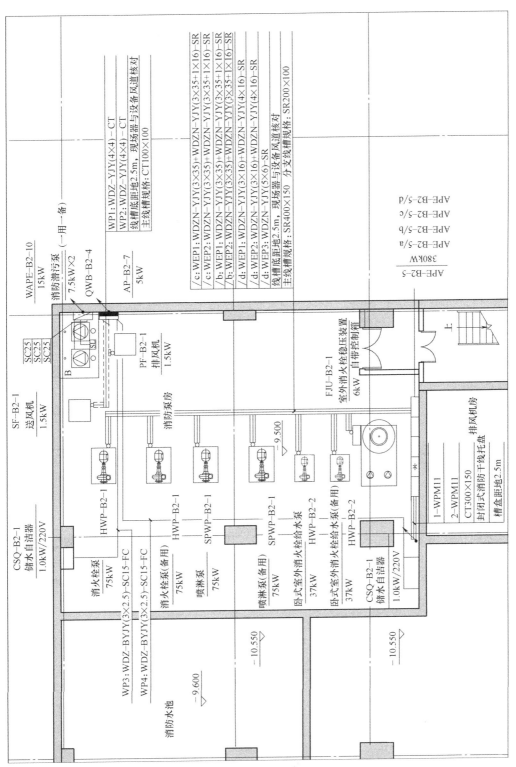

图 5-67 电气平面图（消防泵房）

WAPE-B2-10
15kW

消防潜污泵（一用一备）
7.5kW×2

QWB-B2-4

AP-B2-7
5kW

WP1：WDZ-YJY(4×4)-CT
WP2：WDZ-YJY(4×4)-CT
线槽底距地2.5m，现场器与设备风道核对
主线槽规格：CT100×100

/c：WEP1：WDZN-YJY(3×35)+WDZN-YJY(3×35+1×16)-SR
/c：WEP2：WDZN-YJY(3×35)+WDZN-YJY(3×35+1×16)-SR
/b：WEP1：WDZN-YJY(3×35)+WDZN-YJY(3×35+1×16)-SR
/b：WEP2：WDZN-YJY(3×35)+WDZN-YJY(3×35+1×16)-SR
/d：WEP1：WDZN-YJY(3×16)+WDZN-YJY(4×16)-SR
/d：WEP2：WDZN-YJY(3×16)+WDZN-YJY(4×16)-SR
/d：WEP3：WDZN-YJY(5×6)-SR
线槽底距地2.5m，现场器与设备风道核对
主线槽规格：SR400×150 分支线槽规格：SR200×100

APE-B2-5/d
APE-B2-5/c
APE-B2-5/b
APE-B2-5/a

APE-B2-5
380kW

SF-B2-1
送风机
1.5kW

SC25
SC25
SC25

B

PF-B2-1
排风机
1.5kW

消防泵房

−9.500

FJU-B2-1
室外消火栓稳压装置 自带控制箱
6kW

上

1-WPM11
2-WPM11
CT300×150
封闭式消防干线托盘
排风机房
槽盒距地2.5m

CSQ-B2-1
储水自洁器
1.0kW/220V

HWP-B2-1

消火栓泵
75kW

WP3：WDZ-BYJY(3×2.5)-SC15-FC
WP4：WDZ-BYJY(3×2.5)-SC15-FC

消火栓泵(备用)
75kW

HWP-B2-1

喷淋泵
75kW

SPWP-B2-1

喷淋泵(备用)
75kW

SPWP-B2-1

卧式室外消火栓给水泵
37kW

HWP-B2-2

卧式室外消火栓给水泵(备用)
37kW

HWP-B2-2

CSQ-B2-1
储水自洁器
1.0kW/220V

消防水池

−9.600

−10.550

−10.550

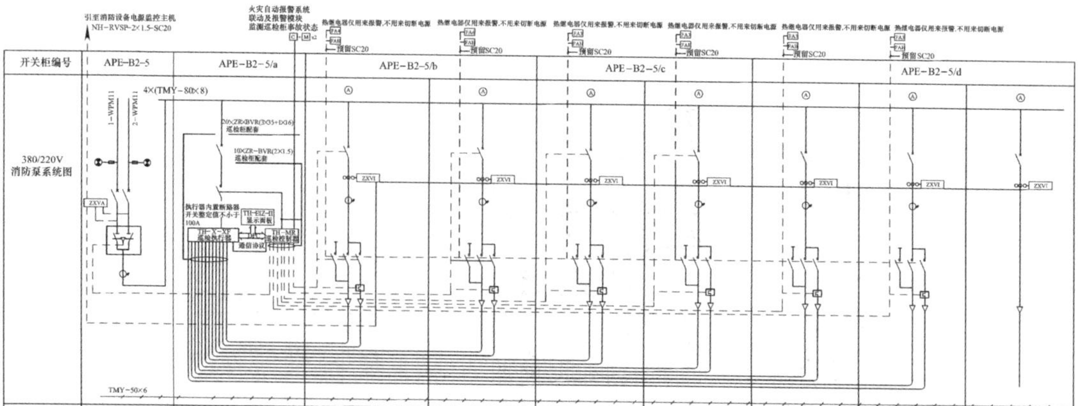

回路编号			/b:WEP1:	/b:WEP2:	/c:WEP1:	/c:WEP2:	/d:WEP1:	/d:WEP2:	/d:WEP3:
回路用途	进线柜	巡检柜	喷洒泵 SPWP-B2-1	喷洒泵 SPWP-B2-1(备用)	消火栓泵 HWP-B2-1	消火栓泵 HWP-B2-1(备用)	室外消火栓泵 HWP-B2-2	室外消火栓泵 HWP-B2-2(备用)	稳压泵FJU-B2-1
设备容量Pe(kW)	380		75	75	75	75	37	37	6
需要系数Kx	0.55		1.0	1.0	1.0	1.0	1.0	1.0	1.0
计算容量Pj(kW)	209		75	75	75	75	37	37	6
功率因数COSØ	0.8		0.8	0.8	0.8	0.8	0.8	0.8	0.8
计算电流Ij(A)	397		135(额定电流)	135(额定电流)	135(额定电流)	135(额定电流)	58(额定电流)	58(额定电流)	12(额定电流)
断路器整定电流(A)	500		160	160	160	160	80	80	32
断路器	T5N630/4P-500A 双电源转换型号: WATSGB 500A/4R	T3N250/3P-MA-200A	T3N250/3P-MA-160A	T3N250/3P-MA-160A	T3N250/3P-MA-160A	T3N250/3P-MA-160A	T1N160/3P-MA-80A	T1N160/3P-MA-80A	S803N-C25
接触器		A185-30-11	2×A95-30-11	2×A95-30-11	2×A95-30-11	2×A95-30-11	2xA75-30-11	2xA75-30-11	
接触器			A75-30-10	A75-30-10	A75-30-10	A75-30-10	A40-30-10	A40-30-10	
热继电器			TA110DU90	TA110DU90	TA110DU90	TA110DU90	TA75DU52	TA75DU52	
电流互感器(LMK-0.66)	500/5×3		200/5	200/5	200/5	200/5	100/5	100/5	
电流表A	3		1	1	1	1	1	1	
电压表V	1								
电压换相开关	1								
柜体尺寸(mm)	800×2200×600		800×2200×600		800×2200×600		800×2200×600		
电缆规格型号	2×WDZN-YJY(3×185+1×95) 2×WDZN-YJY(3X185+1X95)		WDZN-YJV(3×35)+ WDZN-YJV(3×35+1×16)-SR	WDZN-YJV(3×35)+ WDZN-YJV(3×35+1×16)-SR	WDZN-YJV(3×35)+ WDZN-YJV(3×35+1×16)-SR		WDZN-YJV(3×16)+ WDZN-YJV4×16)-SR	WDZN-YJV(3×16)+ WDZN-YJV4×16)-SR	WDZN-YJY(5×6)-SR
设计依据	GA30.2-2002 <<固定消防给水设备的性能要求和试验方法>>	GB16806-2006 <<消防联动控制系统>>							

消防泵及喷洒泵均为一用一备，控制二次线参见09BD7相关章节

防护等级不应低于IP55，且控制柜应设置手动机械应急启泵功能，手动时应在5min内启动。

图 5-68 消防泵配电箱系统图

③ 给水机房与换热站

给水机房是用来提供建筑中生活用水的机房，其中主要包括水箱、给水装置、消毒器三种设备。水箱不需要供电，给水机组需要 380V 电压供电，自带控制柜。消毒器通常是 220V 电压，且容量较小，主要用于水源的消毒。根据规范规定生活给水泵房用电负荷等级不应低于二级，且考虑到其重要性，通常采用双路供电。

换热站是用来提供建筑中热能的机房，主要由市政锅炉提供热能至换热站，再通过热交换，形成该建筑内的冬季供暖系统。即把从一次网得到热量，自动连续的转换为用户需要的生活用水及采暖用水。其中主要包括板式换热器、热水循环泵、消毒器三种设备，板式换热器不需要供电，热水循环泵需要 380V 电压供电，其泵组通常为一用一备。换热站的配电箱通常设置在换热站的监控室内，并设置等电位端子箱“LEB”，当没有监控室时，则设置在机房进门处。根据规范规定生活给水泵房用电负荷等级不应低于二级，且考虑到热力公司通常要求双路供电，故设计中常采用双路供电。

以一工程实例讲解，该机房是生活水与换热站合用的机房，配电箱左侧为生活水设备，右侧为换热站设备。平面见图 5-69，系统见图 5-70。结合设备专业所提供的资料，

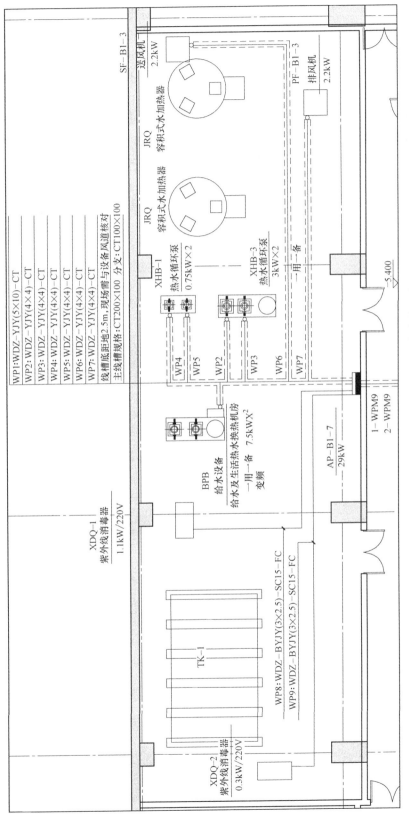

图 5-69 电气平面图（给水及生活热水换热机房）

确定设备的电压等级，确定设备是否自带控制柜，确定设备的控制方式等。给水设备自带控制柜，只需配置电缆至其控制柜即可，循环泵与风机均按照动力配电方式设计。值得注意的是，其控制方式的不同需要体现在弱电的设备监控系统中。紫外线消毒器作为单相负荷用电，其回路只需要采用断路器作为保护，但考虑到需要控制其启停，故设置接触器。图 5-70 中，"WP1"回路的给水设备和"WP8"回路的紫外线消毒器是为给水机房设备的配电。"WP2～WP5"回路的热水循环泵和"WP9"回路的紫外线消毒器是为换热站设备的配电。"WP6"和"WP7"是为机房使用的送排风设备的配电。

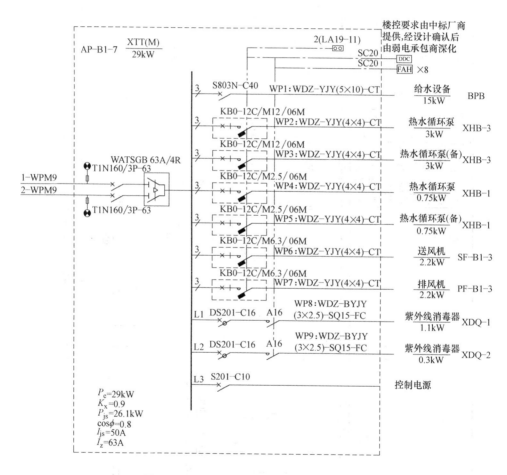

图 5-70　给水及生活热水换热配电箱系统图

【注】给水机房和换热站通常由自来水公司和热力公司下属的专业公司设计，但也有个别工程由设计院完成。当由专业公司设计时只需要求其提供所需电量，并设计干线路由敷设至此。

④ 中水机房

中水是指收集各种排水，经处理后达到规定的水质标准的技术。其机房主要包括水箱、中水装置、紫外线消毒器三部分。水箱不需要供电，中水装置自带控制箱。中水泵房根据规范规定生活给水泵房用电负荷等级不应低于二级，且考虑到其重要性，通常采用双路供电。

以一工程实例讲解，平面见图 5-71，系统见图 5-72。该中水机房内包括一个水箱 "TK-B1-02" 和一个变频中水装置 "PWU-B1-02"，故设置一个配电箱 "1-AP-B1-ZS1"，该配电箱为变频中水装置的控制箱提供电源，采用 5 芯电缆并配合断路器对线路进行保护。

⑤ 制冷站

制冷站是一个制冷系统，原理和冰箱是一样的。制冷介质经过压缩机加压液化后再经过制冷表面，吸收热量后汽化，汽化后的制冷剂再循环回压缩机进口，继续被压缩液化。整个过程就是一个循环过程。制冷站中的大型设备主要为制冷机组、冷却泵、冷冻泵三种，其他都是辅助设备，用电容量较小。冷却泵、冷冻泵、辅助设备等对应的配电箱设置在制冷机房控制室

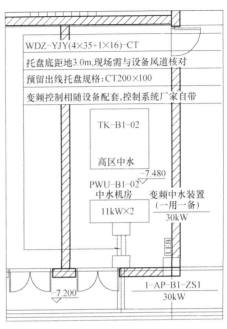

图 5-71　电气平面图（中水机房）

内。冷水机组自带控制箱，且通常其容量十分巨大，需要设置母线专用供电，故常将配电柜设置在机组旁，紧靠控制柜。

以一工程实例讲解，有三台冷水机组，因电量较大，故分别采用母线配电至机组旁。冷却泵与冷冻泵考虑到可能采用配电柜，故设置在制冷机房控制室内。其余辅助设备因电量较小，单独采用配电箱配电。平面见图5-73，冷水机组系统见图5-74，冷却泵与冷冻泵系统见图5-75，辅助设备系统见图5-76。

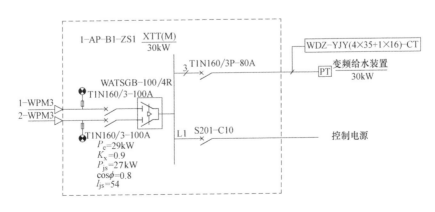

图 5-72　中水机房配电箱系统图

图 5-73 可以看出，制冷机房中共有四台制冷机组，每台制冷机组配有一台冷却水循环泵和一台冷冻水循环泵。还设有辅助设备，每台制冷机组配有一个水处理器，清洗系统

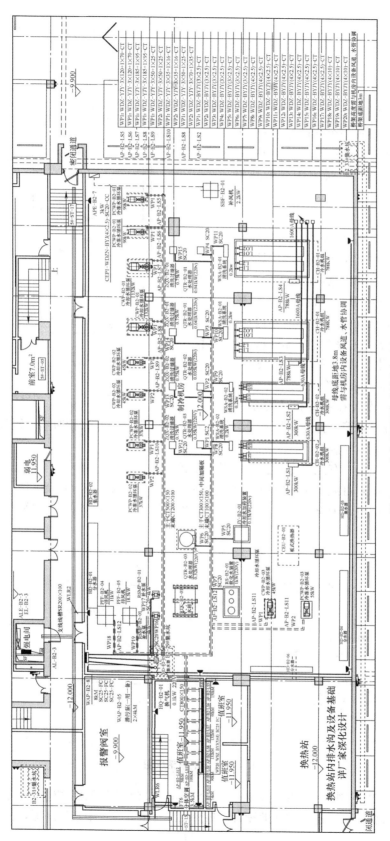

图 5-73 电气平面图（制冷机房）

和清洗过滤器。另外，整体设有一台冷却水加药装置和一台软化水装置。根据机房规模，其平面往往采用桥架与线槽敷设线路的配电方式。制冷机组电量较大，故均单独设置母线，直接引至变配电室。本图中，变配电室位于机房正上方，借由图中母线引上位置，引至上层强电间内，再引至变配电室。而冷却水循环泵与冷冻水循环泵均接至控制室内的配电箱中。值得注意的是，应清晰标注每一处的桥架尺寸及高度，并标注清晰每一根线管的规格。本图中将所有线型列于最右侧，并在每条线路处标明回路号。

开关柜编号	AP-B2-LS1	开关柜编号	AP-B2-LS2	开关柜编号	AP-B2-LS3	开关柜编号	AP-B2-LS4
380/220V 冷水机组系统图	Ⓐ×3 至空调机组电控箱(柜) TMY-50×6.3	380/220V 冷水机组系统图	Ⓐ×3 至空调机组电控箱(柜) TMY-50×6.3	380/220V 冷水机组系统图	Ⓐ×3 至空调机组电控箱(柜) TMY-50×6.3	380/220V 冷水机组系统图	Ⓐ×3 至空调机组电控箱(柜) TMY-50×6.3
干线编号	5-WPM2	干线编号	6-WPM2	干线编号	5-WPM1	干线编号	6-WPM1
回路用途	进线隔离柜	回路用途	进线隔离柜	回路用途	进线隔离柜	回路用途	进线隔离柜
设备容量 P_e(kW)	300	设备容量 P_e(kW)	300	设备容量 P_e(kW)	788	设备容量 P_e(kW)	788
需要系数 K_x	1	需要系数 K_x	1	需要系数 K_x	1	需要系数 K_x	1
计算容量 P_j(kW)	300	计算容量 P_j(kW)	300	计算容量 P_j(kW)	788	计算容量 P_j(kW)	788
功率因数 $\cos\phi$	0.8	功率因数 $\cos\phi$	0.8	功率因数 $\cos\phi$	0.8	功率因数 $\cos\phi$	0.8
计算电流 I_j(A)	570	计算电流 I_j(A)	570	计算电流 I_j(A)	1497	计算电流 I_j(A)	1497
断路器整定电流(A)	630	断路器整定电流(A)	630	断路器整定电流(A)	1600	断路器整定电流(A)	1600
断路器	T6N800/3P-630	断路器	T6N800/3P-630	断路器	T7N1600/3P-1600	断路器	T7N1600/3P-1600
电流互感器 (LMK-0.66)	630/5×3	电流互感器 (LMK-0.66)	630/5×3	电流互感器 (LMK-0.66)	1600/5×3	电流互感器 (LMK-0.66)	1600/5×3
电流表 A	3	电流表 A	3	电流表 A	3	电流表 A	3
电压表 V	1	电压表 V	1	电压表 V	1	电压表 V	1
电压换相开关	1	电压换相开关	1	电压换相开关	1	电压换相开关	1
柜体尺寸(mm)	800×2200×600 仅供参考,以中标厂家深化后尺寸为准	柜体尺寸(mm)	800×2200×600 仅供参考,以中标厂家深化后尺寸为准	柜体尺寸(mm)	800×2200×600 仅供参考,以中标厂家深化后尺寸为准	柜体尺寸(mm)	800×2200×600 仅供参考,以中标厂家深化后尺寸为准
电缆规格型号	630A 封闭母线	电缆规格型号	630A 封闭母线	电缆规格型号	1600A封闭母线	电缆规格型号	1600A封闭母线

图 5-74 冷水机组配电箱系统图

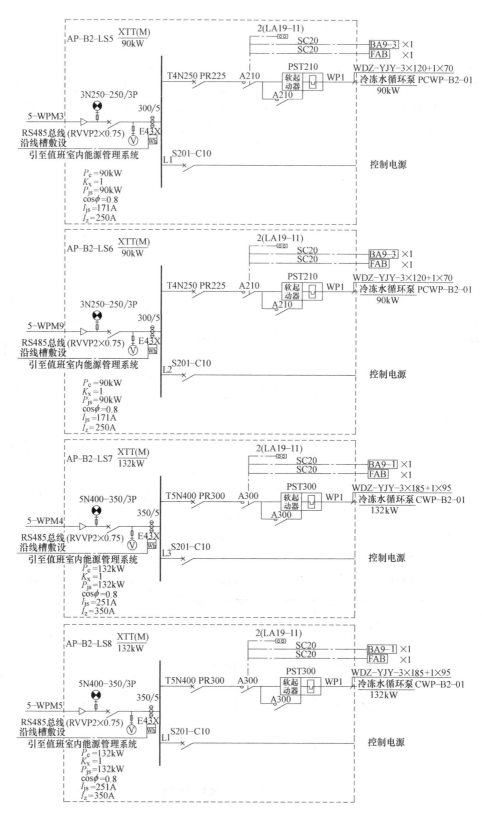

图 5-75　冷却泵与冷冻泵配电箱系统图（一）

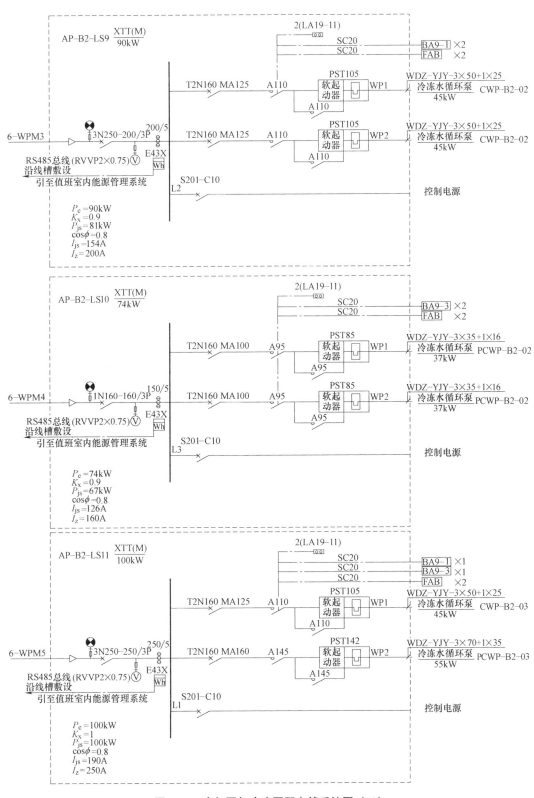

图 5-76　冷却泵与冷冻泵配电箱系统图（二）

制冷机组因用电量巨大，故直接由变配电室采用母线引至位于机组旁的配电箱。该配电箱与控制箱紧邻，机组控制箱再由配电箱供电。因采用母线，故该配电箱为配电柜，其主要用作隔离功能，但考虑到发生故障时检修方便，故仍采用断路器而非隔离器。另外需设置电能表，用以计量。配电柜采用竖向画法，而配电箱采用横向画法，本质原理是相同的，只是画法有所区别。

制冷机组所带的冷却水循环泵与冷冻水循环泵及辅助设备，只需完成供电，并不必须共用同一个配电箱配电。其分组方式往往根据用电容量及功能划分（保证进线电缆小于 $240mm^2$，泵共用配电箱，辅助设备共用配电箱）。本图中，因单台循环泵电量较大，故均采用单独配电箱配电，配电回路均使用软启动器，采用断路器、接触器、热继电器三个开关元器件。另外，考虑到辅助设备用电量较小，故共用同一配电箱。

⑥ 冷却塔

冷却塔是用水作为循环冷却剂，从系统中吸收热量排放至大气中，达到降低水温目的的装置。冷却塔是与制冷机房相配套的设备，通常设置在室外屋面处，故其配电箱需要设置一级浪涌保护器（SPD），平面见图 5-78，系统见图 5-79。

⑦ 锅炉房

锅炉房是产生热能的机房，用燃料把水（或其他介质）加热到满足需要的温度。锅炉房主要用于提供冬季供暖，另外还可根据需要提供洗手热水等辅助加热功能。通常不采用市政供暖时，需设置锅炉房，故锅炉房与换热站一般不会同时出现。

锅炉房主要设备有：锅炉、鼓风机、引风机、循环泵、各种辅助设备（上煤机，除渣机）等，其中锅炉是主体。根据规范规定锅炉房用电负荷等级不应低于二级，且考虑到专业公司通常要求双路供电，故设计中常采用双路供电。

以一工程实例讲解，平面见图 5-80，系统见图 5-81。

⑧ 太阳能机房

随着节能技术的不断发展，目前太阳能作为供热源进入建筑的项目已经越来越多，通常以屋面的太阳能板作为主要的太阳能接收手段，并根据实际需要加入电伴热作为辅助加热设备，为建筑内的生活用水提供热能，起到节能的效果。

太阳能通常设置专用机房，用以放置太阳能系统的泵及水箱等设备，其自带控制箱。通常由设备专业提供需要的总用电容量，电气专业设计时，在平面中标注"待专业公司深化设计"，见图 5-82。在施工过程中，太阳能中标厂家根据自家产品提供设计图，待设计院确认图纸后施工。另外，应在机房内设置等电位端子箱"LEB"，方便设备做等电位连接。

【注】太阳能系统深化图设计院主要负责确认太阳能控制箱的进线开关与原干线系统电缆是否匹配。

⑨ 变配电室

变配电室作为电气最重要的机房，设有专用的配电箱，该配电箱属于一级负荷，采用双路电源供电，且按消防负荷设计。另外，为满足变电室内照明灯具一级负荷中特别重要负荷的要求，在灯具处设置电池，作为第三电源。北京地区的电池续航时间需达到180min，而其他大部分地区续航90min便可满足要求。

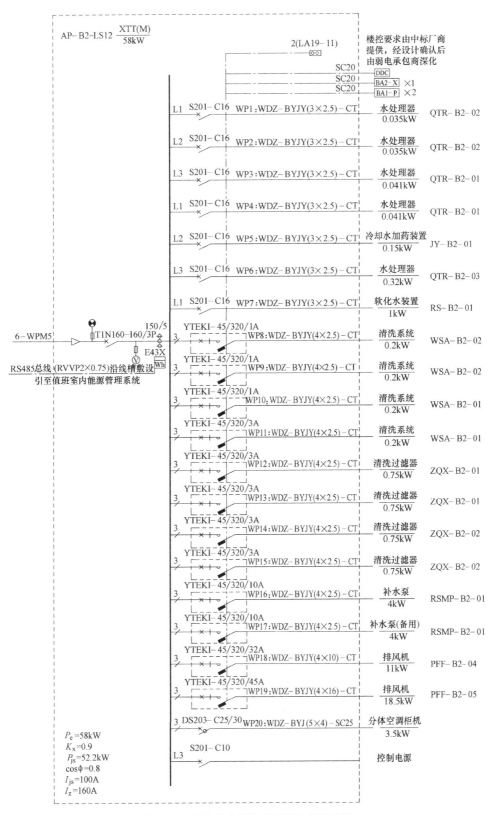

图 5-77 制冷机房辅助设备配电箱系统图

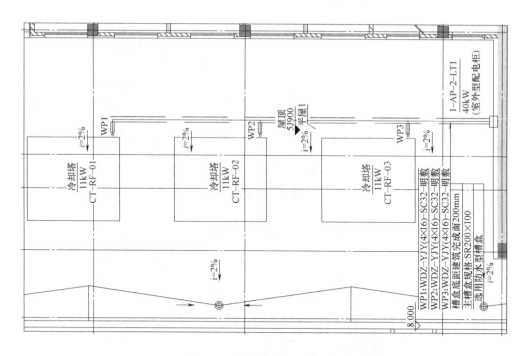

图 5-78 电气平面图（冷却塔）

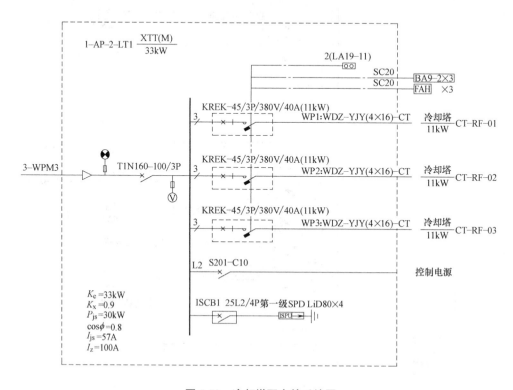

图 5-79 冷却塔配电箱系统图

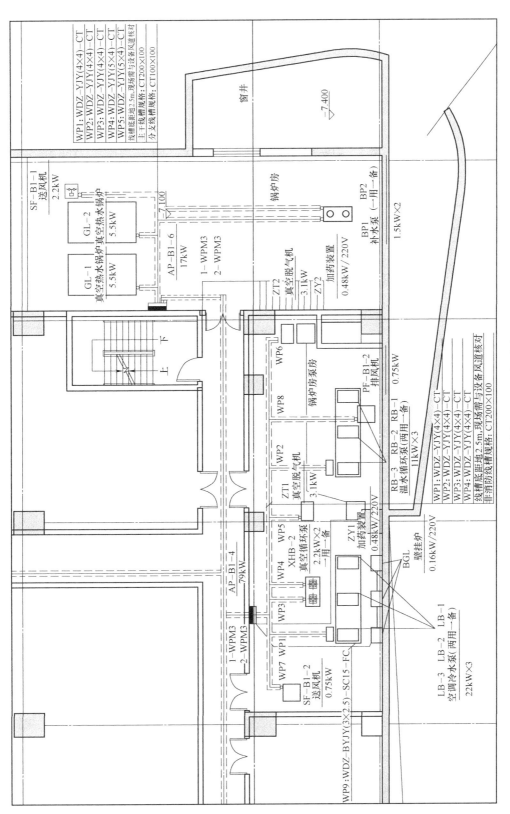

图5-80 电气平面图（锅炉房）

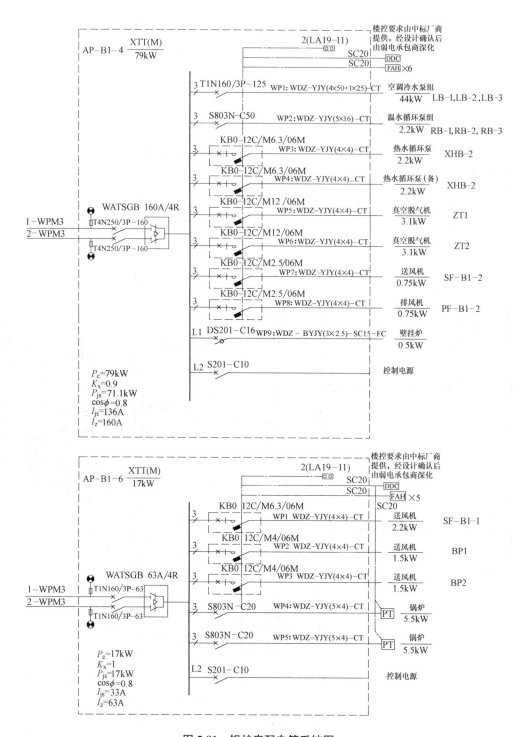

图 5-81　锅炉房配电箱系统图

以一工程实例讲解，平面见图 5-83 和图 5-84，系统见图 5-85。该变配电室采用下进下出线方式，在本层距地 2m 高处做有夹层板，通过楼梯从走廊到达夹层板处，夹层则是由变配电室内的人孔进入。变配电室内共设有两台变压器，并配有高压柜及低压柜。图

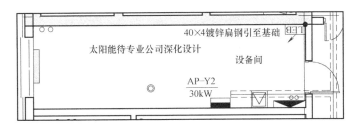

图 5-82 电气平面图（太阳能机房）

5-83 是夹层板上的机房区照明平面图，配电箱设置在值班室内，变电室照明灯具布置时需注意避开柜体及变压器上方（柜体上方有母线等线路且灯具在其上方影响照明效果），设置在通道处。图 5-84 是夹层板内的照明平面图，因夹层高度只有 2m，所以需要设置特低压灯具，同样由变配电室内的配电箱供电，其灯具布置需要避开柜体下方（柜体下方是出线口，无法安装灯具），设置在通道处。图 5-85 是值班室内配电箱的系统图，"WE1～3"对应图 5-83 中的照明回路，"WE4"和"WE5"对应图 5-83 中的照明回路，因采用特低压灯具，故需使用变压器将 220V 电压变至 24V。另外，在变配电室和值班室内的墙面分别设有插座，对应图 5-83 中的"WER1～3"。因变配电室内设有一排高压柜，而高压柜需要提供高压柜照明及电加热，还需要操作电源，对应图 5-83 中两条回路。因设有两台变压器，故需向每台变压器温控器供电，对应图 5-83 中两条回路。另外，还需设有一定的备用回路并设有二级浪涌保护器（SPD）。

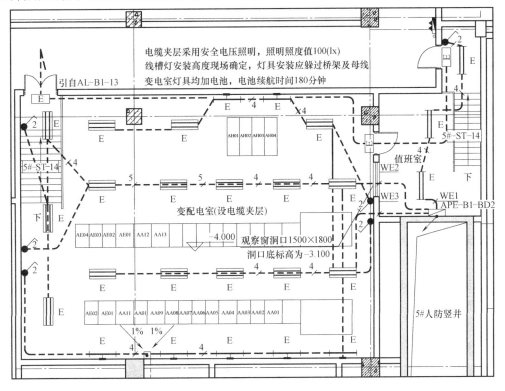

图 5-83 照明平面图（变配电室）

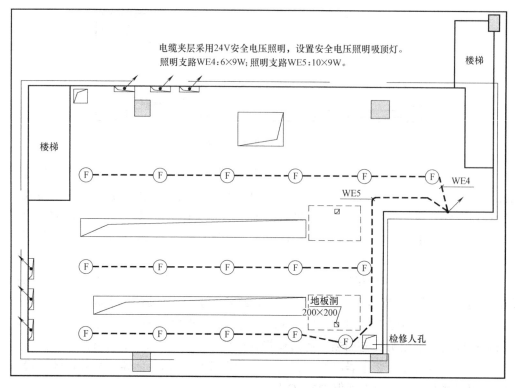

电缆夹层采用24V安全电压照明，设置安全电压照明吸顶灯。
照明支路WE4：6×9W；照明支路WE5：10×9W。

图 5-84 照明平面图（变配电室夹层）

⑩ 消防安防控制室

消防控制室与安防控制室无论是分开设置还是合用，均应分别设置配电箱为设备供电，避免产权混乱，产生问题。在平面图中结合消防安防控制室内设备布置，合理放置这两个配电箱，通常在进门处墙面壁装。消防控制室与安防控制室内设备与配电箱的接线通常由后期中标厂商根据具体设备完成。配电箱是双路供电，其后端出线需预留多条单相与三相支路，方便设备接入，消防系统见图 5-86，弱电系统见图 5-87。

⑪ 弱电间插座

弱电间内的设备分为弱电设备与消防设备两种，而这些设备都需要提供电源，故弱电间内均需提供插座或插座箱以备设供设备用电。大部分弱电系统负荷等级较低，且均为单相用电设备，由一般照明配电箱提供插座回路便可满足供电需求。但是，消防与安防系统供电负荷等级要求较高，通常由双路一般配电箱供电（因纳入消防负荷的应急配电箱不能设置插座回路，故此双路配电箱并不计入消防负荷，按重要负荷的一般动力配电箱供电，其干线电缆可提高等级选择矿物绝缘电缆）。

值得注意的是，消防系统与弱电系统中的安防系统供电方式相似，都分为集中式供电和分散式供电两种。集中式供电，是将消防系统的 EPS 设置在消防控制室，安防系统的 UPS 设置在安防控制室内，并由该 EPS 和 UPS 为全楼的消防和安防系统供电。其意义在于为消防系统与安防系统增设一路电源，提高供电等级。该方法具有可靠性高的优点，但需要大量 EPS 和 UPS，造价较高且占用安防消防控制室面积较大。分散式供电，是将消防 EPS 和弱电 UPS 设置分散设置在消防控制室、安防控制室、弱电间内，只提供其房间

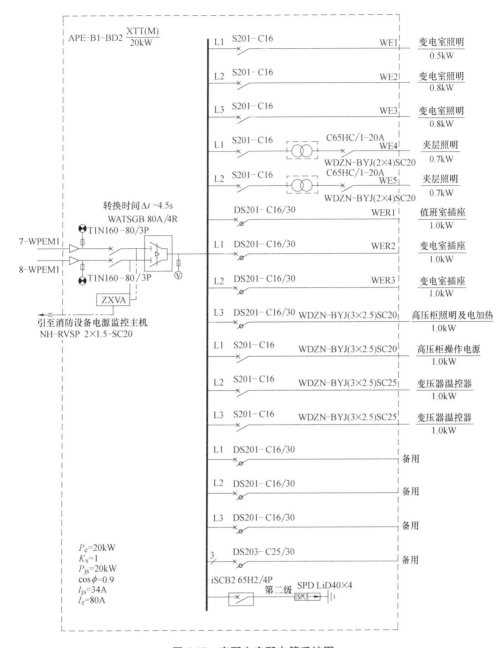

图 5-85　变配电室配电箱系统图

内的设备用电。但工程中，消防系统通常采用集中式供电方式，而安防系统所谓的分散式供电常以设计提供一级（二级）负荷电源的方式替代。所以设计工作中，通常在说明中明确消防系统与安防系统采用集中式供电方式，此时，弱电间只需预留普通插座。

　　但因工程招标中经常出现将安防系统改为分散式供电方式，而为避免造价过高等因素导致不设置分散在各弱电间内的 UPS，故设计中常提供双路一般配电箱后接插座箱的方式为弱电间内设备供电，系统图 5-88，平面图 5-89，并结合干线系统图 5-92 加以理解。

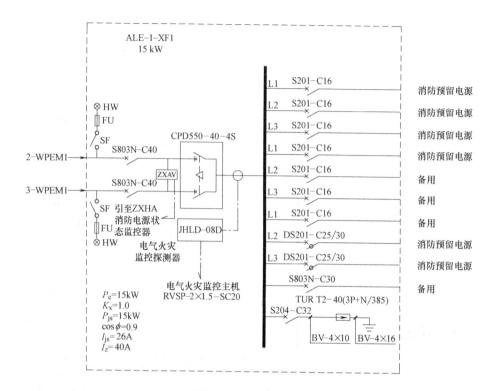

图 5-86 消防控制室配电箱系统图

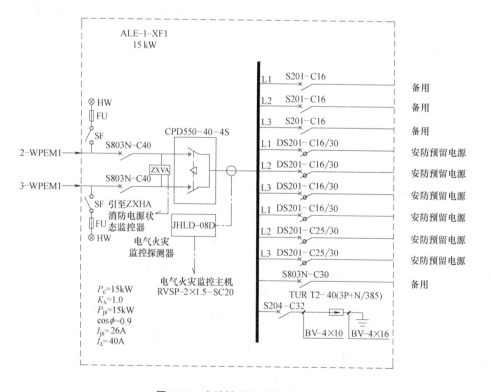

图 5-87 安防控制室配电箱系统图

由图 5-89 与图 5-92 可以看出弱电间的插座箱引自该防火分区强电间内的"ATR-B1-1"配电箱，该配电箱为双路供电，按照消防负荷设计，但在低压配电系统中不计入消防负荷。值得注意的是，该配电箱属于 380V 供电设备，不能设置在弱电间内，需设置在强电间内，再由强电间内的该配电箱引出回路至位于弱电间内的插座箱。系统图 5-88 中配电箱系统对应图 5-92 中的配电箱"ATR-B1-1"，其后端出线所接的弱电插座箱则对应图 5-92 中的"RD-A"。每个插座箱均为单相供电，其应采用带有漏电保护功能的断路器保护线路。因该配电箱为弱电设备供电，且设置在建筑物内，故需设置二级浪涌保护器（SPD）。由图 5-92 可以看出，该"ATR-B1-1"配电箱位于地下一层，向竖向弱电间内插座箱供电，由 B1 至 L6，考虑到电压降问题，其供电半径不超 50m。当供电距离超过 50m 时，则应增设配电箱。

【注】双路配电箱后接插座箱为弱电间设备供电的方式只适用于竖向楼层很高的建筑。当横向很大的建筑，其横向分割多个防火分区，而配电箱后端支线回路不能跨越防火分区时，该方法将造成较大的经济浪费，不再适用。弱电间插座只能引自一般照明配电箱，提供普通二级（三级）负荷。此时则必须要求消防系统与安防系统采用集中式供电方式，若采用分散式供电方式则必须每个弱电间内设置相应的 EPS 与 UPS，以满足供电负荷等级的要求。

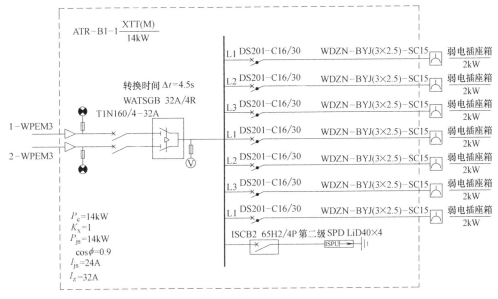

图 5-88　弱电间用电配电箱系统图

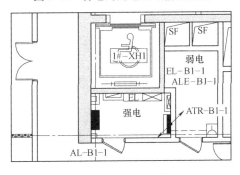

图 5-89　强电间平面布置图

5.4　配电

5.4.1　概述

建筑的配电指的是强电供电系统，由市政 10kV 电缆进线到 220V 供电末端的一整套完整的配电过程。

(1) 建筑配电框架

一栋建筑完整的配电过程：供电站→(高压电缆)→高压分界室→变配电室（一栋建筑物单独设立或多个建筑物共用一个）→(低压电缆)→强电间与设备机房（动力配电箱、照明配电箱）→(低压电缆或电线)→末端（电机、插座、灯具等），见图 5-90。

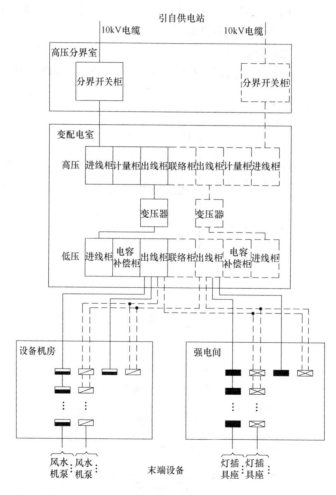

图 5-90　供配电系统流程示意图

① 供电站：由供电局管理，提供高压电源，通常分配与设计整个城市的供电系统。

依据用户需要，将高压电源以高压电缆的方式提供给各个建筑物或建筑群。

② 高压分界室：由供电局管理，通常设置在建筑物内，用于划分产权界线。高压分界室及其前端的设备管理、维修的权利与责任归供电局所有，后端的归建筑物产权单位所有。

【注】个别建筑中其与变配电室综合设置。

③ 变配电室：通过变压器完成高压电源（10kV）向低压电源（380V 或 220V）的转换。其内包含高压配电柜、变压器、低压配电柜、直流屏及相关的值班用设备等。

④ 强电间：主要用以设置照明配电箱。其内包含一般照明配电箱、应急照明配电箱、EPS 电源柜等。一般动力配电箱、应急动力配电箱为保证设备控制与检修安全，通常设置在相应的设备机房内。低压电缆通常优先利用强电间作为主要路由通路，通向上下层建筑。

【注】强电配电箱及相关设备均可设置在强电间内。

⑤ 末端：配电箱可以提供单相（220V）与三相（380V）电源，为各个末端设备供电。动力配电箱提供电源给设备电动机，照明配电箱提供电源给灯具与插座等末端。

⑥ 电缆电线：电缆、电线是用来完成供电的连接通路。电线与电缆需设有保护元器件（如断路器）。保护元器件是用来保护电缆、电线的。

（2）干线配电原则

在方案设计阶段，会根据建筑类型确定其供电负荷等级，并根据建筑类型以及各分区的功能和面积估算变压器数量与变压器容量。在初步设计与施工图设计阶段，干线系统的设计并无差别。换句话说，各专业初步设计合理的情况下，电气专业的干线系统在施工图阶段基本无需调整。

干线系统是根据末端用电需要准确表达各线缆从低压出线柜到达各配电箱的关系，其包括配电箱的物理空间关系和电气关系两方面。其按照配电箱的用电容量，负荷等级（一级、二级、三级），负荷性质（非消防、消防），结合各配电箱的空间关系反映电缆馈线方式。干线系统图的设计与低压配电系统图紧密相关，应结合两者理解该知识点。

干线配电的原则主要依据"《供配电系统设计规范》GB 50052—2009，3 负荷分级及供电要求"和"《民用建筑电气设计规范》JGJ 16—2008，3 供配电系统"确定。

① 确定负荷等级

由规范可知，负荷分级主要分为一、二、三级，一级负荷中存在特别重要负荷。根据末端的配电功能可以确定各配电箱所需的负荷等级，进而确定采用变压器的数量，容量以及高压供电需求（高压进线数量等）。

② 负荷性质

根据设备性质，分清消防与非消防负荷，消防负荷是一级或二级负荷，而非消防负荷可以是一、二、三级负荷。消防与非消防负荷应分开配电。火灾时消防负荷不断电，双路电源末端转换，非消防负荷强制切断。

③ 负荷等级不同的供电要求

由规范可知，一级负荷是由两个电源供电的，指由两个独立变电站各自引来一根高压电缆，再分别由两台变压器完成变电，通过不同的低压柜分配两个回路干线电缆给相应的一级负荷设备配电箱。二级负荷是采用双回路供电，但不同于一级负荷，这两个回路可由同一个变电站引来，或者引自相邻建筑的变电室。两路高压电缆分别进入偶数台变压器完成变电，通过不同的低压柜分配两个回路干线电缆给相应的二级负荷设备配电箱。三级负荷采用单回路供电。

【注】变压器数量根据用电量增加，但因为一级负荷需双路电缆供电，故变压器通常成对出现。高压进线柜是两路高压进线，而高压出线柜可分出多路电缆给相应的变压器。

④ 实现供电要求的方法

一级负荷需要供电局提供两路来自不同变电站的高压进线电缆。二级负荷需要供电局提供两路高压进线电缆。当地供电存在困难或者当一级和二级负荷容量极少时，可采用EPS电池组或柴油发电机作为第二电源供电。比如当建筑内仅存在火灾应急照明及疏散指示标志灯需要一级或二级负荷时，可通过设置集中式EPS（设置在相应配电箱内）或分散式EPS（设置在每个灯具处）的方式达到要求。三级负荷则采用单路供电，当总用电量不超过100kW时，可采用架空线直接引入低压电缆，从而不需要高压柜与变压器等设备。

⑤ 馈线方式

干线配电方式依据"《民用建筑电气设计规范》JGJ 16—2008，7.2 低压配电系统"设计干线系统。通常干线系统采用树干式与放射式相结合的配电方式。树干式配电是采用一条干线串连起所有配电箱的方式。放射式配电是采用专缆专供的方式，即一条（或两条）电缆只供给一个配电箱。在工程中也会将两种方式结合起来形成树干式与放射式相结合的配电方式。放射式的特点是出现故障时，与其他线路互不影响，供电可靠性高，但不够经济，适用于重要负荷。树干式的特点是减少电缆数量，比较经济，但可靠性低，适用于普通负荷。

⑥ 工程设计要点

每条干线的整定电流应控制在300A以内［300A 对应 WDZ-YJY（4×240＋1×120）的电缆］，当单一设备的配电的电流大于300A需采用母线或并缆供电。考虑到经济性及施工方便利性，应尽量将每条干线的电流控制在250A以内［250A 对应 WDZ-YJY（4×185＋1×95）的电缆］为最优。

每条干线均标明相应的干线编号与电缆规格。配电干线的干线编号及电缆规格均来自变配电室的低压系统图中的低压出线柜。具体参看本书"3.6 变配电系统"中的相关内容。

(3) 干线系统设计方法。

干线系统图是根据末端配电箱完成设计的。首先，按照平面图中的楼层划分清各配电箱的位置并注明配电箱编号和容量。其次，根据干线分组，将同一类供电方式的配电箱分到同一区域内。然后，根据平面中的配电箱位置，以干线路由能够以最优路线到达配电箱位置和干线总容量控制为前提，连接配电箱。最后，配合低压配电出线柜的布置完成干线容量、线型及编号的标注。

(4) 配电原则

① 末端设备的用电容量决定配电线路的电器元件与电缆选型。具体参看"5.4.2 配电计算与选型"。

② 进线端开关与电缆型号应大于出线端。

以图 5-91 为例，配电箱左侧是进线端，右侧是出线端。尽管配电箱的进线侧计算电流为 12A，实际整定为 25A 即可，但因出线回路开关是 32A，故进线侧应选择大于 32A 的开关元件，最终选择 50A 的开关。

【注】由末端逐级反推，直到高压进线处，电器元件数值均按照由小到大的顺序排列，但当同一根电缆上前端采用断路器与后端的隔离器配合时则应选用同级。

③ 辅助系统根据需要选择：

为了保证供电可靠与用电安全等需要，配电系统中还增加了许多辅助系统，比如电能计量、漏电火灾监控系统、消防电源监控系统等。电能表作为计量设备，常设置在高压柜中，保证建筑整体的用电计量，低压部分则可根据业主的需要在低压柜、配电箱进线或配电箱出线处设置。漏电火灾监控系统则是根据消防局的要求用以监测各主要配电线路是否有漏电现象的系统，通常设在一般照明配电箱进线侧，主机设置在安防消防控制室中。消防电源监控系统用以监测消防配电箱进线侧是否有电，主机设置在安防消防控制室中。

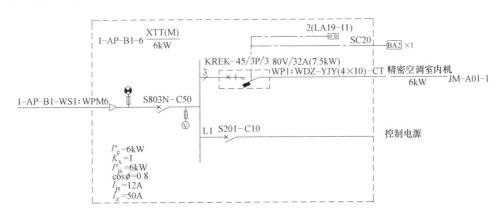

图 5-91 进线与出线开关匹配示例图

5.4.2 配电计算与选型

该计算过程最终得出计算电流 I_{js}，进而确定整定电流 I_z，最终根据 I_z 选择线型与断路器等设备。

$$P_{js} = K_x \cdot P_e \qquad (5-2)$$

式中 P_{js}——实际功率；

P_e——总功率，由每个回路的用电量相加得到；

K_x——同时使用系数，如果设备有可能全部同时使用应取 1，不全部同时使用取 0.7～0.9 之间。根据工程经验，一般照明配电箱通常取 0.9，当出线回路数在 20 路以上时，可取 0.8。一般动力配电箱取 0.8～0.9。消防配电箱取 1。消防泵房总配电箱取 0.5。

(1) 三相配电计算

当末端设备为三相用电设备时，采用三相配电计算。

$$I_{js} = \frac{P_{js}}{\sqrt{3} \cdot U \cdot \cos\varphi} \qquad (5-3)$$

式中　I_{js}——计算电流；

　　　P_{js}——实际功率；

　　　U——电压，因配电箱进线为三相，所以 $U=380V=0.38kV$；

　　$\cos\varphi$——功率因数，据工程经验，照明配电箱取 0.9，大部分动力配电箱取 0.8，电梯配电箱取 0.7。

【注】该计算公式不仅可用于低压系统，同样可用于高压系统。用于高压时电压取相应的高压电压值。

（2）单相配电计算

当末端设备为单相用电设备时，采用单相配电计算。

$$I_{js}=\frac{P_e}{U\cdot\cos\varphi} \tag{5-4}$$

式中　I_{js}——计算电流；

　　　P_e——总功率，由每个回路的用电量相加得到；

　　　U——电压，因配电箱进线为单相，所以 $U=220V=0.22kV$；

　　$\cos\varphi$——功率因数，据工程经验，照明设备取 0.9，动力设备取 0.8。

（3）配电设备选型

完成计算后，得到计算电流 I_{js}，进而确定整定电流 I_z。整定电流 I_z 由两点确定，其一 $I_z>I_{js}$；其二 I_z 的取值通常分为 16，20，25，32，50，63，80，100，125，160，200，250A 等规格；其三考虑到设备启动电流，通常 $I_z>1.25\times I_{js}$。最终，根据 I_z 确定进线线型和断路器等元器件规格。单相设备原理相同，不做详细讲解。

这里重点介绍三相设备的选型，见表 5-13，表中写明三相配电设备容量 P 对应的计算电流、整定电流，与选择的开关、电缆、管径。

【注】开关的电流选择比整定电流大一级（如 3kW 设备整定电流 15A，而开关选择 20A 的 "C20"），此种做法在工程中称为放一级开关，当敷设条件较差时可放两级。该方式主要考虑敷设环境温升造成的电缆载流量下降。

三相设备电气元件与电缆选型表　　　　　　　　　　　　　　　　表 5-13

使用容量 $P(kW)$	计算电流 $I_{js}(A)$	整定电流 $I_z(A)$	开关 $I_z(A)$	电缆 WDZ(N)-YJY	穿钢管
3	6	15	S803N-C20	WDZ-YJY(5×4)	SC25
5	9	15	S803N-C25	WDZ-YJY(5×6)	SC32
8	14	20	S803N-C32	WDZ-YJY(5×10)	SC40
10	17	20	S803N-C40	WDZ-YJY(5×10)	SC40
15	26	32	S803N-C50	WDZ-YJY(5×16)	SC50
20	34	40	S803N-C50	WDZ-YJY(5×16)	SC50
25	43	50	S803N-C63	WDZ-YJY(4×25+1×16)	SC65
30	51	63	T1N160/3P-80	WDZ-YJY(4×25+1×16)	SC65
35	60	63	T1N160/3P-80	WDZ-YJY(4×25+1×16)	SC65
40	68	80	T1N160/3P-100	WDZ-YJY(4×35+1×16)	SC65
45	77	80	T1N160/3P-100	WDZ-YJY(4×35+1×16)	SC65

使用容量 P(kW)	计算电流 I_{js}(A)	整定电流 I_z(A)	开关 I_z(A)	电缆 WDZ(N)-YJY	穿钢管
50	85	100	T1N160/3P-125	WDZ-YJY($4\times50+1\times25$)	SC65
55	94	100	T1N160/3P-125	WDZ-YJY($4\times50+1\times25$)	SC65
60	102	125	T1N160/3P-160	WDZ-YJY($4\times95+1\times50$)	SC80
70	119	125	T1N160/3P-160	WDZ-YJY($4\times95+1\times50$)	SC80
80	136	160	T1N200/3P-200	WDZ-YJY($4\times120+1\times95$)	SC100
90	153	160	T1N200/3P-200	WDZ-YJY($4\times120+1\times95$)	SC100
100~130	170~221	225	T1N250/3P-250	WDZ-YJY($4\times185+1\times95$)	SC100
140	237	250	T1N300/3P-300	WDZ-YJY($4\times240+1\times120$)	SC125
150	254	300	T1N400/3P-400	$2\times[$WDZ-YJY($4\times120+1\times95$)$]$	

5.4.3 照明配电干线系统

照明配电干线系统是针对各种照明配电箱形成的干线系统图,所有配电箱均应体现在干线系统图中。图纸中干线的设计是结合建筑中实际空间关系与电气关系,以高度概括的方式合理表达出来。

现以实际工程为例,见图5-92,参照"干线配电原则"加以理解。图中包含了本工程中所有与照明系统相关的配电箱,且干线图的设计结合了平面图的配电箱位置、供电性质、容量等多方面因素。

(1) 常规干线特点

图中可以看出,干线号1-WLM1与1-WLM2是典型的树干式配电方式,干线号1-WLEM4和2-WLEM4(即APE-B1-XF1)是典型的放射式配电方式,干线号1-WPEM3和2-WPEM3是典型的树干式与放射式相结合的配电方式,ATR-B1-1、ATR-B1-2、ATR-3-3配电箱采用树干式连接,其每个箱子后端采用放射式连接每个RD-A插座箱。

可以发现考虑到施工方便,图中仅有1-WLM3的"WDZ-YJY-($4\times240+1\times120$)"电缆规格大于"$4\times185+1\times95$"规格。另外,设计中以干线1-WLM6为界,干线1-WLM6左侧(含1-WLM6)是一般配电箱,右侧是应急配电箱,最右侧则单独列出放射式供电的应急配电箱。该实例的变配电室共有两台变压器,其干线编号按照用电区别可以划分为:一般照明干线"1-WLM_或2-WLM_",应急照明干线"1-WLEM_和2-WLEM_"。

(2) 特殊干线特点

从图5-92中不难看出有一些比较特殊的配电干线,如:1-WLM6室外照明干线,1-WLEM1和2-WLEM1、1-WLEM2和2-WLEM2、1-WLEM3和2-WLEM3应急照明干线,1-WPEM3和2-WPEM3弱电间用电干线,1-WLEM4~6和2-WLEM4~6主要电气机房干线。一些配电箱在施工图设计中无法一次设计到位,可作为预留配电箱,待专业公司完成设计。比如室外照明需待专业的室外照明公司设计,消防与安防配电箱待末端设备确定后设计,变配电室待末端设备提出配电要求后完成设计。

① 室外照明干线

该干线共接入两个用于室外照明的配电箱。配电箱AL-B1-W1位于地下一层,在地下

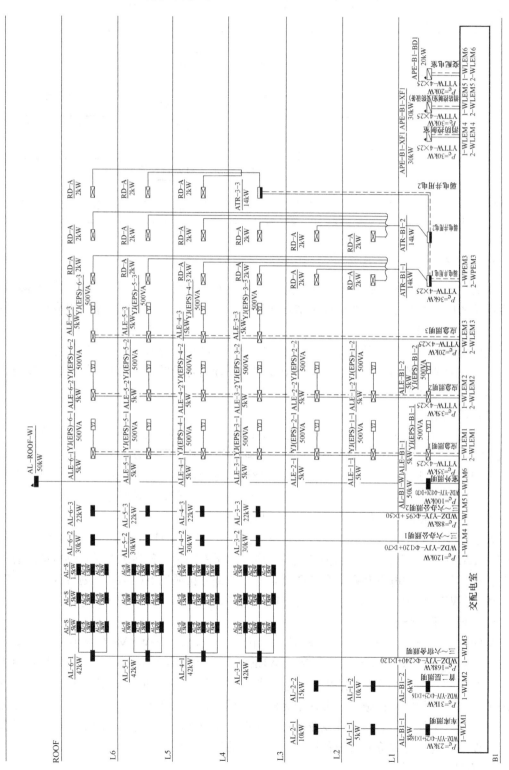

图 5-92 照明配电干线系统图

一层平面图中预留线槽至外墙，再预留穿墙套管引至室外，为建筑外的照明供电，待景观设计介入后配合其完成室外照明设计。配电箱 AL-ROOF-W1 位于建筑顶层，其沿建筑屋面敷设线路至外墙，为建筑外立面照明提供电源，同样需配合景观设计完成室外照明设计。

② 应急照明干线

该干线共有三组，因均为应急照明配电，每组都由两根电缆组成，属于消防负荷，选用矿物绝缘电缆。

③ 弱电间用电干线

弱电间内设置有消防和弱电的各种设备。消防系统采用集中式供电，其电源均由消防控制室中的 EPS 供给。弱电系统分为集中式与分散式供电两种方式。集中式供电是所有设备均由安防控制室内的 UPS 提供电源至各个弱电间的相应设备中，分散式供电是各弱电间内设备就地取电。这两种方式各弱电厂家考虑有所不同，需招标后确定，故在设计阶段无法明确，通常在弱电间内设有电源。

因该建筑主要设有三组配电间，西侧强弱电一组（由 B1～L6），中部强弱电一组（由 B1～L6），东侧强弱电一组（由 L3～L6），上下贯通。配电箱 ATR-B1-1 设置在西侧强电间，RD-A 是接于配电箱后的插座箱，设置在弱电间，保证弱电设备取电。配电箱 ATR-B1-2 设置在中部强电间。配电箱 ATR-3-3 设置在三层东侧强电间。其干线通常提高要求，按照消防负荷设计。

【注 1】通常一个配电箱后可接入 7 个插座箱，每个插座箱可按照 2kW 设计。

【注 2】配电箱由干线采用 380V 电压供电，故需设置在强电间，插座箱采用 220V 电压供电，可设置在弱电间。

【注 3】配电箱至插座箱线路不可跨越防火分区。

④ 主要电气机房干线

该建筑的主要电气机房包括：消防安防控制室、网络机房、电话机房、电视机房、变配电室。消防安防控制室需分别设置一个消防配电箱、安防配电箱、变配电室配电箱均为消防一级（二级）负荷，均采用放射式供电。网络机房、电话机房、电视机房均属于弱电机房，且没有消防状态下使用的设备，故三者均属于非消防一级（二级）负荷，但考虑三者均属于重要设备，故采用放射式供电。消防配电箱、安防配电箱、变配电室配电箱所接入的设备主要为灯具和精密机器，故功率因数取 0.9，干线编号可纳入照明系统。

5.4.4 动力配电干线系统

动力配电干线系统是针对各种动力配电箱形成的干线系统图，所有配电箱均应体现在干线系统图中。图纸中干线的设计是结合建筑中实际空间关系与电气关系，以高度概括的方式合理表达出来。

【注】动力配电干线与照明配电干线结合在一起，应包含所有配电箱。

现以实际工程为例，见图 5-93，参照"干线配电原则"加以理解。图中包含了本工程中所有与动力系统相关的配电箱，且干线图的设计结合了平面图的配电箱位置、供电性质、容量等多方面因素。

（1）常规干线特点

图中可以看出，干线号 2-WPM15 是树干式配电方式，干线号 2-WPM12 是放射式配电方式。干线线缆均小于"4×185＋1×95"的规格。设计中以干线 1-WPM11 和 2-WPM11 为界，其左侧（含 1-WPM11 和 2-WPM11）是一般配电箱，右侧是应急配电箱。该实例共设有两台变压器，其干线编号按照用电区别可以划分为：一般动力为"1-WPM_或 2-WPM_"，应急动力为"1-WPEM_和 2-WPEM_"，非消防一级或二级负荷的动力为"1-WPM_和 2-WPM_"。

（2）特殊干线特点

从图 5-93 中不难看出有一些比较特殊的配电干线，如：2-WPM12 厨房动力干线、2-WPM13 雨水提升泵干线、2-WPM14 热风幕干线、1-WPM8 和 2-WPM8 潜污泵干线、1-WPEM2 和 2-WPEM2 消防潜污泵干线、电梯干线、特殊设备机房干线。

① 厨房动力干线

随着经济发展，餐饮业正处在不断革新的时代。传统的燃气厨房已经不是主流，更多地以快餐为代表的餐厅需要大量用电设备，厨房的用电量非常巨大。因厨房电量较大，故通常单独预留配电箱，待专业厨房厂家中标后配合完成厨房配电平面图与配电箱系统图。设计阶段在电气平面及干线系统图中预留该配电箱。因厨房设备性质不同于普通风机设备，故需专缆专供。但值得注意的是照明、消防、弱电应由该防火分区内配电箱或接线箱提供，需设计到位。

【注】 厨房若无燃气，采用电厨房，用电量较普通厨房远远增加。根据工程经验，电厨房可按照 $800W/m^2$ 预留电量。

② 雨水提升泵干线

因我国多次发生城市积水问题，故现今建筑群中需设计雨水提升泵，将雨水引导至蓄水池或排水管道中。其可按照二级负荷配电。因雨水泵设备性质不同于普通风机设备，故需专缆专供，但可与负荷性质相同的其他泵组合用干线，如可与潜污泵及隔油器泵接入同一干线内。

【注】 采用两台变压器，且非消防负荷不要求末端切换，故干线采用单路配电也可满足二级负荷的要求。

③ 热风幕干线

国内常以长江为界，长江以北地区需在主要出入口处设置热风幕，长江以南地区则可不设置。热风幕的电量较大，性质不同于一般设备机房，故需专缆专供。

④ 潜污泵干线

潜污泵通常在最底层，且位置分散，要求采用一级（二级）负荷供电。可根据需要采用两种配电方式。当每个防火分区内的潜污泵数量较少时，可采用双路干线串联每个潜污泵配电箱的方式配单。该方式优点在于供电可靠性高。当每个防火分区内的潜污泵数量较多时，可采用在强电间内设置双电源总配电箱，再由其出线单独接至各潜污泵配电箱处，形成分支配电形式。该方式优点在于可有效减小为每个潜污泵配电箱供电电缆的截面，节约成本，便于施工。因潜污泵设备性质不同于普通风机设备，故需专缆专供。

【注】 采用两台变压器，且非消防负荷不要求末端切换，故总配电箱双路供电，后分支配电箱采用单路供电，可满足二级负荷的要求。

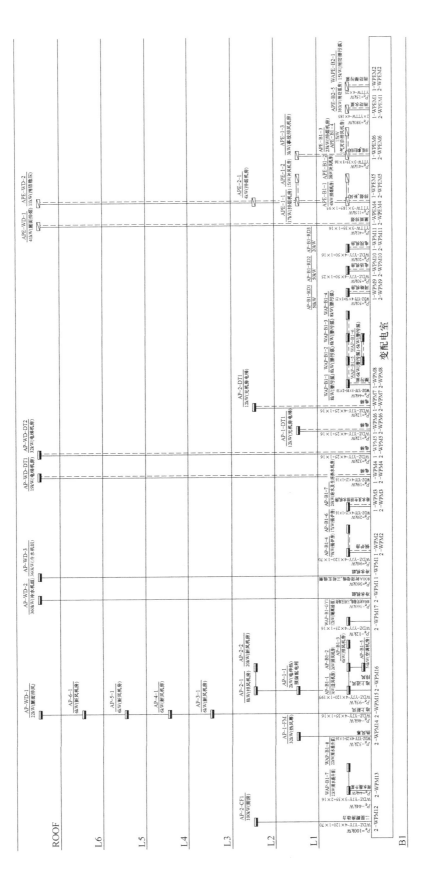

图 5-93 动力配电干线系统图

⑤ 消防潜污泵干线

消防潜污泵需要设备专业明确。通常位于消防电梯基坑旁和消防泵房的潜污泵是消防潜污泵。消防潜污泵是消防一级（二级）负荷。因其设备性质，需专缆专供。为满足消防负荷要求，故需双路电缆末端切换。

⑥ 电梯干线

电梯按照功能划分供电负荷等级。货梯是三级负荷，客梯是一级（二级）负荷，客货兼用电梯按照高规格的客梯设计，采用一级（二级）负荷。根据规范要求，电梯配电均应采用放射式配电方式。

⑦ 消防电梯

消防电梯是消防一级（二级）负荷，需按照消防负荷配电。与普通电梯相同，需要采用放射式配电方式。

⑧ 特殊设备机房干线

特殊设备机房，如给水机房、换热站、制冷机房等均在规范中有明确的供电要求。根据规范要求，并结合负荷性质（消防或非消防）确定配电方式即可。

5.4.5　照明及动力配电干线平面

电气干线平面图指在平面图中清晰表达干线路由的图纸，其包含照明干线与动力干线，并与干线系统图相对应。常规建筑（如办公楼）通常主要电气与设备用房设置在地下部分，故其路由较为复杂，而地上部分以核心筒为主，强电间设置在核心筒内，路由相对简单。平面图中，干线路由囊括了这栋建筑由高压分界室至变配电室，最终至各强电间与设备机房内配电箱的各部分路由。另外，图中还应包括外线进入建筑的穿墙做法，与结构墙体及楼板相关的孔洞等。干线路由通常采用桥架与线槽敷设，并标注尺寸、高度及干线号。横向路由应在每处末端进行标注，并依次推算到变配电室，每处有所变化的位置均应标注清楚。竖向路由应在下层与上层分别标注引上与引上的干线号与桥架或线槽尺寸等信息。

【注】高压分界室产权归供电局所有，国内大部分地区供电局要求设置，用以划分产权。外线至分界室产权归供电局所有，分界室至楼内的后端产权归业主所有。

（1）电气干线路由设计原则

① 优先利用配电箱上下对位的情况竖向连通。比如：动力配电箱，设备机房有时上下位置对应。首先两个机房内的动力配电箱应设置在靠近门口处，方便操作。其次，两配电箱竖向就近设置，图中以引上引下箭头表示竖向连通。

② 利用强电间设计竖向路由。强电间一方面用以放置配电箱，另一方面用以将路由竖向贯通。但应注意的是，竖向桥架或线槽需安装在墙面，故其路由应沿墙面敷设。

③ 利用走廊等公共区域设计路由。比如：建筑中的两层，当上层横向敷设有困难时（屋面，中庭等处），通常由下层横向敷设至上层配电箱下方后，线缆通过结构孔洞穿过楼板直接进入上层的配电箱。

④ 路由应避免横穿房间。

⑤ 当路由在房间内引上引下时，应避免进入有水或易燃易爆房间。比如路由不应在卫生间、厨房等房间内引上引下，卫生间是有水房间，厨房是易燃易爆房间。

⑥ 在设计过程中，动力与照明可共用同一桥架或线槽，但非消防负荷和消防负荷干线应分桥架（或线槽）敷设，非消防负荷干线采用桥架，消防负荷干线采用线槽。

（2）设计步骤

① 确定高压分界室位置。

② 确定变配电室位置。

③ 确定各照明与动力配电箱位置。

④ 将变配电室与各配电箱按干线系统设计路由。

⑤ 用桥架与线槽表示干线路由，桥架串接所有非消防配电箱，线槽串接所有消防配电箱。

⑥ 根据干线系统图编号标注每处桥架与线槽所含干线。

⑦ 结合干线系统图每根干线的电缆规格，确定每处桥架与线槽的尺寸。

⑧ 选取一些主要位置，结合设备图纸，进行管线综合，确定桥架与线槽的标高。

（3）桥架与线槽

桥架与线槽本身存在许多区同，但在建筑电气设计中，通常理解桥架是侧面带孔的四面盒子，线槽则是完全封闭的。非消防负荷（包括一般照明干线、一般动力干线、一级（二级）非消防负荷配电干线）采用桥架"CT _×_"，优势在于电缆的散热性较好。消防负荷采用线槽"SR _×_"，且线槽应为防火型线槽，优势在于全封闭防火线槽避免火源引燃电缆，造成消防负荷供电故障。比如：CT200×100 表示宽 200mm 高 100mm 的桥架，SR200×100 表示宽 200mm 高 100mm 的线槽。桥架与线槽采用三条并行线表示，母线与高压进线采用加粗的多段线表示，见图 5-94。

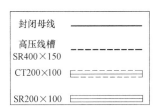

图 5-94 桥架与线槽表示

桥架与线槽规格的选择。其根据内部所含线缆的规格确定的。其可以通过"《04DX101-1 建筑电气常用数据》中 6-23 页、6-28 页。"与"《09BD1 电气常用图形符号与技术资料》中 158 页"确定。

（4）预留孔洞

建筑中因电气线缆以及设备风道水管等需要穿过墙体或楼板以完成路由的贯通，这就需要提前预留孔洞。孔洞分为两种，一种是与结构相关的，必须提前预留，后期再开洞耗时长且经济成本高。另一种是与建筑相关的，无需提前预留，因建筑采用轻体墙，开洞较为简单，可不提前预留。

结构孔洞预留方式分为两种。一种是预留孔，配合套管，当穿越的线缆较少或规格较小时可以采用预留套管的方法，另外其优势在于管路便于封堵，在人防与进出外墙时比较容易进行防爆防水处理。另一种是预留洞，当穿越的线缆数量较多或规格较大时通常采用预留洞的方法。

孔洞尺寸的计算。预留套管时，尺寸可使用电缆配管的管径，具体参看本书"表5-13"。预留洞时，尺寸是根据需要穿过的桥架与线槽确定的。预留洞分为预留板洞和预留墙洞两种。板洞是开在楼板上的洞，墙洞是开在结构墙面上的洞。

① 板洞是桥架竖向穿越楼板时预留的洞。因桥架或线槽竖向穿插时需要固定在墙面上，故桥架是依托墙体平行排布的，而板洞体则根据排好的桥架或线槽依托墙体预留。板

洞宽度的计算：桥架至洞边间距 100mm，两桥架间距 100mm。板洞深度的计算：桥架高度的 2 倍加上固定在墙面的固定件 50mm，如线槽高 100mm 的洞深 250mm，线槽高 200mm 的洞高 450mm，见图 5-95。图中可以看出，强电间作为通向上方路由的主要房间。房间内设有两根母线，通过右上角的预留洞穿向上方。设有一根桥架用以装载非消防干线电缆，通过右下角的预留洞穿向上方，其与母线间需留有 300mm 以上的距离，故考虑节省空间不与母线共用洞口。设有一根消防线槽用以装载消防干线电缆，通过左下角的预留洞穿向上方，结合规范可知，消防线槽与非消防桥架或线槽应布置在强电间两侧墙面。另外，再结合洞口的排布布置配电箱，配电箱需保证正面 800mm 的操作空间即可。板洞内的母线与桥架或线槽排布见图 5-96，强电间右上角的母线规格按照 200mm×200mm 考虑，右下角的非消防桥架规格 500mm×150mm，左下角消防线槽规格 400mm×150mm。

②墙洞是桥架横向穿越墙体时预留的洞。墙洞宽度的计算：桥架至洞边间距 100mm，两桥架间距 100mm。墙洞高度的计算：桥架高度的 2 倍，如线槽高 100mm 的洞深 200mm，线槽高 200mm 的洞高 400mm。不同于板洞，墙洞可以上下多层排布，下排桥架底至上排桥架底间距应为 300mm，但洞口过大时可缩减到 100mm，见图 5-95。图中可以看出，强电间周圈的浅灰色墙体是结构墙，母线及线槽等需由房间外引至房间内，为房间内的配电箱配电，并且借由洞口通向上层。洞口宽度由门的宽度决定，洞的高度则根据通过的母线、桥架、线槽间的排布得到。

【注】强弱电间的洞通常留在门上方，且按照门的宽度预留洞口宽度，高度靠排布计算得到。

③板孔是电缆竖向穿越楼板时预留的孔。孔的预留与洞相似，同样依靠墙体引上，将洞的画法改为孔的画法即可，按照孔的计算方法得到孔径。

④墙孔是桥架横向穿越墙体时预留的孔。孔的预留与洞相似，同样在结构墙上表示，只需将洞的大小标注调整为预留套管的数量便可，如标明"预留 4×SC100，管底距地 3.3m"。

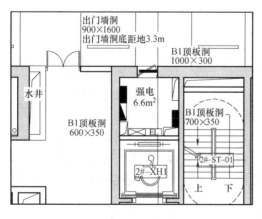

图 5-95　板洞和墙洞计算示意图

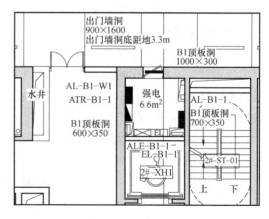

图 5-96　强电间大样图

⑤预留外墙穿墙套板。需要通向室外的线路需要通过外墙预留穿墙套板。套板就是焊接在钢板上的套管。该套板通常分为强电进线处，弱电进线处，室外照明处三种。

强电进线处的穿墙套板，通常设置在高压分界室的外墙处，其套管根据外线高压电缆数量而来。通常建筑物内需要引来两路高压电缆，其管径预留 SC150 便一定可以满足需要。通常考虑到供电局有可能将建筑内的高压作为地区高压室，同时为其他建筑供电，故需多设置一些套管以备使用。一般设置 10 根 SC150 套管便可满足要求。再以方便施工且尽量节约为前提，合理设计套管间距与套板尺寸。套板室外埋深是根据室外情况确定的，总图中确定套管和室外井的位置及埋深（通常管井埋深超过 0.8m，具体深度及位置需结合室外覆土考虑），见图 5-97。

弱电进线处的穿墙套板，通常设置在弱电进线间的外墙处，其套管根据外线弱电线缆而来。通常设置 8 根 SC100 套管便可满足要求。以方便施工且尽量节约为前提，合理设计套管间距与套板尺寸。套板室外埋深是结合总图情况确定的，见图 5-98。

室外照明处的穿墙套板，通常设置在强电进线间的外墙处，其套管根据通向室外的支线回路而来。通常根据总图情况，在地下一层外墙的东南西北四处预留套板，套板位置即要考虑总图中建筑外墙位置及庭院位置等，又要考虑覆土深度满足做电井的需要（覆土通常 1.5m 深以上），还要考虑室内桥架或线槽的高度是否满足净高需要，并且避开结构梁等无法预留套板处，见图 5-99。

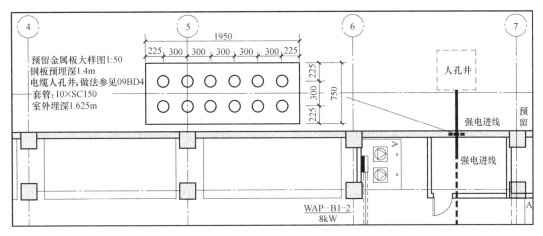

图 5-97　建筑外墙穿墙套板设计图（强电）

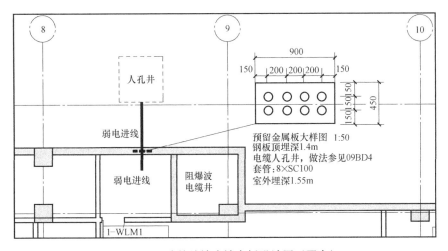

图 5-98　建筑外墙穿墙套板设计图（弱电）

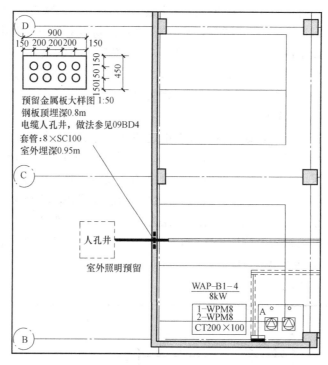

图 5-99 建筑外墙穿墙套板设计图 (室外照明)

(5) 强电间布置

强电间作为放置强电配电箱及路由通路的电气机房,其应在每个防火分区内设置一个。所有的配电箱(一般照明配电箱、应急照明配电箱、一般动力配电箱、应急动力配电箱)均可放置在强电间内。通常动力配电箱需设置在相应的动力设备旁,故强电间中主要放置照明配电箱。值得注意的是,有些动力配电箱因其配电设备的原因,也可放置在强电间内。比如:扶梯动力配电箱,扶梯常设置在公共区,其没有相应的设备机房,且动力配电箱设置在公共区并不美观,故常设置在该防火分区内的强电间中,再引出支线回路至扶梯处;电梯动力配电箱,当出现无机房电梯时,配电箱需设置在公共区域,其优先放置在电梯旁,但若电梯距离强电间非常近且电梯旁无法合理设置时,可放于强电间内;热风幕,设备分散,每处就近设置配电箱将造成经济成本增加,故可将配电箱设置在热风幕所在防火分区内的强电间,再通过支线回路配电至每处热风幕。

由规范可知,强电间主要设置配电箱,配电箱(柜)需壁装或靠墙安装,箱(柜)体正面需留有 800mm 以上的操作距离。以图 5-96 为例,强电间内共包含母线、非消防桥架、消防线槽三处预留洞与一般照明配电箱 "AL-B1-1"、应急照明配电箱 "ALE-B1-1"、电源柜 "EL-B1-1"(带有巡检与控制功能的 EPS 电源柜)、室外照明配电箱 "AL-B1-W1"、弱电间动力配电箱 "ATR-B1-1"。预留洞与配电箱均需贴墙放置,预留洞无需留有操作距离,配电箱需正面留有操作距离,两配电箱间可紧贴,应急照明配电箱与电源柜需紧邻。根据这些要求,结合规范关于竖井布线的条文,合理排布强电间内的设备位置,最终再标注清设备之间的尺寸,便可得到强电间大样图。

【注】配电箱(柜)正面操作距离需保证箱(柜)能够正常打开。

(6) 举例

仍以前述照明干线与动力干线的工程为例，见图 5-92 和图 5-93。该建筑地上七层，地下一层，地上西侧有一个上下贯通的强电间称为 1 号强电间，中部有一个上下贯通的强电间称为 2 号强电间，三层向上在东侧有一个上下贯通的强电间。设备专业的动力设备主要位于地下一层的设备机房与屋面两处。电气专业的变配电室，强弱电进线间，消防安防控制室，电话与网络机房，电视机房均位于地下一层，高压分界室位于首层。照明干线系统见图 5-92，动力干线系统见图 5-93，地下一层电气干线平面图见图 5-102。

【注】此项目较特殊，供电局同意高压由强电进线间经室内进入高压分界室。

① 设备机房上下对位。

本建筑 3 层至 6 层，每层在同一位置设有一个设备机房，其上下位置完全对应，3 层平面见图 5-100，4 层见图 5-101。其在干线系统图中干线号为 2-WPM15。由图 5-102 可知，

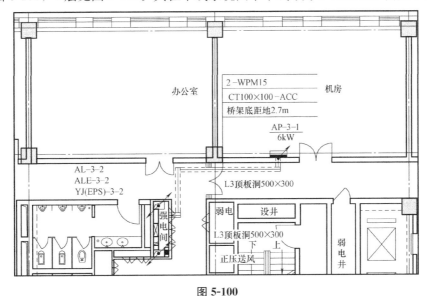

图 5-100

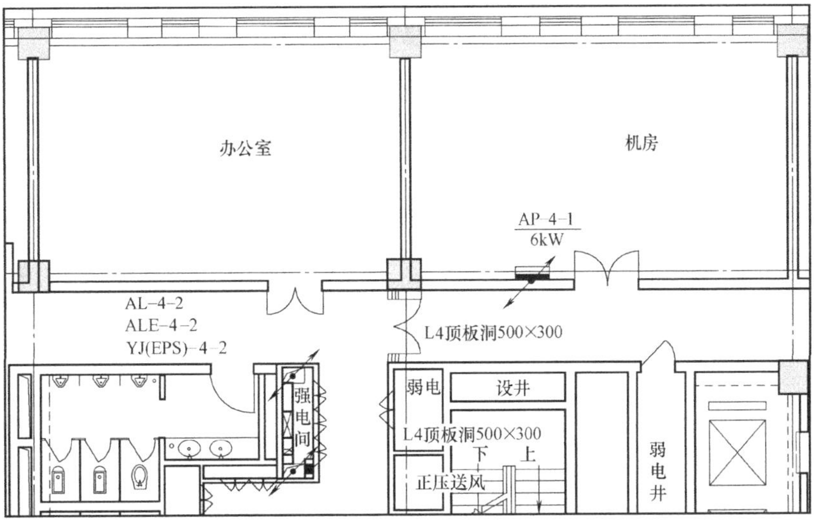

图 5-101

该干线由地下一层变配电室经2号强电间穿至3层，再横向敷设桥架进入机房。因3层至6层设备机房上下对位，故其干线再由3层经强电间引至每层设备机房过于浪费，通过3层设备机房直接引上至每层设备机房为最优路由。所以，在干线进入3层设备机房后，考虑到该干线仅为一根，且直径较小，结构不需要提前预留孔，故只需在配电箱处绘制引上箭头表示引至上方楼层，而4层则应绘制引上引下箭头，顶部的6层绘制引下箭头，完整表达该干线在设备机房的竖向路由。

② 利用强电间设计路由。

本建筑中地上部分干线路由都需由地下一层的变配电室出线后经1号和2号强电间引上，以完成竖向路由的贯通。在图中的两个强电间旁结合干线系统图，分别列写引上的非消防干线号与消防干线号，并配合干线系统图中干线号对应的电缆规格，选择相应的非消防桥架和消防线槽尺寸规格。

③ 利用走廊等公共区域设计路由。

由图5-102中可以看出，所有的干线桥架与线槽均敷设在公共区域。有一特殊情况，上层与下层，当上层横向敷设有困难时，通常由下层横向敷设至上层配电箱的下方，线缆通过预留孔洞穿过楼板后直接进入配电箱。

④ 动力与照明干线可共用同一桥架或线槽。由图中可以看出，桥架与线槽根据负荷性质分为非消防负荷用的桥架与消防负荷用的线槽。不论是照明干线还是动力干线，其非消防负荷干线均可放入同一根桥架，消防负荷干线均可放入同一根线槽。

⑤ 穿墙套管

由图5-102中可以看出，该工程共设有四处穿墙套管。上面的两处分别为强电进线套板，放大后见图5-97，与弱电进线套板，放大后见图5-98，下方两处为室外照明出线套板，放大后见图5-99。

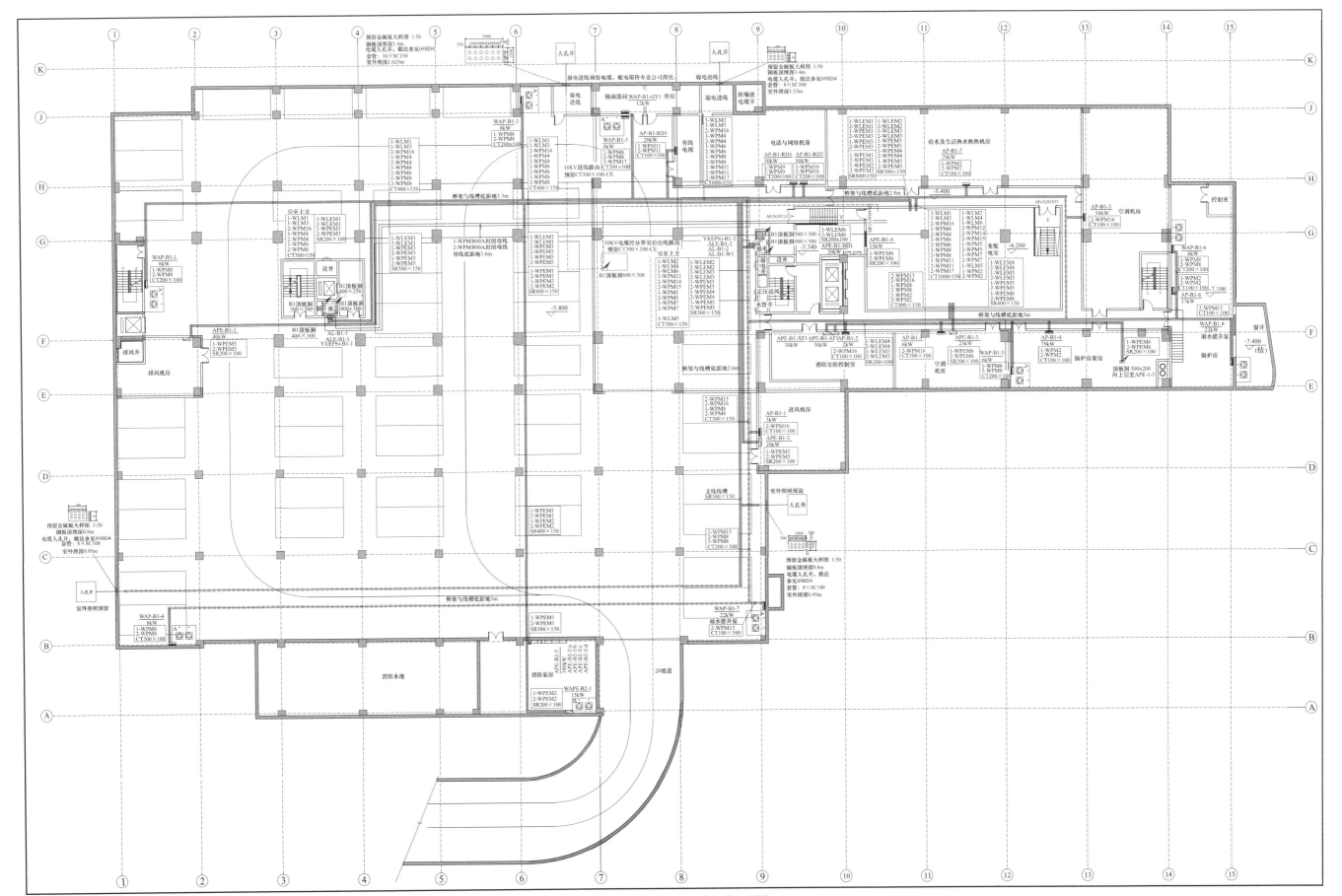

图 5-102　地下一层配电干线平面图

第6章 弱 电

电力应用按照电力输送电压的大小可以分为强电与弱电两类。强电一般指交流电压 220V 及以上的。弱电一般指 50V 以下的。强电主要向人们提供电力能源，将电能转换为其他能源，例如空调用电，照明用电，动力用电等。建筑中的弱电主要有两类，一类是国家规定的安全电压等级及控制电压等低电压电能，有交流与直流之分，交流 36V 以下，直流 24V 以下，如 24V 直流控制电源，或应急照明灯备用电源。另一类是载有语音、图像、数据等信息的信息源，如电话、电视、计算机的信息。

本章节所说的弱电系统正是语音、图像等数据信息的信息源这类不对人身安全产生威胁的设备系统。随着科技的快步发展，在如今的建筑中，建筑智能化的地位变得越来越重要，已成为人们在建筑物中舒适度的最重要影响因素。建筑智能化就是靠弱电系统加以实现的，是建筑物中各种子系统的总和。

弱电系统中，主要包括：综合布线系统，其主要包括计算机网络系统和通信网络系统等与数据相关的内容，将它们综合在一起作为一个系统；有线电视系统，是为建筑物中的相关区域提供有线电视收看的系统；安全防范系统，是保证建筑物中人员安全的系统；建筑设备自动化系统，也称为 DDC 控制系统，其主要是作为控制建筑物中的风机、空调、水泵、电梯等各种正常情况下用电动力设备的，通过该系统实现对于整个建筑正常状态下的智能控制；能源能耗监测系统，近年来随着绿色建筑评星的要求变得越来越重要，该系统通过电表、水表、热力表等计量方式对于整个建筑中各种能源的消耗予以监测和统计。以上列出的是各建筑物中通常都会具备的弱电系统，另外根据建筑的不同性质，会针对建筑的特性采用相应的弱电系统，这些系统包括：停车管理系统，通常作为办公等公共建筑的车库管理系统；校园一卡通系统，当设计学校类建筑时，会采用该系统保证学生及老师使用一卡通进行刷卡消费，以及刷卡进校（进楼）等；音视频会议系统，其中针对大型会议室或礼堂等特殊功能用房，采用视频会议，同声传译等系统。

通常考虑到消防电源通常采用对于人身安全没有威胁的交流 36V 以下或直流 24V 以下的电源，所以有时也将消防系统囊括在弱电系统当中。但是随着消防系统内容的不断完善，其更多的是作为单独的系统出现。本书将消防系统按单独的系统列出。

弱电系统作为一个大系统，其中包含各种子系统，子系统下又包含各种小系统，这就形成了一套完整的弱电系统。本章会根据各子系统具体展开讲解。

(1) 弱电系统设计主要参考的规范、图集

《民用建筑电气设计规范》JGJ 16；《综合布线系统工程设计规范》GB 50311；《有线电视系统工程技术规范》GB 50200；《安全防范工程技术规范》GB 50348；《智能建筑设计标准》GB 50314；《视频安防监控系统工程设计规范》GB 50395；《电子会议系统工程设计规范》GB 50799；《电子信息系统机房设计规范》GB 50174；《厅堂扩声系统设计规范》GB 50371；《入侵报警系统工程设计规范》GB 50394；《出入口控制系统工程设计规

范》GB 50396；《视频显示系统工程技术规范》GB 50464；《公共广播系统工程技术规范》GB 50526；《红外同声传译系统工程技术规范》GB 50524；《会议电视会场系统工程设计规范》GB 50635。

【注】规范实时更新，本书仅提供参考。

（2）弱电的学习

弱电设计并不绝对，其作为与网络信息相关的系统，随科技发展日新月异，每隔几年就会产生巨大的变化。所以不像强电系统，形成了一套较为稳定的设计方法。弱电系统没有很绝对的设计方法，在具体的弱电各子系统的末端放置等事宜上的规范及标准都具有相当的灵活性。弱电设计更多是依靠设计师对于弱电系统的理解，与所设计项目本身的特点，以及甲方的要求完成设计的。弱电系统应灵活掌握，并不绝对，工程师需多动脑筋，多思考，否则无法设计出合理的弱电系统。

（3）弱电的设计

弱电系统包括平面图纸和系统图纸两部分的设计，并且分为初步设计与施工图设计两个阶段。平面图的设计，首先根据建筑平面在各建筑区域放置需要的弱电末端，且根据设立的弱电小间放置需要的弱电箱柜，并完成箱柜编号等标注。然后，根据末端以及箱柜的划分以及弱电小间、弱电机房和弱电进线间形成的建筑物内部空间关系，设计出末端到弱电小间内箱柜以及弱电小间内箱柜到弱电机房再到弱电进线间的箱柜形成的完整路由，并标注相应的线槽尺寸与安装高度等。这就完成了通常所说的弱电平面图纸的初步设计。最后根据平面末端及路由设计系统图，这就完成了系统图的初步设计。至此，弱电的初步设计就全部完成。

【注】系统图初步设计与施工图阶段相差不大，只需适当完善即可。

施工图阶段则是在初设的基础上利用原先设计好的箱柜、末端、干线路由及相关标注，完成末端与相应区域内的箱柜的连接，通常是采用管线、线槽、管线结合线槽三种方式敷设的，同时完成相关的管线及线槽标注。至此弱电的设计工作就全部完成了。

【注】连接末端的线槽与干线路由线槽应分开设置，当合用时需中间加隔板。

6.1 综合布线系统

综合布线系统是为了顺应发展需求而特别设计的一套布线系统。其对于现代化的大楼来说，如同生物体内的神经系统，采用了一系列高质量的标准材料，以模块化的组合方式，把语音、数据、图像和部分控制信号系统用统一的传输媒介进行综合，经过统一的规划设计，综合在一套标准的布线系统中，将现代建筑的三大子系统有机地连接起来，为现代建筑的系统集成提供了物理介质。可以说结构化布线系统的成功与否直接关系到现代化大楼的成败，选择一套高品质的综合布线系统是至关重要的。

综合布线系统的设计，首先是以建筑图纸作为底图，按其房间性质，决定内部所设计的末端，再根据末端推算出该防火分区内弱电小间所需的配线柜及其承载能力，算出配线柜内的具体设备。根据各个配线柜的需要算出前端所需进线线缆的具体规格等。按照整个建筑内综合布线系统的路由，由弱电进线间至弱电机房再至各个弱电小间，将各处设备接连起来，形成一套合理的综合布线系统。

6.1.1 综合布线系统平面图

综合布线系统的系统是根据建筑各个区域的功能需要反推得到的，所以这里我们首先要了解平面图上对于设备末端布置方式的要求。

本部分设计依据具体参见《民用建筑电气设计规范》JGJ 16；《综合布线系统工程设计规范》GB 50311。

(1) 图例

在进行图纸设计时，应当参考国标或地标图集完成设计。作者身为北京地区从业者，大部分接触到的是北京工程，所以主要参考的是北京地方标准图集"《电气常用图形符号与技术资料》09BD1"。电气工程师在设计过程中，为保证所有工程均符合要求，则可选择国家标准图集"《建筑电气工程设计常用图形和文字》09DX001"。

作者常用到的综合布线相关图例列于表 6-1：

综合布线图例 表 6-1

图例	名称	规格及说明	安装位置	安装方式
IDF	综合布线楼层配线架		弱电小间内	明装,落地安装
BX	综合布线楼层配线架		弱电小间内	明装,距地1.2m
TO	语音,数据出线口			暗装,距地0.3m
TP	语音出线口			暗装,距地0.3m
TD	数据出线口			暗装,距地0.3m
⊘	地面强、弱电插座出口	内设一个10A二三眼插座、一个数据出口、一个语音出口		地面暗装
⊡	语音、数据地面插座	内设一个数据出口、一个语音出口		地面暗装
TD	单数据地面插座	内设1个数据出口		地面暗装
2TD	双数据地面插座	内设2个数据出口		地面暗装
LED	LED显示屏出线口	内设1个数据出口		暗装,距地0.3m
POS	POS机出线口	内设1个数据出口		暗装,距地0.3m
POS	POS机地面插座	内设1个数据出口		地面暗装
AP	无线网络出线口	内设1个数据出口	公共区域	吊顶安装
U	超5类非屏蔽双绞线	U-SC15,2U-SC20,4U-SC25		型号厂家配套

电气工程师通常使用"天正电气"软件作为 CAD 软件的插件使用，可以将常用图例做成块存入天正电气软件中"平面设备"下的"任意布置"中，方便绘图时随时调用。"天正电气"自带很多符合国家标准图集的图例，当其中没有或需要更改图例时则应随时调整。

（2）末端布置

综合布线末端出线口的设计是由建筑物内具体房间的功能所决定的。建筑物内通常具有的功能分区为：公共区域，其中包含走廊、楼梯间、电梯厅、大堂；办公室；会议室；餐厅；厨房；卫生间；库房；设备机房；电气机房；电梯机房等。

弱电末端的出线端口包括：网络端口；电话端口；无线网络端口；信息显示端口；信息查询端口等等。

【注】因考虑到电脑及有些电话需要电源，所以综合布线末端的放置应注意与强电插座共同设置；需同电气平面图协调对应。

下面按照小系统具体解释综合布线末端的放置。

1）网络及电话端口

网络端口，用来连接网络的数据端口，通常连接电脑和打印机等设备。电话端口，用来连接电话机的端口，通常连接固定电话机。

① 公共区域：不设计。

公共区域主要包括走廊、楼梯间、电梯厅、大堂等，一般情况下这类区域是不会提供固定网络及电话端口的。公共区域人员对于网络的需要可以通过设置无线网络得以解决，电话在这个手机普及率极高的时代更是不需考虑。同时应注意根据建筑性质的不同以及业主方的需要进行调整。

如，学校宿舍楼需考虑在每层留有至少一个电话端口，保证学生对于电话机的使用，这种端口通常设计于本层学生休息区或是走廊尽端。

② 办公室和会议室：设计。

办公室和会议室是使用网络端口的重要区域。该工作区内的端口放置数量是有据可循的，具体参看表6-2和表6-3（出自《民用建筑电气设计规范》JGJ 16）。值得注意的是，办公用房不仅包括办公室，还包括会计室、工作室等。

工作区面积　　　　　　　　　　　　　　　　　　　　　　　表6-2

建筑物类型及功能	工作区面积（m²）
银行、金融中心、证交中心、调度中心、计算中心、特种阅览室等,终端设备较为密集的场地	3～5
办公区	4～10
会议室	5～20
住宅	15～60
展览区	15～100
商场	20～60
候机厅、体育场馆	20～100

信息点数量配置　　　　　　　　　　　　　　　　　　　　表6-3

建筑物功能区	每一个工作区信息点数量（个）			备注
	语音	数据	光纤（双工端口）	
办公区（一般）	1	1	—	—
办公区（重要）	2	2	1	—
出租或大客户区域	≥2	≥2	≥1	—
政务办公区	2～5	≥2	≥1	分内、外网络

【注】表6-2和表6-3中不止写明办公室与会议室的要求，还为其他功能区域提供了设计依据，均参考办公室与会议室例子完成设计。

大型办公室与小型办公室在面积大小上有所区别，进而办公位置的空间布置有所区别。考虑到办公的需要，工程中通常按家具布置预留网络与电话合用端口。

小型办公室因空间狭小，家具通常靠墙布置，所以末端设计在墙面，见图6-1，本图中可以看出办公室面积为36m²，按照表6-2和表6-3中的要求，设计四个末端。同时考虑办公室属于长方形，考虑到家具布置，四个末端均布于较宽的墙面。

图6-1 小型办公室布置图

大型办公室因空间较大，家具通常无法靠墙布置，所以末端设计在地面，见图6-2，这时优先参考建筑专业的家具布置，根据家具设置地面插座型末端。另外，还应考虑到以后打印机的放置等，应在墙面处适当设置端口。

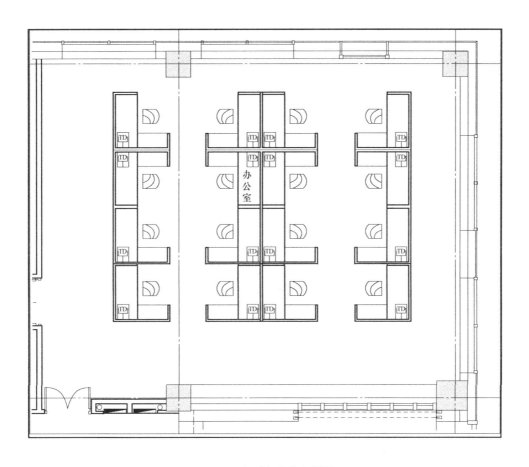

图6-2 大型办公室布置图

227

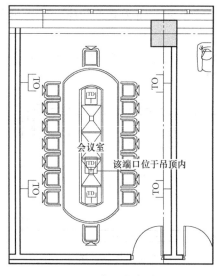

图6-3　会议室布置图

会议室分为三种端口的设计，首先依照表6-2和表6-3在较宽的墙面均布适当的端口。其次考虑到会议室通常在屋子中间布置大型会议桌，所以应根据桌子大小考虑在桌子下方留有地面端口。最后还应根据建筑家具布置考虑设置投影仪的网络端口，但因投影仪多为吊装，其端口设置于吊顶内，故而图例应有所区别，如不区别应在图面标注清晰，见图6-3。

【注】考虑到数据与电话双出线口的弱电末端端口，同单出线口端口外形相同，经济成本相近，故而大多采用双出线口的端口。

③ 厨房：可设计。

厨房作为功能性用房，按照通常的习惯是不需要网络与电话的，但是随着现代化发展的加速，厨房内有可能采用智能化产品。为了方便使用，在每个厨房内都设置数据与电话端口，设置在靠近进门处，见图6-4，图中黑框框出部分就是网络端口和电话端口。

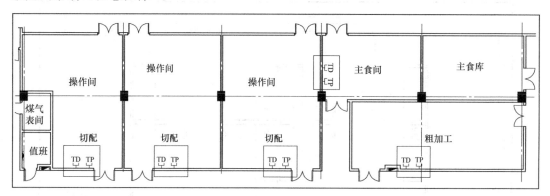

图6-4　厨房布置图

④ 设备机房：可设计。

因建筑物很大，在设备机房中检修设备时联络不方便，所以通常在设备机房中靠近进门处的墙面上设置网络与电话端口，见图6-5，图中黑框中为端口。

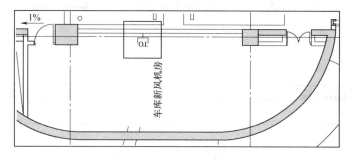

图6-5　设备机房布置图

⑤ 电气机房：设计。

电气机房包括变配电室，消防安防控制室，网络机房，电话机房，弱电进线间等。其中的变配电室和消防安防控制室考虑到长期有人值守，所以需要设置网络与电话端口。

变配电室中，应将网络与电话端口设置于值班室内，因为此处长期有人员值守，需要网络和电话，考虑家具布置，办公桌通常设于观察窗处，故在此处设置端口，根据房间大小及可增设端口，见图6-6，图中黑框处为端口。

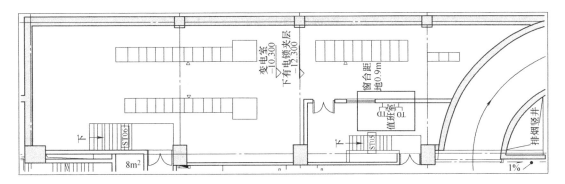

图6-6 变配电室布置图

消防安防控制室，属于长期有人值守的值班室，考虑值守人员对于网络与电话的需要，根据自己对于机房内设备排布情况，在琴台附近的墙面设置网络与电话端口，见图6-7，图中黑框处为端口。

⑥ 卫生间、库房、车库、员工餐厅、电梯机房：不设计。

这些区域属于功能性用房，不会有人长期停留，也没有办公或娱乐性的需求。手机已非常普及，所以无需考虑固定电话的设计。现今考虑到人群对于娱乐的需要，通常在走廊以及餐厅等公共区域设有无线网络，以满足人群对于网络的需要。

2）无线网络端口

随着科技发展，人们生活习惯的改变，无线网络（俗称Wifi）已在国内非常普及，通常业主方会提出设置无线网络的要求，并且保证公共区域全覆盖。无线网络端口指不用有线线路完成数据传输的端口，其通常以15m为半径覆盖这个半径圆内的所有设备。

通常存在两种末端设置方法。一种是利用建筑的轴网进行均布设置，既能保证信号的全覆盖，又能满足美观的需要。建筑轴网通常是9m×9m的网格，无线网络在每个网格的相同位置处设置一个端口即可完成均布。另一种是以图例的中心为中心点，画一个半径为15m的圆，保证各无线网络端口的圆相交后完整覆盖整个区域，无死角。

无线网络端口通常安装于吊顶处，但当位于大厅等高大空间处时，考虑到无线末端覆盖半径的需要，可安装于柱子上。

① 公共区域：设计。

公共区域主要包括走廊、楼梯间、电梯厅、大堂等，一般情况下这类区域是不会提供固定网络端口的，主要依靠无线网络满足人群需求。

走廊作为连接各个房间的通道，保证其中设置的无线网络既满足通道的全覆盖，又满足大部分功能用房的覆盖需求，以达到整个建筑的全覆盖，见图6-8，图中黑框处为端口位置。可以看出，5个无线端口的设置即满足走道的需求，又保证了卫生间，楼梯间等区

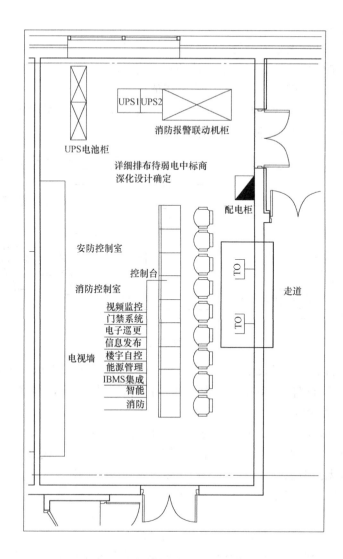

图 6-7　消防安防控制室布置图

域的信号覆盖，使得整层公共区域完成全覆盖。

建筑大堂通常是通高的大空间，层高极高，若将无线网络端口设置于吊顶，则网络无法很好地覆盖整个区域，且检修困难。所以在此空间内通常将无线网络端口设置于墙面或柱子上，距地 3m，保证既不被触及又方便检修，见图 6-9，图中黑框处为端口位置。

② 大面积办公室、阶梯教室、宴会厅、餐厅等大面积公共功能房间：设计。

当出现大面积的公共功能用房时，只依靠走廊中的无线网络很难做到信号的全覆盖，所以在这类房间中通常设置无线网络端口以满足无线网络的覆盖需求，见图 6-10，图中黑框处为端口位置。该图就是利用轴网进行均布的典型代表。

③ 车库、卫生间、面积较小的功能用房：不设计。

车库属于建筑的附属用房，其不作为人员长期停留场所，无需设置无线网络。卫生间以及小面积的功能用房，都由走廊等公共区域的无线网络端口完成信号覆盖，不需要再在内部设置端口。

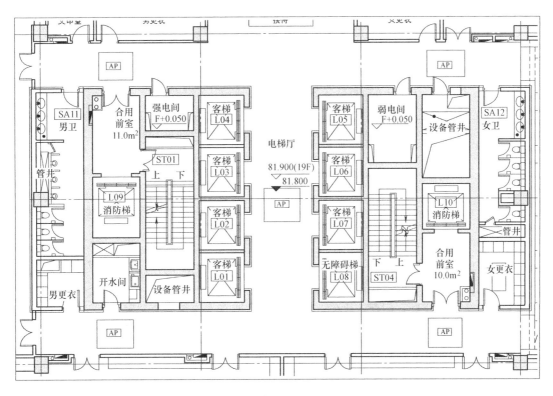

图 6-8　走廊无线网络布置图

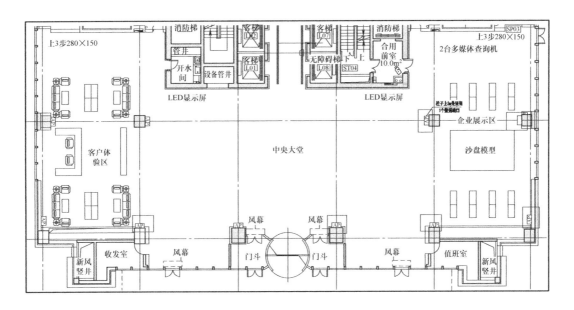

图 6-9　大堂无线网络布置图

3）信息显示端口

信息显示端口，实际是与网络端口相同的数据端口，用以为公共区显示屏提供信号源。显示屏通常设置在大堂及门厅等公共区域内，用以播放广告或登出信息等。大部分建

231

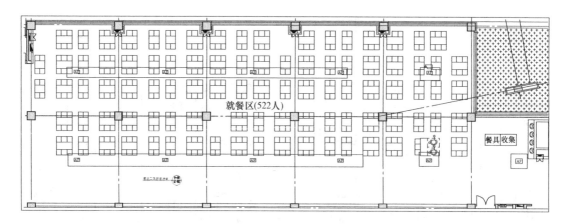

图 6-10 餐厅无线网络布置图

筑均需设计此系统，具体可遵循业主意见。此处因小系统的不同，以及末端安装高度的不同，为了图面表达清晰故单设图例，保证图纸表达清晰。

主要设计于电梯厅，门厅，大堂，休息厅等长期有人停留的公共区域，保证各种信息发布的需要，该信息端口的设计以及位置的决定应同业主方沟通，或是同建筑精装修设计人员核实。电梯厅的布置，见图 6-11，图中黑框处为端口位置。门厅的布置，见图6-12，图中黑框处为端口位置。

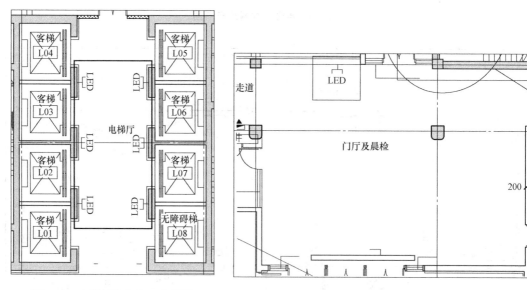

图 6-11 电梯厅信息端口布置图　　　　**图 6-12 大厅信息端口布置图**

4）信息查询端口

查询机通常设置于人员经常经过的出入口处，靠墙放置，所以设置网络端口于墙面即可，具体位置以业主或建筑专业布置为准。每台查询机对应一个网络端口，无需电话端口，见图 6-13，图中黑框处为端口位置。

5）其他小系统

包含于综合布线系统下的小系统还有很多，例如校园一卡通系统等，这里不再一一列

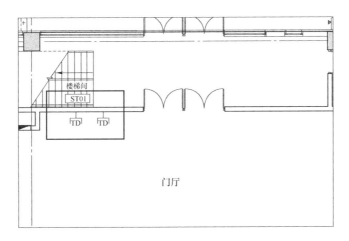

图 6-13　大厅信息查询端口布置图

举。只要是通过网络线缆完成数据传输的系统都可纳入综合布线系统当中，只需保证其在弱电机房内通过电脑软件分别控制，其末端布置均参照上述方式。

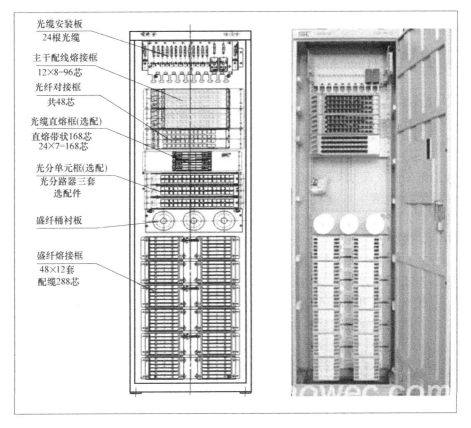

光缆安装板
24根光缆

主干配线熔接框
12×8=96芯

光纤对接框
共48芯

光缆直熔框(选配)
直熔带状168芯
24×7=168芯

光分单元框(选配)
光分路器三套
选配件

盛纤桶衬板

盛纤熔接框
48×12套
配缆288芯

图 6-14　配线柜

(3) 综合布线配线柜布置

1) 配线柜

配线柜内部主要装设有交换机与配线架，交换机完成前端光缆与后端双绞线间光信号至电信号的转换工作，配线架则将各条双绞线分配出配线柜，完成数据的传递。该配线柜的柜体尺寸就是由交换机的尺寸而决定的，所以配线柜柜体尺寸通常为宽 600mm，深 600mm，高 2200mm，见图 6-14。末端端口的数量决定配线柜出线数量，进而决定柜内交换机的数量，最终决定配线柜的柜体高度。

2）配线柜布置原则

① 按防火分区设置在弱电小间内。

② 配线柜至末端端口距离不可超过 90m。

③ 当本防火分区中未设置弱电小间时，若离就近防火分区内弱电小间箱柜距离不超过 90m，可穿分区连接，但应保证末端间连接不应跨越防火分区。

④ 当本防火分区中未设置弱电小间时，若离就近防火分区内弱电小间箱柜距离超过 90m，则应在本防火分区内公共区域中设置配线柜。

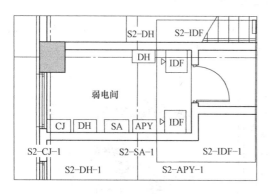

图 6-15　弱电间设备布置图

配线柜布置在弱电间内时，应综合考虑与其他弱电箱在小间内的排布关系，并满足规范要求。放置好后，应标注配线柜编号，见图 6-15 中黑框部分。具体编号原则参看《电气常用图形符号与技术资料》09BD1 中相应章节，或者所在工作单位内部的要求。

（4）平面图设计方法

在完成了平面图中末端以及箱柜的放置后，完成箱柜至综合布线末端端口的连线及标注即可完成施工平面图的设计。连接通常采用线管与线管结合线槽两种方式。

① 线管结合线槽

在施工平面图的设计中，大多都会采用这种敷设方式进行设计。相比于所有管线单独敷设的方式，优势是整齐，便于施工与检修。劣势是当管线较少时，线槽的费用高于铺管。设计方法：首先绘制线槽，由弱电小间作为起始点绘制线槽，见图 6-16 中黑框部分 d）。线槽沿走廊延伸至各处，见图 6-16 中黑框部分 b）。最后标注线槽的尺寸规格及安装高度，见图 6-16 中黑框部分 c）。综合布线末端端口通过线穿管的做法连接至走廊中的线槽，线在线槽中一直连至弱电间内的箱柜，应注明线管型号，见图 6-16 中黑框部分 a），其以符号 "U" 代表线型，"U" 代表的型号规格则统一在图例及平面图中空白处写明，参看本章表 6.1 中符号 "U" 的意义。当所连接的末端只有一个出线口时标注 "U"，包含两个出线口时标注 "2U"。应针对每条线标注清线型及管路规格和安装方式等。

【注】线槽与管均应设计在公共区域内，不应穿越机房或是功能用房等。

② 利用线管

当末端点位很少的情况下，会采用直接铺管的方式完成末端至配线柜的连接，见图 6-17。这种画法应保证每条管线清晰的与配线柜相连，连线要绘制整齐，以最近的距离连

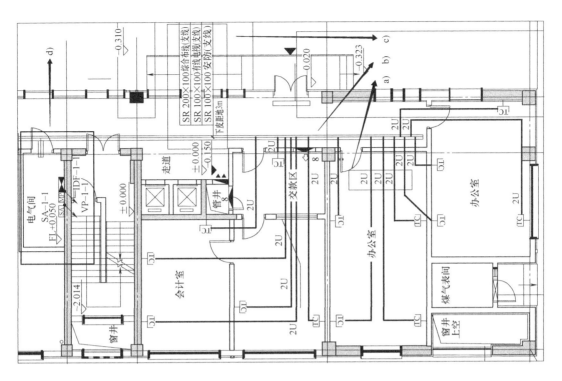

图 6-16 弱电平面图（线管结合线槽设计方法）

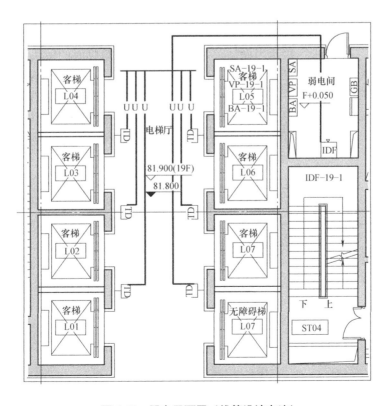

图 6-17 弱电平面图（线管设计方法）

接，且每条线标注清晰。图6-17中采用了一种"总括"的画法，即采用一条粗横线将每条支路线括到一起，再统一连至配线柜的方法。这种画法只是为了方便绘图并不提倡，当管线过多无法绘制清晰时可酌情使用。

6.1.2　综合布线系统图

综合布线的系统图，是指根据该建筑物的空间关系，清晰表达市政网络光缆与电话大对数电缆进入建筑物的弱电进线间，再至弱电主机房，然后分散至各楼层的区域配线柜，最终到达用户末端的系统，包含了完成信息传递的线缆以及转换信息和处理信息的机器。最终，达到使拿到平面图的人可以结合系统图了解整栋建筑中综合布线系统做法的目的。

（1）系统设计（结合图6-19详细说明。）

通过图6-19可以看出，其标明各楼层分区，体现各层弱电间位置关系，每个弱电间内体现一个配线柜，并完成这些配线柜的命名。本图中，市政条件的网络采用光纤，电话采用大对数电缆。光缆与大对数电缆，进入建筑物的弱电进线间，见图6-19中a），再通过敷设线槽的方式，见图6-19中b），抵达建筑物内的网络机房，见图6-19中c），和电话机房，见图6-19中d），再通过光缆以及大对数电缆将信号送达各楼层的综合布线柜，见图6-19中e），最终通过布线柜中的交换机将光信号转换为电信号，由超五类屏蔽双绞线将各电信号送至用户终端，即房间内墙面上的网络与电话端口。用户可根据需要连接电脑、打印机、电话、显示器等设备。

这套系统的设计是按照相关规范得到的，在《民用建筑电气设计规范》当中，有相关规定，见图6-18。图6-18的左侧至"CD"表示外部市政条件进入设计范围内，对应图6-19中a），"CD"至"BD"表示当设计范围内包含多个建筑物时的做法，"BD"对应图6-19中c）和d），"BD"至"FD"则对应图6-19中c）和d）至e），连线对应图6-19中b），"FD"至"TE"对应图6-19中e），连线对应图6-19中双绞线"UTP"。

上述系统会通过配线柜与线槽以及其他需用设备相结合的方式清晰反映在平面图中，形成一套与系统图完全对应的施工平面图，保证设计的统一性，方便施工人员理解图纸。

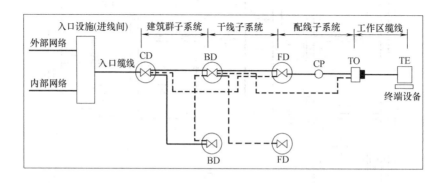

图6-18　综合布线系统组成

下面分别解析图6-19中各个部分。

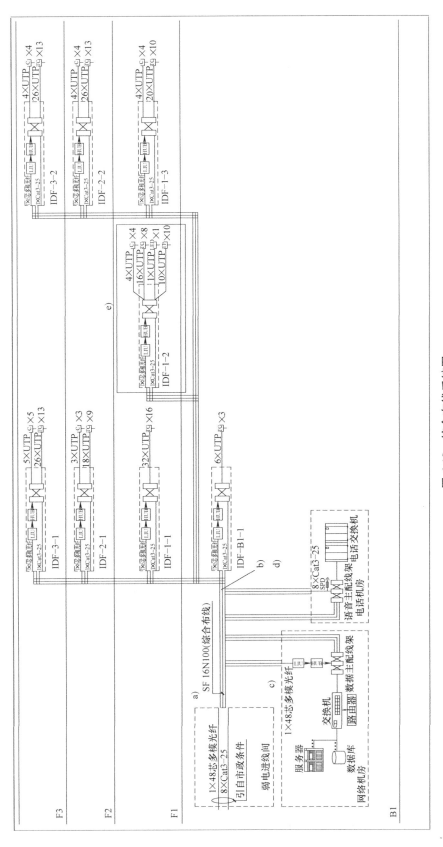

图 6-19 综合布线系统图

① 图 6-19 中 *a*) 见图 6-20

图 6-20 中是引入的市政条件，市政条件由建筑物外线条件，通过紧贴建筑物外墙的弱电进线间进入到建筑物内。该进线光纤及大对数电缆所需线型是通过末端端口及交换机数量反算得到，具体算法将在本小节"（2）光纤及交换机的计算方法"中介绍。

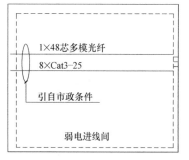

图 6-20　综合布线市政进线端

弱电进线间只是为了市政条件引入建筑物而设置的房间，内部没有设备，设备均位于网络机房和电话机房。

② 图 6-19 中 *c*) 见图 6-21

该图为网络机房内的设备组成图。光缆由弱电进线间经线槽到达网络机房的主配线架，通过交换机连接服务器与数据库，完成网络的分配，然后通过配线架进入建筑物内的线槽中，直达各个综合布线柜。

③ 图 6-19 中 *d*) 见图 6-22

该图为电话机房内的布置图。大对数电缆由弱电进线间经线槽到达电话机房的主配线架，通过交换机完成电话号码的分配，然后通过配线架进入建筑物内的线槽中，直达各个综合布线柜。

因线缆由室外引入建筑物，所以应装设防浪涌保护器"SPD"，保证避免雷电感应对于弱电系统的影响。

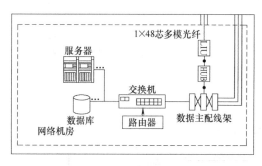

图 6-21　网络机房图

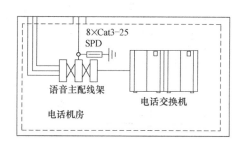

图 6-22　电话机房图

【注】引入的大对数电缆，电缆的材质是金属，需接"SPD"。网络使用的是光缆，材质是玻璃纤维等不导电材质，无需接"SPD"。

④ 图 6-19 中 *e*) 图 6-23

该图是综合布线柜至末端端口的系统图。图中虚线框代表配线柜。

图 6-23 中 *a*) 为平面图中绘制的各个末端端口，统计本配线柜所接各类端口数量。

图 6-23 中 *b*) 为连接末端端口所需线数及线型。首先判别后端所接端口数量，每个端口与配线柜的连线按一条超五类屏蔽双绞线计算。如，第一行后接单数据出线口，共有 4 个数据端口，所以前端线型为"4×UTP"；第二行后接网络与电话两个出线口，共有 8 个端口，所以前端线支数量为"8×2＝16"，线型为"16×UTP"。

图 6-23 中 *c*) 是位于配线柜中的配线架，用来排列线支。因采用配线架，以及后端均

连接双绞线，所以末端的网络与电话出线口实际是可以互换的，网络与电话的不同是出线口的规格不同。

图6-23中d）中，配线架前端网络信号由交换机（HUB）供给，交换机本身完成光电信号的转换，前部进线为光缆，后部出线为双绞线（UTP）。前部光缆从网络机房经线槽引至本配线柜。当光缆较长时需采用光纤连接器（LIU）完成连接。

图6-23中e）中，配线架前端电话信号直接由电话机房经线槽敷设大对数电缆引至本配线柜，提供电话信号。

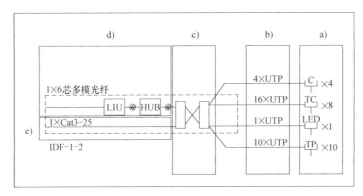

图6-23 综合布线楼层配线端

图6-24引自《民用建筑电气设计规范》JGJ 16，与图6-23相对应。

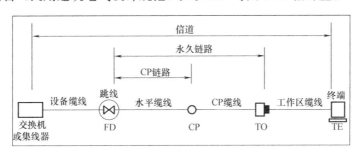

图6-24 布线系统信道、永久链路、CP链路构成

【注1】有些工程较小，可不设专门的网络机房与电话机房，机房与弱电进线间合用即可。

【注2】目前越来越多的工程中出现两网合一（电话同网络市政条件一样，采用光缆），甚至三网合一（电视和电话同网络市政条件一样，采用光缆）的做法。当两网合一时，建筑内的电话系统采用光缆代替大对数电缆，其设计方式与综合布线完全相同，应结合两者统一考虑光缆设置。

（2）光缆、交换机和大对数电缆的计算方法

光缆的芯数以及交换机的数量都是通过末端端口数量计算得到的。下面列举几种算法。

按照IBDN标准，一般推荐单体建筑物内通信使用12芯光纤，建筑物与建筑物间使用24芯光纤。

① 工程计算方法：

计算方法主要参考《综合布线系统工程设计规范》GB 50311。首先确定该层综合布线柜后接入的末端点数量，每 24 个末端点应设置一台 24 口交换机，进而确定交换机的台数。其次参看规范可知每台交换机应设置使用光纤 1×2 芯，并预留备用光纤 1×2 芯。所以，每台交换机对应设置 1×4 芯光纤。

② 经验做法：因工程实际做法中，每 4 台（含 4 台以下）交换机组成一个交换机群。每个交换机群还应预留冗余光纤 1×2 芯，故可按每台交换机 1×6 芯光纤设计。

大对数电缆的计算。大对数电缆是专门用来连接电话的，通常按 25 对的倍数计算，如 25、50、75、100 等。规格写为"$1\times$Cat3-25"或"$1\times$Cat3-50"等。根据每个配线柜后端接入的末端端口数量计算前端的进线规格，再计算电话机房内总配线柜的出线规格，如图 6-18 中，算得图中 f) 处需要"$1\times$Cat3-25"，那么图中共有 8 个配线柜，且线型规格相同，所以图中 a) 处的线型为"$8\times$Cat3-25"。

6.1.3 小结

弱电设计中最重要的是综合布线系统，6.1 节只是针对工程师常遇到的各种实际问题加以讲解，一些特殊情况仍需设计师灵活掌握。

由本节内容可以发现，系统图的绘制是一个与实际信号传递相反的过程。实际信号是由市政至建筑物内，再进一步到达用户。然而系统图的设计是先设计末端端口需要数量，再设计各配线柜，进而设计网络机房与电话机房，最终完成对于弱电进线间的设计，提出对于市政管线的需要。

因弱电系统的干线路由大致相同，且绘制时统一表示，所以综合布线系统在平面图中的弱电干线设计方法将在本书"6.6 弱电干线"一节中讲解。

6.2 有线电视系统

值得工程师们注意的是，有线电视系统是否设计和具体在哪些功能区域设计等问题应征询业主意见，假如业主没有特殊要求，工程师可根据工程经验设计，否则应优先考虑业主方的要求。

6.2.1 有线电视系统平面图

同综合布线系统相同，有线电视系统也是根据建筑各功能区域的需求反推得到的，所以这里我们首先要了解平面图上对于设备末端的设置需求。

有线电视末端端口的设置，规范没有太多具体要求，工程师通常根据工程经验适当设置。考虑到有线电视公司是按照端口数量计费的，在满足功能区域需求的前提下，应尽量减少端口的放置。

本部分设计依据具体参见《民用建筑电气设计规范》JGJ 16；《有线电视系统工程技术规范》GB 50200；《声音和电视信号的电缆分配系统》GB/T 6510；《有线广播电视系统技术规范》GY/T 106。

（1）图例

常用有线电视相关图例见表 6-4。

有线电视图例 表6-4

图例	名称	规格及说明	安装位置	安装方式
VP	电视分支分配器箱		弱电小间内	明装，距地1.2m
V	电视分配器箱		吊顶内安装	
TV	电视插座			暗装，距地0.3m
TVD	吊挂电视插座			暗装，距地2.0m
TV	视频管线（电视）	支线SC20，干线SR敷设	支线采用SYWV-75-5，干线采用SYWV-75-9	

（2）末端布置

有线电视末端端口的设计是由建筑物内具体房间的功能所决定的。建筑物内通常具有的功能分区为：公共区域，其中包含走廊、楼梯间、电梯厅、大堂；办公室；会议室；餐厅；厨房；卫生间；库房；设备机房；电气机房；电梯机房等。

【注】因考虑到电视需要电源，所以有线电视末端的放置应注意与强电插座的配合，有端口处均应配有强电插座。

下面按照功能分区具体讲解有线电视末端端口的设置。

① 公共区域：不设计。

公共区域主要包括走廊、楼梯间、电梯厅、大堂等，一般情况下这类区域是不会提供电视端口的。人群在其中所看到的显示屏通常均为综合布线系统中的信息显示系统，是由该建筑物内的网络机房控制播放的节目。有线电视端口提供的是电视公司的节目（如歌华有线提供的电视节目），两者存在根本的不同。

② 办公室、休息室：设计。

办公室作为职员长期工作与生活的场所，考虑到员工舒适度的需要，通常会提供电视，供员工在休息时间观看电视节目。

小型办公室的内部空间较小，通常只设置一个电视端口，并且为保证所有人员观看方便，该端口设置于没有办公桌的墙面，见图6-25。

图6-25 小型办公室电视端口布置图

大型办公室的内部空间较大，需保证所有工位员工都可收看到电视，通常设置多个电视端口。且考虑到可观看电视范围尽量大，所以通常将电视吊装于高处，见图6-26。图中采用安装于吊顶内的电视端口，并设置于办公室的两个角落处，以保证所有员工的观看需求，图中用黑框标出。

③ 员工餐厅、会议室：可设计。

员工餐厅和会议室作为公共活动场所，可根据业主的需求考虑设置与否，若无明确要求则建议设计电视端口，作为预留。

会议室的电视端口设置位置可根据建筑专业的家具布置进行设计，若没有则可以在长度较短的墙面处设置显示屏为原则，设置电视端口，见图6-27。

员工餐厅通常考虑到视野的广泛，采用高处设置电视的方法，且通常设置在角落处，见图6-28，图中餐厅面积较小，故只设置一处端

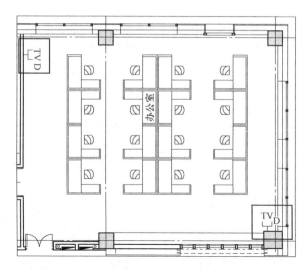

图 6-26　大型办公室电视端口布置图

口。当面积较大时根据需要增设，其设置原则与办公室相同。

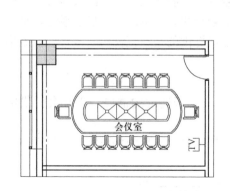

图 6-27　会议室电视端口布置图

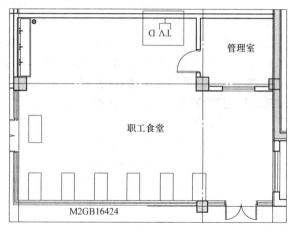

图 6-28　食堂电视端口布置图

④ 卫生间、车库、库房、机房：不设计。

这些区域属于功能性用房，不会有人长期停留，也没有娱乐的需要，所以无需考虑电视的设计。

（3）电视分支分配器箱布置

① 电视箱

配线柜内部主要由分支器与分配器组成。分配器可以将一路有线信号分成多路信号输出到电视，输出信号相互隔离，不会发生串扰的现象。各路输出的信号对比输入信号会有一定的衰减，衰减也都相同。分配器有二分配、三分配、四分配等等。分支器的形式与分配器类似，但不同的是分支器的输出不均衡，主干信号强，支路信号弱，不可再作为分支器串联的干路连接，一般直接连接到终端。在有线电视系统中，这两种设备配合使用，通常采用分配分支系统或者分支分配系统，并在此基础上反复堆叠（如：分支分配分支或分

配分支分配等），见图 6-29。

图 6-29　电视箱

【注释】本图源自网络。

② 电视箱布置原则

弱电箱柜的布置原则基本相同，电视箱与综合配线柜的布置原则相同。

a. 按防火分区设置在弱电小间内。

b. 当本防火分区中未设置弱电小间时，可由就近防火分区内弱电小间箱柜引至，但应保证末端间连接不应跨越防火分区。

电视箱布置在弱电间内时，应综合考虑与其他弱电箱柜的空间关系，满足规范的条件。放置好后，应标注配线柜编号，见图 6-30 中黑框部分。具体编号原则参看《电气常用图形符号与技术资料》09BD1 中相应章节，或者依据所在工作单位内部的相关要求。

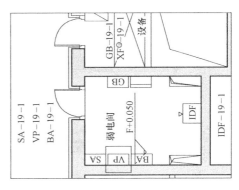

图 6-30　弱电间设备布置图

(4) 平面图设计方法

在完成了平面图中末端以及箱柜的放置后，完成箱柜至有线电视末端的连线即可完成施工平面图的设计。连接可采用结合线槽与管线或是只利用管线两种方式。完整的标注线槽与管线的规格尺寸与安装要求等内容，使图纸信息完整的传达给施工方。

① 结合线槽与管线

与综合布线系统相同，在设计时大多采用这种方式。

首先完整绘制支线线槽至各个公共区域，再将各末端用管线与线槽相连，见图 6-31 中圈出处。同轴电缆将从弱电间内的有线电视箱中配出，通过线槽敷设到接近末端的位置后，改由与线槽相连接的管路直达末端端口处，线管明敷设在吊顶内或暗敷设在墙面内。线槽应标明具体的规格及安装方式，管线应标注 "V"，并统一在图例及平面图中注明符号 "V" 代表的线型、管径、敷设方式等信息，见表 6-2 中符号 "V" 的意义。

② 利用管线

当末端点位很少的情况下，会采用直接铺管的方式完成末端至电视箱的连接，见图 6-32。这种画法应保证每条管线清晰的与电视箱连接，连线要绘制整齐，以最近的距离连接，且每条线标注清晰。同样应注意标明管线线型、管径、敷设方式等信息。

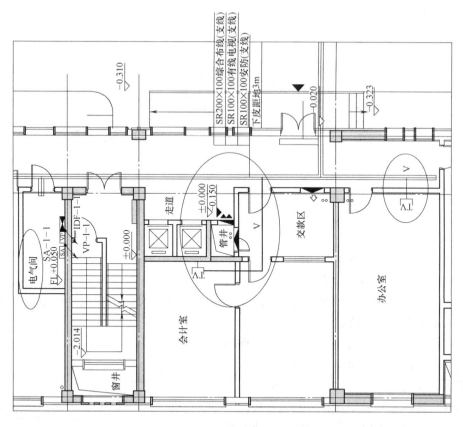

图 6-31 弱电电视平面图（线管结合线槽设计方法）

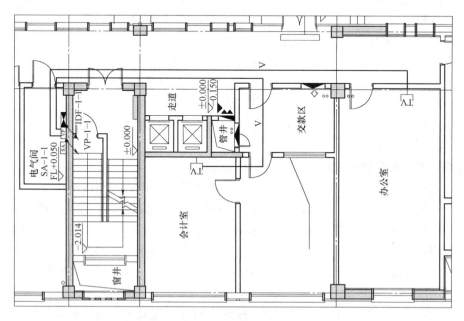

图 6-32 弱电电视平面图（线管设计方法）

6.2.2　有线电视系统图

有线电视系统图是指根据该建筑物的空间关系，清楚表达同轴电缆或光纤由市政外线进入建筑物至电视机房再至各楼层弱电间内的电视箱后，最终到达用户末端的图纸。系统图中还应表达各箱柜中的设备以及末端的数量等信息，并与平面图对应，使施工人员结合平面图与系统图可以完整的了解整栋建筑中有线电视系统的情况。

下面结合图 6-33 详细说明。

通过图 6-33 可以看出，在一侧标明楼层分区，体现各层弱电间位置关系。每个弱电间内设置一个电视箱，并标注名称。本图中，市政条件是光纤（光缆规格由市政有线电视公司根据建筑设计末端数量计算得到），光缆由市政外线进入建筑物的弱电进线间，见图 6-33 中 a)，通过敷设线槽的方式（即干线线槽）抵达建筑物内的有线电视机房，见图 6-33 中 b)。通过一条干线同轴电缆"1xSYWV-75-9"经敷设好的干线线槽，见图 6-33 中 c)，将电视信号送至各楼层相应的电视箱，见图 6-33 中 d) 和 e)，最终通过每条支线同轴电缆经支线线槽配合 20mm 的管路"1xSYWV-75-5-SR"与"1xSYWV-75-5-SC20"将电视信号送至每个电视末端。用户可根据需要连接电视。该系统采用分配分支分配系统，第一个分配器位于有线电视机房的电视箱中，将一条同轴电缆分配为 3 根同轴电缆，再在每层的电视箱内采用分支器。因分支器通常最多采用四分支器，所以当末端数量少于 4 个时，末端可直接接于分支器，当数量多于 4 个时，则分支器后再连接分配器，末端接于分配器。

上述系统会通过电视箱与线槽以及其他需用设备相结合的方式清晰反映在平面图当中，形成一套与系统图完全对应的施工平面图，保证设计的统一性，方便施工人员理解图纸。

【注】本系统中不包含自办电视节目系统的做法。自办电视系统还应在有线电视机房内设有相应的主机与控制台。

（1）图 6-33 中 a) 见图 6-34

图 6-34 表达弱电进线间情况，体现引入的市政条件。市政光缆通过紧贴建筑物外墙的弱电进线间进入到建筑物内，考虑到光缆过长，中间需采用光缆连接器，保证光缆长度的需要。

【注】弱电进线间只是为了市政条件引入建筑物内而设置的房间，内部通常不设机柜等设备。机柜设备均位于相应的机房内，如网络机房、电话机房和电视机房等。

（2）图 6-33 中 b) 见图 6-35

图 6-35 表达有线电视机房情况。光缆由弱电进线间进入有线电视机房，通过光端机将电视信号由光信号转换为电信号后，出线变为同轴电缆。其经放大器将电视信号放大，以保证电视信号的强度，避免因衰减导致末端用户无法清晰收看节目。此处同轴电缆采用"SYWV-75-9"，出放大器后通过连接分配器，将信号无衰减的分成三路引至后端，这也就奠定了采用"分配-分支-分配"系统的基础。

【注】因光纤由室外引入建筑物后在有线电视机房内转换为同轴电缆，所以应在同轴电缆处设置浪涌保护器"SPD"，保证避免雷电对于有线电视系统的影响。

（3）图 6-33 中 d) 见图 6-36

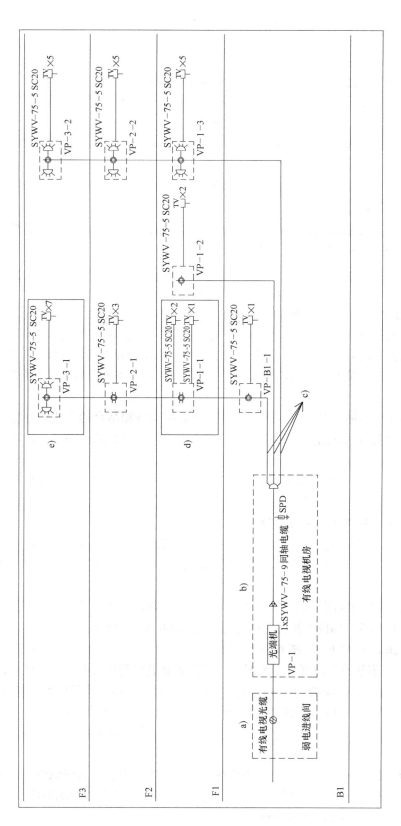

图 6-33 有线电视系统图

图 6-34　电视市政进线端

图 6-35　电视机房图

图 6-36 表达弱电间的情况，图中虚线框表示的是电视箱。可以看出，该电视箱只有一个分支器。同轴电缆从上端的分配器引至楼层的电视箱的分支器中，再通过多根同轴电缆"SYWV-75-5"将电视信号传递到每个末端，形成"分配-分支"系统。这里有三个末端点，所以采用一个四分支器即可，同时还留有备用。分支器竖向的两个端口则是用来串联各个楼层电视箱内分支器的主端口，该主端口不存在信号衰减，而连接至各个末端的分端口是有衰减的，所以末端应保证距电视箱不能太远，通常根据防火分区设置电视箱。

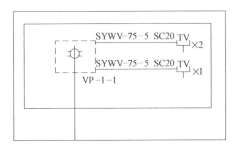

图 6-36　电视楼层配线端（一）

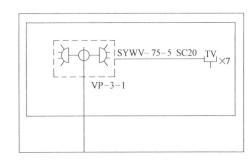

图 6-37　电视楼层配线端（二）

（4）图 6-33 中 e）见图 6-37

图 6-37 表达弱电间的情况，图中虚线框表示的是电视箱。可以看出，该电视箱由一个分支器连接两个分配器，结合上一级的分配器，形成了"分配-分支-分配"系统。该电视箱后接有 7 个末端，无法只采用分支器，所以采用分支器连接分配器的方式。

6.2.3　小结

由本节内容可以发现，有线电视系统图纸的绘制与综合布线系统大体相似，且相同工程中路由的绘制基本相同。这是由弱电系统的共通性决定的，其有同一个弱电进线间，有类似的主机房，设备均位于弱电间内，系统内各设备的空间位置大体相似。

与综合布线系统相似，有线电视的信号是由市政至建筑内，再逐步到达用户。然而系统图的设计是先末端端口，然后根据末端设计各处电视箱，再设计有线电视机房，最终完成对于弱电进线间的设计，提出对于市政条件的需求。图纸中，弱电系统的干线路由大致相同，且绘制时常常统一表示，所以有线电视系统在平面图中的弱电干线设计方法将在本书"6.6 弱电干线"一节中加以讲解。

随着科技的发展，与国家大力倡导的三网合一政策，现今越来越多的有线电视系统已经由采用同轴电缆的布线方式改为使用光纤结合双绞线的方式，其系统可纳入综合布线系统，具体设计方法与综合布线系统相同，这里不再赘述。

6.3 安全技术防范系统

安全防范系统是一个大系统，其中包含很多小系统，如：视频安防监控系统、入侵报警系统、门禁系统、巡更系统、周界报警系统、残疾人报警系统、停车场管理系统等。

6.3.1 安防系统平面图

安全防范系统与综合布线系统非常相似，也是根据建筑各个功能区域确定所需末端，再通过反推得到整个系统。

安防系统末端端口的设置在规范中是有相关规定的，但仍有许多未能明确的内容，使得很多刚接触设计工作的工程师感到无从下手。除业主有明确要求外，下面会根据具体小系统的通常做法展开讲解。

【注】涉及重要的公共建筑时，有可能当地公安部门会介入，需考虑其提出的要求。

本部分设计依据具体参见《民用建筑电气设计规范》JGJ 16；《安全防范工程技术规范》GB 50348。

(1) 图例

常用安全技术防范相关图例见表6-5。

安全技术防范图例 表6-5

图例	名称	规格及说明	安装位置	安装方式
SA	安防系统接线箱		弱电小间内	明装，距地1.2m
	室内固定式摄像机		主要出入口、前室	吸顶安装，加注字母"W"的为距地3.0m支架安装
	室内云台式摄像机		大堂	吸顶安装，加注字母"W"的为距地3.0m支架安装
QH	室外云台式摄像机			
	半球形彩色摄像机			吸顶安装，加注字母"W"的为距地3.0m支架安装
	电梯用广角定焦摄像机		电梯轿厢内	
	被动红外探测器			非主要出入口吸顶安装或距地3.0m支架安装
R	门禁非接触式读卡器			距地1.3m壁装
●	门禁开门按钮			距地1.3m壁装
D	门磁及电子门锁			在门上方0.1m预留接线盒
PT	巡更开关(无线)			距地1.3m壁装
Tx	主动红外接收器			壁装或支架安装
Rx	主动红外发射器			壁装或支架安装

图例	名称	规格及说明	安装位置	安装方式
⬚	残疾人求助声光报警器		残疾人卫生间	距门上方 0.1 安装
⊗	残疾人呼叫按钮		残疾人卫生间	距地 0.5m 安装
—VC—	视频管线（安防）	SC20		型号厂家配套
—R—	报警管线	SC20		参考线型：RVVP-2×0.5+ WDZ-BYJ-3×1.5
—GG—	门禁管线	SC25		参考线型：WDZ-BYJ-3×2.5+ RVVSP-2×0.5
—U—	超 5 类非屏蔽双绞线	U-SC15,2U-SC20,4U-SC25		型号厂家配套

（2）末端布置

安防末端的设计是由建筑物内相应区域的功能所决定的。通常建筑物内具有的功能分区为：公共区域，其中包含走廊、楼梯间、电梯厅、大堂、办公室、会议室、餐厅、厨房、卫生间、库房、设备机房、电气机房、电梯机房等。

安防末端包括：视频安防监控末端、入侵报警末端、门禁末端、巡更末端、周界报警末端、残疾人报警末端、停车场管理末端等。

由各小系统分别讲解安防末端的放置。

1）视频安防监控末端

视频安防监控末端就是关于各种摄像机的放置。作为安防系统中最为重要的小系统，其具体设计应充分考虑业主的需求，比如：幼儿园的每个亲子班内以及孩子能到达的区域均应设置摄像头，即使无法实时监控，也可录像，保留证据。

摄像头尽管要尽可能的考虑安全的需要，但考虑到每个摄像头的价格不菲，也不可过多设计，造成浪费。

在《民用建筑电气设计规范》JGJ 16 中给出了相关的设计依据，见表 6-6。

摄像机的设置部位　　　　表 6-6

建设项目部位	饭店	商场	办公楼	商住楼	住宅	会议展览	文化中心	医院	体育场馆	学校
主要出入口	★	★	★	★	☆	★	★	★	★	☆
主要通道	★	★	★	★	△	★	★	★	★	☆
大堂	★	☆	☆	☆	☆	☆	☆	☆	☆	△
总服务台	★	☆	△	△	—	☆	☆	△	☆	—
电梯厅	△	☆	☆	☆	☆	☆	☆	☆	☆	☆
电梯轿厢	★	★	☆	△	△	★	☆	★	☆	☆
财务、收银	★	★	★		★	★	☆	★	☆	★
卸货处	☆	★	—	—	★	★	—	☆	★	—
多功能厅	☆	△	△	△	☆	☆	☆	☆	☆	☆
重要机房或其出入口	★	★	★	☆	☆	★	★	★	★	☆
避难层	★	—	★	★	—	—	—	—	—	—

续表

建设项目部位	饭店	商场	办公楼	商住楼	住宅	会议展览	文化中心	医院	体育场馆	学校
贵重物品处	★	★	☆	—	—	☆	☆	☆	☆	—
检票、检查处	—	—	—	—	—	☆	☆		★	△
停车库（场）	★	★	★	☆	△	☆	☆	☆	☆	△
室外广场	☆	☆	☆	△		☆	☆	△	☆	☆

注：★应设置摄像机的部位；☆宜设置摄像机的部位；△可设置或预埋管线部位。

以下根据表6-6中的内容，分别按功能区域具体讲解。

① 公共区域、室外：设计。

公共区域作为摄像头布置最为重要的区域，其主要包括走廊、楼梯间、电梯厅、大堂等。楼梯间内因其摄像机所控制区域过小，考虑到经济的合理性，不需要设置摄像机，但是在楼梯间或前室外的走廊上应设置摄像机。除楼梯间外的公共区域大多需要设置摄像机。公共区域应结合室内固定式摄像机和室内云台式摄像机的优势，具体情况具体分析。通常走廊等狭长空间选择固定式摄像机就可满足功能需要，在大堂等高大空间区域，如果选用固定式摄像机则需要设置多个点才能控制整个区域视野时，应考虑用一个室内云台式摄像机代替。

室外需要设置摄像机，保证视野控制，了解建筑物周围的情况。依据项目实际情况，当项目为单体建筑时或园区较小的建筑时，优先在楼体外墙处设置摄像机，当园区过大时应根据实际监控需要在相应位置增设灯杆式摄像机。依据工程经验，通常在各楼体外墙处设置摄像机即可满足监控全覆盖。室外为了控制更广的视野，通常采用室外云台式摄像机，并将其设计在建筑物的各个角落处，保证视野范围的全覆盖。

【注】当采用云台摄像机取代固定摄像机时一定要依据项目对于监控要求的高低灵活掌握。当对于监控要求较高时，仍应优先设置多个固定摄像机，保证全方位实时监控的需求。

图6-38中a）处，考虑到控制区域很大，且吊顶很高，不适宜设置固定式摄像机，进而选择云台式摄像机。可以看出两个云台式摄像机控制了整个大堂的中心区域。图中b）处，考虑到对于左侧楼梯出口以及右侧的建筑外墙出入口和下面区域的视野控制，进而选择了云台式摄像机。图中c）处，电梯厅吊顶高度是正常的层高，且属于狭长型空间，故采用固定式摄像机即可。图中d）处是室外，为了保证安全需要，在建筑物四周设计室外云台式摄像机。

走廊作为狭长空间，选择室内固定式摄像机即可。设计位置应首先保证所有走廊的监控全覆盖。其次应保证能够监测到每个楼梯的出口。最后应考虑摄像机能够清晰辨别人脸的要求，摄像机间距为20m左右，超过该值时应考虑增加摄像机，见图6-39。

② 办公室、会议室、重要的机房：可设计。

通常为了保证员工的隐私权，是不设计的，但是可根据业主方的需要增加设计。小型办公室、会议室设计一个末端即可，见图6-40中圈出处。大型办公室、会议室可适当增加末端数量，见图6-41中圈出处。

房间内部宜选择半球形彩色摄像机。在摄像机的设计时，首先应尽可能的考虑安装在房间的角落处，以保证最大的视野控制。其次应保证摄像机前端没有门或柜子等家具的遮

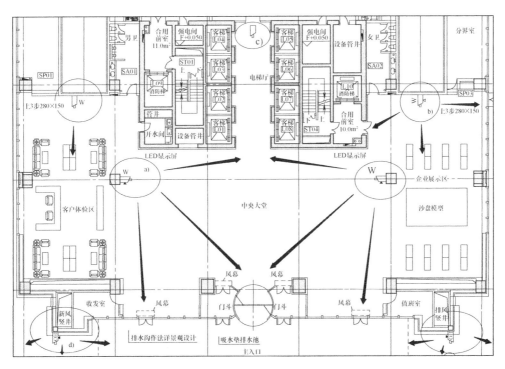

图 6-38　大厅摄像机布置图

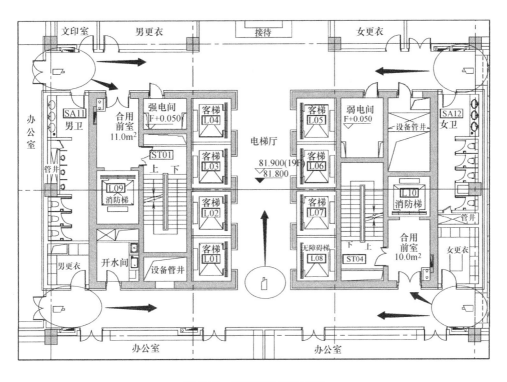

图 6-39　走廊摄像机布置图

挡。最后还应考虑摄像机画面的清晰度，如：应背对窗户、避免阳光的干扰等。

251

【注】图 6-40 中举例为财务用房，其属于特别重要的办公室，类似的房间还有档案室等。这类房间是应设计监控摄像机的。

③ 多功能厅、报告厅等大空间功能用房：设计。

多功能厅及报告厅这类大空间功能用房宜采用半球形彩色摄像机。但考虑到其一般为高大空间的情况较多，所以半球形彩色摄像机的安装应注意吊顶高度，通常选择吊顶安装，但当吊顶过高时则应采用壁装，具体设计方法参考图 6-38 与图 6-41。

④ 停车库：设计。

车库中采用室内固定式摄像机，因车库一定

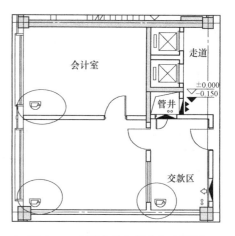

图 6-40　小型办公室摄像机布置图

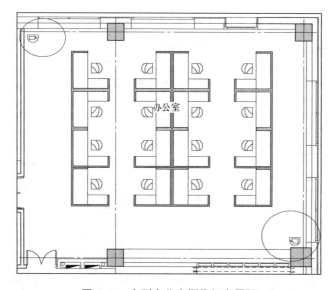

图 6-41　大型办公室摄像机布置图

没有吊顶，所以摄像机通常采用吊装或壁装。其布置原则是，首先保证各人员及车辆出入口应设置摄像机。其次摄像机主要在行车通道上方设置，车位处不设置。具体布置参看图 6-42 中圈出部分，箭头代表该摄像机的视野控制范围，可以发现通过这些摄像机保证了整个车库的监控全覆盖。

⑤ 电梯轿厢：设计。

因电梯轿厢作为人员运输的主要方式，又属于独立的封闭空间，其内部出于安全考虑，应设置电梯轿厢内专用的广角定焦摄像机。因该摄像机位于电梯轿厢内，其线缆是随电梯上下运动而移动的。在设计中，无机房电梯则在电梯井道的最顶层平面图中放置该摄像机并连接至弱电间内的安防机柜中，见图 6-43，当采用有机房电梯时，该摄像头仍绘制在电梯井道的最顶层平面图中轿厢内。

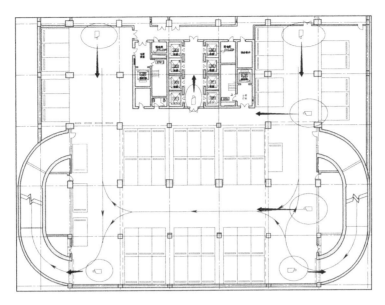

图 6-42　车库摄像机布置图

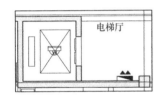

图 6-43　电梯摄像机布置图

2）入侵报警末端

入侵报警系统是利用传感器技术和电子信息技术探测并指示非法进入或试图非法进入设防区域行为，并处理报警信息，发出报警信息的电子系统。入侵报警系统主要分为内部防入侵和周界防护两方面，其末端各种探测器参见表 6-7。

【注释】该表引自《智能建筑弱电工程设计与安装》书中"表 8-4　常用探测器技术参数"。

表 6-7 中给出了众多的防入侵报警探测器，这之中在电气设计中经常涉及的主要是被动红外探测器和主动红外探测器。其他探测器也存在应用，但本书仅以这两个常用探测器为例进一步讲解。

① 内部防入侵报警末端

被动红外探测器主要应用于建筑物内部。其主要用来监测非主要出入口处的人员进出情况，非主要出入口通常不作为值班人员重点管理位置，那么利用该探测器与监控摄像机配合可以完成对于这类出入口的监控工作。当有人经过出入口时，被动红外探测器探测到信息，以信号的方式传递给安防控制室，进而安防控制室中自动驱动该门口的视频监控摄像机记录该出入口的状况。

主要安装于非主要出入口，一般放置在吊顶下角落处，保证探测区可覆盖整个出入口。另外应保证该探测器前端没有物品等遮挡，见图 6-44。该区域为进门大厅，但其还存在多个非主要出入口，南侧的主要出入口不应设置，而西侧与北侧的两个非主要出入口均应设置探测器。这些探测器均覆盖了门斗的整个区域且注意躲开门等遮挡物，避免阳光的直射，同时可看出这些出入口均有摄像机视野控制。

【注】被动红外探测器也可应用于主要出入口，但因主要出入口人流量较大，在一般情况下不使用。如，博物馆的主要出入口可设置被动红外探测器，但探测时间应定为闭馆

表6-7

入侵报警探测器参数

序号	名称	适应场所与安装方式		主要特点	安装设计要点	适宜工作环境和条件	不适宜工作环境和条件	附加功能
1	超声波多普勒探测器	室内空间型	吸顶式	没有死角且成本低	水平安装，距地宜小于3.6m	警戒空间要有较好的密闭性	简易或密闭性不好的室内；环境有活动物或可能活动物；附近有金属打击声、汽笛声、电铃等高频声响	智能鉴别技术
			挂壁式		距地2.2m左右，透镜的法线方向宜与可能入侵方向成180°角			
2	微波多普勒探测器	室内空间型、挂墙式		不受声、光、热变化的影响	距地1.5~2.2m左右，严禁对着房间的外墙、外窗；透镜的法线方向宜与可能入侵方向成180°角	可在环境噪声较强、光变化、热变化较大的条件下工作	有活动物或可能活动物；微波段高频电磁场；防护区波段内有过大过厚的物体	平面天线技术；智能鉴别技术
3	被动红外入侵探测器	室内空间型	吸顶式	被动式（多台交叉使用不干扰），功耗低，可靠性较好	水平安装，距地宜小于3.6m	日常环境噪声，温度在15~25℃时探测效果最佳	背景有热冷气流、强光间歇照射等；强度接近人体温度；背景磁场干扰；小动物频繁出没场合等	自动温度补偿技术；抗小动物干扰技术；防遮挡抗强光干扰技术
			挂墙式		距地2.2m左右，透镜的法线方向宜与可能入侵方向成90°角			
			楼道式		距地2.2m左右，视镜面对楼道			
			窗帘式		在顶棚与立面墙拐角处，透镜的法线方向宜与窗户平行	窗户内窗台较大或与窗户平行的墙面无遮挡。其他上同	窗户内窗面有遮挡或紧贴窗平行安装不符合要求。其他上同	智能鉴别技术
4	微波和被动红外复合入侵探测器	室内空间型	吸顶式	误报警少（与被动红外探测器相比），可靠性高	水平安装，距地宜小于4.5m	日常环境噪声，温度在15~25℃时探测效果最佳	背景温度接近人体温度；环境嘈杂、附近有金属打击声、汽笛声、电铃等高频声；小动物频繁出没场合等	双—单转换型；自动温度补偿技术；抗小动物干扰技术；防遮挡抗强光干扰技术；智能鉴别技术
			挂墙式		距地2.2m左右，透镜的法线方向宜与可能入侵方向成135°角			
			楼道式		距地2.2m左右，视镜面对楼道			
5	被动式玻璃破碎探测器	室内空间型；有吸顶、挂壁等		被动式（仅对玻璃破碎等高频声响敏感）	所保护的玻璃应在探测器保护范围内，并应尽量靠近所要保护玻璃附近的墙壁或天花板上。具体按说明书的安装要求进行	日常环境噪声	环境嘈杂、汽笛声、电铃等高频声响	智能鉴别技术

续表

序号	名称	适应场所与安装方式	主要特点	安装设计要点	适宜工作环境和条件	不适宜工作环境和条件	附加功能
6	振动入侵探测器	室内、室外均可	被动式	墙壁、天花板、玻璃；室外地面表层物下面、保护栏网或桩柱。最好与防护对象实现刚性连接	远离振源	地质板结的冻土或水质松软的泥土上地，时常引起振动或环境过于嘈杂的场合	智能鉴别技术
7	主动红外入侵探测器	室内、外（一般室内机不能使用于室外）	红外线，便于隐蔽	红外光路不能有阻挡物；严禁阳光直射接收机镜内；防止入侵者从光路下方或上方入侵	室内周界控制；室外"静态""干燥"气候	室外恶劣气候，特别是经常有浓雾、毛毛雨的地域或动物出没的场所，灌木丛、杂草、树叶树枝多的地方	—
8	遮挡式微波入侵探测器	室内、室外均可	受气候影响小	高度应一致，一般为设备垂直作用高度的一半	无高频电磁存在的场所；间无遮挡物	高频电磁场存在间可能有遮挡物	报警控制设备宜有智能鉴别技术
9	振动电缆入侵探测器	室内、室外周界控制	可与室内各种实体防护栏配合使用	在围栏，房屋墙体，围墙内侧栏外侧，网状围栏内安装；固定间隔应小于30m，每100m预留8～10m维护余量	非嘈杂振动环境	嘈杂振动环境	报警控制设备宜有智能鉴别技术
10	泄漏电缆入侵探测器	室内、室外均可	可随地形埋设，可埋入墙体	埋入地域应尽量避开金属堆积物	两探测电缆间无活动物体无高频电磁场存在	两探测电缆间有易活动物体（如灌木丛等）；高频电磁场存在的场所	报警控制设备宜有智能鉴别技术
11	磁开关入侵探测器	各种门、窗、抽屉等	体积小，可靠性好	舌簧管宜置于固定框上，磁铁装于门窗的活动部位上，两者宜安装在产生位移最大的位置，间距应满足产品安装要求	非强磁场存在的情况	强磁场存在的情况	在特制门窗使用时宜选用特制门窗专用门磁开关
12	紧急报警装置	用于可能发生直接威胁生命安全的场所（如银行营业所、值班室、收银台等）	利用人工启动（手动报警开关、脚踢报警开关等）发出报警信号	要隐蔽安装，一般安装在紧急情况下人员易于可靠触发的部位	日常工作环境	危险操作环境	防误触发措施，触发报警后能自锁，复位需采用人工再操作方式

后，即可保证营业时间不会误报，又可保证非营业时间起到安防作用。

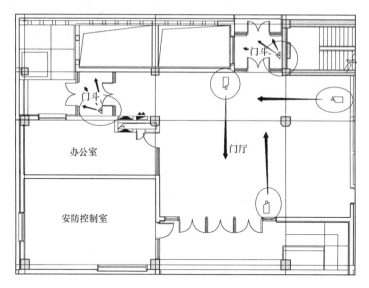

图 6-44　大厅入侵报警末端布置图

② 周界防护末端

主动红外探测器主要应用于建筑物外部的周界防护，当该区域有院墙时，将其安装于墙上方，其分为发射器与接收器两部分，一端发射红外光束，另一端接收该光束，接收端将接收到光束的信号反馈至安防控制室中，显示为安全状态。当有人或物翻越围墙时，红外光束被切断，接收器无法接收光束，将危险信号传递至安防控制室，控制室自动联动室外视野能够覆盖该区域的视频监控摄像机，确认报警状态，完成监控工作，见图 6-45。

主动红外探测器的发射器与接收器之间的距离可以从几米到几百米，但为了保证光信号的传输，通常设计时其间距应控制在 50m 以内。应保证发射器与接收器正对，有效传递红外光束。当院墙出现拐弯或遮挡物时应增设探测器。

图 6-45 中是一圈围墙，围墙形成了一个完整的环形，南侧有一个正门作为院落的主要出入口，北侧有一个后门，南侧围墙长度为 90m。在南侧围墙上最西侧的角落处设置发射器，同时考虑长度因素，在中间设置接收器，背对发射器，最东侧角落设置接收器，完成对于南侧墙的保护。其中因正门的高度与墙高度相同，故无需增设探测器。东侧围墙因存在拐角，故增设一对探测器。北侧的后门因其高于院墙高度，所以应在门的两侧增设一组探测器。值得注意的是，后门右侧的发射器和左侧的接收器是基于门的高度的，然而右侧的接收器和左侧的发射器是基于围墙高度的。

3) 门禁末端

当电气工程师在设计不同类型建筑物时，门禁系统的意义是不同的，应当根据业主方的需要合理设计。比如：当设计学校时，教学楼的主要出入口、老师办公室、图书馆、宿舍各出入口等有控制人员进出需求的门应当设计门禁。教室这类开放房间则应当使用普通的门锁和钥匙加以管理。当设计宾馆时则每间客房都应设计门禁，其门卡须与酒店管理系统综合考虑。当设计办公楼时则应考虑该办公楼是业主自用还是出租使用，自用则根据业主方的要求设置，出租则要预留门禁，保证以后租户对于办公区安全的需求。

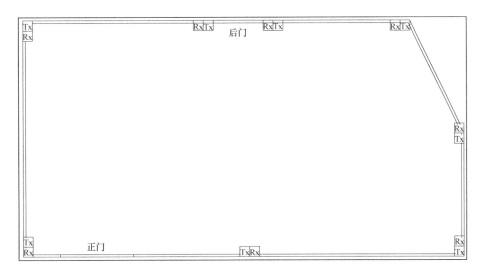

图 6-45 周界防护报警末端布置图

注：为了保证清晰表达，图中图例等比例放大

门禁末端共包含三个设备：电子锁、非接触式读卡器、开门按钮。电子锁安装于门的上部，通过控制器来控制电子锁通断电，进而完成开门与锁门动作。当出现火灾时，建筑进入消防状态，整栋楼的门禁系统将全部切入解锁状态，保证人员疏散。非接触式读卡器是目前使用最多的身份识别方式，通过刷卡可以开门。另外，还存在诸多身份识别的方式，如：指纹识别，人眼虹膜识别，面部识别等等。这些方式的不同体现在读卡器与卡的选用上，当使用指纹识别时，应将非接触式读卡器换为指纹识别器，当采用虹膜识别时，应换为虹膜识别器等。开门按钮位于安防区域的一侧，方便人员由安防区域出门使用。

这里分别选择具有代表性的楼层平面加以详细讲解。

图 6-46 是办公楼建筑中具有代表性的办公楼层，人员通过电梯可到达该楼层，通过在各个办公室门上设置的门禁（图中圈出处），保证了每个单独办公室的安全。

图 6-47 是某剧院建筑的局部，左侧为剧院内部工作人员的工作区，右侧则为所有人员均可进入的公共开放区域，通过门禁实现了人员的管理。图中可看出，左侧墙面设计开门按钮，门上设计电子锁和控制器，右侧设计读卡器。

图 6-48 是某食堂建筑，北侧为用餐人员的公共区域，而南侧是厨房以及办公室等员工的工作区域。为了管理人员流动，保证食堂用餐安全，在中间作为就餐与厨房分界处的三个门上设置门禁，同时在厨房工作区通往室外的南侧两个门上设置门禁。这样就保证了能进入厨房区域的均为食堂工作人员，保证食品安全。

4）巡更末端

巡更系统作为重要的安保组成部分，几乎所有建筑中都会设置。该系统的目的是帮助各企业领导或管理人员完成对于巡更人员的有效监督和管理，并且利用该系统对一定时期的巡更线路等工作情况做详细记录。巡更系统是通过使安保人员到达每个巡更点，读取巡更点信息形成巡查记录的特点，确保巡更人员按时按质的完成定时定点的巡查任务。巡查信息会记录在电脑中。

通过《民用建筑电气设计规范》JGJ 16 中 14.5.2 规定"巡查站点应设置在建筑物出

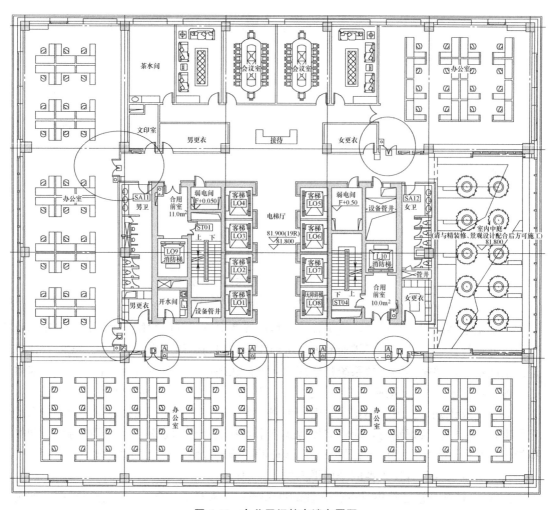

图 6-46　办公层门禁末端布置图

入口、楼梯前室、电梯前室、停车库（场）、重点防范部位附近、主要通道及其他需要设置的地方。巡查站点设置的数量应根据现场情况确定。"由此可知巡更末端的设计原则。根据该原则，将巡更点设置在巡更人员必须到达且易触及的位置，保证整栋建筑的巡查质量。以图 6-49 为例，图中楼梯间外无消防前室，为确保安保人员巡查该楼层，故将巡更点设计在楼梯间外的走廊处。

5）残疾人报警末端

随着建筑物人性化的提高，越来越多的建筑为残疾人提供了无障碍通道与专用卫生间等设施。那么在电气设计中，残疾

图 6-47　走廊门禁末端布置图

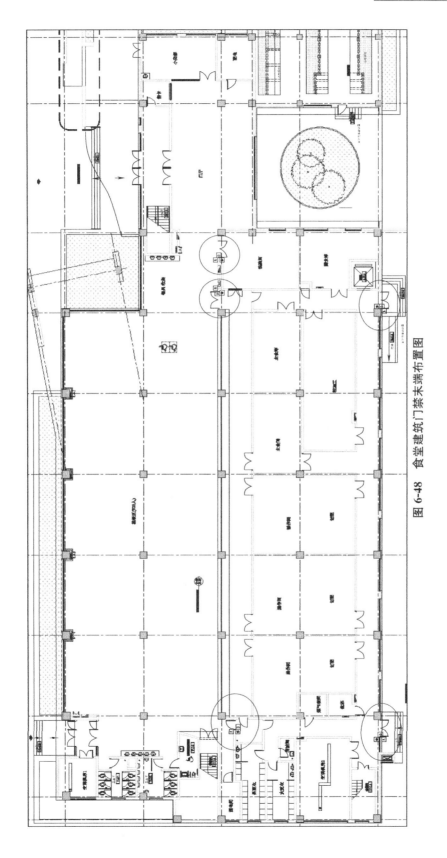

图 6-48 食堂建筑门禁末端布置图

人卫生间不同于普通卫生间，其内部考虑残疾人行动不便，当发生危险时无法像普通人一样寻求帮助，故需设置残疾人报警系统。该求助系统是由残疾人呼叫按钮、残疾人求助声光报警器和控制器三部分组成。该按钮的高度为适应残疾人的使用需要，设计于距地0.5m高处。声光报警器设计在门外侧上方0.1m高处，控制器位于吊顶内。当残疾人按下报警按钮时，声光报警器动作，提示此房间内人员需要救助。同时将信号反馈至安防控制室，值班人员前往救助，见图6-50中圈出处。

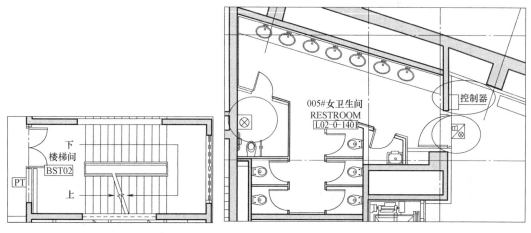

图 6-49　巡更末端布置图　　　　　　　图 6-50　残疾人卫生间末端布置图

6）停车场管理末端

停车场管理系统是通过计算机、网络设备、车道管理设备搭建的一套对停车场车辆出入、场内车流引导、收取停车费进行管理的网络系统。它通过采集车辆出入情况、场内位置，实现车辆出入和场内车辆的动态和静态的综合管理。系统一般以射频感应卡为载体，通过感应卡记录车辆进出信息，通过管理软件完成收费策略实现，收费账务管理，车道设备控制等功能。停车管理系统主要设置在停车库出入口处，通过进库取卡，出库交卡缴费实现车库的管理工作。

图6-51中圈出处是汽车库出口管理器的末端设备，包括观察外侧出口的摄像机，采集车辆信息的小型摄像机，栏杆两侧设置用于防止栏杆误撞车辆的车辆感应线圈，保证车库管理系统用电可靠性的UPS电源，避免暴力冲卡的出口挡车器等。当是进口时，车辆压到外侧感应线圈处，小摄像机录入车辆信息，司机取卡，栏杆抬起，车辆通过，直至车辆完全通过另一端的感应线圈后，栏杆下降。当是出口时，车辆压到内侧感应线圈处，小摄像机录入车辆信息，司机向工作人员交卡缴费，栏杆抬起，车辆通过，直至车辆完全通过另一端的感应线圈后，栏杆下降。

（3）安防系统接线箱布置

1）接线箱

接线箱内部主要装有传输模块，传输模块帮助探测器完成探测信号的传输，配线架则将各条线支分配到接线箱外，完成数据的传递，见图6-52。

[注]因监控系统常采用数字式，故其通常采用机柜内设置交换机的形式，机柜尺寸与综合布线柜相同。

2）接线箱布置原则

① 按防火分区设置在弱电间内。

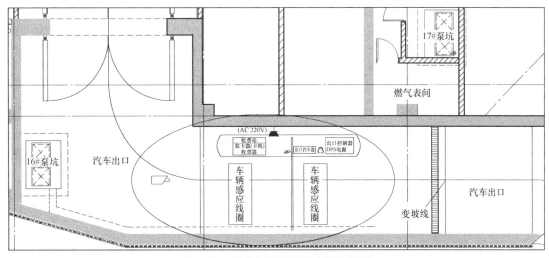

图 6-51 停车场管理系统末端布置图

图 6-52 安防箱

② 接线箱至末端端口距离不可超过 90m。

③ 当本防火分区中未设置弱电小间时，若离就近防火分区内弱电小间箱柜距离不超过 90m，可穿分区连接，但应保证末端间连接不应跨越防火分区。

④ 当本防火分区中未设置弱电小间时，若离就近防火分区内弱电小间箱柜距离超过 90m，则应在本防火分区内公共区域中设置接线箱。

接线箱布置在弱电间内时，应综合考虑与其他弱电箱柜的空间关系，满足规范的条件。放置好后，应标注配线柜编号，见图 6-53 中黑框部分。具体编号原则参看《电气常用图形符号与技术资料》09BD1 中相应章节，或者所在工作单位内部的要求。

（4）平面图设计方法

安全技术防范系统的平面图设计工作是根据相对应的系统图完成的。首先应当完成系统图的清晰设计，再根据系统图中每个安防接线箱至末端的接线方式，确定平面图中管线的规格以及做法等。值得注意的是，应确保平面图与系统图的统一性与完整性。安全技术防范系统下的各个小系统的平面图设计方式存在稍许差别，下面就分别展开讲解。

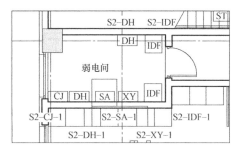

图 6-53 弱电间设备布置图

1）视频安防监控系统

视频安防监控系统分为模拟视频系统和数字视频系统。随着科学技术的迅猛发展，数字视频系统逐步取代了原有的模拟视频安防监控系统。模拟视频系统在安防接线箱至末端间，固定式摄像机采用的是"（WDZ-BYJ-3×1.5＋SYWV-75-5-4)-SC20"线管，云台式摄像机采用的是"（WDZ-BYJ-3×1.5＋SYWV-75-5-4＋ RVVP(3×1.0))-SC25"线管。数字视频系统则是采用数据线取代摄像机信号线，固定式摄像机采用的是"（WDZ-BYJ-3×1.5＋5eUTP)-SC20"线管，云台式摄像机采用的是"（WDZ-BYJ-3x1.5＋5eUTP ＋

RVVP(3×1.0))-SC25"线管。"WDZ-BYJ-3×1.5"为摄像机内部的驱动提供电源，"SYWV-75-5-4"为模拟摄像机传递信号，"5eUTP"为数字摄像机传递信号，"RVVP(3×1.0)"为云台提供电源。视频安防监控系统的平面设计方法与综合布线系统大体相同，只是所连接的接线箱不同，线支的标注不同。

① 结合线槽与管线

在施工平面图的设计中，大多建筑都会采用这种方式设计。相比于所有管线单独敷设的方式，优势是整齐，便于施工与检修，见图 6-54。劣势是线槽的费用高于单独铺管。值得注意的是，因为弱电系统全部绘制在同一张平面图中，所以应注意当与其他子系统线支的绘制整齐排布，线支交叉时注意断线。

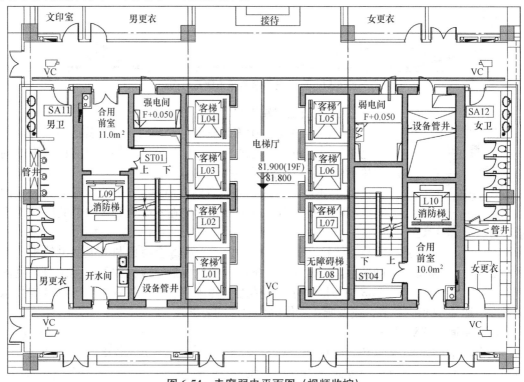

图 6-54　走廊弱电平面图（视频监控）

② 利用管线

当末端点位很少或是无法敷设线槽的情况下，会采用直接铺管的方式完成末端至配线柜的连接，见图 6-55。图中为大堂区域的设计，大堂为高大空间，无法敷设线槽，所以设计选择利用线管埋地单独敷设的方式，线支标注为"VC"与图例中相同。但应注意，固定式摄像机只有数据线，管路采用"SC20"即可，然而带云台式摄像机除了数据线外还包括一条驱动云台的电源线，所以管路应采用"SC25"。

2）入侵报警系统

① 内部防入侵报警系统

同其他弱电系统的设计方式相同，存在结合线槽与管线和单利用管线两种方式，这里不再赘述，见图 6-56。应当注意，标注的管线"R"表示"(RVVP-2×0.5＋WDZ-BYJ-3×1.5)-SC20"管线。其中"RVVP-2×0.5"是信号线，"BYJ-3×1.5"是电源线，"SC20"是管径。

② 周界防护系统

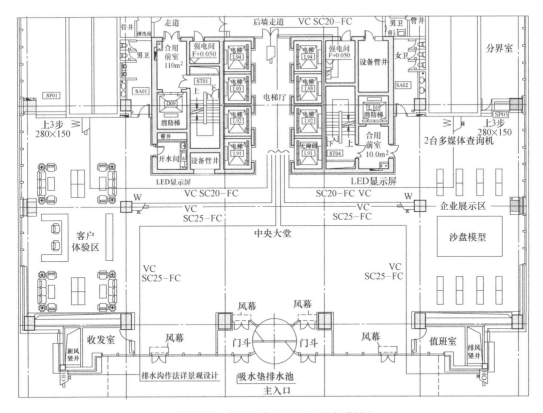

图 6-55 大厅弱电平面图（视频监控）

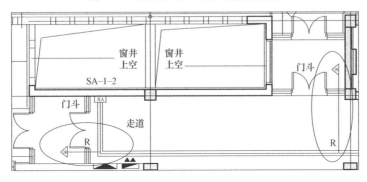

图 6-56 大厅弱电平面图（入侵报警）

周界防护系统报警管线采用的是"（RVVP-2×0.5＋WDZ-BYJ-3×1.5）-SC20"，见图6-57。考虑到发射器只需要供电，而接收器既需要供电还需要反馈信号，故在图中将两个线支分为"D＋S"和"S"。"D＋S"表示"（RVVP-2×0.5＋WDZ-BYJ-3×1.5）-SC20"，用来连接接收器，"S"表示"WDZ-BYJ-3×1.5-SC15"，连接发射器。

值得注意的是，周界防护通常设置在室外，管线通常采用埋地敷设（FC）。

3）门禁系统

门禁系统同其他弱电系统的设计方式相同，存在结合线槽与管线和单利用管线两种方式，这里不再赘述，见图6-58。管线标注"GG"表示"（WDZ-BYJ-3×2.5＋RVVSP-2×0.5）-SC25"线管，"WDZ-BYJ-3×2.5"为控制器提供电源，"RVVSP-2×0.5"为控制器提供信号，"SC-25"为管径。

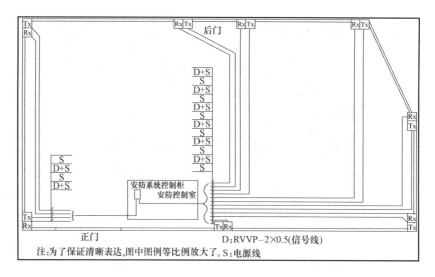

图 6-57　弱电平面图（周界防护）

4）巡更系统

随着科技的发展，巡更系统已经使用离线式巡更系统取代了在线式巡更系统。离线式巡更系统是通过巡更人员使用手提巡更器到达各个巡更点录入该点位的信息。巡更点是一个一元硬币大小的塑料盒，且其内置该点的位置编码，并由纽扣电池供电，因其功能简单，纽扣电池可以保证数年的供电。手提巡更器可以是单独的设备，但现今大多内置在警棍当中，到达各巡更点录入信息后，回到安防控制室将手提巡更器中的信息导入到报警管理主机，自动生成巡查记录。

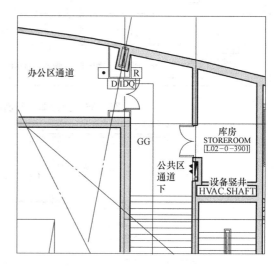

图 6-58　走廊弱电平面图（门禁）

离线式巡更没有管线的连接。相比于在线式巡更，离线式巡更更加经济实用。其系统图可通过文字说明，如果需设计，其应按照空间关系绘制巡更点并为每个巡更点命名。

5）残疾人报警系统

残疾人报警系统是通过残疾人求助时按下报警按钮，信号反馈至安装于吊顶内的控制器，控制器控制声光警报器动作。当危机解决后，按下复位按钮，声光警报器停止报警。这之中的管线因各厂家均有差异，可预留适当的管路由中标厂商自行配线，见图 6-59。控制器则是通过"WDZ-BYJ-32.5＋RVVSP-2×0.5（RS-485 总线）"将报警信号反馈至安防控制室。其中"WDZ-BYJ-3×2.5"为控制器提供电源，"RVVSP-2×0.5（RS-485 总线）"提供信号传输。该管线的绘制方式同样存在结合线槽与管线和单利用管线两种方式，这里不再赘述。

6）停车场管理系统

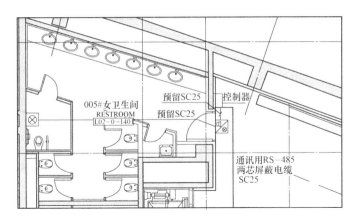

图 6-59 弱电平面图（残疾人卫生间）

停车场管理系统各设备之间的配线均由中标厂商自行配置，设计只需要留出管路并标注清预留管的管径。值得注意的是，存在一个用于采集信息的摄像机与一个用来观察情况的摄像机，这两台摄像机应用"VC"管线连至安防接线箱，见图 6-60，其对应的系统图，见图 6-61。设备整体预留"SC25"管径的管路至安防接线箱，保证该系统与安防控制室中的停车管理系统主机相连。

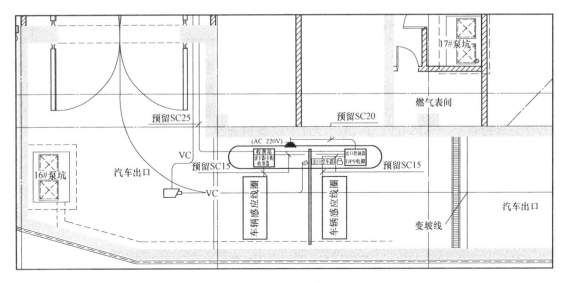

图 6-60 弱电平面图（停车管理系统一）

6.3.2 安全技术防范系统图

安全技术防范系统图是指根据该建筑物的空间关系，表示清楚自安防控制室至各楼层相应区域的接线箱，最终到达安防末端的图纸。其包含了完成信息传递的线缆以及转换信息和处理信息的机器设备。最终，达到使拿到平面图的人可以结合系统图了解整栋建筑中安防系统做法的目的。

【注】安防系统起始自安防控制室，与建筑外部无关，没有来自外部的市政条件。

下面结合图 6-62 详细说明。

265

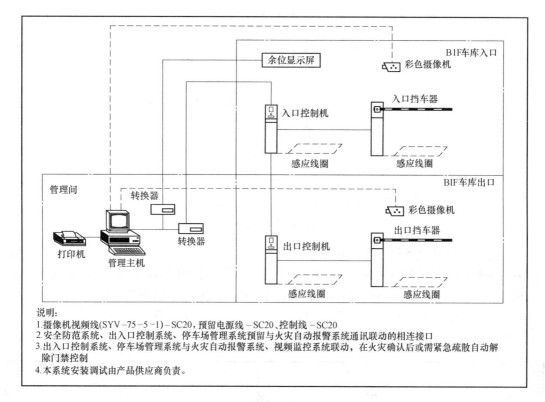

说明：
1. 摄像机视频线(SYV－75－5－1)－SC20，预留电源线－SC20、控制线－SC20
2. 安全防范系统、出入口控制系统、停车场管理系统预留与火灾自动报警系统通讯联动的相连接口
3. 出入口控制系统、停车场管理系统与火灾自动报警系统、视频监控系统联动，在火灾确认后或需紧急疏散自动解除门禁控制
4. 本系统安装调试由产品供应商负责。

图 6-61　停车场管理系统图

通过图 6-62 可以看出，在一侧标明楼层分区，体现各层弱电间位置关系。其中"SA"表示安防接线箱，按照国家相关标准完成这些接线箱的命名。本图中，安防控制室位于建筑物首层，见图 6-62 中 a)，经过干线线槽连接至各层弱电间内的接线箱，见图 6-62 中 b)，再由接线箱配线至各安防末端设备，见图 6-62 中 c) 和 d)。

【注】现今大多安防控制室与消防控制室合用，称为消防安防控制室，该两个控制室均长期须有人值班，统一设置便于使用与管理。

下面分别解析图 6-62 中各个部分。

(1) 图 6-62 中 a) 图 6-63

该图中表达的是安防控制室中的设备。可以看出，安防系统的核心是两组互为备用的交换机 A 与 B，由交换机完成安防系统下各小系统的整合与管理。视频监控系统通过控制台上的主控键盘完成控制，通过视频矩阵存储视频内容和分配视频信号，通过电视监控墙将摄像机的视频内容显示出来。残疾报警系统由残疾呼叫主机完成控制。门禁系统，入侵报警系统和巡更系统由报警管理主机完成控制，并且门禁系统通过外置的发卡器管理员工用卡。

以上所有主机的信息通过核心交换机汇总至综合安防系统服务器，通过综合安防系统服务器完成管理。另外，核心交换机还应注意连接楼控系统，火灾自动报警及联动系统，停车场管理系统，完成信息共享与功能互补。

为保证安防系统的安全与可靠，供电系统通常采用楼内的最高负荷等级，且应在安防控制室中设置"UPS"。这里值得注意的是，安防系统中很多末端设备同样需要 220V 电压的供电，且需保证其一级负荷的供电等级。这里存在两种做法。一种是通过安防控制室

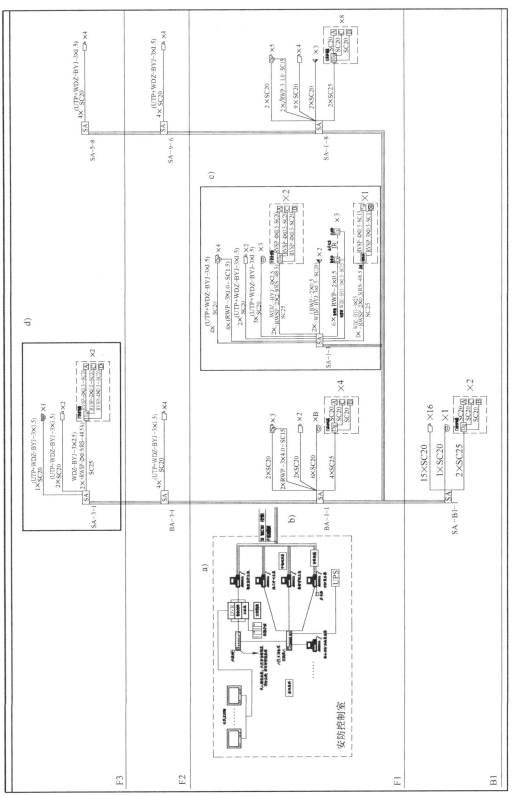

图 6-62 安防系统图

中的 UPS 为各安防接线箱供电，再供电至末端。此做法的弊端是导致安防控制室中 UPS 机柜过大，占用控制室面积较多，且当建筑物过大时容易存在压降，无法保证供电可靠性。另一种是，在楼层强电间内设置双电源配电箱，引出支路至弱电间，为弱电设备供电，保证一级负荷。

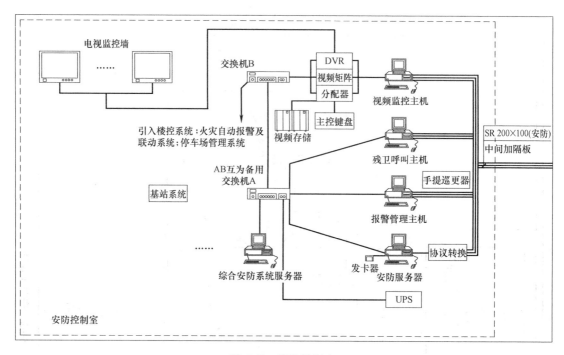

图 6-63　安防控制室

（2）图 6-62 中 d）见图 6-64，c）见图 6-65

在该图中各个小系统的末端均连接至安防接线箱，根据各小系统的需要不同，所连接的线型不同，根据线型决定管径。应注意的是，连接末端的线支数量是根据末端数量得到的。

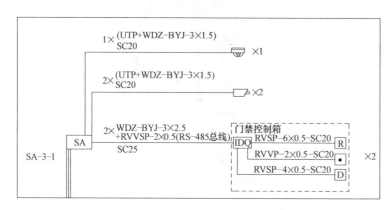

图 6-64　安防楼层配线端（一）

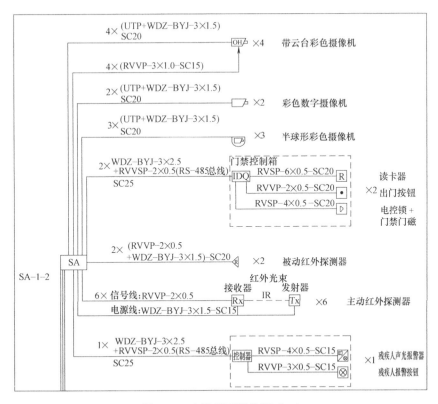

图 6-65 安防楼层配线端（二）

6.3.3 小结

安全技术防范系统作为关系人身安全的防范措施，其在弱电系统中的地位十分重要。本 6.3 节针对工程师常遇到的问题加以讲解，具体问题具体分析，工程师应在设计过程中灵活掌握。

本节内容中，根据各区域功能，设计安防末端设备及接线箱，完成安全技术防范系统图的设计，再根据系统图完成平面图中安防系统干线路由的绘制，以及安防控制室内设备的布置，即完成安防系统图的初步设计。在初步设计的基础上，完善支线线槽及管线的设计与标注，进而完成安防系统施工图。

因弱电系统的干线路由大致相同，且绘制时常常统一表示，所以安全技术防范系统在平面图中的弱电干线设计方法将在本书"6.6 弱电干线"一节中加以讲解。

6.4 建筑设备监控系统

建筑设备管理系统（BMS）是包含了建筑中所有设备的一套智能化系统。涵盖了建筑设备监控系统（BAS），火灾自动报警系统（FAS），安全防范系统（SAS）三个部分，见图 6-66。

火灾自动报警系统（FAS）在本书"第 4 章照明系统"和"第 7 章火灾自动报警系统"中详细讲解，安全防范系统（SAS）已在本书"6.3 安全技术防范系统"中详细讲

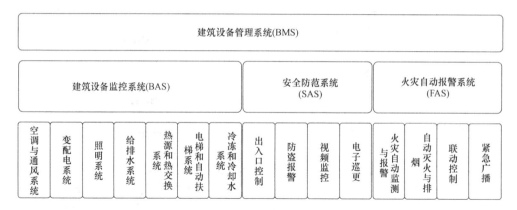

图 6-66　建筑设备管理系统构成

解。本节将针对建筑设备监控系统（BAS）加以详细讲解。

建筑设备监控系统（Building Automation system，简称 BAS）是智能建筑的一个重要组成部分。该系统将建筑物中的电力、照明、空调、给水排水、电梯、防灾、保安、车库管理等系统以及设备，以集中监视和管理为目的构成一个弱电子系统。随着建筑智能化在建筑中重要性的提升，建筑设备监控系统越来越多的得到应用。并且该系统在绿色建筑评定中已成为一项重要的得分项。

在建筑设备监控系统（BAS）中，存在对于照明系统的控制，该系统的 BAS 控制已在本书"第 4 章照明系统"中加以讲解，此处不再赘述。本节"6.4 建筑设备监控系统"将着重讲解其余的 BAS 内容，即通过多台微型计算机控制装置（DDC）完成对于被控设备的实时监测和控制。

BAS 系统的监控是通过计算机控制系统实现，目前广泛采用集散型计算机控制系统，又称分布式控制系统（Distributed Control System，简称 DCS）。它的特征是"集中管理，分散控制"。

（1）基本组成

集散型计算机控制基本系统由四部分构成：传感器与执行器、DDC（直接数字控制器）、通信网络及中央管理计算机，见图 6-67。"通常，中央管理计算机（或称上位机、中央监控计算机）设置在中央监控室内，它将来自现场设备的所有信息数据集中提供给监控人员，并接至室内的显示设备、记录设备和报警装置等。DDC 作为系统与现场设备的接口，它通过分散设置在被控设备的附近，收集来自现场设备的信息，并能独立监控相关现场设备。它通过数据传输线路与中央监控室的中央管理监控计算机保护通信联系，接受其统一控制与优化管理。中央管理计算机与 DDC 之间的信息传送，由数据传输线路（通信网络）实现，较小规模的 BAS 系统可以采用屏蔽双绞线作为传输介质。BAS 系统的末端为传感器和执行器。它是装置在被控设备处的传感（检测）元件和执行元件。这些传感元件如温度传感器、湿度传感器、压力传感器、流量传感器、电流电压转换器、液位检测器、压差器、水流开关等，将现场检测到的模拟量或数字量信号输入至 DDC，DDC 则输出控制信号传送给继电器、调节器等执行元件，对现场被控设备进行控制。"图 6-68 是一种典型的大楼 BAS 系统的示例。

【注释】本段双引号部分文字及图 6-67 和图 6-68 引自《智能建筑弱电工程

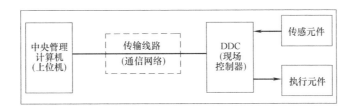

图 6-67　集散型计算机控制基本系统结构图

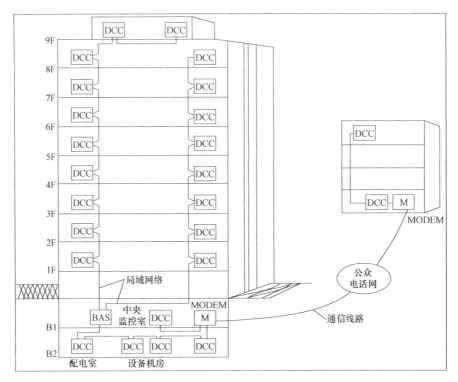

图 6-68　BAS 系统示意图

设计与安装》。

　　由上述可知，DDC 是安装于一般动力箱旁的设备。DDC 的传感元件针对一般动力负荷设备用电进行监测，见图 6-67 中的"传感元件"，将信号送至 DDC 后，在 DDC 中进行验算，并通过传输线路，见图 6-67 中的"传输线路"和图 6-68 中的"局域网络"，反馈至中央管理计算机，见图 6-67 中的"中央管理计算机"和图 6-68 中的"中央监控室"，通过整楼设定各种情况下的固有程序，判定对于反馈信号相关设备的控制要求。将控制要求仍通过传输线路送至位于设备旁的 DDC 中，该 DDC 经过验算后，发送指令给为设备供电的一般动力配电箱，见图 6-67 中的"执行元件"，控制设备改变运行状态，形成一套完整的设备整体控制系统。

　　（2）系统组成

　　建筑设备监控系统是由管理、控制、现场设备三个网络层构成的三层网络结构。大型系统一般采用三层网络结构，中型系统采用两层或三层的网络结构，其可以根据项目具体情况省去控制层，小型系统则采用以现场控制层为主的单层网络结构，见图 6-69。

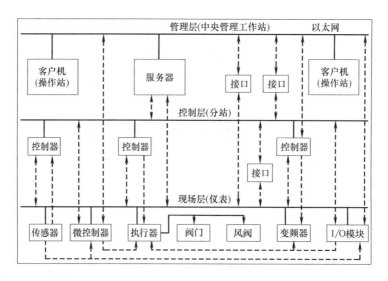

图 6-69　DDC 系统组成图

6.4.1　直接数字控制器（DDC）

建筑设备监控系统中的主要元件为 DDC（直接数字控制器），其内部核心是控制计算机。设计工作中需要考虑的是 DDC 的四种信息点的使用：采集数据的模拟量输入通道（AI），开关量输入通道（DI），发出控制信号的模拟量输出通道（AO），开关量输出通道（DO）。

DDC 属于现场控制器，其位于所控制的设备附近，通过控制为设备供电的配电箱及设备相关附属阀门等设备，完成对于设备机组的控制与功能实现，见图 6-70。

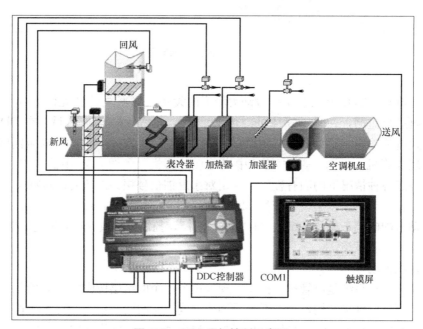

图 6-70　DDC 现场控制示意图

（1）主要元件

下面就DDC中与弱电设计相关的四种信息点展开讲解。（以下文字引自《智能建筑弱电工程设计与安装》）

① 模拟量输入（AI）

模拟量输入的物理量有温度、湿度、浓度、压力、压差、流量、空气质量、CO_2、CO、氨、沼气等气体含量、脉冲计数、脉冲频率、单相（三相）电流、单相（三相）电压、功率因数、有功功率、无功功率、交流频率等，这些物理量由相应的传感器感应测得，再经过变送器转变为电信号送入DDC的模拟输入口（AI）。此电信号可以是电流信号（一般为0～10mA），也可以是电压信号（0～5V或0～10V）。电信号送入DIN2模拟量输入AI通道后，经过内部模拟/数字转换器（A/D）将其变为数字量，再由DDC计算机进行分析处理。

② 数字量输入（DI）

DDC计算机可以直接判断DI通道上的开关信号，如启动继电器辅助接点（运行状态）、热继电器辅助接点（故障）、压差开关、冷冻开关、水流开关、水位开关、电磁开关、风速开关、手自动转换开关、0～100％阀门反馈信号等，并将其转化成数字信号，这些数字量经过DDC控制器进行逻辑运算和处理。DDC控制器对外部的开关、开关量传感器进行采集。DI通道还可以直接对脉冲信号进行测量，测量脉冲频率，测量其高电平或低电平的脉冲宽度，或对脉冲个数进行计数。

一般数字量接口没有接外设或所接外设是断开状态时，DDC控制器将其认定为"0"，而当外设开关信号接通时，DIN；控制器将其认定为"I"。

③ 模拟量输出（AO）

DDC模拟量输出（AO）信号是0～5V、0～10V间的电压或0～10mA、4～20mA间的电流。其输出电压或电流的大小由计算机内数字量大小决定。由于DDC计算机内部处理的信号都是数字信号，所以这种连续变化的模拟量信号是通过内部数字/模拟转换器（D/A）产生的。通常，模拟量输出（AO）信号用来控制电动比例调节阀、电动比例风阀等执行器动作。

④ 数字量输出（DO）

开关量输出（DO）亦称数字量输出，它可由计算机输出高电平或低电平，通过驱动电路带动继电器或其他开关元件动作，也可驱动指示灯显示状态。DO信号可用来控制开关、交流接触器、变频器以及可控硅等执行元件动作。交流接触器是启停风机、水泵及压缩机等设备的执行器。控制时，可以通过DIX2的DO输出信号带动继电器，再由继电器触头接通交流接触器线圈，实现设备的启停控制。

（2）DDC控制方式

每种设备的控制方式都不尽相同，这里以新风机组为例，见图6-71。

1）监测功能

① 测量新风过滤器两侧压差，以了解过滤器是否需要更换。

② 检测防冻开关，当冬季加热器后风温等于或低于某一设定值时（5℃），防冻开关发出信号，使风机停转，同时关闭新风阀。

③ 风机的状态显示、故障报警。送风机的运行状态是采用压差开关监测的，风机起

动，风道内产生风压，送风机的送风管压差增大，压差开关闭合，风机处于运行状态；风机事故报警（过载信号）采用动力箱的过流继电器常开触点作为 DI 信号，接到 DDC。

④ 测量风机出口空气温湿度参数，以了解机组是否将新风处理到要求的状态。

2）控制功能

① 控制新风电动风阀。

② 自动控制空气-水换热器水侧调节阀，以使送风温度达到设定值。

③ 自动控制蒸汽加湿器调节阀，使冬季送风相对湿度达到设定值。

④ 根据要求启/停风机。

3）联锁控制

① 新风机组启动顺序控制：送风机启动→新风阀开启→回水调节阀开启→加湿阀开启。

② 新风机组停机顺序控制：送风机停机→关加湿阀→关回水阀→新风阀全关。

4）集中管理功能

DDC 通过内部的通信模块，可使系统进入同层控制网络，与其他 DDC 系统进行通信，数据共享；也可进入分布式系统，与中央站通信，因此 DDC 系统具有集中管理功能。

① 显示新风机组起/停状况，送风温、湿度，风阀、水阀状态。

② 通过中央控制管理机起/停新风机组，修改送风参数的设定值。

③ 当过滤器两侧之压差过大、冬季热水中断、风机电机过载或其他原因停机时，还可以通过中央控制机管理报警。

④ 当过滤器两侧之压差过大、冬季热水中断、风机电机过载或其他原因停机时，还可以通过中央控制机管理报警。

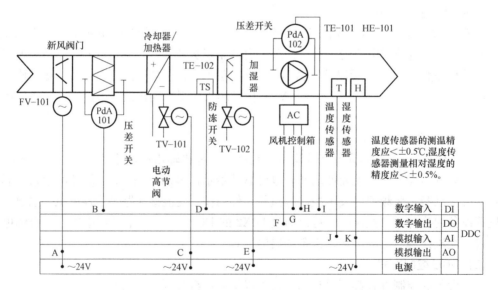

图 6-71　新风机组 DDC 系统流程图

F——风机起停控制信号；G——工作状态；H——故障状态信号

6.4.2　建筑设备监控系统平面图

建筑设备监控系统平面图的设计应参看建筑电气中的电气设计平面图完成。所有电气设计平面图中需用一般动力箱完成配电的设备均应纳入建筑设备监控系统中，其中包括了设备专业所需的一般负荷供电设备，还有如电梯和扶梯这类与建筑专业相关的一般负荷供电设备等。

建筑设备监控系统的设计是根据设备的种类划分的，需要一般动力负荷供电的设备都应纳入该系统，消防或事故动力负荷则应纳入火灾自动报警系统（FAS）。设备的类型以及是否采用一般动力负荷供电应参看建筑电气本专业内的电气图纸。

（1）图例

常用建筑设备监控相关图例列为表 6-8。

建筑设备监控图例 表 6-8

图例	名称	规格及说明	安装位置	安装方式
DDC	楼宇自控现场控制器		设备机房等	明装，距地 1.2m
BA	DDC 网络传输总线	SC20		型号厂家配套

（2）末端布置

建筑设备监控末端的设计是由建筑物内的设备所决定的。这些设备通常包含建筑专业所提资料的电梯、扶梯，设备专业所提资料的风机、水泵等，电气专业内的变配电室设备。参照本专业内的电气图纸，参考其一般动力负荷供电的设备，在这些设备的配电箱旁设置 DDC 控制器。

具体步骤，见图 6-72：

① 从电气图纸中将与建筑设备监控系统相关的设备及其配电箱粘贴到弱电图纸中。采用一般动力负荷供电的设备均为建筑设备监控系统控制下的设备。具体可通过询问电气图纸的设计人，确定设备专业机组，进而确定建筑设备监控系统包含的内容。

② 在粘贴过来的配电箱旁就近放置 DDC 控制器。

③ 为控制器标注名称，可参看"《电气常用图形符号与技术资料》09BD1"中的相关命名原则。

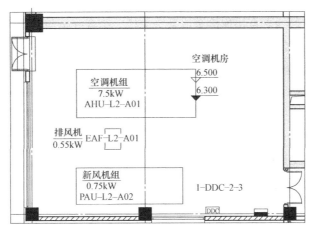

图 6-72 DDC 控制器布置图

图 6-72 中可以看出，位于空调机房内的三个黑色方框分别代表三个设备："空调机组"，设备编号"AHU-L2-A01"；"排风机"，设备编号"EAF-L2-A01"；"新风机组"，设备编号"PAU-L2-A02"。在机房中靠门处设有配电用的一般动力配电箱，在其旁设计 DDC 控制器，并为控制器命名为"1-DDC-2-3"，解释为：1 号建筑-DDC-2 层-3 号 DDC 控制器。

（3）建筑设备监控接线箱布置

与其他多数弱电系统不同的是，建筑设备监控系统无需每层设置接线箱。其采用总线制，通过线缆直接将整个建筑物内的 DDC 控制器全部连接至位于安防控制室内的主机内。

（4）平面图设计方法

与其他弱电系统相同，其也存在结合线槽与管线和只利用线管两种方式。不同的是，其线支的标注应与其他弱电系统有所区别，这里设计师根据工作习惯，命名为"BA"，见图 6-73，该"BA"符号的含义已在图例中给出。应注意"BA"符号的含义还应在平面图中写明其含义，便于施工人员现场施工理解。

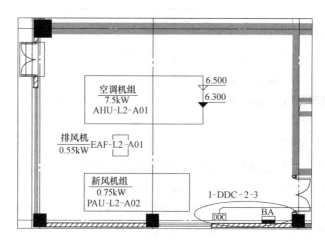

图 6-73 弱电平面图（DDC）

另外，不同的是该系统没有接线箱，DDC 间线支采用串接方式，通过各层弱电间完成汇总至安防控制室，线支直接连接至该系统主机。结合线槽与管线的设计方式，采用线支完成设备机房 DDC 控制器与公共区域线槽的连接。线槽在弱电间内通过板洞竖向形成通路，本层横向线槽连至此竖向线槽，实现建筑物内弱电线支的全连通。最终，需完善线支的标注以及线槽规格及高度的标注。具体设计方法见图 6-74 中黑框处。只利用线管的设计方式则相对简单，完成 DDC 控制器至弱电间内引上和引下线处的连接即可，管路通过板洞最终汇总至安防控制室，见图 6-75 中黑框处。另外，同样需标注线支。

这样，就完成了平面图的设计工作。

6.4.3 建筑设备监控系统图

系统图是根据末端的 DDC 控制器确定的。其 DDC 控制器分散在建筑中各处，中央管理计算机则设置于长期有人值守的安防控制室中，与安防系统的核心交换机相连接，使数

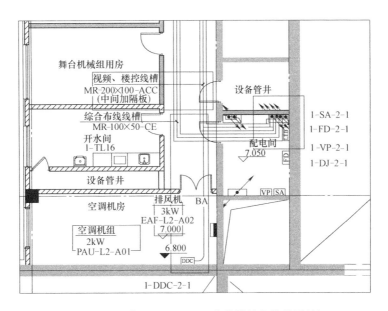

图 6-74 弱电平面图（DDC 穿线槽结合线管设计）

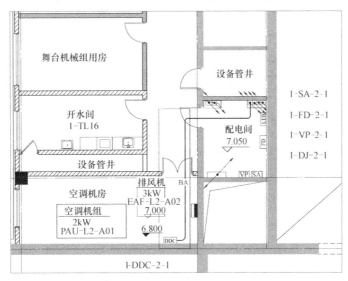

图 6-75 弱电平面图（DDC 穿线管设计）

据得到统一管理。

（1）建筑设备监控系统分析

下面以一个工程中的系统图为例加以说明，见图 6-76。

该建筑，地上三层，地下一层，安防控制室位于首层，结合平面图中各 DDC 的位置，在系统图中清晰表达 DDC 的建筑空间关系，以此作为基础，再根据每个 DDC 所控设备的具体情况，写明设备机组名称和数量，AI、AO、DI、DO 各点位数量和点位总数，注明 DDC 编号。

（2）DDC 控制点的统计方法

DDC 控制点的统计源于设备控制图，见图 6-71。设备控制图可参见《09BD10 建筑设

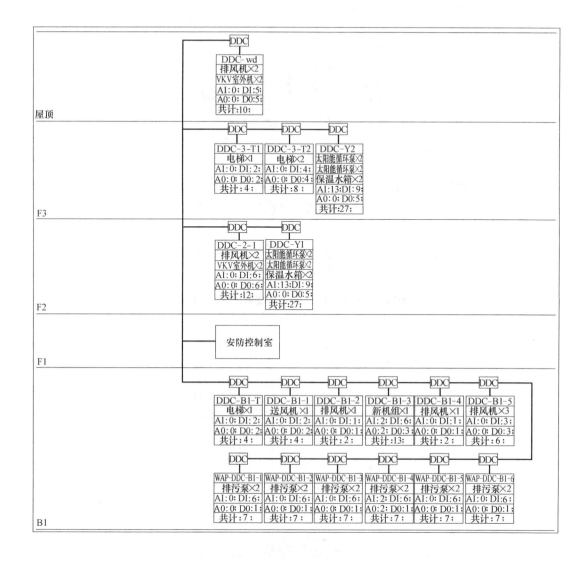

图 6-76 建筑设备监控系统图

备监控》图集。但应注意的是，目前国标图集并没有相关内容，《09BD10》图集是华北标图集，仅可应用在华北地区。项目处于其他地方时，仅可作为参考。

下面结合图 6-72 中的设备加以讲解，见图 6-77。

图 6-72 中的空调机房内包含一台空调机组、一台排风机、一台新风机组。查看通常做法可知，空调机组设备监控点位表如表 6-9，排风机设备监控点位表如表 6-10，新风机组设备监控点位表如表 6-11。

根据以上点表，将 DDC 所控制的设备列出，并将三台设备的四个点位 AI、AO、DI、DO 分别相加得到各点位的总数，再将四个点位数相加得到总点位数，见图 6-77 左图，图 6-77 右图为针对每个格内的讲解。

建筑设备监控系统监控点表——空调机组　　　表 6-9

楼宇监控设备	数量	监控功能描述	输入		输出		传感器、阀门及执行机构等
			AI	DI	AO	DO	
空调机组（单风机）	1	送风温度	1				风道温度传感器
		回风温度	1				风道温度传感器
		回风湿度	1				风道湿度传感器
		过滤器堵塞报警		1			压差开关
		低温防冻报警		1			防冻开关
		送、回风机运行状态		1			
		送、回风机气流状态		1			压差开关
		送、回风机过载报警		1			
		送、回风机手/自动转换		1			
		送、回风机启/停控制				1	继电器线圈
		加湿阀开/关控制				1	加湿阀执行器
		新/回/排风阀调节			3		风阀执行器
		冷、热盘管水阀调节			2		电动两通水阀及执行器
		点数小计	3	6	5	2	

建筑设备监控系统监控点表——排风机　　　表 6-10

楼宇监控设备	数量	监控功能描述	输入		输出		传感器、阀门及执行机构等
			AI	DI	AO	DO	
送/排风机	1	送/排风机运行状态		1			控制箱
		送/排风机启/停控制				1	继电器线圈
		点数小计	0	1	0	1	

建筑设备监控系统监控点表——新风机组　　　表 6-11

楼宇监控设备	数量	监控功能描述	输入		输出		传感器、阀门及执行机构等
			AI	DI	AO	DO	
新风机组（单风机）	1	送风温度	1				风道温度传感器
		送风湿度	1				风道湿度传感器
		过滤器堵塞报警		1			压差开关
		低温防冻报警		1			防冻开关
		送风机运行状态		1			
		送风机气流状态		1			压差开关
		送风机过载报警		1			
		送风机手/自动转换		1			
		送风机启/停控制				1	继电器线圈
		加湿阀开/关控制				1	加湿阀执行器
		新风阀调节				1	风阀执行器
		冷、热盘管水阀调节			2		电动两通水阀及执行器
		点数小计	2	6	2	3	

279

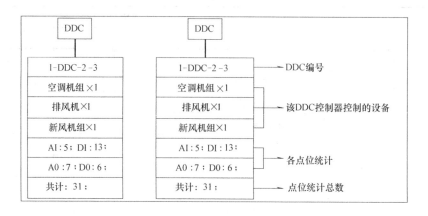

图 6-77　建筑设备监控系统末端讲解图

6.4.4　建筑设备监控系统设备点位表

　　建筑设备监控系统设备点位表是根据相应设备机组原理与需要实现的功能得到的，如图 6-71 所示。此处提供常用设备常用功能的点表，供设计师结合具体情况参考使用，见表 6-12。

建筑设备监控系统监控点表　　　　　　　　　　表 6-12

空调机组系统							
楼宇监控设备	数量	监控功能描述	输　入		输　出		传感器、阀门及执行机构等
			AI	DI	AO	DO	
空气处理机组（单风机）	1	送风温度	1				风道温度传感器
		回风温度	1				风道温度传感器
		回风湿度	1				风道湿度传感器
		过滤器堵塞报警		1			压差开关
		低温防冻报警		1			防冻开关
		送、回风机运行状态		1			电控箱
		送、回风机气流状态		1			压差开关
		送、回风机过载报警		1			电控箱
		送、回风机手/自动转换		1			
		送、回风机启/停控制				1	继电器线圈
		加湿阀开/关控制				1	加湿阀执行器
		新/回/排风阀调节			3		风阀执行器
		冷、热盘管水阀调节			2		电动两通水阀及执行器
		点数小计	3	6	5	2	
空气处理机组（双风机）	1	送风温度	1				风道温度传感器
		回风温度	1				风道湿度传感器
		回风湿度	1				风道湿度传感器
		过滤器堵塞报警		1			压差开关

楼宇监控设备	数量	监控功能描述	输入		输出		传感器、阀门及执行机构等
			AI	DI	AO	DO	
空气处理机组（双风机）	1	低温防冻报警		1			防冻开关
		送、回风机运行状态		2			电控箱
		送、回风机气流状态		2			压差开关
		送、回风机过载报警		2			电控箱
		送、回风机手/自动转换		2			
		送、回风机启/停控制				2	继电器线圈
		加湿阀开/关控制				1	加湿阀执行器
		新/回/排风阀调节			3		风阀执行器
		冷、热盘管水阀调节			2		电动两通水阀及执行器
		点数小计	3	10	5	3	
新风机组系统							
新风机组	1	送风温度	1				风道温度传感器
		送风湿度	1				风道湿度传感器
		过滤器堵塞报警		1			压差开关
		低温防冻报警		1			防冻开关
		送风机运行状态		1			电控箱
		送风机气流状态		1			压差开关
		送风机过载报警		1			电控箱
		送风机手/自动转换		1			
		送风机启/停控制				1	继电器线圈
		加湿阀开/关控制				1	加湿阀执行器
		新风阀调节				1	风阀执行器
		冷、热盘管水阀调节			2		电动两通水阀及执行器
		点数小计	2	6	2	3	
新风机组（双风机）	1	送风温度	1				风道温度传感器
		送风湿度	1				风道湿度传感器
		过滤器堵塞报警		1			压差开关
		低温防冻报警		1			防冻开关
		送风机运行状态		2			电控箱
		送风机气流状态		2			压差开关
		送风机过载报警		2			电控箱
		送风机手/自动转换		2			
		送风机启/停控制				2	继电器线圈
		加湿阀开/关控制				2	加湿阀执行器
		新风阀调节				1	风阀执行器
		冷、热盘管水阀调节			2		电动两通水阀及执行器
		点数小计	2	10	2	5	

续表

给水系统							
楼宇监控设备	数量	监控功能描述	输入		输出		传感器、阀门及执行机构等
			AI	DI	AO	DO	
给水泵	1	给水泵运行状态		1			继电器线圈
		给水泵启/停控制				1	液位开关
		点数小计	0	1	0	1	
生活水箱	1	低水位报警		1			液压开关
		溢流水位报警		1			液压开关
		停泵水位		1			液位开关
		启泵水位		1			液位开关
		点数小计	0	4	0	0	
蓄水池	1	溢流水位报警		1			液压开关
		停泵水位		1			液位开关
		启泵水位		1			液位开关
		消火栓泵停泵水位报警		1			液位开关
		点数小计	0	4	0	0	
排水系统							
消防排水泵	1	排水泵运行状态		1			电控箱
		排水泵故障报警		1			电控箱
		点数小计	0	2	0	0	
排水泵	1	排水泵运行状态		1			电控箱
		排水泵故障报警		1			电控箱
		排水泵启/停控制				1	电控箱
		点数小计	0	2	0	1	
污水池	1	溢流水位报警		1			液压开关
		停泵水位		1			液位开关
		启泵水位		1			液位开关
		点数小计	0	3	0	0	
通风系统							
送/排风机	1	送/排风机运行状态		1			电控箱
		送/排风机启/停控制				1	继电器线圈
		点数小计	0	1	0	1	
油烟净化机组(厨房排风机)							
油烟净化机组/厨房排风机	1	送/排风机运行状态			1		电控箱
		风机手/自动状态			1		电控箱
		送/排风机故障报警			1		电控箱
		送/排风机启/停控制				1	电控箱
		过滤器阻塞报警		1			压差开关
		点数小计	0	0	4	1	

楼宇监控设备	数量	监控功能描述	输入 AI	输入 DI	输出 AO	输出 DO	传感器、阀门及执行机构等
		冷冻系统					
冷水机组	1	冷水机组运行状态		1			
		冷水机组启/停控制				1	线电器线圈
		点数小计		1		1	
冷冻水泵	1	冷冻水供、回水温度	2				水温传感器及套管
		冷冻水供、回水压差	1				压差传感器
		冷冻水回水流量	1				流量传感器及变送器
		冷冻水泵水流状态		1			水流开关
		冷冻水泵运行状态		1			
		冷冻水泵过载报警		1			
		冷冻水泵手/自动转换		1			
		冷冻水阀状态		1			
		冷冻水泵启/停控制				1	继电器线圈
		冷冻水阀控制				1	继电器线圈
		冷冻水旁通阀调节			1		电动水阀及执行器
		点数小计	4	6	1	2	
冷却水泵	1	冷冻水泵水流状态		1			水流开关
		冷冻水泵运行状态		1			
		冷冻水泵过载报警		1			
		冷冻水泵手/自动转换		1			
		冷却水阀状态		1			
		冷却水泵启/停控制			1		继电器线圈
		冷却水阀控制			1		继电器线圈
		点数小计	0	5	2	0	
冷却塔	1	冷却水供、回水温度	2				水温传感器及套管
		冷却塔风机运行状态		1			
		冷却塔水阀状态		2			
		冷却塔风机启/停控制			1		继电器线圈
		冷却塔水阀控制			2		继电器线圈
		点数小计	2	3	3	0	
膨胀水箱	1	低水位报警		1			液位开关
		进水电磁阀状态		1			
		进水电磁阀控制				1	继电器线圈
		点数小计	0	2	0	1	

电梯系统							
楼宇监控设备	数量	监控功能描述	输　入		输　出		传感器、阀门及执行机构等
			AI	DI	AO	DO	
电梯/扶梯	1	电梯运行状态		1			
		电梯故障报警		1			
		电梯控制				1	
		消防停梯控制				1	
		点数小计	0	2	0	2	
锅炉系统							
锅炉	1	锅炉运行状态		1			电控箱
		锅炉故障报警		1			电控箱
		锅炉启/停控制				1	继电器线圈
		有害物质浓度监测报警	1				
		点数小计	1	2	0	1	
循环水泵	1	供、回水温度	2				水温传感器及套管
		供回压力	1				压力传感器
		回水流量	1				流量传感器及变送器
		循环泵运行状态		1			电控箱
		循环泵故障报警		1			电控箱
		循环泵启/停控制				1	继电器线圈
		点数小计	4	2	0	1	
补水泵	1	补水泵运行状态		1			电控箱
		补水泵故障报警		1			电控箱
		补水泵启/停控制				1	继电器线圈
		点数小计	0	2	0	1	
软水箱	1	补水泵运行状态	1				液位压力传感器
		补水泵故障报警		1			电控箱
		补水泵启/停控制				1	继电器线圈
		点数小计	1	1	0	1	

【注】通常，初步设计时只需提供建筑设备监控系统设备点位表，施工图设计时则应将点位表连同系统图一并作为施工图，见图6-78。

6.4.5　小结

相对于其他弱电系统，建筑设备监控系统相对简单，且该系统并不是一定应用在建筑中的。中大型工程通常设计该系统，保证对于建筑内各设备控制方便。小型则可根据实际情况选择是否设计该系统。有些小型建筑内部需要控制的设备很多时，仍可设计该系统，同时可考虑是否只设置DDC现场控制器，即完成三层网络结构的现场控制层。有些小型

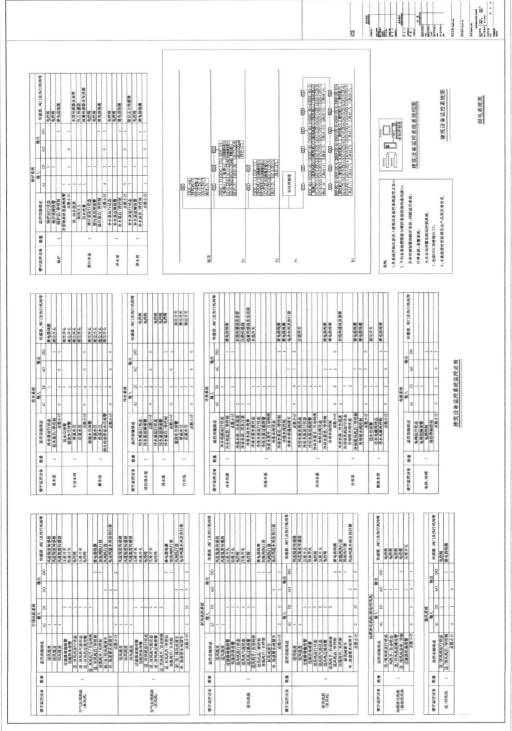

图 6-78 建筑设备监控系统图图纸示例

建筑本身没有多少设备，依靠人工操作足以时，仍设计该系统就有些浪费了。

弱电系统的干线在平面图中的设计方法，将在本书"6.6　弱电干线"一节中加以讲解。

6.5　建筑能耗监测系统

随着绿色建筑越来越受到国家的高度重视，作为绿色建筑评定中重要的一项得分项，建筑能耗监测系统的地位变得越来越重要。该系统主要用来实现对能耗使用的全参数、全过程的管理和控制功能，是对于能耗监测、温度集中控制和节能运行管理的综合解决方案。

建筑能耗监测系统是由计算机、通信设备、测控单元三部分组成，监测建筑的数据采集和开关状态。该系统为实现建筑的远程管理与控制提供了基础平台。与建筑设备监控系统（BAS）相类似，其网络构成同样分为三部分：总控管理层、网络通信层和现场设备层。

（1）总控管理层

供能耗监测系统的管理人员使用，是人机交互的直接窗口，也是系统的最上层部分。主要由系统软件和必要的硬件设备组成，如工业级计算机、打印机、UPS 电源等。监测系统软件具有良好的人机交互界面，对采集现场各类数据信息进行计算、分析与处理，并以图形、数显、声音等方式反映现场的运行状况。

（2）通信层

主要是由通信管理机、以太网设备及总线网络组成。该层是数据信息交换的桥梁，负责对现场设备回送的数据信息进行采集、分类和传送等工作的同时，转达上位机对现场设备的各种控制命令。

（3）现场设备层

是数据采集终端，主要由智能仪表组成，采用具有高可靠性、带有现场总线连接的分布式 I/O 控制器构成数据采集终端，向数据中心上传存储的建筑能耗数据。测量仪表担负着基层的数据采集任务，其监测的能耗数据必须完整、准确、实时地传送至数据中心。

【注】建筑能耗监测系统不是远程抄表系统，远程抄表只是其系统的一项功能。其需实现包括监测设备专业各类用表在内的一套完整的建筑能耗监测系统。

6.5.1　建筑能耗监测系统平面图

该系统是由位于弱电间内的数据采集器通过双绞线完成对位于各处的各类远传表的数据采集，再通过总线将数据采集器中的数据发送至建筑能耗监测主机，完成对于整栋建筑的能耗监测。该系统平面图的设计应注意与设备专业以及本专业完成电气图纸设计的工程师沟通，保证图面的一致性。

（1）图例

常用建筑能耗监测相关图例列为表 6-13。

建筑能耗监测图例   表 6-13

图例	名称	规格及说明	安装位置	安装方式
CJ	能耗监测数据采集器		弱电小间内	明装,距地 1.2m
D	电度表			详电气图纸
R	热力表			详设备图纸
∅	计量水表			详设备图纸
—CJ—	超五类非屏蔽双绞线 5eUTP	5eUTP-SC15;2×5eUTP-SC20;4×5eUTP-SC25		型号厂家配套

（2）末端布置

建筑能耗监测末端的设计是由各种计量仪表决定的。这些设备通常包含设备专业所提资料的热力表、冷热水表、燃气表等，以及电气专业内电气图纸中的各种电力仪表等。

从设备专业图纸和电气图纸中将与建筑能耗监测系统相关的仪表粘贴到弱电图纸中，见图 6-79 中圈出部分。要求设备专业与电气专业内完成电气图纸的工程师明确平面图中各仪表位置。图例可沿用设备专业图例，也可自创。

【注】须与设备专业沟通，设备仪表选为数字仪表。

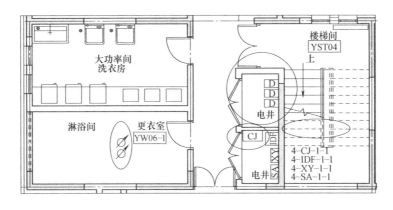

图 6-79 能耗监测末端布置图

（3）建筑设备监控数据采集器布置

1）数据采集器

数据采集器是具备实时采集、自动存储、即时显示、即时反馈、自动处理、自动传输功能。为现场数据的真实性、有效性、实时性、可用性提供了保证。其具有一体性、机动性、体积小、重量轻、高性能，并适于手持等特点。

2）数据采集器布置原则

数据采集器与综合配线柜的布置原则相同。

① 按防火分区设置在弱电间内。

② 数据采集器至末端端口距离不可超过 90m。

③ 当本防火分区中未设置弱电间时，若离就近防火分区内弱电小间箱柜距离不超过

90m，可穿分区连接，但应保证末端间连接不应跨越防火分区。

【注】因本系统采用超 5 类双绞线，所以数据采集器至末端端口距离不可超过 90m，当使用其他线支时，一般不受此限制。

数据采集器布置在弱电间内时，应综合考虑与其他弱电箱柜的空间关系，满足规范要求。放置好后，应标注明数据采集器编号，见图 6-79 中圈出部分。具体编号原则参看《电气常用图形符号与技术资料》09BD1 中相应章节，或者所在工作单位内部的要求。

（4）平面图设计方法

与其他弱电系统相同，其也存在结合线槽与管线和只利用线管两种方式。两种设计方式的方法与综合布线系统中相应方式相同，这里不再赘述。应当注意的是，其线支应使用超五类屏蔽双绞线，管线标注为"CJ"，见图 6-80，该"CJ"符号的含义已在图例中给出。

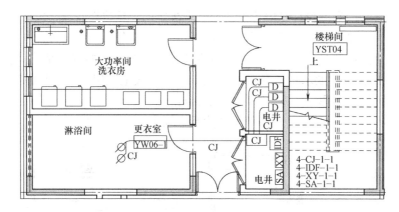

图 6-80　弱电平面图（能耗监测系统）

6.5.2　建筑能耗监测系统图

系统图是根据末端的各类仪表以及相连接的数据采集器而来的。通过超五类屏蔽双绞线完成仪表与数据采集器的连接，通过"RS-485 总线（RVVSP-2×0.5-SC25）"完成数据管理器间的连接，以及数据管理器与建筑能耗监测主机的连接，见图 6-81。

当建筑物中单独设置能源管理中心时，建筑能耗监测主机应设置在此处。当没有能源管理中心而有物业管理中心时，应将建筑能耗监测主机设置在该房间。通常，建筑没有能源管理中心与物业管理中心时，应将建筑能耗监测主机设置于安防控制室中，保证长期有人值守，方便操作。该主机可连入安防系统中的核心交换机，从而完成数据的共享与统一管理。

图 6-81 中，该建筑总共五层，数据最终汇集至位于首层的物业管理中心的建筑能耗监测主机当中，见图 6-81 中 a）。建筑能耗监测主机通过协议转换器，和线支"RS-485 总线（RVVSP-2×0.5-SC25）"，见图 6-81 中 b），完成从主机至弱电间内数据采集器的数据传递。数据采集器通过超五类屏蔽双绞线完成对于每个末端仪表的数据传递，见图 6-81 中 c）。

（1）图 6-81 中 a）见图 6-82

建筑能耗监测主机通过协议转换器完成 RS485 总线的接入。该建筑能耗监测主机可

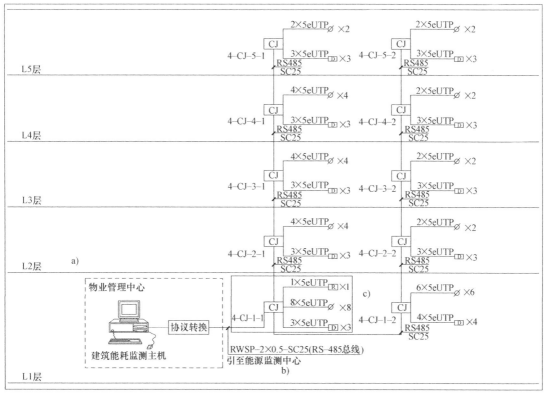

图 6-81 能耗监测系统讲解图

与安防系统中的核心交换机相连接，使数据得到统一管理。

（2）图 6-81 中 c）见图 6-83

图 6-83 中左图是系统图放大后图样，图 6-83 中右图是为方便大家理解额外标注各设备含义。数据采集器通过超五类屏蔽双绞线与末端仪表相连接，通过末端仪表的个数可以得到超五类屏蔽双绞线的线支数量。数据采集器应设置编号，且与平面图中的编号相同。

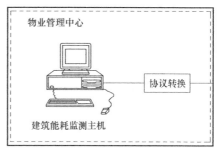

图 6-82 能耗监测系统主机

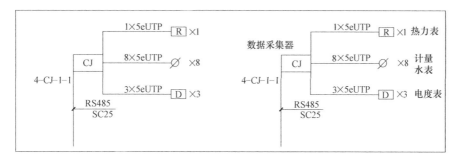

图 6-83 能耗监测系统楼层配线端

6.5.3 小结

相较于其他弱电系统，建筑能耗监测系统是新兴系统。该系统并不一定应用在建筑中，应根据该建筑绿色评定等级的需要和业主方的要求合理选择是否设计，且各厂商产品存在些许差异，可根据具体情况参考厂家样本调整此系统。

弱电系统的干线在平面图中的设计方法将在本书"6.6 弱电干线"一节中加以讲解。

6.6 弱电干线

弱电干线指在弱电平面图中的干线路由表达，其包含由各弱电机房至各弱电间中设备的干线路由（采用线槽敷设），以及相应的尺寸与高度标注等。弱电干线与强电干线不同，其没有单独的弱电干线系统图，干线路由的逻辑关系已在弱电系统图中明确表达。

弱电干线设计主要指平面图中的设计。配合弱电系统图，完成对于平面图中弱电干线路由的设计。弱电包含多个系统，常见的如：综合布线系统；有线电视系统；安全技术防范系统；建筑设备监控系统；建筑能耗监测系统等。各系统的干线线槽应单独设置，当空间紧张时可按系统适当合用，如综合布线可与无线通信合用。

6.6.1 弱电干线路由设计原则

① 优先利用强弱电间设计路由。

② 优先利用走廊等公共区域设计路由。

③ 路由应避免穿越房间。

④ 当路由在房间内引上引下时，应避免这些房间是有水、易燃易爆房间。比如路由不应在卫生间、厨房等房间内引上引下，卫生间是有水房间，厨房是易燃易爆房间。

⑤ 当空间紧张时，干线线槽可与支线线槽合并使用，中间增加隔板即可。

⑥ 当空间紧张时，一些系统的线槽可以合并使用，但中间应增加隔板，且安防不可与其他系统合用线槽。

⑦ 在设计过程中，路由相同的可在平面中以一条线槽表示，但应标注清楚共有几条线槽以及各线槽的尺寸与高度。

6.6.2 设计步骤

① 确定各个弱电系统的机房。

② 确定弱电进线间。

③ 确定弱电间。

④ 将各个弱电机房、弱电进线间、弱电间按系统设计路由。

⑤ 用线槽表示清干线路由，并完成线槽规格与高度的标注。

6.6.3 弱电系统干线平面设计

这里结合工程实例，按设计步骤，就每个系统单独展开讲解。

该工程是一栋较为标准的办公楼，地上16层与位于楼顶的机房层，地下共4层。弱电进线间位于地下一层，电话与网络机房位于五层，有线电视机房位于地下一层，安防消防控制室位于地上一层。建筑核心筒内设置一处上下贯通的弱电间，作为干线路由的竖向通道。

（1）综合布线系统

综合布线系统图见图 6-84。由图中可以看出，市政电话与网络条件由位于 B1 层的弱电进线间进入，见图 6-85。干线线槽由弱电进线间横向进入 B1 层弱电间，见图 6-86。干线线槽由 B1 层弱电间直至 5 层弱电间后，线槽横向到达电话与网络机房，见图 6-87，市政网络与电话光纤接入综合布线主机，见图 6-88。由电话与网络机房内的综合布线主机将光缆与大对数电缆通过线槽配送至各层弱电间内的综合布线柜，见图 6-87。至此完成干线路由。

【注 1】本工程因对网络与电话机房面积需求较大，故设置在 5 层，而一般工程中电话与网络机房应与弱电进线间就近设置，避免反送情况的出现。

【注 2】竖向线槽在平面图中通常以进出弱电间的线槽规格为准。

由图 6-86 和图 6-87 可以看出，平面图中设有一条线槽，表示建筑 B1 层弱电进线间至弱电间段路由。该线槽标注"综合布线干线线槽 SR200×100-CE"，其中"SR200×100-CE"表示线槽宽 200mm，高 100mm，且沿顶棚或吊顶面敷设。图 6-87 中的"综合布线干线槽 SR200×100-ACC"表示 5 层的弱电间至电话与网络机房段路由。

（2）有线电视系统

有线电视系统图见图 6-89。由图中可以看出，市政电视电缆条件由 B1 层的弱电进线间进入建筑。干线线槽由弱电进线间横向进入位于 B1 层电视机房，系统见图 6-90，平面见图 6-86。后由电视机房将干线同轴电缆通过线槽配送至 B1 层弱电间，再通过 B1 层弱电间将干线竖向配送至各层弱电间内的有线电视箱。至此，完成了有线电视系统干线路由。

（3）安全技术防范系统

安全技术防范系统是建筑的内部系统，与市政等外部条件无关。考虑到安防的重要性，避免线槽内线支混乱，该系统应单独敷设线槽，不应与其他系统共用线槽，其系统见图 6-91。由图中可以看出，安防与消防共用同一房间作为主机房，称为安防消防控制室，见图 6-92。安防系统的所有设备主机均设置在该房间内，由此房间作为起始点，向各层弱电间内的安防箱柜铺设干线。

图 6-91 中，干线线槽由首层安防消防控制室横向进入首层弱电间，再通过首层弱电间将干线竖向配送至各层弱电间内的安防系统接线箱。至此完成安防系统干线路由设计，其首层对应的平面见图 6-93。

（4）建筑设备监控系统

建筑设备监控系统是建筑的内部系统，与市政等外部条件无关，系统见图 6-94。由图中可以看出，该系统主机设置在安防消防控制室内，见图 6-95。建筑设备监控系统的所有设备主机均设置在安防消防控制室内。以安防消防控制室作为起始点，通过弱电间竖向铺设路由，其对应的首层平面见图 6-93。

建筑设备监控系统较为特殊，不同于其他弱电系统，该系统末端 DDC 控制器采用串接形式，在弱电间内没有接线箱，故其线槽在每层直接敷设至各设备机房外的公共区域，再由线管直接连至末端 DDC 控制器。其干线路由实际就是支线路由。

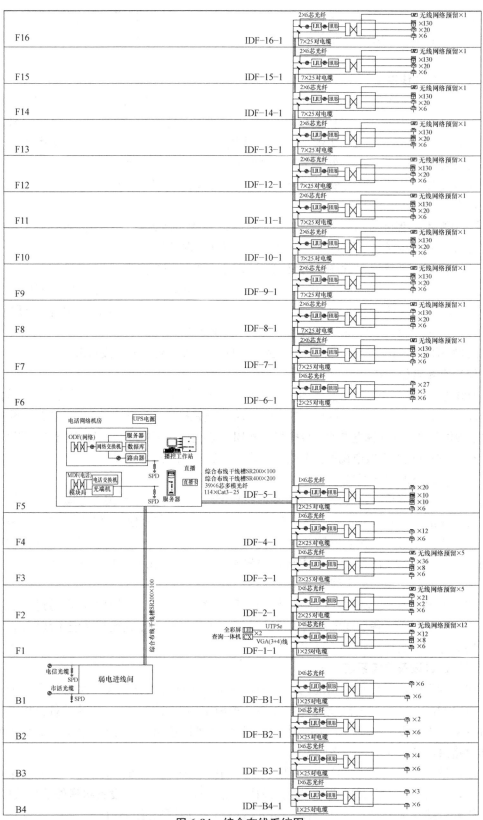

图 6-84　综合布线系统图

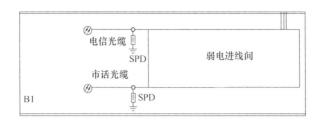

图 6-85　综合布线系统进线端

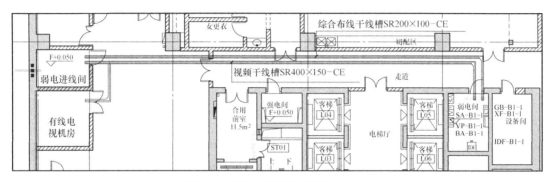

图 6-86　弱电平面图（干线示意一）

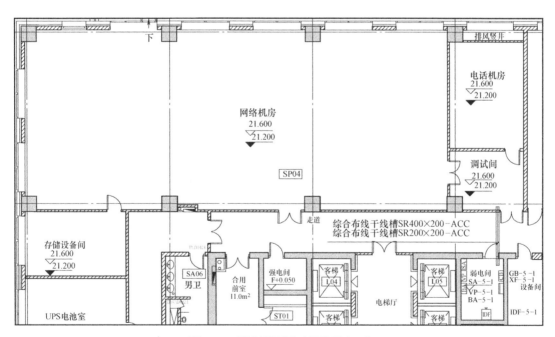

图 6-87　弱电平面图（干线示意二）

【注】建筑设备监控系统采用总线制，其干线通常就是一根 RS485 总线，故当 DDC 控制器数量不多时，干线路由可采用一根 SC25 的线管代替线槽，节约造价和弱电间内空间。

（5）建筑能耗监测系统

建筑能耗监测系统同样是建筑的内部系统，与市政等外部条件无关，其系统见

图 6-96。图中可以看出，该系统主机设置在安防消防控制室内，见图 6-97。以安防消防控制室作为起始点，干线线槽由首层安防消防控制室横向进入首层弱电间，见图 6-93，通过弱电间竖向敷设路由至各层弱电间内的接线箱。至此，完成了干线路由的设计。

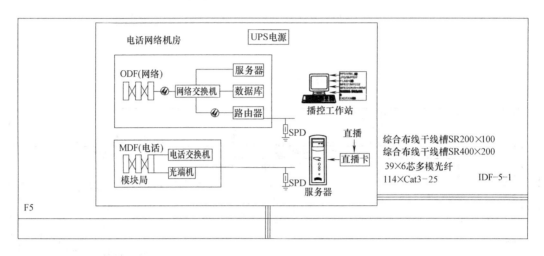

图 6-88　综合布线系统主机

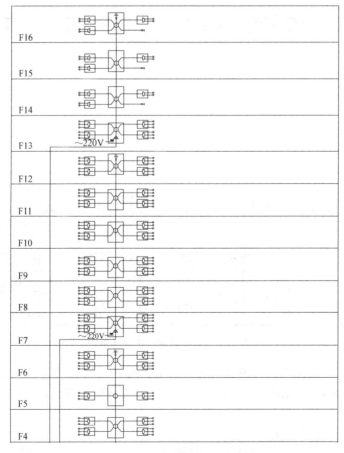

图 6-89　有线电视系统图（一）

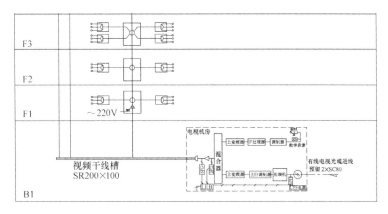

图 6-89 有线电视系统图（二）

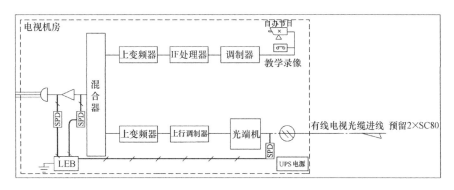

图 6-90 有线电视系统主机

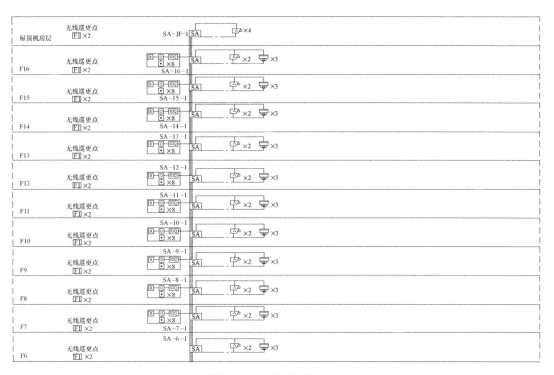

图 6-91 安防系统图（一）

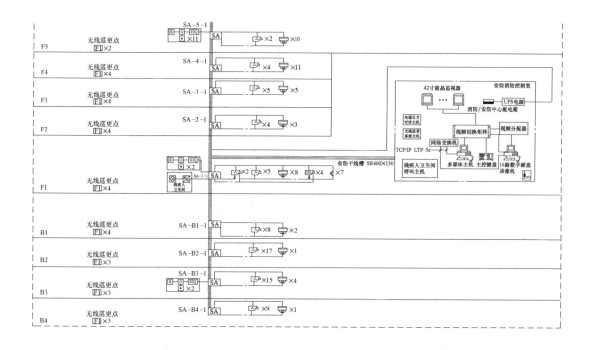

图6-91 安防系统图（二）

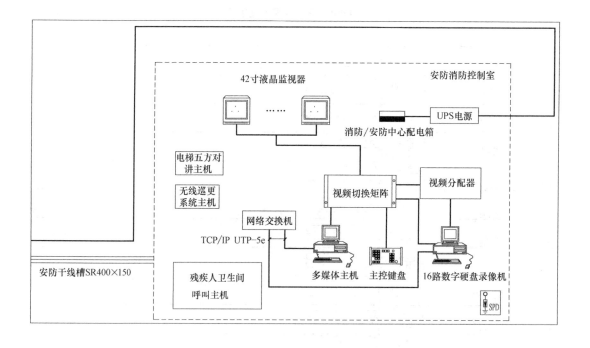

图6-92 安防系统主机

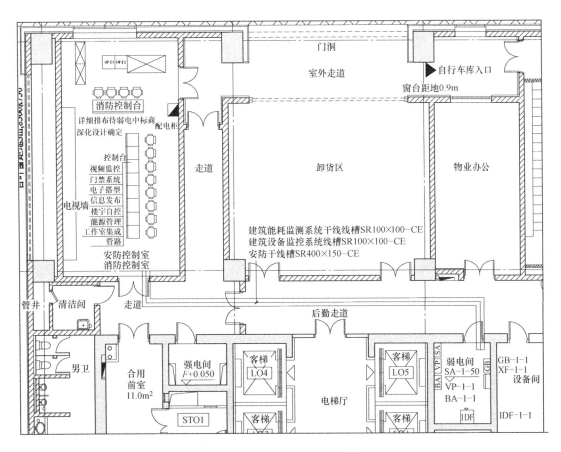

图 6-93 弱电平面图（干线示意三）

F17、18屋顶机房层		
F16		
F15		
F14		
F13		
F12		
F11		
F10		
F9		
F8		
F7		

图 6-94 楼宇自控系统图（一）

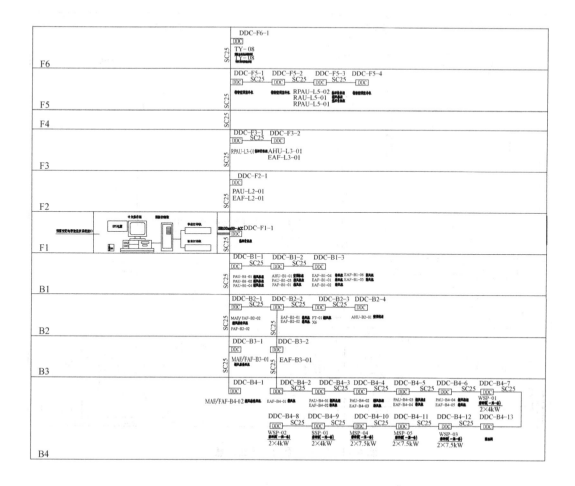

图6-94 楼宇自控系统图（二）

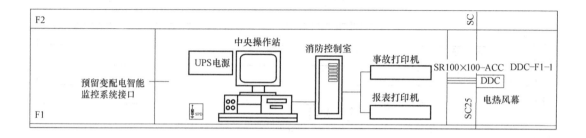

图6-95 建筑设备监控系统主机

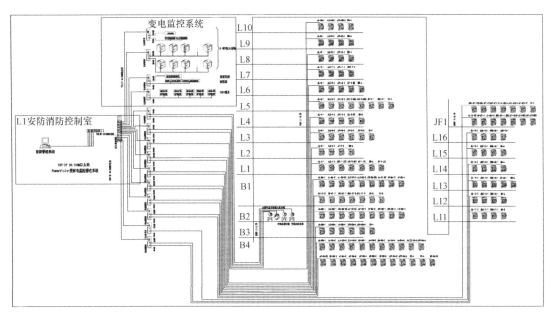

图 6-96 建筑能耗监测系统

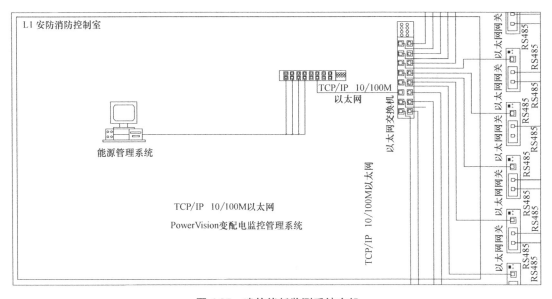

图 6-97 建筑能耗监测系统主机

6.7 弱电机房设计

弱电系统与消防系统设备通常均设置于安防消防控制室与弱电间，故本节所介绍的弱电机房设计中包含消防机房设计。弱电机房大致分为两种：一种是系统主机房；另一种是弱电间。

6.7.1 弱电机房设计原则

弱电机房设计原则已在规范中有详细规定，请参考"《民用建筑电气设计规范》JGJ 16—2008中的23.2.4条与《火灾自动报警系统设计规范》GB 50116—2013中的3.4.8条"，另外弱电还有许多相关规范，均应参考，这里主要列写常用规范要求。

弱电机房相关规范规定：

《民用建筑电气设计规范》23.2.4 机房及电信间设备布置，应符合下列规定：1 机房设备应根据系统配置及管理需要分区布置。当几个系统合用机房时，应按功能分区布置。2 电子信息设备宜远离建筑物防雷引下线等主要的雷击散流通道。3 音响控制室等模拟信号较集中的机房，应远离较强烈的辐射干扰源。对于小型会议室等难以分开布置的合用机房，设备之间应保证安全距离。4 设备的间距和通道应符合下列要求：1）机柜正面相对排列时，其净距离不应小于1.5m。2）背后开门的设备，背面离墙边净距离不应小于0.8m。3）机柜侧面距墙不应小于0.5m，机柜侧面离其他设备净距不应小于0.8m，当需要维修测试时，则距墙不应小于1.2m。4）并排布置的设备总长度大于4m时，两侧均应设置通道；5）通道净宽不应小于1.2m。5 墙挂式设备中心距地面高度宜为1.5m，侧面距墙应大于0.5m。6 视频监控系统和有线电视系统电视墙前面的距离，应满足观看视距的要求，电视墙与值班人员之间的距离，应大于主监视器画面对角线长度的5倍。设备布置应防止在显示屏上出现反射眩光。7 除采用CMP等级阻燃线缆外，活动地板下引至各设备的线缆，应敷设在封闭式金属线槽中。8 电信间设备布置应符合下列要求：1）电信间与配电间应分开设置，如受条件限制必须合设时，电气、电子信息设备及线路应分设在电信间的两侧，并要求各种设备箱体前应留有不小于0.8m的操作、维护距离；2）电信间内设备箱宜明装，安装高度宜为箱体中心距地1.2~1.3m。

《火灾自动报警系统设计规范》：1 设备面盘前的操作距离，单列布置时不应小于1.5m；双列布置时不应小于2m。2 值班人员经常工作的一面，设备面盘至墙的距离不应小于3m。3 设备面盘后的维修距离不宜小于1m。4 设备面盘的排列长度大于4m时，其两端应设置宽度不小于1m的通道。5 与建筑其他弱电系统合用的消防控制室内，消防设备应集中设置，并应与其他设备间有明显间隔。

6.7.2 弱电系统主机房

系统主机房根据各系统的不同存在多种机房，如：电视机房、电话机房、网络机房、安防消防控制室等。其中电视机房、电话机房、网络机房功能较为单一，其设备均在配线柜中，只需排列柜子即可。而安防消防控制室则较为复杂，且长期有人员值守，即需保证值班人员对于安防系统的监视与控制又需考虑消防报警与联动，还是各小系统的控制机房。

（1）网络机房

网络机房内主要排布的是配线柜，根据规范的要求，以图6-98为例。图中共14个网络配线柜，另外留有2个UPS柜为设备提供应急电源。

（2）电话机房

电话机房与网络机房相似，其内部主要排布的是配线柜，根据规范的要求，以图6-99为例。图中，共14个电话配线柜，另外留有2个UPS柜为设备提供应急电源。

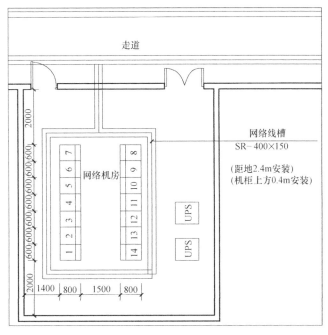

图 6-98 网络机房大样图

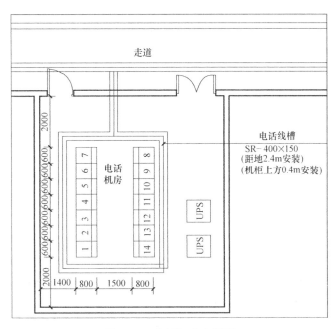

图 6-99 电话机房大样图

（3）电视机房

有线电视机房内部设备较少，主要有一个设有有线电视箱子，内部设有变频器、光端机、混合器等。箱子采用挂墙式的设置方法即可满足需要，无需设置柜子。其标注尺寸均需满足规范要求。

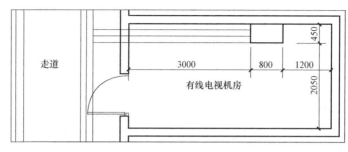

图 6-100　有线电视机房大样图

（4）安防消防控制室

设备的排布需考虑两方面因素，一方面是根据系统图确定房间内各系统包含的系统主机数量，并确定该主机是柜子还是箱子。然后，将这些机柜或箱体按照规范条文要求进行排布。值得注意的是，除了系统主机的机柜与箱体外，还包含为安防供电的 UPS 柜，视频监控用的电视墙和控制各系统的控制台。

以图 6-101 为例，加以讲解。首先，该建筑中的弱电系统包括安全防范技术系统、建筑设备监控系统、能耗监测系统。结合相应的系统图以及过往工程经验可知，弱电机柜应设为 4 个：安防系统主机、视频监控主机、楼宇自控主机、能源管理主机。为了保证未来拓展的可能性，可多预留 1 个机柜位置作为备用。其次，消防机柜应结合消防系统图，并根据建筑中消防具体实现的功能进行排布。图 6-102 为本工程中消防系统框图，故对应设置 8 个消防机柜。安防消防控制室采用网络地板，所有线槽均敷设在该地板中。考虑到系统间便于接线，通常将消防与安防各自紧靠设置。然后，根据工程规模设置一定的 UPS 电源柜以及适应工程规模的电视墙。最后，根据规范确定消防与弱电机柜存在明显间隔。同时，保证各机柜前后侧面距墙的距离符合规范要求。

【注 1】根据工程区别，大工程中的系统主机可分为多个机柜，小工程的系统主机则可多个合并为一个机柜。并且，有些系统可采用箱体而非机柜，这些情况均应灵活掌握，不可一概而论。具体可参看相应系统的厂家样本。

【注 2】安防消防控制室内的排布图仅作为参考，厂家会根据实际情况进行调整，并以其图纸为准。电气设计师的排布主要用于确保房间面积足够合理排布所有设备。

6.7.3　弱电间

弱电间内的设备根据系统主要包括：安防系统柜（SA）；有线电视接线箱（VP）；综合布线柜（IDF）；能耗监测系统分机；消防端子箱（XF）；消防广播端子箱（GB）；消防模块箱；双电源监测系统分机；防火门系统分机等。通常，在实际工程，平面图只需将所有箱子放入弱电间内即可，具体排布另行设计弱电间大样图。单独绘制的弱电间大样图需设计师查看主流产品样本，确定所用设备的具体规格，并标注相应的尺寸，与安装位置距墙距离等信息。

以图 6-103 为例，此图为弱电间大样图，依各类设备展开讲解。

（1）消防箱：查看主流消防厂家样本可知，消防接线箱与广播接线箱按最大尺寸设计，为"600×400×50"（宽×高×深），消防模块箱的尺寸为"600×400×115"，且根据

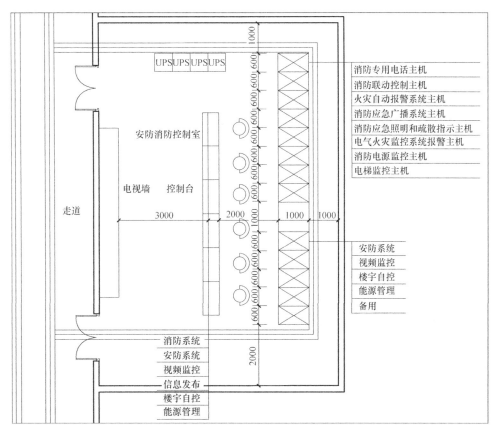

图 6-101　消防安防控制室大样图

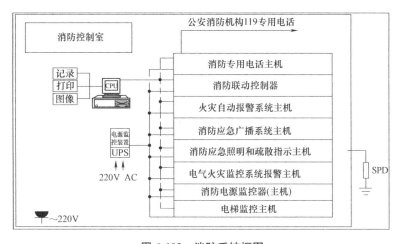

图 6-102　消防系统框图

工程经验可知，消防模块箱通常安装在消防接线箱的正下方。两者间距为 100mm。箱体安装于墙面，正面留有不小于 800mm 的操作距离，需注意其箱体门应能够 90° 打开，保证检修人员正常使用。

（2）综合布线与安防机柜：综合布线系统采用光纤作为干线配送的方式，故内部需设置交换机，因交换机自身尺寸及必须水平放置的原因，其需采用"600×600"的柜体放置，而高度则可由厂商后期根据需要决定。安防系统中的视频监控系统通常采用数字式，所以同综合布线系统一样，需要设置交换机，需采用"600×600"的机柜。机柜正面留有不小于 800mm 的操作距离，背面留有不小于 600mm 的操作距离（交换机需正面与背面均可检修），一侧需留有人员通过空间，另一侧可以靠墙。

（3）其余弱电系统箱体：根据工程具体情况还应设置电视接线箱，双电源监测系统分机，防火门系统分机，能耗监测系统分机等，这些分机全部可以采用箱体，箱体间距 100mm。箱体安装于墙面，正面留有不小于 800mm 的操作距离，需注意其箱体门应能够 90° 打开，保证检修人员正常使用。

（4）板洞：弱电间内需预留板洞，即在结构楼板混凝土浇筑前预留下来的洞，使线槽得以竖向穿越，整栋建筑形成完整的电气路由。板洞是根据竖向线槽的尺寸得来的。由各系统末端数量计算相应系统线支数量，进而得到弱电间内设备至主机房内主机的线型及数量，计算得到竖向线槽的尺寸。各系统线槽均沿墙体固定，遵循两线槽间距 100mm，线槽距洞边 100mm，靠墙侧与墙体有 50mm 安装件的原则确定洞体尺寸。

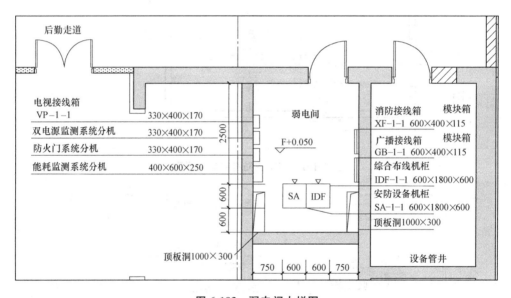

图 6-103　弱电间大样图

第7章　消　　防

消防系统在建筑处于正常运行状态时，是不发生动作的，通常不被人们所注意。但其是保证人们生命安全的重要系统。

(1) 消防设计主要参考的规范、图集：《火灾自动报警系统设计规范》GB 50116—2013（以下简称"消防规范"）；《火灾自动报警系统设计规范》图示 14X505-1（以下简称"消防图集"）；《建筑设计防火规范》GB 50016—2014；《汽车库、修车库、停车场设计防火规范》GB 50067—2014；《智能建筑弱电工程设计与施工（上、下册）》09X700（上、下）（因消防规范 2014 年更新版本，所以该图集存在滞后情况，只能作为参考。以下简称"智能图集"）。

(2) 消防的学习

消防系统的设计内容已发展得较为固定，但随着对于消防以及人员安全要求的逐步提高，消防设计也仍在不断革新与进步当中。在 2014 年发行的新版消防规范中，对于原有的规范有了重大的改变与革新。对于设计来说，消防系统下的子系统数量增多，其复杂程度也随之增加，工作量加大。但是，新的消防设计相关规范也变得更为明确，将要做什么、怎么做都做出了明确的规定，使得绝大部分的设计内容都有据可循。并配合消防规范出了消防图集，使得每条规范都有明确的解释与图示做法。正因如此，消防系统成为目前新人最好上手的一个系统。

(3) 消防的设计

消防设计的第一步是确定该建筑是否需要设置消防系统，以及应用何种消防系统形式。

通常建筑均需设计消防系统，但有些项目因资金紧张等原因甲方有可能提出取消消防系统的要求，那么首先应查明所有有关的现行规范（主要参看《民用建筑电气设计规范》13.1.3，目前规范只说明应设置的情况，尚且没有规范明确说明何种情况可不设置），确定该建筑情况是否可以不设置，若无法找出必须设置的依据则可理解为无需设置，但仍需甲方发文明确要求不设置消防系统。

【注】规范要求当条款有冲突时应执行最新的规范，当无冲突时，即使是老规范也仍应考虑。

消防系统形式应根据消防规范中"3.2 条款"进行选择。通常单体建筑均采用集中报警系统，面积极小的建筑采用区域报警系统，建筑群则可能采用控制中心报警系统。

消防系统包括平面图纸和系统图纸两部分的设计。而在设计阶段上又分为初步设计与施工图设计两部分。

初步设计：平面图的设计，首先根据建筑的功能划分整理出所需的消防末端设备。其次，按照规范要求设置各消防设备末端，同时根据设立的弱电小间放置需要的消防箱柜。然后，结合消防控制室与各弱电间，完成消防系统的干线路由。最后，完成箱柜名称、干线路由线槽规格以及标高等平面图的标注工作。这就完成了通常所说的消防平面图纸的初步设计。消防系统与平面图纸应共同设计，反映整个建筑消防系统各处的连接关系，具体设计方法主要参看消防图集。系统图与平面图相互呼应，联系紧密，需保证完全对应。

施工图设计：平面图是在初设的基础上利用原先设计好的箱柜、末端、干线路由及相关标注，完成末端与相应区域内的箱柜的连接（通常是利用电线穿管敷设的方式），完成相关的管线标注。最后，结合施工图阶段的平面图调整消防系统图，标明每个消防设备的数量，并根据设计情况写明该部分的简要说明。

至此，消防系统的设计工作全部完成。

（4）图例

消防图例不同于其他系统的图例，其因既包含本专业的设计内容，又包含需与设备专业配合的设计内容，所以其图例也相应分为两部分。

常用消防相关图例列为表 7-1 与表 7-2：

消防图例　　　　　　　　　　　　　　表 7-1

图例	名　　称	型号规格及说明	安装位置	安装方式
▭	火灾报警控制器	JBF-11A/X	详见平面图	明装,距地 1.2m
XD	消防端子箱	JBF-11A/X	详见平面图	明装,距地 1.2m
FI	图形式火灾显示盘	JBF-VDP3061B	详见平面图	距地 1.4m 安装
SI	总线短路隔离器		消防端子箱内	壁装
M	消防模块箱	JBF-11A/M	详见平面图	距地 1.4m 安装
I	信号模块	JBF-3131	详见平面图	根据监控设备的位置确定
O	控制模块	JBF-3141	详见平面图	根据监控设备的位置确定
▯	智能型感温探测器	JTW-ZD-JBF-3110	详见平面图	吸顶安装
◿	智能型感烟探测器	JTY-GD-JBF-3100	详见平面图	吸顶安装
◪	可燃气体探测器	JQB-HX2132B	详见平面图	壁装或吸顶安装
◸	红外光束烟感发射器	JTY-H-JPF-VDC1382A	详见平面图	壁装
◂	红外光束烟感接收器	JTY-H-JPF-VDC1382A	详见平面图	壁装
VES	空气采样烟雾报警探测器		高大空间	壁装
⅄	消火栓启泵按钮		详见平面图	消火栓内安装,距地 1.3m
◹	带消防电话插孔的手动火灾报警按钮		详见平面图	明装,距地 1.3m
◿	火灾报警电话机	HD210	详见平面图	壁装,距地 1.3m

图例	名　称	型号规格及说明	安装位置	安装方式
	火灾声光信号装置	JBF-VM3372B		壁装,门上 0.1m
RD1	常闭式防火门控制器		详见平面图	
RD2	常开式防火门控制器		详见平面图	
JFK	防火门监控器分机		详见平面图	明装,距地 1.2m
RS	防火卷联控制箱	受控设备现场安装		
	防火卷联控制按钮			距地 1.4m 壁装
PY	电动排烟窗控制箱	受控设备现场安装		
G	广播接线箱			明装,距地 1.2m
	火灾报警扬声器	3W　WY-XD5-6	详见平面图	
	背景音乐兼消防广播扬声器	3W　WY-XD5-6	走道	吊顶内嵌入安装
	号角式扬声器	5W	设备机房	距地 3.0m 壁装
	背景音乐兼消防广播壁挂式音箱	6~10W	前厅,休息厅	
C	气体灭火系统控制盘			距地 1.2m 安装
⊗	气体灭火控制按钮			距地 1.3m 安装
⊗G	放气指示灯			明装,门上 0.2m
	火警电铃			明装,门上 0.2m
G	放气电磁阀			
S	消防报警管线	SC20		ZR-RVVP(2×1.5)mm²
D	火灾报警电源线路	SC25,24V		竖井采用 WDZN-BYJ (2×4)mm² 线　平面采用 WDZN-BYJ (2×2.5)mm² 线
BC	火灾广播线路	SC20		NH-RVB(2×1.5)mm²
F	火警专用通讯线路	SC20(最多 3 根 3FF)		ZR-RVVP(2×1.0)mm²
X	火警信号返回线路	SC20		ZR-RVS(2×1.5)mm²
K	火警控制信号线路	SC20		WDZN-KYJ(2×1.5)mm²
FV	红外线光束感烟发射线路	SC25		型号厂家配套

消防与设备专业相关图例 表 7-2

图例	名称	设备符号	运程控制器	模块配置	动作原理
⊖70℃	通风管道防火阀	70℃		I	常开,70℃温感关闭,输出电信号
⏀70℃	电动防火阀	70℃		I O	常开,电动和70℃温感关闭,输出电信号
⊖150℃	厨房排风管道防火阀	150℃		I	常开,150℃温感关闭,输出电信号
⊖280℃	排烟防火阀	280℃		I	常开,280℃温感关闭,输出电信号,手动复位
⏀280℃	排烟阀	280℃	▧	I O	常闭,火灾时手动或电动开启,输出电信号,手动复位
⏀SE	排烟口	⊠	▧	I O	常闭,火灾时手动或电动开启,输出电信号,手动复位
⏀	正压送风口		▧	I O	常闭,火灾时手动或电动开启,输出电信号,手动复位(前室)
⏀P	防冻阀			I	交流 220V,火灾时手动或电动开启与各类风机连锁开启,连锁关闭,在配电箱内输出电信号,安装在排烟、正压、补风、新风兼补风、排风兼排烟各类风机上
▨	水流指示器	—Ⓛ—		I	喷洒管道水流使其动作,输出电信号;水流停止,电信号消失
⋈	水流指示器信号阀			I	阀门开启、关闭,有信号传到消控中心,便于监控
P	压力开关	P		I	开关开启、关闭,有信号传到消控中心,便于监控,并由消防主控室的手动控制盘直接控制
F	流量开关	F		I	开关开启、关闭,有信号传到消控中心,便于监控,并由消防主控室的手动控制盘直接控制
⋈	湿式报警阀	⊙ ⋈		I O	喷头出水,驱动水流指示器、湿式报警阀组上的水力警铃和压力开关报警,并自动启动消防水泵灭火
⋈	雨淋阀	⊙ ⋈		I O	常闭,火灾时打开雨淋阀,压力开关动作,启动消防水泵,喷头喷水灭火
⋈	快速放气阀	⏀ ⏀		I O	常闭,火灾时手动或电动开启,输出电信号,手动复位(前室)
⋈	预作用报警阀	⊙ ⋈		I O	火警报警信号确认后,作声光显示并自动启动预作用报警阀的电磁阀将预作用阀打开使有压水迅速充满管道,把干式系统转变成湿式系统,完成预作用过程

7.1 消防系统平面图

本节将针对末端设备、末端设备的布置、接线箱布置、平面图设计方法等几方面,按照由初设至施工图的设计顺序讲解消防平面图的设计方法。

7.1.1 末端布置

消防末端的设计是由建筑物内相应区域的功能所决定的。一般建筑物内通常具有的功能分区大致分为：公共区域（包含走廊、楼梯间、电梯厅、大堂）；办公室；会议室；餐厅；厨房；卫生间；库房；设备机房；电气机房；电梯机房等。

消防末端包含电气专业自己的末端设备，如表 7-1 中：图形式火灾显示盘、感烟探测器、感温探测器、可燃气体探测器、红外光束烟感发射器与红外光束烟感接收器、空气采样烟雾报警探测器、消火栓启泵按钮、带消防电话插孔的手动火灾报警按钮、火灾报警电话机、火灾声光信号装置等。还包括与建筑专业相关的末端，如表 7-1 中：防火门释放器、防火卷帘控制箱、防火卷帘控制按钮等。另外，还包括与设备相关的末端，如表 7-2 中：70℃通风管道防火阀、70℃电动防火阀、150℃厨房排风管道防火阀、280℃排烟防火阀、280℃排烟阀、排烟口、正压送风口、防冻阀、水流指示器、水流指示器信号阀、湿式报警阀、雨淋阀、快速放气阀、预作用报警阀等。

(1) 电气专业末端

1) 图形式火灾显示盘

火灾显示盘是安装在楼层或独立防火分区内的火灾报警显示装置，可分为数字式、汉字/英文式、图形式三种，见图 7-1。放置在每个楼层或每个防火分区内，用于显示本楼层或防火分区内的火警情况。当发生火灾时，防火分区内带有地址编码的火灾探测器将把具体的火灾地点体现在火灾显示盘中，便于消防员尽快赶往火源处。通常设计在防火分区内的消防通道出入口处，以便消防员使用，如：楼梯间消防前室外侧、消防通道等公共区域，见图 7-2。

图 7-1 火灾显示盘

由图 7-2 中可以看出，黑色的粗虚线作为建筑的防火分区标识，本层分为 3 个防火分区。在每个防火分区内设置火灾显示盘，所以一共设置了 3 个显示盘，且均设置在了楼梯间的消防前室外（见图中圈出处）。

2) 点型火灾探测器

点型火灾探测器分为很多种。其中，最常用的为感烟探测器、感温探测器、可燃气体探测器三种，见图 7-3。参照规范"《火灾自动报警系统设计规范》GB 50116—2013 中的 5.2 点型火灾探测器的选择"针对建筑内各种功能区域的需要进行选择。通过"消防规范表 5.2.1 对不同高度的房间点型火灾探测器的选择"可知，感烟探测器适用于 12m 以下的空间，感温探测器的适用范围则更为严格。在规范"5.2.2～5.2.10"中可以看出，感烟探测器应用范围最广。

参考规范"《火灾自动报警系统设计规范》GB 50116—2013 中的 6.2 火灾探测器的设置"确定相应的设计方法。其中，对于感烟探测器与感温探测器的保护范围存在两种计算方法：一种是通过面积确定；另一种是通过保护半径确定。据工程经验所得，保护半径的方法更为严格（当探测器满足保护半径的要求时，即可满足保护面积的要求），故在设计过程中通常利用保护半径作为设计依据。另外，值得注意的是建筑每个区域的吊顶情况。比如，是否设置吊顶，吊顶是平吊顶还是斜吊顶，是石膏板吊顶还是格栅吊顶。当遇到建筑没有吊顶的区域，则要关注结构梁的问题。这些问题都将影响探测器的设置，在消防规

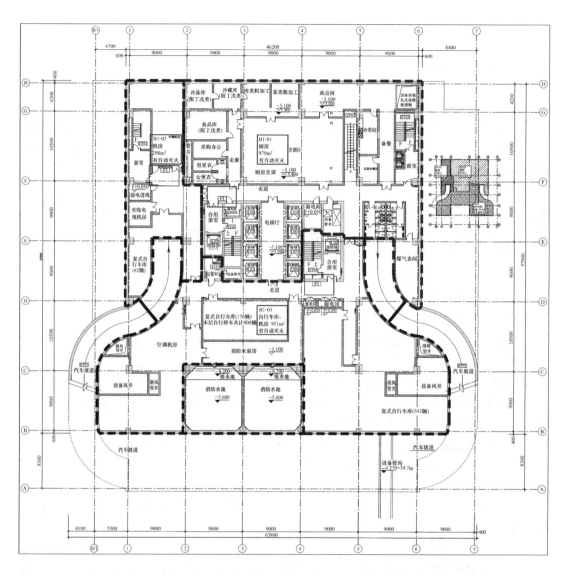

图 7-2 火灾显示盘布置图

感烟探测器　　　感温探测器　　　可燃气体探测器

图 7-3 点型火灾探测器

范"6.2"中也存在针对该部分的具体要求。

【注】明确建筑吊顶及其方式，没有吊顶时根据结构梁高考虑增设探测器。

设计方法：建筑内，除了盥洗室、卫生间、消防水池等有水区域外，均需设置火灾探测器。根据"消防规范6.2"可知，感烟探测器的保护半径为5.8m，感温探测器为3.6m。感烟探测器以中心点画一个半径为5.8m的圆，感温探测器则以中心点画一个半径为3.6m的圆，圆内覆盖区则为探测器的保护范围。当圆形相交时，则可保证整个区域的全面保护,见图 7-4 和图 7-5。可燃气体探测器则是设置于有可燃气体的场所,如:煤气表间、厨房。其设置是根据燃气灶的数量及位置确定的。

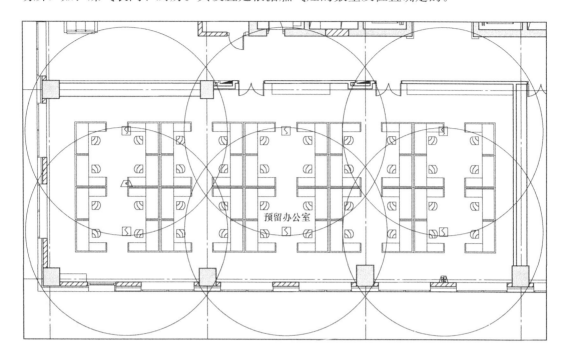

图 7-4 感烟火灾探测器布置图

由图 7-4 和图 7-5 可以看出,房间可以被保护范围(圆圈)完全覆盖,保证房间无死角,且感烟探测器与感温探测器都均匀设置于房间内。

下面以建筑内常见的各类功能分区为例,具体讲解。

① 走廊、楼梯间、电梯厅、大堂、办公室、会议室、开水间。

通常一栋建筑的公共区域由走廊、电梯厅、大堂等组成,这些地方均应设置感烟探测器。楼梯间作为单独的防火分区,应在每层进门处设置感烟探测器。大堂作为高大空间,根据规范可以得知,当层高不大于 12m 时,可以使用感烟探测

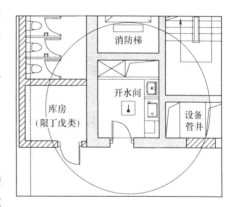

图 7-5 感温火灾探测器布置图

器,见图 7-6。办公室、会议室等功能性房间通常也设置感烟探测器,值得注意的是开水间由于产生水蒸气,故需设置感温探测器,见图 7-7。

② 餐厅、厨房、电梯机房。

餐厅作为吃饭的地方,与大多数功能性房间一样设置感烟探测器。而厨房则有明火且伴有油烟,无法使用感烟探测器,设置感温探测器。且厨房的燃气灶旁应设置可燃气体探测器,见图 7-8。可燃气体探测器的设计方式参看消防图集中的"66 页"。

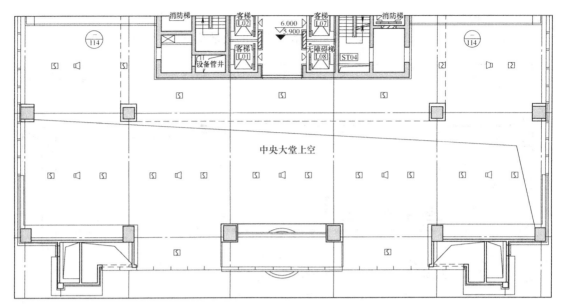

图 7-6 大厅消防末端布置图

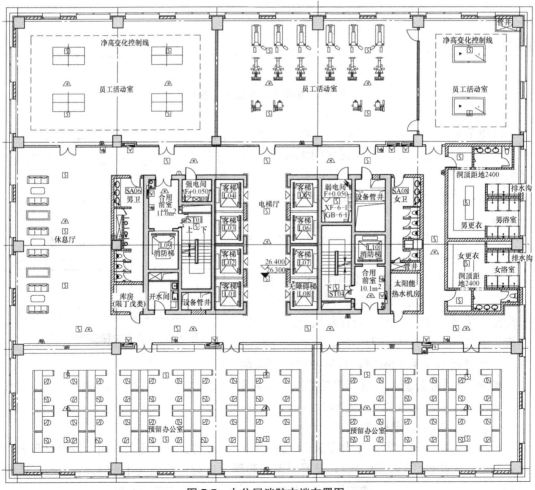

图 7-7 办公层消防末端布置图

电梯，作为特殊的空间，采用感烟探测器，并设置在井道最上方。当电梯是无机房电梯时，设置在电梯井道最上层处。当电梯是有机房电梯时，设置于电梯机房内，且必须在轿厢顶部位置设置一个。当一个无法保护整个电梯机房时，应酌情增设，见图7-9。

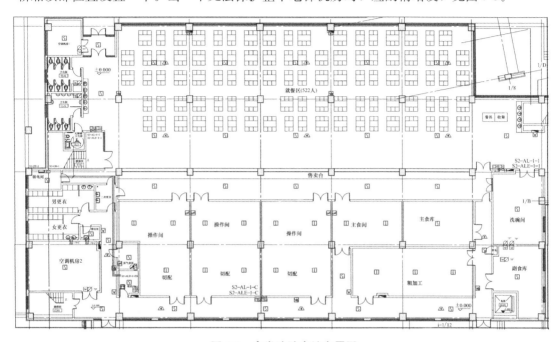

图7-8 食堂消防末端布置图

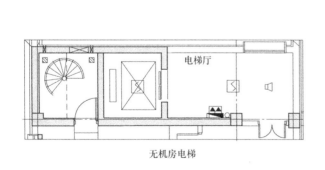

无机房电梯

有机房电梯

图7-9 电梯消防末端布置图

③ 设备机房、电气机房、车库、库房

车库通常没有吊顶，故应考虑结构梁的影响，将结构图纸采用外部参照的方式参入消防图纸中，根据梁的尺寸等情况，依据《火灾自动报警系统设计规范》GB 50116—2013的6.2.3条规范，设置感烟探测器，参看图7-10。以局部放大后的图7-11为例，由于梁间面积为22m²，参照消防规范"附录G"可知，一只感烟探测器可以保护三个梁间区域，故按照感烟探测器的保护半径设置即可满足梁的需要。

【注】探测器应布置在梁间，切忌设置在梁上。

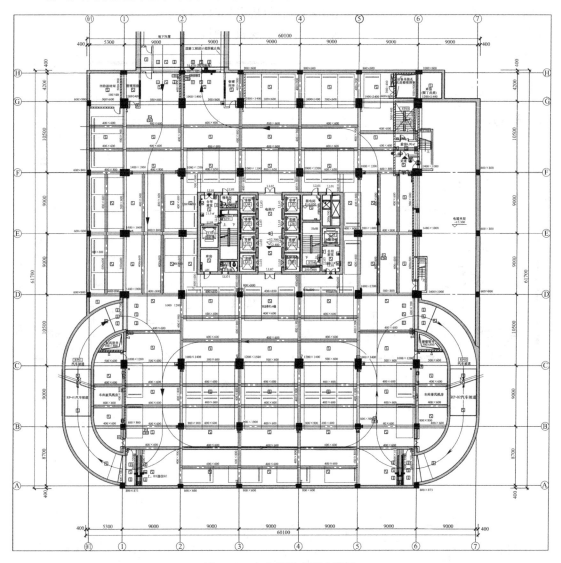

图7-10　车库消防末端布置图

3）线型火灾探测器

线型火灾探测器可以分为线型光束感烟火灾探测器与线型感温火灾探测器两类。线型光束感烟火灾探测器通常由红外光束烟感发射器与红外光束烟感接收器组成，发射器发出红外光束，接收器接收。当红外光束被火焰的烟雾遮挡时，接收器无法接收信号则报警。线型感温火灾探测器则是以一定的间距大面积铺设感温电缆的方式监测火灾的发生，见图7-12。感温探测器一般由微机处理器、终端盒和感温电缆组成，根据不同的报警温度感温电缆可以分为68℃、85℃、105℃、138℃、180℃（可以根据不同的颜色来区分）等等。

参照规范"《火灾自动报警系统设计规范》GB 50116—2013 中的5.3线型火灾探测器的选择"确定使用线型火灾探测器的位置，并通过消防规范中的"6.2.15和6.2.16"以及消防图集中的"48～49页"确定其设置方式。

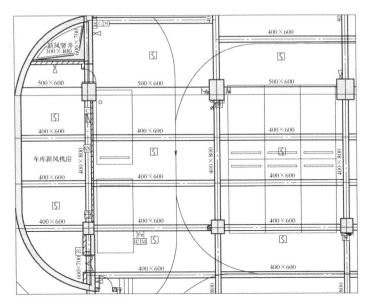

图 7-11 车库消防末端布置局部放大图

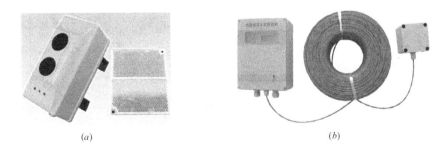

图 7-12 线型火灾探测器

(a) 线型光束感烟火灾探测器；(b) 线型感温火灾探测器

以线型光束感烟火灾探测器为例，见图 7-13。在大空间区域内（层高大于 12m），如：大剧院的大厅等。感烟探测器不能满足使用需要，所以设置线型光束感烟火灾探测器。其中，红外光束烟感发射器与红外光束烟感接收器一一对应，两者间距离在 10～100m 之间，每组间距在 14m 之内。

4）空气采样烟雾报警探测器

探测器由吸气泵通过采样管对防火分区内的空气进行采样。空气采样到主机由主机里面的激光枪进行分析，得出空气中的烟雾粒子浓度。如果超过预定浓度，主机进行报警。

参照规范"《火灾自动报警系统设计规范》GB 50116—2013 中的 5.4 吸气式感烟火灾探测器的选择"确定使用空气采样烟雾报警探测器的位置，并通过消防规范中的"6.2.17"以及消防图集中的"50～51 页"确定其设置方式。

以剧场观众厅上空为例，见图 7-15。探测器设置在顶棚处，因马道距顶部楼板高度小于 12m，故应在马道上方设置感烟探测器，而下方的观众厅座椅上方高度极高，设置感烟探测器无法起到作用，故采用空气采样烟雾报警探测器，空气采样控制盘应设置在方便

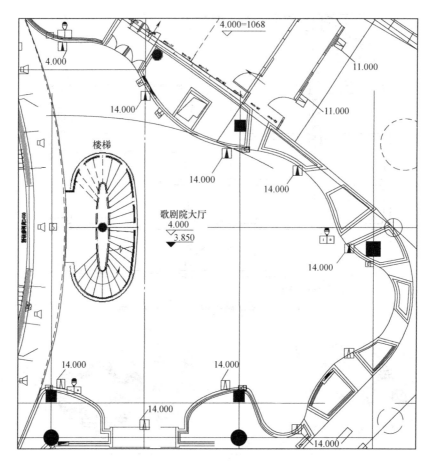

图 7-13　线型光束感烟探测器布置图

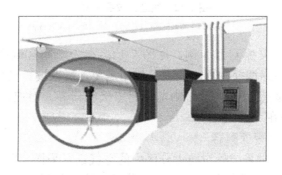

图 7-14　空气采样烟雾报警探测器

人员操作的出入口墙面处。空气采样控制盘接的线代表空气采样管，管道通常为 PVC 材质，每个叉子处代表一个垂直向下的空气采样头。

　　5）消火栓启泵按钮

　　消火栓启泵按钮用于控制消防水泵为消火栓供水。消火栓按钮表面装有一按片，当发生火灾，需启用消火栓时，可直接按下按片，此时消火栓按钮红色的启动指示灯亮，黄色的警示物弹出，表明已向消防控制室发出了报警信息。火灾报警控制器（俗称报警主机）

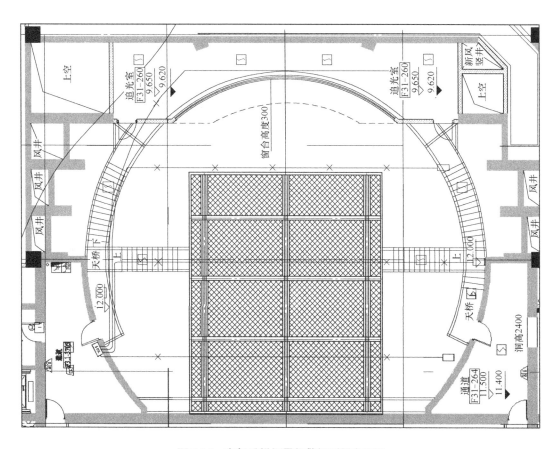

图7-15 空气采样烟雾报警探测器布置图

在确认了消防水泵已启动运行后，就向消火栓按钮发出命令信号点亮绿色的回答指示灯，见图7-16。

消火栓启泵按钮设置在消火栓内，当建筑与设备专业确定消火栓位置后，根据建筑图上的消火栓位置，见图7-17，一对一设置消火栓按钮。该按钮实际安装在消火栓箱内，见图7-18。

6）带消防电话插孔的手动火灾报警按钮

消防电话插孔是提供给消防员使用的电话插孔，方便消防员随时与楼内的消防控制室取得联系，以便及时反映火灾现场情况，以及在

图7-16 消火栓
启泵按钮

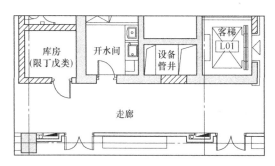

图7-17 走廊建筑平面图

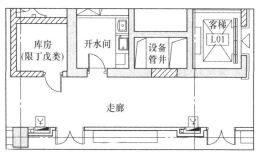

图7-18 消火栓启泵按钮布置图

图 7-19 带消防电话插孔的手动火灾报警按钮

消防中心集中指挥下采取相应灭火措施。消防员随身携带手提消防电话听筒，将听筒线插入电话插孔时，消防控制室内的消防电话主机有声光报警并显示来电区域，按下通话按钮则能够通话。手动火灾报警按钮是火灾报警系统中的一个末端设备。当发生火灾时，在火灾探测器未探测到火灾的情况下，人员可手动按下手动火灾报警按钮，其将火灾信号送至消防控制室内的消防主机上并联动消防系统全面运行。消防电话插孔与手动火灾报警按钮通常成对设置在建筑物内，故设计时可采用带消防电话插孔的手动火灾报警按钮（消防电话插孔、手动火灾报警按钮、带消防电话插孔的手动火灾报警按钮，三者均有相应的消防产品），见图 7-19。

带消防电话插孔的手动火灾报警按钮设计原则参看规范"《火灾自动报警系统设计规范》GB 50116—2013 中的 6.3 手动火灾报警按钮的设置和 6.7 消防专用电话的设置"。

根据工程经验，因为设备专业的消火栓规范要求同样是"一个防火分区内的任何位置到最邻近的消火栓的步行距离不应大于 30m"，所以通常在消火栓附近设置带消防电话插孔的手动火灾报警按钮即可，见图 7-20。

【注】带消防电话插孔的手动火灾报警按钮应设置在公共区域。

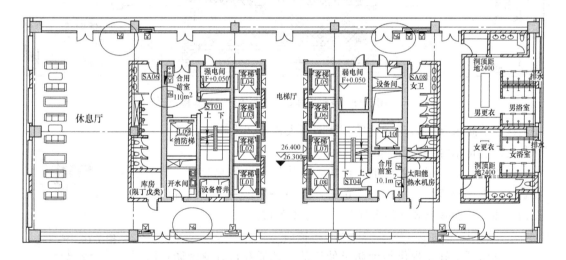

图 7-20 带消防电话插孔的手动火灾报警按钮布置图

7）火灾专用报警电话

火灾专用报警电话的总机设置在消防控制室内，在各重要机房设置分机，实现总机与分机的联系，保证消防员的沟通，确保相关设备在火灾时的正常运转。见图 7-21。

火灾报警电话设计原则参看规范"《火灾自动报警系统设计规范》GB 50116—2013 中的 6.7 消防专用电话的设置"。

火灾专用报警电话通常设置在机房门口处，采用壁装，保证火灾时方便使用，见图 7-22。

【注】有消防设备的设备机房均需设置火灾专用报警电话。

图 7-21 火灾专用报警电话

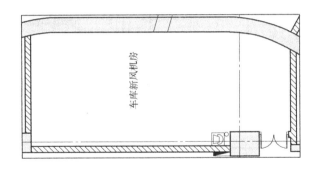

图 7-22 消防专用报警电话布置图

8）火灾警报器

火灾警报器是一款安装在现场的声光报警设备。当火灾发生时，其通过消防主机的联动控制发出强烈的声光报警信号，以达到提醒现场人员注意的目的，见图 7-23。火灾警报器共分为三种：火灾声光警报器、火灾光警报器、火灾声警报器。三种警报器的外观大体相同，只是火灾声光警报器在火灾时即发出声音又发出光作为火灾警报信号，而火灾光警报器只发出光，火灾声警报器只发出声音。其设计原则参看规范"《火灾自动报警系统设计规范》GB 50116—2013 中的 6.5 火灾警报器的设置"。其设计方式参看消防图集中的"54～55 页"。每层楼梯间内设置火灾光警报器，火灾时提示消防员该层着火，见图 7-24 中方框处。公共区域（如：走廊、大堂、车库等）以及车库设置火灾声光警报器，火灾时提示普通人群有火情出现，迅速从建筑中撤离，见图 7-24 中圆圈处。

图 7-23 火灾警报器

9）消防应急广播

消防广播设备作为建筑物的消防指挥系统，在整个消防控制管理系统中发挥着极其重要的作用。其主要功能是火灾时发布广播信息，及时疏散人群，保证人民生命安全。其设计原则参看规范"《火灾自动报警系统设计规范》GB 50116—2013 中的 6.6 消防应急广播的设置"。

根据不同工程以及工程中不同建筑区域的需要，消防广播可以单独设置，也可以与弱电系统的背景音乐广播合用。合用时，应保证广播满足消防要求，并能够在消防状态时强制切换至消防广播状态。

以办公建筑为例，地下车库通常只需要设置消防广播，且考虑到车库为大空间，所以设置大功率的号角式扬声器，但电梯厅等公共区域应使用消防兼背景音乐广播，见图 7-10。首层向上数层非办公楼层应当设置消防兼背景音乐广播，保证平时的背景音乐与火灾时的消防广播，见图 7-6。建筑上层的办公区域可以根据甲方的需要采用消防兼背景音乐广播或者消防广播，见图 7-7。

【注】消防广播功率较大，通常相隔 20m 设置一个即可满足需要，可根据建筑轴网隔一跨设一个。消防兼背景音乐广播功率较小，为保证平时广播的效果，通常相隔 10m 一个，可根据建筑轴网一跨一个设置。

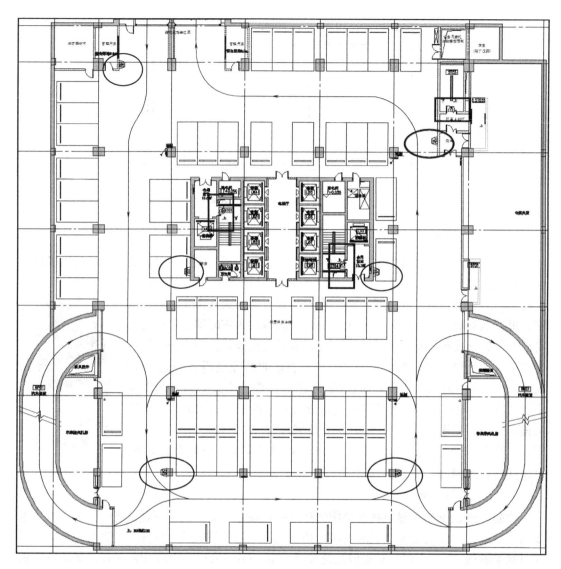

图 7-24 火灾警报器布置图

（2）配合建筑专业末端

在设计工作中，经常需要同其他专业的设计师合作。就消防而言，电气专业通常与建筑专业配合的内容包括：防火卷帘门、电动挡烟垂壁、防火门、电动排烟窗等。当电气专业内的设备末端设计完后，应关注建筑专业是否应用需供电动作的消防设备，提醒建筑专业提供相关资料。根据工程经验，重点询问经常配合的几项内容，避免漏项，出现有设备没有电的情况。

平面图设计过程是在建筑平面中找到所提资料的设备，并在其上布置电气专业相对应的图例，以表示设备。

1）防火卷帘门

防火卷帘门广泛应用于工业与民用建筑的防火隔断区，能有效地阻止火势蔓延，保障生命财产安全，是现代建筑中不可缺少的防火设施。其由一个控制箱和两侧（或一侧）的控制按钮以及两只感烟探测器和一只感温探测器组成。控制箱通常壁装于吊顶内的墙面或较高处，控制按钮则安装在防火卷帘门两侧（或一侧），且距地 1.4m 壁装。

在设计工作中，首先要求建筑专业提供防火卷帘门的资料，确定平面图中的防火卷帘门的位置。防火卷帘门的设计原则参看规范"《火灾自动报警系统设计规范》GB 50116—2013 中的 4.6.2～4.6.5"。实际安装方式参看智能图集中的"266～267 页"。

防火卷帘门设置在两个防火分区的交界处，其配电与消防信号可以由任意一侧的配电间供给，但应保证由同一防火分区内的强弱电间提供。防火卷帘门两侧设置的探测器是单独作用的，不能代替该区域内的探测器用于保护，见图 7-25。

【注】扶梯周围通常设置防火卷帘门，但其不作为疏散通道，其防火卷帘门直接落到地，两侧仍设按钮，保证人员能够出来。

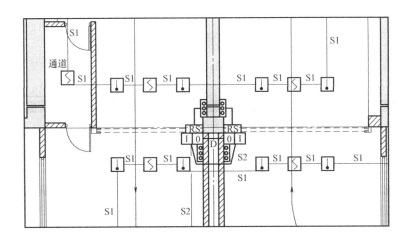

图 7-25　消防平面图（防火卷帘）

2）电动挡烟垂壁

用不燃烧材料制成，从顶棚下垂不小于 500mm 的固定或活动的挡烟设施。主要用于高层或超高层大型商场、写字楼以及仓库等场合，能有效阻挡烟雾在建筑顶棚下横向流动，以利提高在防烟分区内的排烟效果，对保障人民生命财产安全起到积极作用。

通常采用固定挡烟垂壁，多见于玻璃材质，其无需配电。当建筑控高有要求时，为保证平时不影响净高，有时会采用电动挡烟垂壁，其在火灾时收到联动信号，将其下降至一定的高度（下降后不影响人员正常通过）。

电动挡烟垂壁的运作原理与防火卷帘门相同，其控制箱同样壁装于吊顶内的墙面或较高处。不同点在于，其两侧无需增设专用的探测器，也只需设置一处控制按钮。

3）防火门

【注】防火门作为单独的系统，其设计方法、连线及系统均在此处随末端设计一同讲解。

防火门是指在一定时间内能满足耐火稳定性、完整性和隔热性要求的门。其是设在防火分区间、疏散楼梯间、垂直竖井等具有一定耐火性的防火分隔物。防火门除具有普通门的作用外，更具有阻止火势蔓延和烟气扩散的作用，可在一定时间内阻止火势的蔓延，确保人员疏散。其设计原则参看规范"《火灾自动报警系统设计规范》GB 50116—2013 中的 4.6.1 与 6.11"。其设计方式参看消防图集中的"32～34 页"。

由规范与图集可知，防火门按开启状态可以分为常闭型防火门和常开型防火门两类。常开型防火门又根据动作方式，分为机械式和电动式两种。其需要建筑专业提供资料，并根据其资料设计。

① 常闭防火门

常闭型防火门是建筑物中被应用最多的，其存在无需供电、无需电气控制以及动作方式简单等优点。常闭型防火门平时处于关闭状态，当有人员需要通过时，按下通过按钮后可打开该门。待人通过后，闭门器将门自动关闭，通过防火门监控器反馈防火门的开启、关闭及故障状态信号。

防火门控制器通过线支"ZR-BV-2×2.5mm²"由防火门监控器得到 DC24V 电压电源。当防火门通过门磁开关完成对于防火门开关状态的信息采集，并将采集信号通过线支"ZR-RVS-2×1mm²"传递给防火门监控器，再通过线支"ZR-RVS-2×1.5mm²"向位于消防控制中心的防火门监控器反馈防火门的状态信号，使得消防控制室中的值班人员可以实时监控防火门的使用状况。防火门控制器存在接入消防联动模块的端口，但因是常闭防火门，并不接入联动控制信号，见图 7-26。

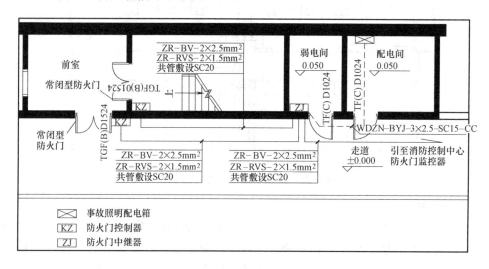

图 7-26　消防平面图（常闭防火门）

② 机械式常开防火门

机械式常开型防火门平时利用锁链拴在设置于墙面上的锁扣处，保持防火门处于开启状态。当防火门任一侧的感烟探头探测到烟雾后，通过总线报告给火灾报警控制器，联动控制器按已有设定发出动作指令，接通防火门释放开关的 DC24V 线圈回路，线圈通电释放防火门，防火门借助闭门器弹力自动关闭，DC24V 线圈回路因防火门脱离释放开关而被切断。同时，防火门释放开关将防火门状态信号通过报警总线送至消防控制室。消防控制室也可通过总线直接控制现场的联动模块关闭防火门并得到防火门关闭的确认反馈信号。其接线设计类似于常闭防火门，见图 7-27。

③ 电动式常开防火门

电动式常开型防火门平时依靠 DC24V 电压电源使电动闭门器保持门的开启状态。火灾时，防火门监控器通过监控模块使电动闭门器断电，防火门在失去电力情况下自动关

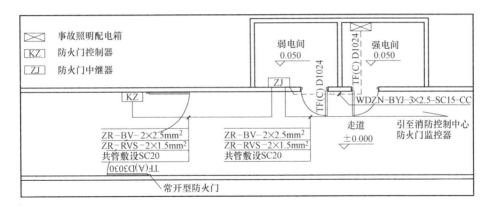

图 7-27　消防平面图（常开防火门）

闭。防火门关闭后将关门信号反馈至消防控制室。当有人需要通过时，按下开关按钮打开防火门，人员通过后，门在电动闭门器的作用下再次自动关闭。其设计方法与机械式常开防火门完全相同，只是防火门设备的动作方式存在区别。

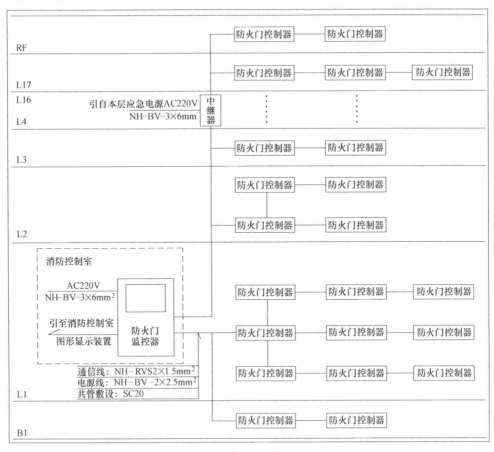

图 7-28　防火门监控系统图

④ 防火门系统

消防控制中心内设置防火门监控器，通过信号线与电源线为每个防火门控制器提供电源与信号，其每条线路可以接 32 个防火门控制器。当距离过远时由厂家配套增设中继器，中继器本身就近取消防电源供电，详见图 7-28。

4）电动排烟窗

电动排烟窗一般用于有高大空间中庭的建筑，其作用与排烟风机相同，当采用电动排烟窗时则可省去设置排烟风机。电动排烟窗的具体原理及系统接线可参看国家标准图集"《电动采光排烟天窗》09J621-2"。

电动排烟窗可理解为一个独立的小系统，其在消防平面图中主要需配置输入输出模块，而在电气图中则需要配消防电源。控制箱应放在排烟窗附近，其箱体带有控制按钮，方便人员现场控制窗体的开关。控制箱至每个排烟窗处预留管路及接线盒，保证为每个窗体的供电及控制预留条件，其电气设计平面图，见图 7-29（a）。消防只需为控制箱配置信号模块与联动模块即可，见图 7-29（b），同消防主机形成联动与信号反馈关系。

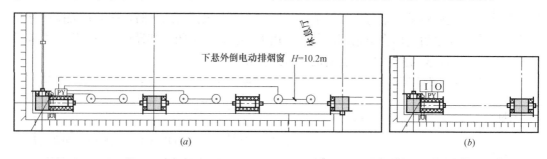

图 7-29

（a）电气平面图（电动排烟窗）；（b）消防平面图（电动排烟窗）

（3）配合设备专业末端

参看设备专业图纸，其中与消防相关的主要包括风道图、消防图、给水排水图。设备专业的风道图中通常包含：70℃通风管道防火阀、70℃电动防火阀、150℃厨房排风管道防火阀、280℃排烟防火阀、280℃排烟阀、排烟口、正压送风口、防冻阀等等。消防图和给排水图中包含：水流指示器、水流指示器信号阀、湿式报警阀、雨淋阀、快速放气阀、预作用报警阀等等。

消防平面设计中，结合设备专业的图例与平面图，查找出相关的图例，并将这些图例拷贝到电气专业消防平面图中的相同位置处。再利用电气专业图例替代相应的设备专业图例。最后，根据不同设备末端的区别配以信号模块和控制模块，实现相应的功能，详见表 7-2。

这里首先以一栋建筑中的某一层风道平面为例。设备专业的风道平面图见图 7-30，相应的电气专业消防初步设计平面图见图 7-31。

（4）配合电气图纸末端

消防平面需要配合电气专业内部的配电箱。参看电气图纸，其中与消防相关的主要包括一般照明配电箱、应急照明配电箱、一般动力配电箱、应急动力配电箱等等。

在电气图纸中将配电箱找到，全部拷贝到消防平面图中的相应位置处。再对其配以信号模块和控制模块，实现远程控制与信号反馈功能。

仍以建筑中同一层的消防平面为例，电气平面图见图 7-32，相应的消防平面图见图 7-31。

7.1.2　接线箱布置

（1）接线箱

接线端子箱是一种转接施工线路，并对分支线路进行标注，为布线和查线提供方便的一种接口装置。在某些情况下，为便于施工及调试，可将一些较为特殊且安装设置较为有规律的产品，如短路隔离器等安装在接线端子箱内。

（2）接线箱布置原则

① 按防火分区设置在弱电小间内。

② 当本防火分区中未设置弱电小间时，可穿防火分区由就近的小间内设置单独支路连接，并在跨越防火分区处设置短路隔离器，保证消防设备末端间连线不应跨越防火分区（应尽量满足每个防火分区内设置接线箱）。

完成接线箱的设置后，应标注接线箱编号。通常消防接线箱与广播箱成对出现，见图7-33中黑框部分。具体编号原则参看《电气常用图形符号与技术资料》09BD1中相应章节，或者所在工作单位内部的要求。

【注】消防接线箱与弱电接线箱一起设置在弱电间内，所以两者的所有箱柜应共同考虑，遵循规范合理布置。

7.1.3　平面图设计方法

平面图的设计与系统图是紧密相关的。在消防图集中，对于消防系统有着许多的图示。

（1）设计原则

① 线型分类。因消防设备的类型很多，包括探测器、报警器、通信设备、广播设备等等，其接线方式均有所区别，见表7-3。结合线型，依据系统图完成各线支的连接。另外，在绘图时，为了方便区分，通常将各类线型设置成不同的图层并用不同的颜色区分开。

② 根据线型逐步完成设计工作。

③ 合理排布线支。因线型很多，如何合理的排布这些线支变得十分重要，既要保证施工图纸表达清晰，又要保证不浪费线支（施工线管造价是依据图纸中的线支计算出来的）。

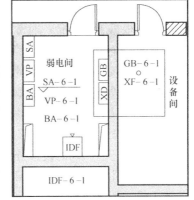

图7-33　弱电间设备布置图

④ 清晰标注每条线支的代号。当此线支代表多条线路时，还应标注清楚线支数量。

线路型号　　　　　　　　　　　　　　　　表 7-3

图例	名　　称	型号规格及说明	安装位置	安装方式
S	消防报警管线	SC20		ZR-RVVP（2×1.5）mm²
D	火灾报警电源线路	SC25,24V		竖井采用 WDZN-BYJ（2×4）mm² 线 平面采用 WDZN-BYJ（2×2.5）mm² 线

续表

图例	名　　称	型号规格及说明	安装位置	安装方式
BC	火灾广播线路	SC20		NH-RVB(2×1.5)mm²
F	火警专用通信线路	SC20（最多 3 根 3FF）		ZR-RVVP(2×1.0)mm²
X	火警信号返回线路	SC20		ZR-RVS(2×1.5)mm²
K	火警控制信号线路	SC20		WDZN-KYJ(2×1.5)mm²
FV	红外线光束感烟发射线路	SC25		型号厂家配套

（2）各线型分析

① 通信线：用于反馈信号。如，探测器需要反馈火灾或非火灾的状态信号，另外有可能伴随地址编码，用以反馈信号的来源，所以探测器只需要通信线连接。通信线是用于连接各类探测器、消火栓启泵按钮、手动火灾报警按钮、火灾声光信号装置、信号模块等。

因为需要接入通信线的设备较多，所以通常将信号线 S 分为 S1 报警总线；S2 消防联动信号线；S3 控制器之间；S4 图形显示装置之间；S5 控制器与图形显示装置之间；最常用的是：S1，用于单纯需要接入信号线的末端设备；S2，用于接入还需要电源线的末端设备；S3，用于连接防火门控制器与防火门监控器。

连线方法：信号线的连接方式存在树形结构与环形结构两种，参看"消防图集 11 页和 12 页"。根据工程经验，通常采用环形结构连接，即简便设计，又节省线管。所有的末端应保证成一个合理的环，以消防接线箱为首端和末端。当有一些末端设备位置不易成环，可单独连接，但仅限于少量。另外，末端设备不超 32 个点就应设置一个短路隔离器，且成环的末端设备点不应超过 200 个点。

环形结构又分为报警、联动分别设置通信线和报警、联动共同设置通信线两种方式，参看"消防图集 18 页和 19 页"。报警、联动共同设置通信线时，通信线统一标注"S"。当报警设备与还需联动的设备分别设置通信线时，探测器、手动报警按钮、电话插孔、火灾报警电话插孔接于同一环形回路中，通信线标注为"S1"，其余与联动有关的消防末端设备接于另一环形回路中，通信线标注为"S2"。

② 电源线：所接设备需要电力驱动以保证设备动作，因消防情况下避免发生人员触电事故，故电源一概采用低于 50V 的低压电（通常采用 24V 电源）。如，电动防火阀需要依靠电源完成动作，完成动作后需要反馈信号说明执行情况，所以其同时需要通信线与电源线。连线方法：电源线将所有需要连接的末端设备串接起来连至消防接线箱。通常标注为"D"。

【注】电源线常伴随着控制模块出现。

③ 消防电话线路：用以完成电话信号的传输。其接线方式分为总线制和多线制两种。其系统协议存在差异。总线制接线简单，节约管线，但系统总造价相比多线制高，设计师根据项目因素决定使用。

总线制连接方法：线路将所有的消防电话与报警电话串接起来，图面上只有一路线

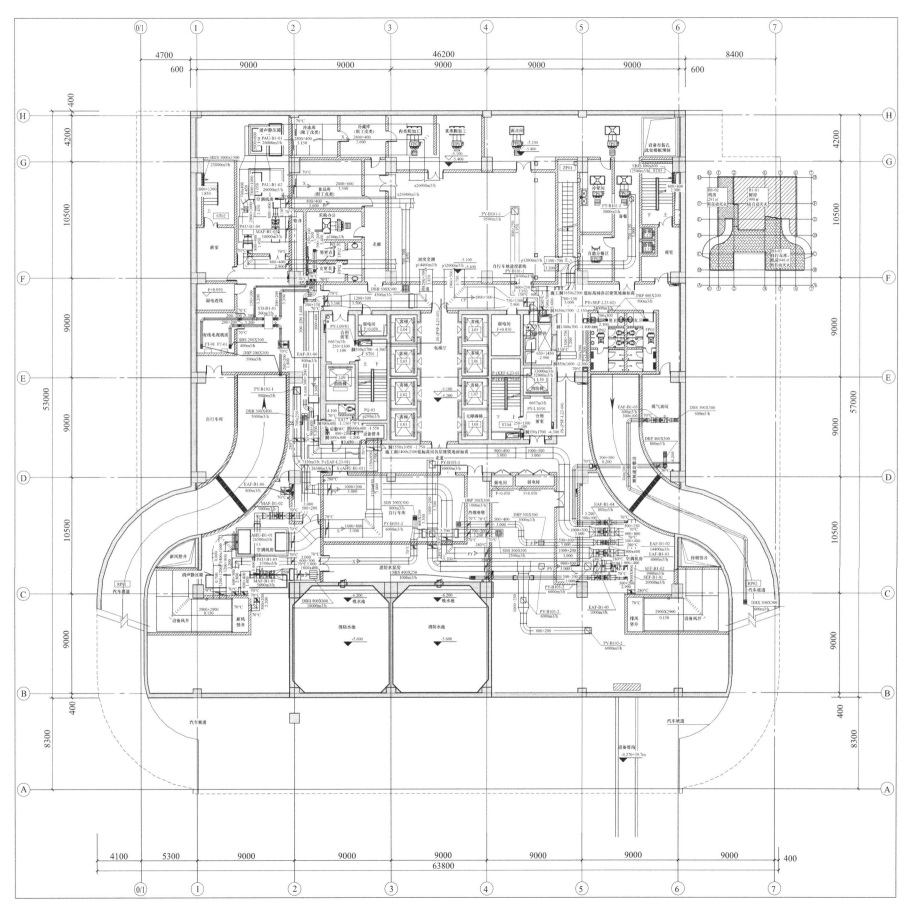

图 7-30　设备专业空调风平面图示例

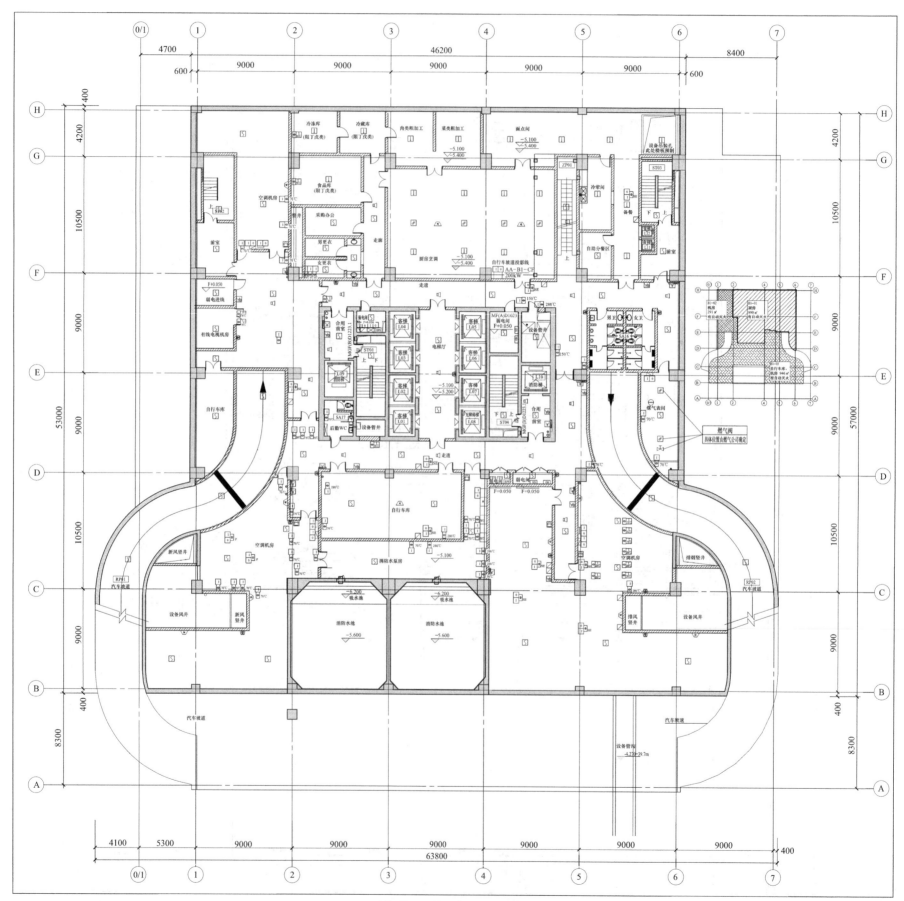

图 7-31 消防平面图示例（初设）

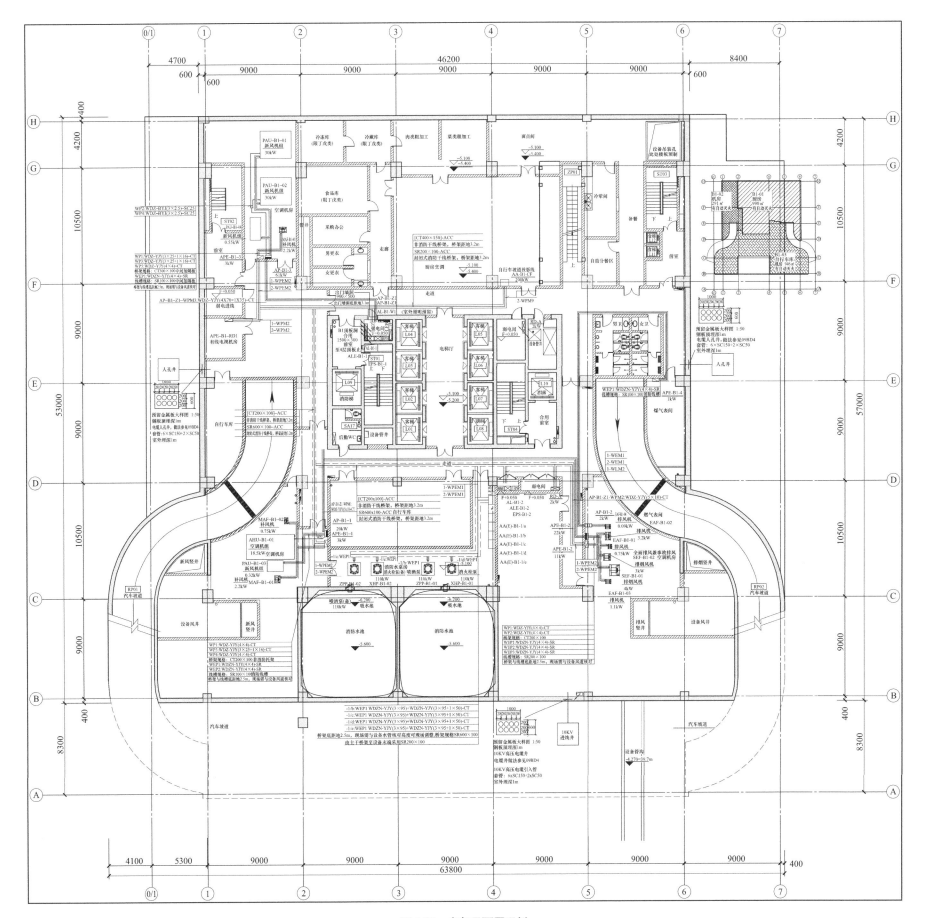

图 7-32 电气平面图示例

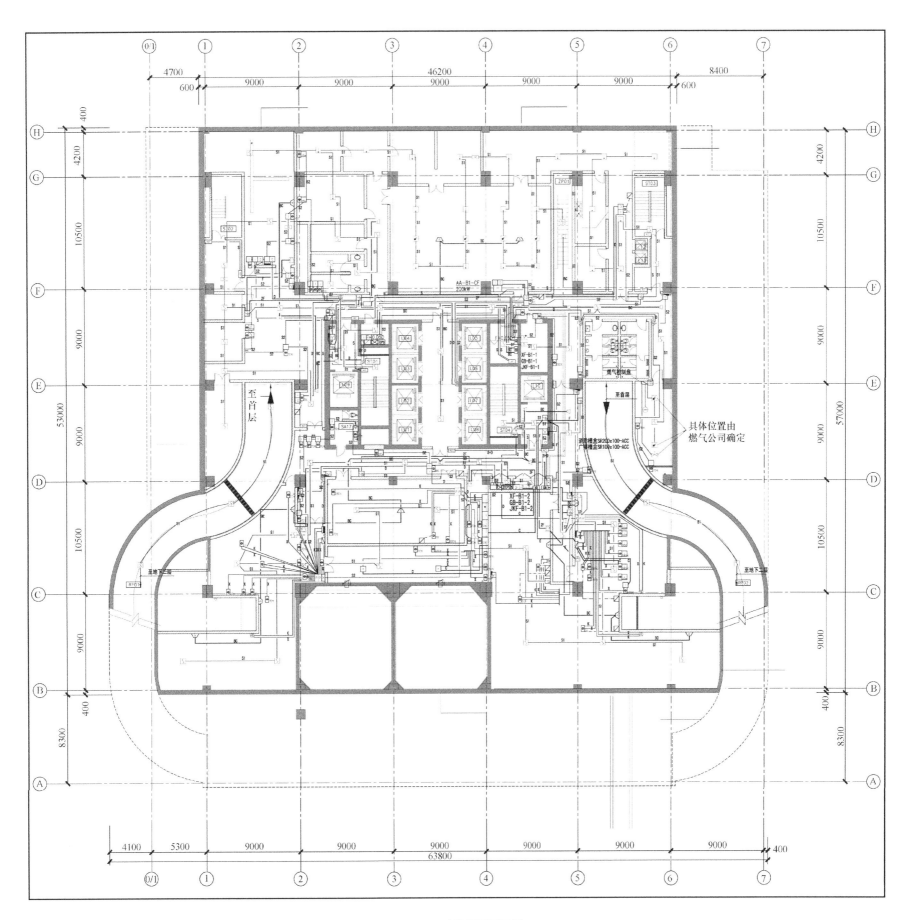

图 7-34 消防平面图示例

支。通常标注为"F"。

多线制连接方法：线路将所有消防电话插孔串接起来连至消防接线箱，火灾报警电话则均由接线箱单独连线，图面上可以采用一条支路表示，但应分段注明每段管路中的线支数量。通常标注为"F、2F、3F"等。

④ 广播线路或音频线路：用以完成音频信号的传输。用于连接火灾报警扬声器、背景音乐兼消防广播扬声器、号角式扬声器等。

【注】无论是消防广播或背景音乐广播，还是兼用广播均由主控室的主机进行控制，末端不需要通过线支区分。其通过消防控制室内的主机对派送的音频信号加以区分实现不同的播放内容。

连线方法：线路将所有需要连接的广播末端设备串接起来，连至广播箱。通常标注为"BC"。

⑤ 火警信号返回线路：与通信线类似，连接信号模块与末端设备所用，通常在平面图中不体现，只有当使用模块箱时会表现出来。通常标注为"X"。

⑥ 火警控制信号线路：用以连接控制模块与末端设备，保证设备的动作，通常在平面图中不体现，只有当使用模块箱时会表现出来。通常标注为"K"。

⑦ 直接控制线路：俗称"硬线"，保证消防风机、消防泵等消防设备在火灾时能够正常启动。通常消防设备由应急动力盘供电，在应急动力盘上设有控制模块，保证消防状态下风机的启停。硬线作为第二重保障，避免控制模块相关设备出现故障，造成消防设备无法正常启动。

连线方法：由消防接线箱单独支路连接至相应的应急动力配电箱处。该线路实际是由弱电间的竖向干线线槽直接引至消防控制室主机中的手动控制盘处，其不与接线箱发生关系。通常标注为"C"。另外，如果线支较多，也可采用消防线槽配合管路的方式敷设至每个末端设备点。

【注】参看消防图集可知，设备专业在排烟风机前端设置的280℃防火阀须与为相对应排烟风机供电的配电箱相连；消防泵中，设备专业的压力开关须与对应消防泵的配电柜相连；当建筑中设置消防用高位水箱时，设备专业的流量开关须与对应消防泵的配电箱相连，通常高位水箱设置在顶层，其应连至位于地下的消防泵房中水箱功能对应的消防泵配电箱。

(3) 举例

仍以之前建筑中同一层的消防平面为例，消防施工设计平面图见图7-34，其是在消防初步设计平面图见图7-31基础上完成的施工图。

按照工作顺序分析本案例的施工图设计：

① 首先，打开建筑专业的防火分区图层，按照防火分区完成消防末端设备连线设计。

② 通信线（S）：考虑到设备专业在设计过程中通常存在不确定性，本案例采用报警、联动分别设置通信线的方式。通信线"S1"由消防接线箱引出，接入一个短路隔离器后接入探测器、手动报警按钮、电话插孔、火灾报警电话，接入的末端数量每32个设置一个短路隔离器，最终"S1"成环接回消防接线箱。通信线"S2"由消防接线箱引出，接入一个短路隔离器后接入需要联动控制的消防末端设备，同样每32个接一个短路隔离器，最终"S2"成环接回消防接线箱。当集中设置模块箱时，则通信线只需连接至模块箱，但短路隔离器的设置及数量仍需按照具体末端应配模块数量计算。短路隔离器接I/O模

块的按模块数量计算 32 个点，直接接末端的按末端数量统计。

③ 电源线（D）：由消防接线箱引出，接入一个短路隔离器后，接入需要联动控制的消防末端设备；然后，每 32 个末端设备接一个短路隔离器，最终将所有末端串接起来即可。当设置模块箱时，则只需连接至模块箱，但短路隔离器的设置及数量仍需按照具体末端应配模块数量计算。

【注】模块箱中包含信号模块与控制模块，其完成了两种模块的集中设置。在设置模块箱的区域中，每个消防末端均需与模块箱相连，需要设置信号模块的采用火警信号返回线路"X"，需要设置控制模块的采用火警控制信号线路"K"连接。

④ 消防电话线路（F）：本工程采用多线制。图中，"XF-B1-2"消防接线箱引出两条支路。其中，向左侧的支路共接入两个火灾报警电话和一个消防电话插孔。线支从消防接线箱接入第一个火灾报警电话，这里有 3 根 F，1 根 F 连接至消防电话插孔截止，2 根 F 随后接入第一个火灾报警电话，1 根 F 接至此电话截止，剩 1 根 F 继续接入另一个火灾报警电话。

⑤ 广播线路（BC）：将所有广播设备串接起来，连至广播箱。

⑥ 直接控制线路（C）：图中"XF-B1-2"消防接线箱所在防火分区的空调机房内，设有排烟风机，其前端的 280℃防火阀用硬线连接至对应配电箱，该配电箱又通过硬线连接至弱电小间内的消防干线线槽中，最终连至消防控制室主机中的手动控制盘。另外，本建筑的消防泵房设置在图中"XF-B1-2"消防接线箱的防火分区内。通过设备图纸可知，该消防泵房设有消火栓泵和喷淋泵，每组泵都设有一个压力开关。消火栓泵和喷淋泵的压力开关分别与对应的配电箱采用硬线相连，并由配电箱连至弱电小间内的消防干线线槽中，最终连至消防控制室主机中的手动控制盘。

7.2　消防系统图

本节将针对消防系统的设计方法进行讲解，消防系统下细分为消防系统、广播系统、电气火灾监控系统、防火门监控系统、消防电源监控系统五部分。另外，还包括如消防控制室排布、消防系统框图等相关内容。

7.2.1　系统图

消防系统图是以消防规范与消防图集为依据，结合平面图设计完成的系统图。

仍以消防平面图中使用的建筑案例作为本节系统图的例子。这里对应消防平面图（图 7-34）完成消防系统图设计，见图 7-36。图 7-36 是该建筑中的 B1 层，其对应的也是 B1 层的消防系统图。消防系统的设计主要参看"消防图集 11 页和 12 页"和"消防图集 18 页和 19 页"。

本例中，消防平面为建筑的 B1 层，其为两个防火分区，故设有两个弱电间。干线通过"XF-B1-1"所在弱电间到达"XF-B1-2"所在弱电间，故系统图中采用同样的表达方式，并标注清楚线槽内所含的线型与线槽规格。同时，主干线槽同样需标注清楚线型与线槽规格。广播系统内容较为简单，故通常与消防系统一同设计，在系统中应考虑同一弱电间的箱子成对出现。消防箱末端接入的是消防末端设备，广播箱接入的是广播末端设备。

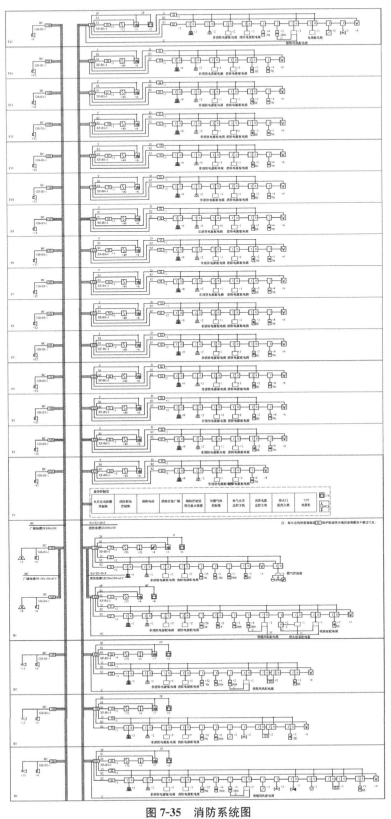

图 7-35 消防系统图

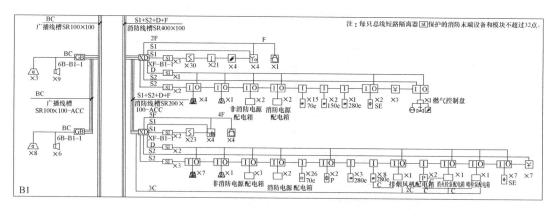

图 7-36 消防系统楼层配线端（地下层）

消防系统完整的表达建筑的整体消防情况，该建筑完整的系统图分为地下，首层，地上非首层、非机房层，机房层四部分。地下通常包含消防泵房、停车场、大量的设备机房，其设计方法比较接近。首层包含消防控制室，在消防系统图中应表达清楚其控制室的内部功能。地上非首层、非机房层的功能比较接近，设计方式较为相近。机房层通常位于建筑顶层，设有电梯机房、设备机房、消防高位水箱等设备。消防系统与弱电系统极为相似，其由消防控制室作为整栋建筑的消防系统控制中心，保证系统功能的实现。消防系统与弱电系统的最大区别在于其不需要进线间，是建筑内部的系统，与外界无关。

仍以本建筑为例，见图 7-35。建筑地上 15 层，地下 4 层，消防控制室设在首层。地下的系统图放大后见图 7-36，首层系统图放大后见图 7-37，地上层以 6 层为例，其系统图放大后见图 7-38，顶层系统图放大后见图 7-39。

首层与地上其他楼层的主要区别在于包含消防控制室，干线线槽全部由消防控制室引出至建筑各处的广播箱与消防接线箱。首先，列写本工程消防控制室内的设备，通常包含：火灾自动报警控制柜；消防联动控制柜；消防电话；消防应急广播；消防控制室图形显示装置；可燃气体控制器；电气火灾监控主机；消防电源监控主机；防火门监控主机；UPS 电源柜；直通消防局的外线电话；浪涌保护器等。这里列写了主要的消防功能，见图 7-37。这些功能首先应包含所设计项目的所有内容，其次这些功能应与消防控制室的排布详图保持一致。

【注】每个功能都代表一台主机，根据项目的实际情况，有些功能是可以共机柜使用的。比如规模小的建筑，其火灾自动报警控制柜与消防联动控制柜可以共柜使用，消防广播系统也可共柜使用。另外，根据项目的大小，电气火灾监控主机、消防电源监控主机、防火门监控主机可以采用壁挂箱，而非机柜。

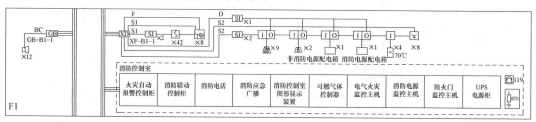

图 7-37 消防系统主机

地上楼层功能基本相同，以6层为例，见图7-38。其末端设备较为简单，通常在个别楼层含有小型设备专业机房。

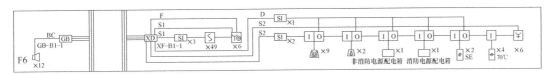

图 7-38　消防系统楼层配线端（地上层）

建筑顶层通常包含电梯机房、消防高位水箱机房等，其有别于其他楼层的消防系统，见图7-47。

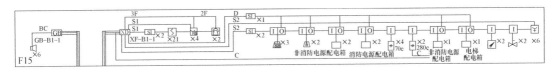

图 7-39　消防系统楼层配线端（屋顶层）

7.2.2　消防说明

消防系统图不只是画清系统就可以的，还应在消防系统图中标注并写明线型，以及写清消防系统对应的说明。

（1）线型

平面图与系统图中，每种线型表达的含义都用不同的符号标注加以区分，这些线型的意义应在系统图中说明，见图7-40。

【注】考虑到施工方便，线型说明还应在每张消防平面图中提供。

火灾自动报警系统信号线	S1	ZR-RVVP(2×1.5) - SC20
消防联动控制系统信号线	S2	ZR-RVVP(2×1.5) - SC20
消防模块电源线(24V)	D	NH-BYJ(2×2.5) - SC20（平面） NH-BYJ(2×4) - SC20（竖井）
消防通讯系统信号线	F	NH-RVB(2×1.0) - SC20
	2×F	NH-[2×RVB(2×1.5)] - SC20
	3×F	NH-[3×RVB(2×1.5)] - SC20
	4×F	NH-[4×RVB(2×1.5)] - SC25
消防设备硬线控制线	C	NH-KYJY(7×1.5) - SC32
		具体线型及敷设见系统图或平面图
报警阀起泵线	K	NH-KYJY(4×1.5) - SC25
消防设备火警信号返回线路	X	NH-RVS(2×1.0) - SC20
应急事故广播系统信号线线	BC	NH-RVB(2×1.5) - SC20

图 7-40　消防系统线型说明

（2）说明

针对系统图通常要配有一段说明，此说明通常提出在系统图中无法表达清晰的内容与一些重要的问题，以保证系统图没有问题，见图7-41。

说明：
1. 本工程消防控制室位于建筑首层，火灾自动报警系统主机位于消防控制室；
2. 火灾自动报警系统主机每条报警回路留有25%余量；
3. 火灾自动报警系统在确认火灾后启动建筑内的所有火灾声光警报器；为保证建筑内人员对 　火灾报警相应的一致性，火灾自动报警系统应能同时启动和停止所有火灾声光警报器工作；
4. 与背景音乐广播合用时，消防应急广播具有强制切入消防应急广播功能；
5. 火灾警报器声压级不小于60dB；
6. 火灾自动报警系统探测总线回路采用环路结构拓扑结构；
7. 火灾自动报警系统总线设置总线短路隔离器，每只总线短路隔离器保护的火灾探测器、手 　动火灾报警按钮和模块等消防设备的总数不超过32点；
8. 消防模块严禁设置在配电柜内；
9. 消防应急广播系统主机设在消防控制室内；
10. 本系统安装调试由产品供应商负责。

图 7-41　消防系统图说明

7.2.3　消防原理示意图

（1）火灾自动报警系统框图

火灾自动报警系统框图源自"消防图集第 7 页"。该框图中包含所有的消防功能，而设计消防系统图中也应当配有此图，以保证阐述清楚各消防设备间的逻辑关系，见图 7-42。但在设计实际项目时，应根据项目实际应用的消防功能加以调整（删减掉不需要的内容）。

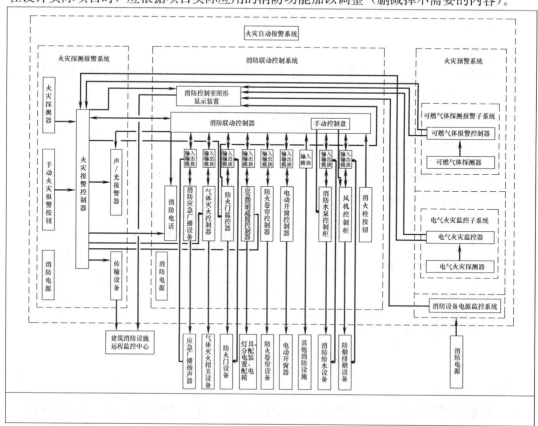

图 7-42　火灾自动报警系统框图

仍以之前的建筑为例，其只需要部分的消防功能，对消防图集提供的框图进行删减后得到本系统的系统框图，见图7-43。

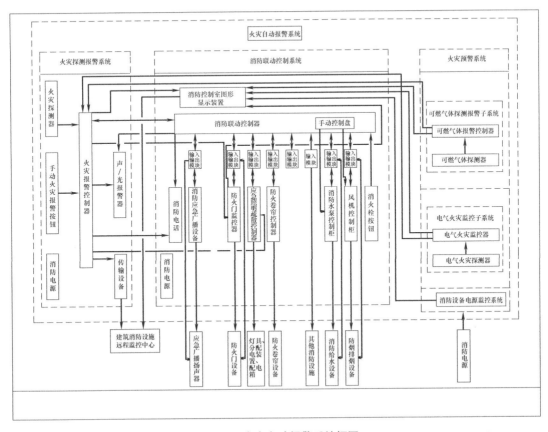

图7-43 火灾自动报警系统框图

(2) 消防逻辑图

消防逻辑图是阐述火灾发生时消防系统通过一系列逻辑关系完成火灾报警系统动作，然后使得联动控制动作，保证一系列灭火设备的运作，最终达到控制甚至消灭火情的一套逻辑关系图，见图7-44。

(3) 消防广播系统原理图

消防广播系统中通常包含平时广播与消防广播两部分。平时仅使用平时广播，消防时则使用消防广播和兼用广播。平时状态与消防状态两者的功能实现均通过消防控制室中的系统后台加以实现。

仍以之前的建筑为例，地上15层，每层为单独防火分区，均设置消防兼背景音乐广播。地下4层，地下一层两个防火分区，地下二至四层为单独防火分区。地下二至四层是车库，只设置消防广播，见图7-45。在消防控制室中，背景音乐广播由音频输入（消防广播CD机录放盘、消防广播MP3机录放盘、话筒等），功率放大器（放大音频输入信号），广播区域控制盘三部分组成后台系统，实现平时状态下的广播功能。消防广播由消防广播主机与报警主机组成后台系统，实现消防状态下的广播功能。两者各自通过线路控制广播输出模块，实现各自的功能。

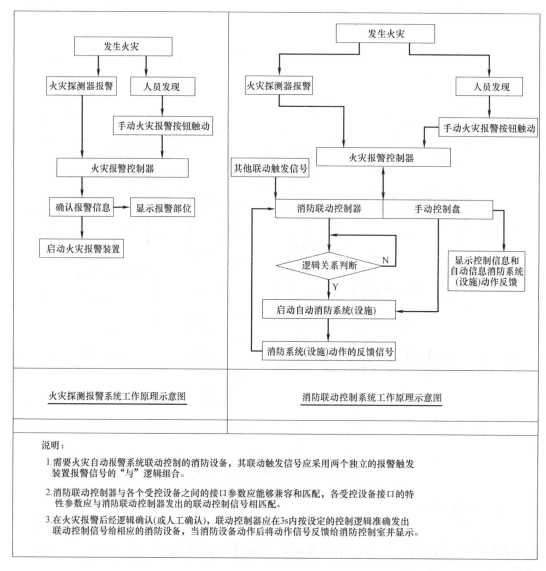

图 7-44 消防报警与联动示意图

7.2.4 消防控制室详图

消防控制室的设备排布主要参看"消防规范 3.4 消防控制室"。消防控制室通常与安防控制室共用同一房间（两个大系统存在一定的互联关系，且可由同一批值班人员值守），具体设计方法在"6.7.2 系统主机房"中已详细阐述。

这里仍以前面的建筑为例，见图 7-46。遵循"消防规范 3.4 消防控制室"中的条文，标注清楚所有设备以及设备距墙尺寸。大部分主机体积较大，安装在柜子内。而因工程较小，智能照明系统、可燃气体报警控制器、防火门监控器、电气火灾监控器、消防设备电源监控器五个系统的主机进线回路较少，所以主机较小，仅用壁挂箱即可满足需求，很好地节约了控制室内空间。

保证消防控制室的供电可靠性，其需要设置 EPP 电源，EPP 数量根据所配设备数量和功能配置。根据工程经验，EPS 有消防认证，故用于消防系统中，UPS 没有消防认证，通常用于弱电系统。

7.3 特殊系统

消防系统图中，通常还包括一些特殊的系统图，比如：电气火灾监控系统图、消防设备电源监控系统图、防火门监控系统图等。

7.3.1 电气火灾监控系统

电气火灾监控系统是关于漏电监控方面的先期预报警系统，避免电气线路引起火灾。与传统火灾自动报警系统不同的是，电气火灾监控系统是早期报警系统，主要用于避免损失。而传统火灾自动报警系统是在火灾发生后的应用系统，主要用于减少损失。所以这就是说，为什么不管是新建或是改建工程项目，尤其是已经安装了火灾自动报警系统的项目，仍需要安装电气火灾监控系统的根本原因。

实际项目中，消防局通常要求设置电气火灾监控系统，且该系统只可监测非消防的配电箱。另外，因为其存在着误报多的缺点，业主在使用过程中通常关闭该系统，所以这套系统的设计可根据具体情况同消防局沟通确定。

(1) 原理

当电气设备中的电流，温度等参数发生异常或突变时，终端探测头（如剩余电流互感器、温度传感器等）利用电磁场感应原理、温度效应的变化对该信息进行采集，并输送到监控探测器里，经放大、A/D 转换、CPU 对变化的幅值进行分析、判断，并与报警设定值进行比较。一旦超出设定值则发出报警信号，同时也输送到监控设备中，再经监控设备进一步识别、判定。当确认可能会发生火灾时，监控主机发出火灾报警信号，点亮报警指示灯，发出报警音响。同时，在液晶显示屏上显示火灾报警等信息。值班人员则根据以上显示的信息，迅速到事故现场进行检查处理，并将报警信息发送到集中控制台。

(2) 相关规范

现将与电气火灾监控系统相关的部分规范条文列写如下：

① 《建筑设计防火规范》GB 50016—2014，在条文 11.2.7 规定：下列场所宜设置剩余电流动作电气火灾监控系统。这些场所包括各种类型的影剧院、馆所、仓库、住宅小区、医院、商店、学校等。

② 《火灾自动报警系统设计规范》GB 50116—2013，条文 9 电气火灾监控系统。

③ 《建筑电气火灾预防要求和检测方法》有关条文也明确要求"应在电源进线端设置自动切断电源或报警的剩余电流动作保护器"。

④ 电气火灾监控系统的产品应满足：《电气火灾监控设备》GB 14287.1—2005、《剩余电流式电气火灾监控探测器》GB 14287.2—2005、《测温式电气火灾监控探测器》GB 14287.3—2005。

⑤ 电气火灾监控系统的安装和运行应满足《剩余电流动作保护装置安装和运行》GB 13955—2005。

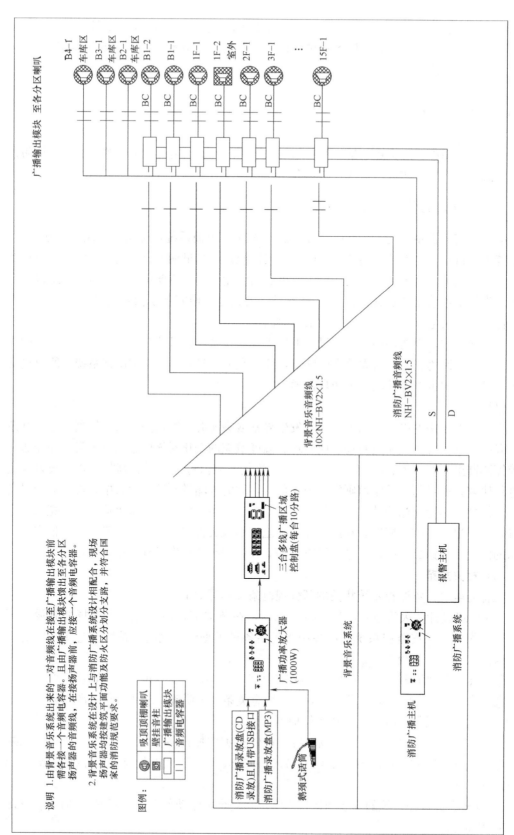

图7-45 消防广播与背景音乐系统框图

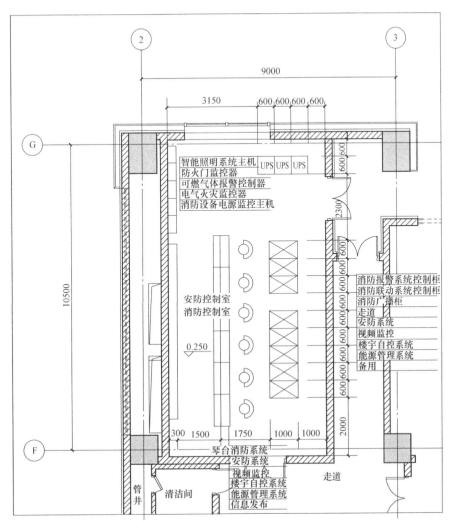

图 7-46 消防安防控制室大样图

⑥ 电气火灾监控系统的供电应满足《供配电系统设计规范》GB 50052 的要求。

(3) 设计方法

根据具体情况，通常在一般照明配电箱中设置电气火灾监控器，消防配电箱设置时应只监测不动作，且只设置在进线端处，具体设计方法参看"4.10 分盘系统中的图 4-36"。通过"RVSP（2×1.5）mm²"总线将各漏电探测器串接起来，将漏电情况反馈至位于消防控制室内的电气火灾监控系统监控主机中，其总线通常借用消防系统线槽配合管路敷设到各配电箱处。该系统的设计按照建筑的空间关系并结合配电干线系统图设计，并标注清楚每个监控器编号，以保证设计思路能够清晰表达。另外，应在系统图中配有相关说明，用以表述重要问题以及图面无法表达清楚的问题，见图 7-47。

【注】电气火灾监控系统平面图通常可由中标厂家深化完成。

7.3.2 消防设备电源监控系统

消防设备电源监控系统作为一种预报警系统，其优点是可以提前对消防设备电源故障

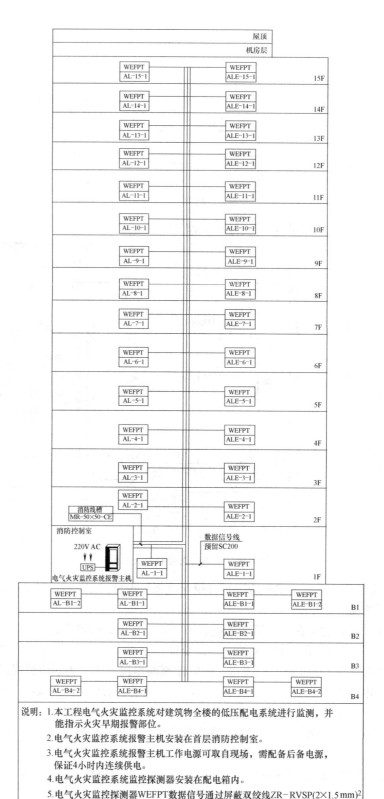

说明：1. 本工程电气火灾监控系统对建筑物全楼的低压配电系统进行监测，并
能指示火灾早期报警部位。
2. 电气火灾监控系统报警主机安装在首层消防控制室。
3. 电气火灾监控系统报警主机工作电源可取现场，需配备后备电源，
保证4小时内连续供电。
4. 电气火灾监控系统监控探测器安装在配电箱内。
5. 电气火灾过监控探测器WEFPT数据信号通过屏蔽双绞线ZR-RVSP(2×1.5mm)²
穿钢管SC20由配电间引至电气火灾监控系统报警主机。

图7-47 电气火灾监控系统图

进行报警，避免火灾发生时消防设备不能正常使用，消防设备电源监控系统一旦投入使用，将有效地降低消防设备非正常投入使用的发生率。导致消防设备不能正常工作的原因主要是供电电源的状态，如过压、欠压、缺相、错相等。

【注】消防电源监控系统只能设置在消防配电箱系统中，不可监测非消防电源配电箱，避免误动作。

（1）原理

消防电源传感器位于所监控的配电回路，是监测消防设备电源的电压信号、电流信号以及开关状态等参数变化的传感器。当电气回路中电压、电流、开关状态发生变化时，终端的电源传感器采集该信息，并输送到电源监控器里识别与判定。当确认失去电源时，监控主机发出信号，在液晶显示屏上显示断电状态。值班人员则根据以上显示的信息，迅速到事故现场进行检查处理。

（2）相关规范

现将与消防设备电源监控系统相关的部分规范条文列写如下：

①《火灾自动报警系统设计规范》GB 50116—2013；

②《建筑设计防火规范》GB 50016—2014；

③《消防控制室通用技术要求》GB 25506—2010；

④《消防设备电源监控系统》GB 28184—2011。

（3）设计方法

根据具体情况，通常在各类消防负荷电源（应急照明配电箱采用电压信号传感器、应急动力配电箱采用电压/电流信号传感器）中设置消防设备电源传感器，且只设置在进线端，具体设计方法参看"4.10分盘系统中的图4-41"。通过"RVS（2×1.5）mm^2"总线将末端探测器串接起来，并将供电状态反馈至位于消防控制室内的消防设备电源状态监控主机中。由主机提供电源给该系统各设备，其总线和电源线通常经消防系统线槽配合管路敷设到各配电箱处。该系统的设计按照建筑的空间关系并结合配电干线系统图设计，并标注清楚每个监控器编号，以保证设计思路能够表达清晰。另外，应在系统图中配有相关说明，用以表述重要问题以及图面无法表达清的问题，见图7-48。

【注】消防设备电源监控系统平面图通常可由中标厂家深化完成。

7.3.3 防火门监控系统

防火门监控系统作为一种预报警系统，其优点是可以提前对处于不正常状态的防火门进行报警，避免火灾发生时防火门不能起到作用，防火门监控系统一旦投入使用，将有效地降低防火门处于非正常状态下的发生率。

（1）原理

防火门监控分机位于每个防火门处，其通过内部芯片识别防火门的状态。当防火门状态改变时，其对变化的幅值进行分析、判断。一旦处于非正常状态则发出报警信号，同时也输送到防火门监控器中，再经监控设备进一步识别、判定。当确认防火门状态非正常时，监控主机发出信号，在液晶显示屏上显示断电状态。值班人员则根据以上显示的信息，迅速到事故现场进行检查处理。

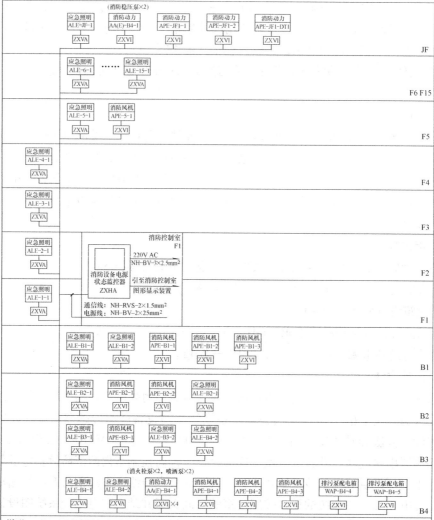

说明：1.本工程消防设备电源监控系统应通过国家标准《消防设备电源监控系统》GB 28184—2011的检测，必须具有国家消防电子产品质量监督检验中心出具的产品型式检验报告
　　2.当为各类消防设备供电的交流或直流电源(包括主、备电源)发生过压、欠压、缺相、过流、中断供电等故障时，ZXHA消防电源监控器能进行声光报警 记录功能，并显示被检测电源的电压、电流值及准确故障点的故障位置。消防电源监控器预留1路RS232和1路RS485通信接口，可将工作状态和故障信息提供给消防控制室图形显示装置。
　　3.消防电源监控器专用于消防设备电源监控系统，不能兼用其他功能的消防系统，不与其他消防系统共用设备。消防电源监控器安装在消防控制室，通过软件编程远程设定现场传感器的地址编码及故障参数，方便系统调试及后期维护使用，可记录100000条以上故障信息。模块ZXVA表示电压信号传感器，ZXVI表示电压、电流信号传感器。
　　4.每台消防电源监控器可输出8个回路，可配接传感器的地址总数为512点。
　　5.系统总线采用通信线NH-RVS-2×1.5mm²+电源线NH-BV-2×2.5mm²，穿SC20同管敷设。系统通信采用CAN总线，可靠通信距离8000m。
　　6.现场传感器的供电由消防电源监控器集中提供DC24V电源，每台传感器内自带总线隔离器，采用标准35mm导轨安装，均由配电箱成套厂家安装于被监测配电箱、柜内。传感器的安装不应破坏被检测线路的完整性。
　　7.传感器采集电压和电流信号时，采用不破坏被监测回路的方式，同时监测开关状态，不能采集其他消防控制设备的输出信号。
　　8.系统的施工，按照批准的工程设计文件和施工技术方案进行，不得随意变更。如需变更计时，应由设计单位负责更改设计并经审图机构审核。
　　9.消防电源监控器需配备后备电源，电源部分的备用电源在放电至终止电压条件下充电24小时所获得的容量应能提供监控器在正常监控状态下至少工作8小时。

图7-48　消防设备电源监控系统图

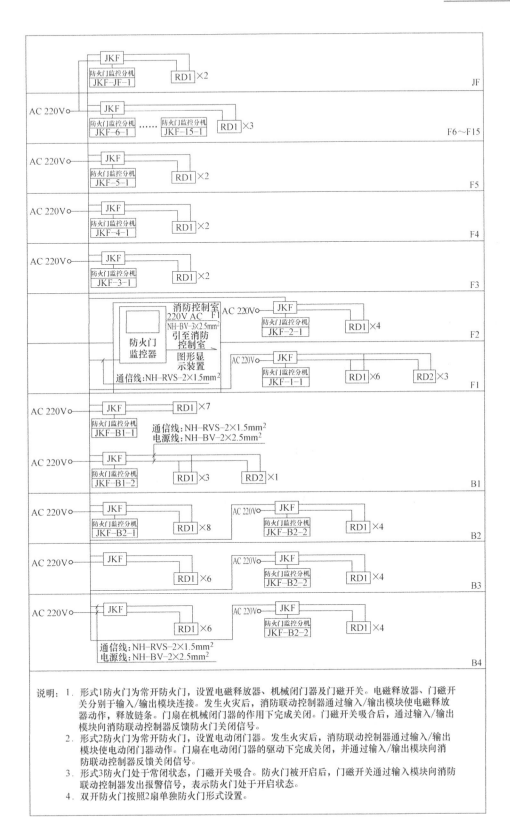

图 7-49 防火门监控系统图

（2）相关规范

消防设备电源监控系统的条文写于以下规范中：

① 《火灾自动报警系统设计规范》GB 50116—2013；

② 《建筑设计防火规范》GB 50016—2014；

③ 《消防控制室通用技术要求》GB 25506—2010；

④ 《防火门监控器》GB 29364—2012；

⑤ 《火灾自动报警系统施工及验收规范》GB 50166—2011。

（3）设计方法

防火门监控系统已在"7.1.1 末端布置（2）配合建筑专业末端2）"中详细讲解，这里以实际工程系统图为例，说明在实际工程中的设计方法，其平面图见图 7-34，系统图见图 7-49。在各类防火门处设置防火门监控分机，通过"RVS（2×1.5）mm²"总线将防火门的开关状态反馈至位于消防控制室内的防火门监控器中，由主机提供电源给该系统各设备，其总线和电源线通常经消防系统线槽配合管路敷设到各配电箱处。该系统的设计按照建筑空间关系设计，并标注清楚每个监控分机编号和常开防火门、常闭防火门数量，以保证设计思路能够表达清晰。另外，应在系统图中配有相关说明，用以表述重要问题以及图面无法表达清的问题，见图 7-49。

【注】只有疏散通道上的防火门需要设计防火门监控分机。

7.4 消防干线

消防干线指在消防平面图与系统图中的干线路由表达，平面图与系统图结合建筑形式，相互对应。包含由消防控制室至各弱电间中消防箱的干线路由（采用消防线槽铺设），以及相应尺寸与高度的标注。消防干线与弱电干线不同，其不需要从建筑外部进线，是一套建筑内部的系统。

7.4.1 消防干线路由设计原则

① 优先利用弱电间上下通路设计路由。

② 优先利用走廊等公共区域设计路由。

③ 路由应避免穿越非公共区房间，如办公室、会议室、设备机房等。

④ 当路由在房间内引上引下时，应避免这些房间是有水、易燃易爆场所。比如，屋面配电箱通常由下层引上，但此路由不应在卫生间、厨房等房间内引上至屋面。通常理解的有水房间包括卫生间、厨房、消防泵房、报警阀室、空调机房等。易燃易爆房间包括厨房、燃气表间、锅炉房等。

⑤ 消防只有干线需要线槽，其余支路均优先采用穿管方式。

⑥ 在设计过程中，路由相同的可在平面中以一条线槽表示，但应分别在每段标注清楚共有几条线槽，以及各线槽的尺寸与高度。

7.4.2 设计步骤

① 确定消防控制室位置。

② 确定弱电间位置。

③ 将消防控制室与各个弱电间按系统图设计路由。

④ 用线槽表示干线路由，并完成线槽规格与高度的标注。

【注】因消防箱与广播箱通常成对出现，故消防干线与广播干线路由相同，应同时设计。

7.4.3　消防系统干线平面设计

这里仍沿用本消防章节所用工程实例，按照消防系统的设计步骤展开讲解。

这个工程是一栋较为标准的办公楼，地上 16 层与位于楼顶的机房层，地下共 4 层。消防控制室位于首层，建筑核心筒内设置一个上下贯通的弱电间，作为主要的干线路由，在地下一层有两个防火分区，故在核心筒外增设一处弱电间。

消防系统图见图 7-35。由图中可以看出，消防控制室位于首层，干线线槽由消防控制室横向引至位于核心筒内的弱电间，见图 7-50。由系统图看出线槽在核心筒汇总后，竖向连接所有楼层弱电间内的消防接线箱。B1 层，在核心筒外设有一个弱电间，干线线槽由 B1 层核心筒内弱电间横向引至该房间，为房间中的消防箱配线，见图 7-51。至此，完成本建筑中所有消防箱的路由连通。

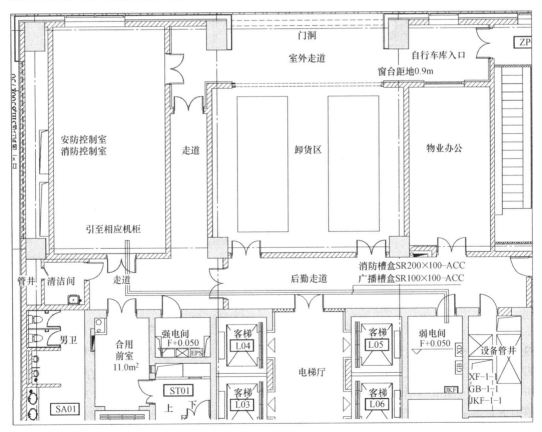

图 7-50　消防平面图（干线示意一）

由图 7-50 和图 7-51 可以看出，平面图中设计了一条线槽，并标注"消防槽盒 SR200×100-ACC"与"广播槽盒 SR100×100-ACC"。其中"SR200×100-CE"表示槽盒宽200mm，高100mm，"SR100×100-CE"表示槽盒宽100mm，高100mm，"CE"表示沿顶棚或吊顶面敷设。图7-50中的"消防槽盒SR200×100-ACC与广播槽盒SR100×100-ACC"由消防控制室至主要弱电间，与系统图中的图7-35对应。图7-51中"消防槽盒SR200×100-ACC与广播槽盒SR100×100-ACC"由核心筒内弱电间连至本层另一弱电间，对应系统图7-37。

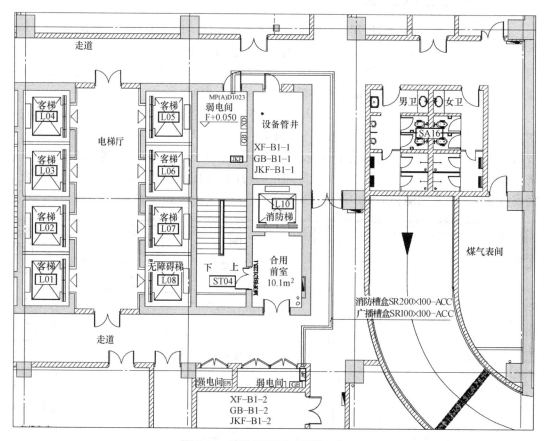

图7-51　消防平面图（干线示意二）

7.5　小结

随着新的《火灾自动报警系统设计规范》于2014年实施，消防系统已经越发复杂，内容已经越发丰富，合理的图面布局显得尤为重要。在本节中，讲解了许多与消防系统图相关的内容，这些系统、说明、逻辑图等均应根据项目的实际需要出现在消防系统图中。图面既要保证图纸能清晰表达各文字与线支，又要尽量减少图纸的数量，合理布置成为出图前的重要一环。以某工程消防系统施工图的出图为例，见图7-52～图7-54。

这里介绍的系统图说的是在施工图阶段需要交付的图纸。然而初设阶段，因为项目进展的不确定性，建筑中的许多功能性房间均会不断发生变化，为了避免不必要的设计浪费，初设阶段的消防系统图通常只需包含消防系统、广播系统、系统框图、系统逻辑图、线型、说明几部分即可，其余图纸均可根据审图人的要求另行补充。

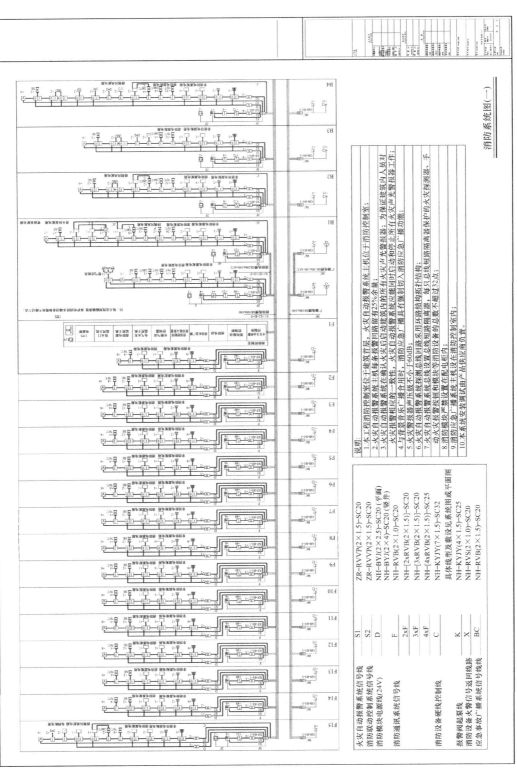

图 7-52 消防系统图示例一

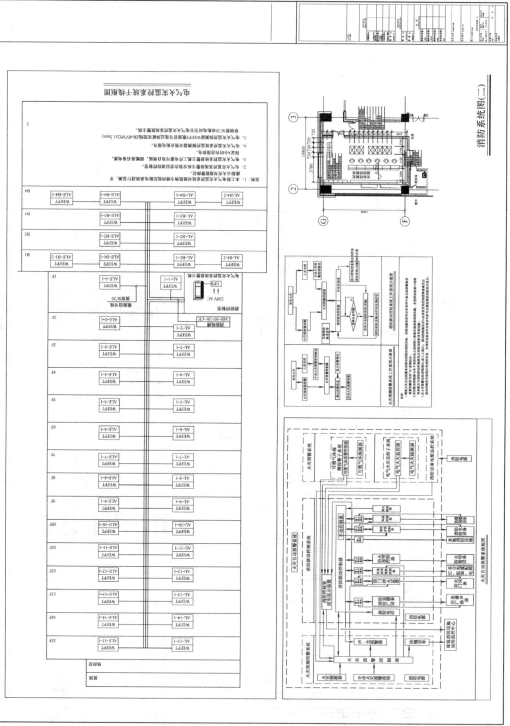

图 7-53　消防系统图示例二

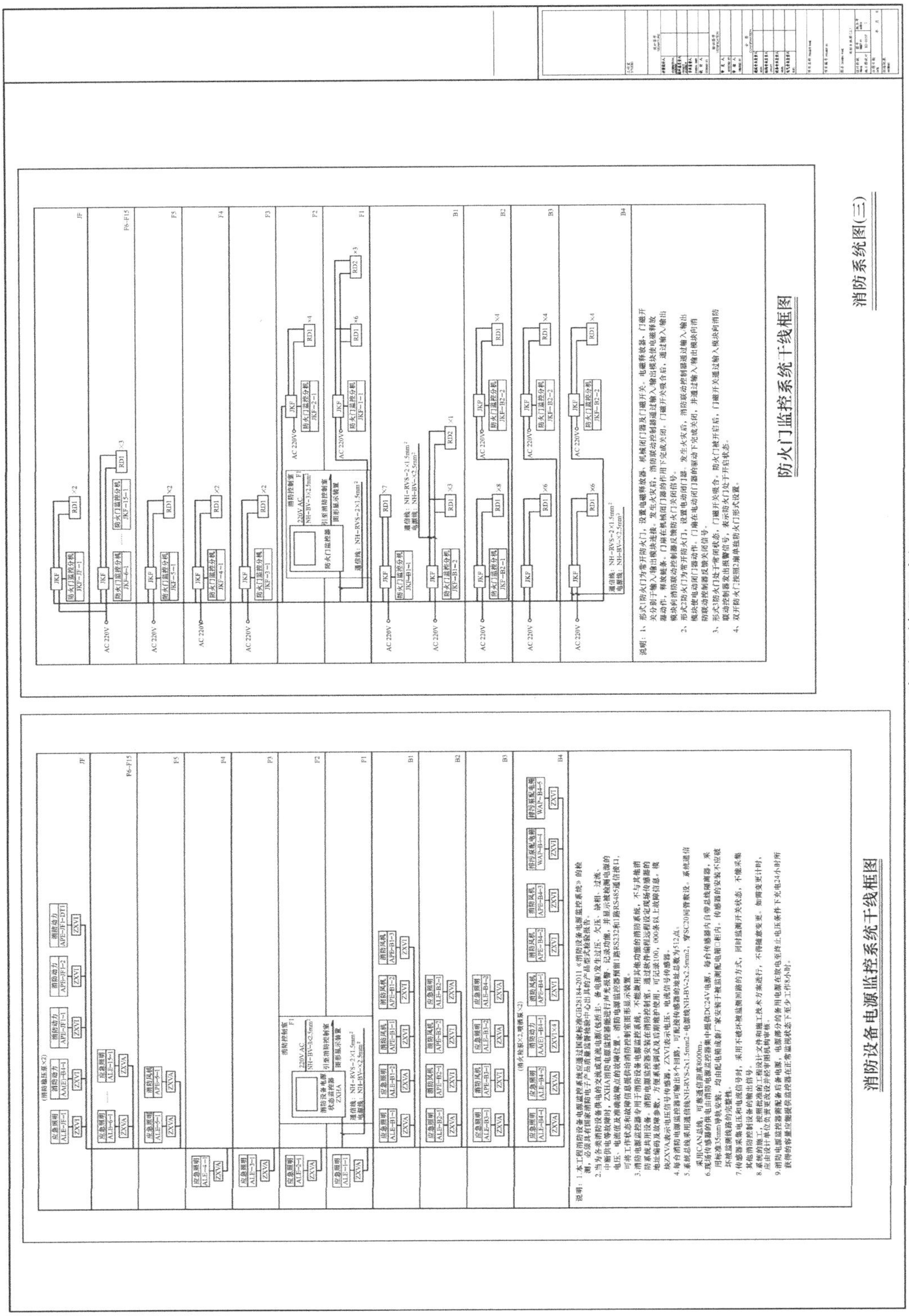

图 7-54 消防系统图示例三